2011—2020 年
全国执业兽医资格考试
考试试卷汇编

（兽医全科类）

陈明勇　主编

中国农业大学出版社
·北京·

内容简介

《2011—2020年全国执业兽医资格考试考试试卷汇编(兽医全科类)》包含10套标准考试试卷，涉及基础科目、预防科目、临床科目、综合应用等4个科目共4 000题，基本汇集了执业兽医资格考试应试指南(兽医全科类)所包含的重要考试知识点。本书内容有助于考生掌握基本考点信息，熟悉题型，是广大考生复习备考的重要参考资料。本书通过二维码扫码的方式获取“答案与解析”及其他有关数字资源。

图书在版编目(CIP)数据

2011—2020年全国执业兽医资格考试考试试卷汇编．兽医全科类/陈明勇主编．—北京：中国农业大学出版社，2021.7

ISBN 978-7-5655-2583-4

Ⅰ.①2…　Ⅱ.①陈…　Ⅲ.①兽医学-资格考试-习题集　Ⅳ.①S85-44

中国版本图书馆CIP数据核字(2021)第143887号

书　　名　2011—2020年全国执业兽医资格考试考试试卷汇编(兽医全科类)

作　　者　陈明勇　主编

策划编辑　张　程　　**责任编辑**　张　程

封面设计　郑　川

出版发行　中国农业大学出版社

社　　址　北京市海淀区圆明园西路2号　　**邮政编码**　100193

电　　话　发行部 010-62733489，1190　　读者服务部 010-62732336

编辑部 010-62732617，2618　　出　版　部 010-62733440

网　　址　http://www.caupress.cn　　**E-mail**　cbsszs@cau.edu.cn

经　　销　新华书店

印　　刷　涿州市星河印刷有限公司

版　　次　2021年7月第1版　　2021年7月第1次印刷

规　　格　889×1194　　16开本　　24.5印张　　720千字

定　　价　79.00元

编 写 人 员

主　编　陈明勇

编　者　陈明勇（中国农业大学）
江善祥（南京农业大学）
伍晓雄（华中农业大学）
夏平安（河南农业大学）
潘庆山（中国农业大学）

前　言

全国执业兽医资格考试的性质是行业准入考试，考试内容涉及的专业知识和专业技能是兽医从业人员从事兽医相关工作所必需的。执业兽医资格考试包括基础科目、预防科目、临床科目和综合应用四个科目，全部采用从五个备选答案中选择一个最佳答案的选择题形式，考试题型包括 A_1、A_2、A_3/A_4、B_1 四种题型，总题量为 400 题，总分为 400 分。从 2020 年开始，全国统一实施计算机考试。

为了帮助广大考生科学有效地复习，顺利通过全国执业兽医资格考试，根据 2021 年全国执业兽医资格考试大纲的基本要求，我们邀请了重点农业高校相关科目的专家和教授收集整理、精心编写了《2011—2020 年全国执业兽医资格考试考试试卷汇编（兽医全科类）》。本汇编包括 10 套标准考试试卷，共 4 000 题，基本汇集了执业兽医资格考试应试指南（兽医全科类）涉及的重要考试知识点，同时为了便于考生对试题与答案的理解及知识点的掌握，熟悉解题思路，每套试卷中各科目试题末尾均有二维码图示，通过扫码的方式可获取相应科目的"答案与解析"以及相关拓展数字资源。是考生复习备考的重要参考资料。

本书在编写过程中参阅了国内专家教授的相关著作，同时得到了《2021 年执业兽医资格考试应试指南（兽医全科类）》编写组相关专家的指点和帮助，在此向他们表示最诚挚的谢意。

本书力求体现"实战性"的特点，但由于编者水平有限，编写时间紧迫，书中如有不妥之处，敬请广大读者批评指正，以便修正提高。

编　者

2021 年 3 月

目　录

考生姓名：　　　　　　　　　　　　　　　　　准考证号：

2011年全国执业兽医资格考试试卷

(兽医全科类)上午卷

（基础预防）

注 意 事 项

一、请按照要求，用蓝黑色或者黑色签字笔在答题卡上填写姓名、身份证号码、考点、考试地点、考场号、准考证号等信息，并用铅笔涂好准考证号。

二、试卷分为2部分，基础科目100小题，预防科目100小题，共200小题，考试时间为150分钟。各部分不单独计时，请考生自己合理分配时间。

三、监考人员宣布考试开始时，方可答题；宣布考试结束时，应立即停止答题。答题卡、题本一律反扣在桌面上，待监考人员确认数量无误，允许离开时，考生方可离开考场。如果考生违反了以上任何一项要求，都将影响考试成绩。

四、答案必须填涂在答题卡上，书写在试题本上的答案一律无效。

五、答题卡严禁折叠。

六、答题卡的正确填涂方式为：■■■，用其他符号填涂答案者不计分。

七、如要改动答案，必须先用橡皮擦去原来选定的答案，然后再按上面的规定重新作答。

基础科目

[A1 型题]

答题说明

每一道考试题下面有A、B、C、D、E五个备选答案，请从中选择一个最佳答案，并在答题卡上将相应题号的相应字母所属的方框涂黑。

1.《中华人民共和国动物防疫法》规定，制定并组织实施动物疫病防治规划的主体是(　　)

A. 乡级人民政府　　B. 县级以上人民政府
C. 动物卫生监督机构　　D. 动物疫病预防控制机构
E. 县级以上人民政府兽医主管部门

2.《中华人民共和国动物防疫法》规定，确定全国强制免疫的动物疫病病种和区域的主体是(　　)

A. 国务院兽医主管部门　　B. 国务院卫生主管部门
C. 国务院商务主管部门　　D. 国务院质检主管部门
E. 中国动物疫病预防控制中心

3.《中华人民共和国动物防疫法》规定，批准设立临时性动物卫生监督检查站的主体是(　　)

A. 省级人民政府　　B. 省级动物卫生监督机构
C. 省级人民政府公安部门　　D. 省级人民政府兽医主管部门
E. 省级动物疫病预防控制机构

4.《动物防疫条件审查办法》规定，动物养殖小区距离城镇居民区的距离至少为(　　)

A. 100 m　　B. 200 m　　C. 500 m
D. 1 000 m　　E. 2 000 m

5.《动物检疫管理办法》规定，屠宰动物的提前申请检疫的时限是(　　)

A. 3 h　　B. 6 h　　C. 12 h
D. 24 h　　E. 48 h

6. 负责执业兽医注册的机关是(　　)

A. 动物卫生监督机构　　B. 国务院兽医主管部门
C. 动物疫病预防控制机构　　D. 省级人民政府兽医主管部门
E. 县级人民政府兽医主管部门

7. 执业助理兽医师不得从事的执业活动是(　　)

A. 对动物疾病开具处方　　B. 对诊疗器械进行消毒
C. 在执业兽医的指导下协助开展动物疾病的预防　　D. 在执业兽医的指导下协助开展动物疾病的诊断
E. 在执业兽医的指导下协助开展动物疾病的治疗

8. 属于《动物诊疗机构管理办法》调整的动物诊疗活动是(　　)

A. 经营性的动物绝育手术　　B. 经营性的动物人工授精
C. 非经营性的动物疾病预防　　D. 非经营性的动物疾病诊断
E. 非经营性的动物疾病治疗

9. 发放"动物诊疗许可证"的机关是(　　)

A. 省级动物卫生监督机构　　B. 县级动物卫生监督机构
C. 县级人民政府　　D. 县级人民政府兽医主管部门
E. 地市级动物卫生监督机构

10.《重大动物疫情应急条例》规定,重大动物疫情的认定权限为(　　)

A. 国家参考实验室　　B. 动物疫病研究机构
C. 省级动物卫生监督机构　　D. 省级动物疫病预防控制机构
E. 省级人民政府兽医主管部门

11. 不符合《重大动物疫情应急条例》规定的控制、扑灭重大动物疫病应急措施的是(　　)

A. 扑杀染疫的动物　　B. 销毁疫区内疑似染疫的动物产品
C. 将疫点易感动物转移至安全地带　　D. 将疫点内的被污染的动物圈舍进行消毒
E. 将受威胁区的易感动物实施紧急免疫接种

12. 属于一类动物疫病的是(　　)

A. 炭疽　　B. 牛白血病　　C. 牛结核病
D. 牛海绵状脑病　　E. 牛出血性败血病

13. 属于人畜共患病的是(　　)

A. 伪狂犬病　　B. 副结核病　　C. 放线菌病
D. 魏氏梭菌病　　E. 猪支原体肺炎

14. 不属于劣兽药的是(　　)

A. 被污染的　　B. 更改有效期的　　C. 不标明有效期的
D. 不标明有效成分的　　E. 兽药所含成分含量不符合国家标准的

15.《兽药经营质量管理规范》规定,兽药经营企业经营的特殊兽药不包括(　　)

A. 麻醉药品　　B. 精神药品　　C. 毒性药品
D. 放射性药品　　E. 助消化药品

16. 可以销售非国家强制免疫用生物制品的单位为(　　)

A. 养殖场　　B. 兽药检验机构　　C. 兽医行政管理部门
D. 动物卫生监督机构　　E. 兽用生物制品生产企业

17. 兽用生物制品说明书必须注明的内容不包括(　　)

A. 兽用标识　　B. 兽药名称　　C. 接种对象
D. 药理作用　　E. 批准文号

18. 负责核准兽用安钠咖注射液定点经销单位的机关是(　　)

A. 省级畜牧兽医管理部门　　B. 县级畜牧兽医管理部门　　C. 省级动物卫生监督机构
D. 县级动物卫生监督机构　　E. 地市级畜牧兽医管理部门

19. 兽用硫酸新霉素可溶性粉用于治疗鸡病,停药期为(　　)

A. 3 日　　B. 5 日　　C. 7 日
D. 14 日　　E. 28 日

20. 不属于第三类病原微生物的特性是(　　)

A. 传播风险有限　　B. 能够引起人类或者动物疾病
C. 能够引起人类或者动物严重疾病
D. 一般情况下,对人.动物或环境不构成严重危害
E. 实验室感染后很少引起严重疾病,并且具备有效治疗和预防措施

21. 正中矢状面将畜体分为(　　)

A. 上下相等的两半　　B. 左右相等的两半　　C. 前后相等的两半
D. 水平相等的两半　　E. 周长相等的两半

22. 牛的肋骨数目是(　　)

A. 18 对　　B. 15 对　　C. 14 对
D. 13 对　　E. 12 对

23. 髋关节具有副韧带的家畜是( )
A. 猪 B. 马 C. 犬
D. 羊 E. 牛

24. 牛腹腔侧壁肌由内向外依次为( )
A. 膈肌、腹横肌、腹斜肌 B. 腹直肌、腹横肌、腹斜肌
C. 腹直肌、腹斜肌、腹横肌 D. 腹外斜肌、腹内斜肌、腹横肌
E. 腹横肌、腹内斜肌、腹外斜肌

25. 肉蹄是指( )
A. 悬蹄 B. 蹄表皮 C. 蹄真皮
D. 蹄白线 E. 蹄皮下组织

26. 不属于消化腺的是( )
A. 肝 B. 胰 C. 肠腺
D. 舌下腺 E. 舌扁桃体

27. 网胃位于( )
A. 脐部 B. 腰部 C. 左季肋部
D. 右季肋部 E. 季肋部的正中矢状面上

28. 犬胃黏膜的特征之一是( )
A. 胃黏膜只有有腺部 B. 胃黏膜只有无腺部
C. 胃黏膜分有腺部和无腺部,有腺部大无腺部小
D. 胃黏膜分有腺部和无腺部,有腺部小无腺部大
E. 胃黏膜分有腺部和无腺部,有腺部和无腺部大小相当

29. 膀胱的黏膜上皮是( )
A. 变移上皮 B. 复层柱状上皮 C. 单层柱状上皮
D. 单层立方上皮 E. 假复层柱状纤毛上皮

30. 前腔静脉和后腔静脉的血液汇入( )
A. 左心房 B. 右心房 C. 左心室
D. 右心室 E. 冠状窦体

31. 位于阔筋膜张肌前缘膝褶中的淋巴结是( )
A. 腘淋巴结 B. 髂下淋巴结 C. 髂内侧淋巴结
D. 腹股沟浅淋巴结 E. 腹股沟深淋巴结

32. 滑车神经的纤维成分性质属于( )
A. 感觉神经 B. 运动神经 C. 混合神经
D. 交感神经 E. 副交感神经

33. 位于左、右肾前内侧的内分泌腺是( )
A. 垂体 B. 松果腺 C. 肾上腺
D. 甲状腺 E. 甲状旁腺

34. 中耳的功能是( )
A. 收集声波 B. 传导声波 C. 压缩声波
D. 听觉感受器的所在地 E. 位置感受器的所在地

35. 家禽的泌尿系统特殊,是因为( )
A. 肾脏发达 B. 肾脏退化 C. 肾合并
D. 膀胱发达 E. 缺乏膀胱

36.胎儿与母体进行物质交换的特殊结构是(　　)
A.卵巢　B.胎盘　C.子宫颈
D.输卵管　E.子宫角

37.神经调节的基本方式是(　　)
A.反射　B.肌紧张　C.皮层活动
D.突触传递　E.感觉传导

38.细胞产生兴奋后,可以接受阈下刺激而引起第二次兴奋的阶段是(　　)
A.超常期　B.低常期　C.绝对不应期
D.相对不应期　E.有效不应期

39.不属于白细胞特性的是(　　)
A.趋化性　B.变形运动　C.吞噬作用
D.渗透特性　E.白细胞渗出

40.心率加快时,发生的情况是(　　)
A.心动周期持续时间不变　B.心动周期持续时间延长
C.舒张期不变,收缩期缩短　D.收缩期不变,舒张期缩短
E.收缩期和舒张期均缩短,但后者较前者明显

41.肾脏重吸收原尿中葡萄糖的主要部位是(　　)
A.集合管　B.近球小管　C.远球小管
D.髓袢升支细段　E.髓袢降支细段

42.在气温接近或超过体温时,马属动物最有效的散热方式是(　　)
A.传导　B.对流　C.辐射
D.蒸发　E.热喘

43.决定尿液浓缩和稀释的重要因素是(　　)
A.肾小球血流量　B.肾小球滤过率　C.肾小球囊液渗透压
D.肾小球滤过分数　E.远曲小管和集合管对水的通透性

44.属于肾上腺素能受体的是(　　)
A.M受体和N受体　B.M受体和β受体　C.M受体和α受体
D.N受体和β受体　E.α受体和β受体

45.属于糖皮质激素的是(　　)
A.胰岛素　B.醛固酮　C.皮质醇
D.肾上腺素　E.胰高血糖素

46.松果腺分泌的主要激素是(　　)
A.松弛素　B.褪黑素　C.降钙素
D.抑制素　E.促黑激素

47.蛋白质与其所含有的盐分分开可以选用(　　)
A.透析技术　B.离心技术　C.盐析技术
D.电泳技术　E.分子杂交技术

48.生物膜的功能越复杂,其组成中含量越多的是(　　)
A.磷脂　B.糖脂　C.寡糖
D.胆固醇　E.蛋白质

49.可以近似反映酶与底物结合能力的参数是(　　)
A.初速度　B.比活力　C.转换数
D.最大速度　E.米氏常数

50. 反刍动物体内葡萄糖的重要来源是( )
A. 淀粉的消化吸收 B. 纤维素的消化吸收 C. 消化道微生物产生
D. 在体内由丙酸转化 E. 在体内由脂肪转化

51. 生物体内被称为“通用能量货币”的物质是( )
A. ADP B. ATP C. GTP
D. CTP E. UTP

52. 长链脂肪酸合成过程中脂酰基的主要载体是( )
A. CoA B. ACP C. 肉碱
D. 硫辛酸 E. 脂肪酸结合蛋白

53. 氨基酸脱去氨基后产生( )
A. 尿素和水 B. 氨和 α-酮酸 C. 尿素和 α-酮酸
D. 氨和二氧化碳 E. 二氧化碳、氨和水

54. 可以为氨基酸的再合成提供“碳骨架”的是( )
A. 尿素 B. 尿酸 C. α-酮酸
D. 二氧化碳 E. 一碳基团

55. 生命中有机体遗传信息的载体是( )
A. 蛋白质 B. 氨基酸 C. 核酸
D. 核苷酸 E. 多糖

56. 肝脏中解除胺类物质毒性的主要反应是( )
A. 结合反应 B. 氧化反应 C. 异物反应
D. 水解反应 E. 裂解反应

57. 属于生物性致病因素的是( )
A. 病毒 B. 蛇毒 C. 紫外线
D. 芥子气 E. 电磁辐射

58. 与细胞水肿发生无关的是( )
A. 细胞内线粒体受损 B. 脂肪酸的氧化 C. 细胞膜的钠-钾泵功能障碍
D. 三羧酸循环障碍 E. ATP 生成减少而致细胞能量供应不足

59. 关于坏死的结局,错误的描述是( )
A. 反应性炎症 B. 化生 C. 腐离脱落
D. 溶解吸收 E. 机化、组织包裹与钙化

60. 与肾转移性钙化发生有关的因素是( )
A. 甲状腺功能亢进 B. 甲状腺功能减退 C. 甲状旁腺机能亢进
D. 甲状旁腺功能减退 E. 维生素 D 减少

61. 肺淤血的常见原因是( )
A. 右心衰竭 B. 左心衰竭 C. 肝功能衰竭
D. 肾功能衰竭 E. 脾功能衰竭

62. 红色梗死常发生于( )
A. 心脏 B. 大脑 C. 肾脏
D. 肝脏 E. 肺脏

63. 休克早期微循环的特征是( )
A. 灌少于流 B. 灌多于流 C. 多灌少流
D. 多灌多流 E. 不灌不流

64. 不属于适应性反应的是(　　)
A. 萎缩　B. 坏死　C. 增生
D. 化生　E. 肥大

65. 与炎性渗出有关的因素的是(　　)
A. 血管壁通透性增高　B. 血管壁通透性下降
C. 血浆胶体渗透压升高　D. 组织内晶体渗透压下降
E. 组织内晶体渗透压升高

66. 发生于黏膜的渗出性炎症称为(　　)
A. 伪膜性炎　B. 浆液性炎　C. 化脓性炎
D. 卡他性炎　E. 固膜性炎

67. 来源于间叶组织的恶性肿瘤称为(　　)
A. 肉瘤　B. 肝癌　C. 腺癌
D. 畸形瘤　E. 恶性混合瘤

68. 肝硬化时,肝脏变硬的主要原因是(　　)
A. 大量假小叶形成　B. 肝脏出血、水肿　C. 大量炎性细胞浸润
D. 肝细胞大量坏死消亡　E. 间质结缔组织大量增生

69. 急性肾功能不全时,钠钾代谢的特点是(　　)
A. 高钾低钠血症　B. 高钾高钠血症　C. 低钾低钠血症
D. 低钾高钠血症　E. 血液钾钠正常

70. 药物的首过效应主要发生在(　　)
A. 内服给药后　B. 皮下注射给药后　C. 静脉注射给药后
D. 肌肉注射给药后　E. 呼吸道吸入给药后

71. 药物的不良反应不包括(　　)
A. 副作用　B. 毒性作用　C. 拮抗作用
D. 过敏反应　E. 特异质反应

72. 对替米考星不敏感的病原微生物是(　　)
A. 支原体　B. 巴氏杆菌　C. 大肠杆菌
D. 金黄色葡萄球菌　E. 胸膜肺炎放线杆菌

73. 酰胺醇类抗生素的抗菌作用机理是抑制细菌(　　)
A. 叶酸的合成　B. 核酸的合成　C. 蛋白质的合成
D. 细胞壁的合成　E. DNA 回旋酶的合成

74. 对炭疽芽孢无效的消毒药是(　　)
A. 含氯石灰　B. 过氧乙酸　C. 苯扎溴铵
D. 溴氯海因　E. 氢氧化钠

75. 具有解热、镇痛和抗炎作用的药物是(　　)
A. 安乃近　B. 氯丙嗪　C. 哌替啶(度冷丁)
D. 水合氯醛　E. 地塞米松

76. 治疗仔猪缺铁性贫血的药物是(　　)
A. 叶酸　B. 维生素 K　C. 维生素 B_{12}
D. 酚磺乙胺　E. 右旋糖酐铁

77. 西咪替丁能阻断(　　)
A. M 受体　B. H_1 受体　C. H_2 受体
D. N_2 受体　E. N_1 受体

78. 亚甲蓝适用于解救动物的(　　)

A. 铜中毒　　B. 氰化物中毒　　C. 有机氯中毒

D. 有机磷中毒　　E. 亚硝酸盐中毒

[B1 型题]

答题说明

以下提供若干组考题,每组考题共用在考题前列出的A、B、C、D、E五个备选答案。请从中选择一个与问题关系最密切的答案,并在答题卡上将相应题号的相应字母所属的方框涂黑。某个备选答案可能被选择一次、多次或不被选择。

(79～80题共用备选答案)

A. 肺泡隔　　B. 尘细胞　　C. Ⅰ型肺细胞

D. Ⅱ型肺细胞　　E. Ⅲ型肺细胞

79. 能分泌肺泡表面活性物质的细胞是(　　)

80. 位于相邻的肺泡之间,具有吞噬功能的细胞是(　　)

(81～82题共用备选答案)

A. 卵丘　　B. 基膜　　C. 透明带

D. 放射冠　　E. 卵泡膜

81. 位于初级卵母细胞和颗粒细胞之间的一层嗜酸性、折光强的膜状结构称为(　　)

82. 紧靠卵母细胞的一层颗粒细胞增高呈柱状,呈放射状排列的结构称为(　　)

(83～85题共用备选答案)

A. 气胸　　B. 呼气末　　C. 吸气末

D. 平静呼吸　　E. 用力呼吸

83. 胸膜腔内负压最大发生在(　　)

84. 胸膜腔内负压最小发生在(　　)

85. 引起胸膜腔负压消失的情况是(　　)

(86～87题共用备选答案)

A. 钠　　B. 钾　　C. 钙

D. 磷　　E. 碳

86. 对维持细胞内液的渗透压、酸碱平衡以及神经肌肉兴奋性都有重要作用的元素是(　　)

87. 大部分存在于骨骼中,并且又是核酸组成成分,还积极参与细胞中物质代谢的元素是(　　)

(88～89题共用备选答案)

A. 单核细胞　　B. 淋巴细胞　　C. 中性粒细胞

D. 嗜酸性粒细胞　　E. 嗜碱性粒细胞

88. 化脓灶内的炎性细胞是(　　)

89. 寄生虫病灶内常见的炎性细胞是(　　)

(90～91题共用备选答案)

A. 大白肾　　B. 大红肾　　C. 皱缩肾

D. 白斑肾　　E. 蚤咬肾

90. 膜性肾小球肾炎初期的眼观病变呈(　　)

91. 间质性肾炎后期的眼观病变呈(　　)

(92～93 题共用备选答案)

A. 衣原体感染　　B. 支原体感染　　C. 结核杆菌感染

D. 犬组织胞浆菌病　　E. 猪密螺旋体性痢疾

92. 链霉素适用于治疗(　　)

93. 乙酰甲喹适用于治疗(　　)

(94～95 题共用备选答案)

A. 异氟醚　　B. 氯胺酮　　C. 赛拉唑

D. 硫喷妥钠　　E. 琥珀胆碱

94. 能作为骨骼肌松弛药使用的药物是(　　)

95. 能通过吸入进行诱导麻醉的药物是(　　)

[A2 型题]

答题说明

每一道考题是以一个小案例出现的，其下面都有 A、B、C、D、E 五个备选答案。请从中选择一个最佳答案，并在答题卡上将相应题号的相应字母所属的方框涂黑。

96. 5 月龄公猪，因怀疑患巴氏杆菌性肺炎，用头孢噻呋肌注治疗 3 d，疗效欠佳，经实验室诊断为支原体肺炎混合感染巴氏杆菌，进一步治疗应加用的药物是(　　)

A. 庆大霉素　　B. 乙酰甲喹　　C. 氟苯尼考

D. 泰乐菌素　　E. 磺胺对甲氧嘧啶

97. 一群 4 周龄左右的后备蛋鸡，因怀疑患大肠杆菌病，用新霉素混饮治疗 3 d，疗效欠佳，经实验室诊断为鸡慢性呼吸道病混合感染大肠杆菌，进一步治疗应加用的药物是(　　)

A. 红霉素　　B. 甲砜霉素　　C. 阿莫西林

D. 氟苯尼考　　E. 磺胺喹噁啉

[A3/A4 型题]

答题说明

以下提供若干个案例，每个案例下设若干个考题。请根据案例所提供的信息，在每一道考试题下面的 A、B、C、D、E 五个备选答案中选择一个最佳答案，并在答题卡上将相应题号的相应字母所属的方框涂黑。

(98～100 题共用题干)

一群雏鸡发病，表现为贫血，运动障碍，姿势异常，腹下浮肿呈紫色，有的雏鸡突然死亡，对饲料分析发现其中维生素 E 含量过低。

98. 病理剖检，该病鸡脑部病变主要发生的部位是(　　)

A. 大脑　　B. 小脑　　C. 延髓

D. 中脑　　E. 间脑

99. 病鸡脑组织病理学检查，其病灶的主要病变为(　　)

A. 神经元变性　　B. 化脓性脑炎　　C. 凝固性坏死

D. 液化性坏死　　E. 非化脓性脑炎

100. 引发病鸡脑组织损伤的主要机制是致病因子降低了雏鸡的(　　)

A. 免疫功能　　B. 抗应激能力　　C. 抗氧化能力

D. 脑组织的再生能力　　E. 单核巨噬细胞的吞噬能力

2011 年 · 基础科目 · 答案与解析

预防科目

[A1型题]

答题说明

每一道考试题下面有A、B、C、D、E五个备选答案,请从中选择一个最佳答案,并在答题卡上将相应题号的相应字母所属的方框涂黑。

101.维持细菌固有形态的结构是( )
A.S层　B.拟核　C.细胞壁
D.细胞膜　E.细胞质

102.具有抗吞噬作用的细菌结构是( )
A.质粒　B.荚膜　C.鞭毛
D.菌毛　E.芽孢

103.细菌群体生物特性最典型的生长时期是( )
A.潜伏期　B.迟缓期　C.对数期
D.稳定期　E.死亡期

104.当细菌死亡裂解后,才能游离出来的物质是( )
A.色素　B.内毒素　C.外毒素
D.链激酶　E.抗生素

105.大肠杆菌在麦康凯琼脂上生长可以形成红色菌落,其原因是它分解( )
A.乳糖　B.蔗糖　C.葡萄糖
D.麦芽糖　E.甘露醇

106.适用于巴氏消毒法进行消毒的是( )
A.培养基　B.生理盐水　C.玻璃器皿
D.手术器械　E.牛奶

107.乙醇消毒常用的浓度是( )
A.100%　B.95%　C.85%
D.75%　E.65%

108.引起猪肺疫的病原是( )
A.大肠杆菌　B.副猪嗜血杆菌　C.多杀性巴氏杆菌
D.沙门氏杆菌　E.葡萄球菌

109.监测免疫效果最常测定的是( )
A.特异性抗体水平　B.疫苗抗原含量　C.疫苗稳定性
D.排毒(菌)时间　E.疫苗佐剂含量

110.常年用于畜舍熏蒸消毒的消毒剂是( )
A.来苏儿　B.新洁尔灭　C.季铵盐
D.福尔马林　E.氢氧化钠

111.某4～5周龄猪群发病,眼睑周围皮下水肿,倒地后四肢划动如游泳状,1～2 d死亡,剖检可见胃壁及肠系膜水肿,该病最可能是( )
A.猪链球菌病　B.李氏杆菌病　C.猪副伤寒
D.猪伪狂犬病　E.仔猪大肠杆菌病

112. 某猪场部分 3 月龄以上猪突然发生咳嗽,呼吸困难,急性死亡,病死前口鼻流出有血色的液体,剖检可见肺与胸壁粘连,肺充血、出血,分离病原时应选用的培养基是(　　)

A. 麦康凯琼脂　　B. 三糖铁琼脂　　C. 马铃薯琼脂

D. 巧克力琼脂　　E. SS 培养基

113. 引进种兔在隔离期,可见面部和天然孔周围明显肿胀,切开肿胀部,见皮下出血,积聚胶冻状液体。该病发病率高,病死率达 100%。该病的传播媒介是(　　)

A. 椎实螺　　B. 钉螺　　C. 迁徙候鸟

D. 吸血昆虫　　E. 啮齿动物

114. 人畜粪便不经处理直接排入鱼塘可传播的寄生虫病是(　　)

A. 疥螨病　　B. 猪囊尾蚴病　　C. 旋毛虫病

D. 巴贝斯虫病　　E. 华支睾吸虫病

115. 经常发生疥螨的养殖场,控制发病的最有效措施是(　　)

A. 加强通风　　B. 药物预防　　C. 通风干燥

D. 控制温度　　E. 勤换垫料

116. 球虫的感染途径是(　　)

A. 经口感染　　B. 经皮肤感染　　C. 接触感染

D. 经胎盘感染　　E. 自身感染

117. 螨的检查方法是(　　)

A. 粪便检查　　B. 血液检查　　C. 皮屑检查

D. 抗原检查　　E. 抗体检查

118. 切断寄生虫的传播途径不包括(　　)

A. 使用驱虫药物　　B. 控制传播媒介　　C. 圈舍环境消毒

D. 粪便无害化处理　　E. 轮流放牧

119. 治疗棘球蚴病的药物是(　　)

A. 硫双二氯酚　　B. 吡喹酮　　C. 阿维菌素

D. 莫能菌素　　E. 三氮脒

120. 诊断牛弓首蛔虫病常采用的粪便检查方法是(　　)

A. 肉眼观察法　　B. 饱和盐水漂浮法　　C. 毛蚴孵化法

D. 幼虫分离法　　E. 粪便培养法

121. 治疗马圆线虫病的药物是(　　)

A. 吡喹酮　　B. 倍硫磷　　C. 溴氰菊酯

D. 磺胺嘧啶　　E. 噻苯咪唑

122. 确诊禽流感最可靠的方法是(　　)

A. ELISA　　B. RT-PCR　　C. 电镜观察

D. 平板凝集　　E. 病毒分离鉴定

123. 鸡白痢检疫常用的方法是(　　)

A. 中和试验　　B. 平板凝集试验　　C. 试管凝集试验

D. 补体结合试验　　E. 琼脂扩散试验

124. 诊断牛结核病常用的方法是(　　)

A. ELISA　　B. PCR 诊断　　C. 细菌分离鉴定

D. 皮内变态反应法　　E. IFN-γ 体外释放法

125. 仔猪黄痢多发于(　　)
A. 1～3日龄　B. 7～10日龄　C. 11～15日龄
D. 16～25日龄　E. 25～30日龄

126. 奶牛副结核病的潜伏期通常是(　　)
A. 1～2 d　B. 5～6 d　C. 7～14 d
D. 1～2月　E. 6～12月

127. 用免疫接种法预防猪细小病毒病,母猪的免疫时间是(　　)
A. 配种前　B. 发情期　C. 妊娠后45 d
D. 妊娠后60 d　E. 妊娠后90 d

128. 猪支原体肺炎的流行病学特点是(　　)
A. 主要通过胎盘传播　B. 主要通过精液传播　C. 主要通过消化道传播
D. 主要通过呼吸道传播　E. 外来品种比地方品种更易感

129. 仔猪断奶衰竭综合征的特征性病理变化是(　　)
A. 脾脏梗死但不肿大　B. 淋巴结肿大2～5倍　C. 肺双侧对称性肉变
D. 纤维素坏死性心肌炎　E. 坏死性肺炎

130. 用于分离副猪嗜血杆菌的培养基是(　　)
A. SS琼脂　B. 马丁琼脂　C. 巧克力琼脂
D. 鲜血琼脂　E. 三糖铁斜面培养基

131. 非疫区羊群一旦发生蓝舌病,应采取的防控措施是(　　)
A. 环境消毒　B. 治疗发病羊　C. 扑杀发病羊群
D. 隔离发病羊群　E. 紧急免疫接种

132. 牛流行热的重要传播媒介是(　　)
A. 蚤　B. 蜱　C. 虱
D. 螨　E. 蚊

133. 分离牛病毒性腹泻病毒常用的实验动物是(　　)
A. 幼犬　B. 雏鸭　C. 乳兔
D. 雏鸡　E. 雏鸽

134. 病原体可在鸡胚内干扰NDV-B1株血凝素的产生,其引起的疾病是(　　)
A. 新城疫　B. 禽流感　C. 马立克氏病
D. 鸡传染性支气管炎　E. 传染性喉气管炎

135. 通过琼脂扩散试验检测羽髓中病毒抗原,可以做出诊断的疾病是(　　)
A. 禽流感　B. 新城疫　C. 禽白血病
D. 马立克氏病　E. 传染性法氏囊病

136. 鸭瘟俗称(　　)
A. "大头瘟"　B. "小脑炎"　C. "大劈叉"
D. "大肝病"　E. "大脖子病"

137. 犬首次接种犬瘟热疫苗的时间一般在(　　)
A. 半月龄　B. 2月龄　C. 3月龄
D. 4月龄　E. 配种前

138. 犬首次接种犬传染性肝炎疫苗的时间一般是(　　)
A. 1月龄　B. 2月龄　C. 3月龄
D. 4月龄　E. 配种前

139. 预防猫泛白细胞减少症的首选措施是(　　)
A. 免疫接种　B. 减少应激　C. 加强营养
D. 抗生素预防　E. 注射高免血清

140. 白僵菌的增殖方式是(　　)
A. 营养菌丝-节孢子-分生孢子　B. 气生菌丝-分生孢子
C. 营养菌丝-分生孢子-气生菌丝　D. 分生孢子-营养菌丝-气生菌丝
E. 营养菌丝-芽生孢子-节孢子-营养菌丝

141. 动物感染寄生虫后,引起消瘦、营养不良的主要原因是(　　)
A. 免疫损伤　B. 继发感染　C. 机械性损伤
D. 掠夺宿主营养　E. 虫体毒素作用

142. 预防马巴贝斯虫病采取的主要措施是(　　)
A. 消毒畜舍　B. 除蟑灭蜱　C. 加强饲料清理
D. 改善饲草卫生　E. 加强粪便清理

143. 寄生虫病最常见的实验室诊断方法是(　　)
A. 抗体检测　B. 抗原检测　C. PCR 检测
D. 病原学检查　E. 血液常规化验

144. 弓形虫的终末宿主是(　　)
A. 犬　B. 猫　C. 马
D. 牛　E. 鸡

145. 棘沟赖利绦虫的终末宿主是(　　)
A. 猪、马　B. 牛、羊　C. 犬、猫
D. 兔、貂　E. 鸡、火鸡

146. 对绵羊致病力最强的球虫是(　　)
A. 邱氏艾美耳球虫　B. 柔嫩艾美耳球虫　C. 斯氏艾美耳球虫
D. 阿氏艾美耳球虫　E. 毒害艾美耳球虫

147. 犬新孢子虫病在牛群中的传播途径是(　　)
A. 空气传播　B. 接触传播　C. 媒介传播
D. 垂直传播　E. 人工授精

148. 检查隐孢子虫的最佳染色方法是(　　)
A. 美兰染色法　B. 瑞氏染色法　C. 吉姆萨染色法
D. 革兰氏染色法　E. 齐-尼氏染色法

149. 引起仔猪皮肤局部出现红斑、丘疹和浮肿的寄生虫是(　　)
A. 旋毛虫　B. 猪蛔虫　C. 猪囊虫
D. 猪球虫　E. 兰氏类圆线虫

150. 诊断疥螨病,通常采取的病料组织是(　　)
A. 皮肤表面的毛发　B. 病变皮肤的毛囊　C. 毛囊内容物或皮脂腺
D. 健康组织与病变交界处的痂皮　E. 病变皮肤的中央痂皮

151. 日本分体吸虫侵入人和牛、羊等终末宿主皮肤的发育阶段是(　　)
A. 虫卵　B. 毛蚴　C. 胞蚴
D. 尾蚴　E. 童虫

152. 胎儿三毛滴虫寄生在牛的(　　)
A. 肝脏　B. 肺脏　C. 血液
D. 消化道　E. 生殖道

153. 生前诊断犬恶丝虫病时,血液中检查到的是(　　)
A. 虫卵　B. 毛蚴　C. 雄虫
D. 雌虫　E. 微丝蚴

154. 马副蛔虫成虫寄生于马属动物的(　　)
A. 胃　B. 小肠　C. 大肠
D. 胸腔　E. 腹腔

155. 鸡住白细胞虫病的特征性症状是(　　)
A. 鸡冠与肉垂发绀,排大量血便　B. 发生痉挛与昏迷,排大量血便
C. 死前口流鲜血,鸡冠与肉垂发白　D. 有黏液性鼻液,发出喘鸣声
E. 口和鼻流出混泡沫的黏液,鸡冠与肉垂发绀

156. 剖检蜜蜂马氏管变形虫病的病蜂,可见其中肠颜色为(　　)
A. 黑色　B. 浅黄色　C. 深黄色
D. 灰白色　E. 红褐色

157. 在一定时间内,生态系统的结构和功能的状态一般是(　　)
A. 不稳定　B. 非常稳定　C. 相对静止
D. 相对稳定　E. 非常不稳定

158. 地方性克汀病的发病原因主要是缺乏(　　)
A. 硒　B. 碘　C. 锌
D. 钴　E. 钼

159. 抗微生物药物残留对人体健康的主要影响不包括(　　)
A. 具有毒性作用　B. 导致肠道菌群失调　C. 细菌耐药性增加
D. 引起心血管疾病　E. 引起过敏反应

160. 肉毒梭菌毒素食物中毒的特征为(　　)
A. 腹痛　B. 腹泻　C. 呕吐
D. 发热　E. 肌肉麻痹

161. 常用于染疫皮张的无害化处理方法是(　　)
A. 化制　B. 高温高压　C. 化学消毒
D. 煮沸消毒　E. 紫外线照射

162. 根据现行国家标准,对高致病性禽流感病鸡应作(　　)
A. 产酸处理　B. 冷冻处理　C. 高温处理
D. 盐腌处理　E. 销毁处理

163. 动物诊疗机构至少应有两个分区,其中一个必须是(　　)
A. 动物手术区　B. 动物诊疗区　C. 动物处理区
D. 动物疫病区　E. 动物消毒区

[B1 型题]

答题说明

以下提供若干组考题,每组考题共用在考题前列出的 A、B、C、D、E 五个备选答案。请从中选择一个与问题关系最密切的答案,并在答题卡上将相应题号的相应字母所属的方框涂黑。某个备选答案可能被选择一次、多次或不被选择。

(164～166 题共用备选答案)

A. 大肠杆菌　B. 产气荚膜梭菌　C. 多杀性巴氏杆菌
D. 鸡白痢沙门氏菌　E. 鸡伤寒沙门氏菌

164. 某鸡场雏鸡严重腹泻,粪便带血。取病死鸡小肠黏膜接种麦康凯琼脂,长出红色菌落。该病最可能的病原是( )

165. 某鸡场 7 日龄雏鸡排白色糊状粪便。取粪便接种远藤、麦康凯琼脂,均长出无色透明的小菌落。该病最可能的病原是( )

166. 某鸡场成年鸡排黄色稀粪。取粪便接种麦康凯琼脂,长出无色菌落;接种三糖铁琼脂,培养基底部呈黑色。该病最可能的病原是( )

(167～169 题共用备选答案)

A. 朊病毒　B. 蓝舌病病毒　C. 绵羊痘病毒
D. 伪狂犬病病毒　E. 小反刍兽疫病毒

167. 山羊,高热稽留,口鼻流出黏液性分泌物。取该分泌物接种 Vero 细胞,6 d 后出现多核巨细胞病变。该病例最可能的病原是( )

168. 绵羊,高热稽留,眼周围、唇、鼻、四肢、乳房等处出现痘疹。取病料电镜观察,可见卵圆形或砖性病毒粒子。该病例最可能的病原是( )

169. 绵羊,高热稽留,口唇肿胀糜烂,舌部青紫色,跛行。取该病羊全血,经裂解后接种鸡胚,分离到的病原能凝集绵羊和人 O 型血细胞。该病例最可能的病原是( )

(170～172 题共用备选答案)

A. 骨髓　B. 胸腺　C. 法氏囊
D. 扁桃体　E. 哈德氏腺

170. 某鸡场,采用滴鼻点眼法对 7 日龄雏鸡接种新城疫疫苗,以刺激机体免疫器官产生局部黏膜免疫。该免疫器官是( )

171. 某鸡场,3 周龄鸡羽毛蓬松,排水样粪便。剖检可见腿肌、胸肌出血;此外还发现某免疫器官呈紫葡萄状。该免疫器官是( )

172. 某猪场,2 月龄猪高热稽留。剖检病死猪可见回盲瓣口纽扣状溃疡。对同群发病猪活体进行病原学检查时应采集的免疫器官是( )

(173～175 题共用备选答案)

A. 猪瘟　B. 猪伪狂犬　C. 猪乙型脑炎
D. 猪细小病毒病　E. 猪繁殖与呼吸综合征

173. 初胎母猪出现流产、木乃伊胎和死胎,但不出现其他临床症状。经产母猪无异常表现。该病可能是( )

174. 母猪群出现发热,妊娠后期流产,产死胎。用猪肺泡巨噬细胞可以分离出一株 RNA 病毒。该病可能是( )

175. 某猪群部分母猪出现流产,部分仔猪出生后不久出现败血症等现象,死亡率达 30%,剖检可见病猪喉头出血,肾脏表面有大小不一的出血点,脾脏梗死。该病可能是( )

(176～178题共用备选答案)

A. 肝片形吸虫　　B. 莫尼茨绦虫　　C. 胎生网尾线虫

D. 粗纹食道口线虫　　E. 羊仰口线虫

176. 一绵羊群在春季出现消瘦、严重贫血、颌下和胸腹下水肿等临床症状,剖检可见胆管显著增粗,其中有多量柳叶状虫体。可能感染的寄生虫是(　　)

177. 某羊群出现渐进性消瘦、腹泻和便秘交替等临床症状,剖检可见在结肠腔内发现多量15 mm左右的乳白色线状虫体,并在肠壁有多量结节病变。可能感染的寄生虫是(　　)

178. 某牛群发生以咳嗽、呼吸困难、消瘦为主要症状的疾病。采用幼虫分离法在新鲜粪便中检查到多量一期幼虫。幼虫头端较粗,有一扣状突出。可能感染的寄生虫是(　　)

(179～181题共用备选答案)

A. 醛和酮　　B. 多环芳烃　　C. 多氯联苯

D. 亚硝酸盐　　E. 胺类化合物

179. 肉品发生腐败变质时,由于蛋白质分解,会产生有不良气味且对人体健康有不良影响的物质。这种有害的物质最可能是(　　)

180. 熏肉、羊肉串等肉类在熏、烤过程中,因与明火和烟接触,温度高,会产生对人体具有致癌作用的物质。这种有害的物质最可能是(　　)

181. 为了使肉制品呈色良好,加工中添加一种护色剂。但添加过量或混合不均匀时,食入较多的这种物质可以引起食用者出现全身皮肤、黏膜紫绀等缺氧症状。肉品中这种有害的物质最可能是(　　)

[A2型题]

答题说明

每一道考题是以一个小案例出现的,其下面都有A、B、C、D、E五个备选答案。请从中选择一个最佳答案,并在答题卡上将相应题号的相应字母所属的方框涂黑。

182. 某猪场,7日龄仔猪严重腹泻,粪便恶臭且带有血液、黏液,取结肠黏液制成压滴标本片,暗视野显微镜下可见多个具有蛇样运动、2～4个弯曲的微生物。该猪群感染的病原可能是(　　)

A. 霍乱弧菌　　B. 沙门氏菌　　C. 鼠咬热螺菌

D. 猪痢疾短螺旋体　　E. 产气荚膜梭菌

183. 某牛场饲养员协助接生一奶牛后,出现低热、全身乏力、头痛等症状。采集分泌物涂片检查,可见革兰氏阴性菌;柯兹洛夫斯基鉴别染色为红色的球杆菌。该猪病原可能是(　　)

A. 支原体　　B. 螺旋体　　C. 分枝杆菌

D. 布鲁氏菌　　E. 巴氏杆菌

184. 某鸡场,3周龄鸡出现水样腹泻。剖检病死鸡可见肾脏肿大出血,呈花斑肾,接种鸡胚可以导致胚体卷缩矮小。引起该病的病原可能是(　　)

A. 新城疫病毒　　B. 马立克氏病病毒　　C. 传染性支气管炎病毒

D. 传染性法氏囊病病毒　　E. 传染性喉气管炎病毒

185. 10月龄牛,高热,口腔黏膜溃疡,伴有严重腹泻。取病料接种牛胎肾细胞,电镜观察可见有囊膜的球形病毒粒子。该牛感染的病原可能是(　　)

A. 朊病毒　　B. 牛暂时热病毒　　C. 小反刍兽疫病毒

D. 牛病毒性腹泻病毒　　E. 牛传染性鼻气管炎病毒

186. 某母猪发热，流产，产死胎，部分仔猪耳部皮肤变蓝。同场的保育猪有发热症状。分离病毒可以使用的细胞是(　　)

A. Vero 细胞　　B. PK-15 细胞　　C. BHK-21 细胞
D. Marc-145 细胞　　E. 鸡胚成纤维细胞

187. 初冬，某群奶牛发病，体温升高，大量流泪，有脓性鼻漏，鼻黏膜、鼻镜高度充血，犊牛发病，口吐白沫，共济失调，阵发性痉挛，角弓反张，病程 4～5 d。该病可能是(　　)

A. 牛流行热　　B. 牛黏膜病　　C. 牛出血性败血病
D. 牛传染性胸膜炎　　E. 牛传染性鼻气管炎

188. 某 23 周龄的种鸡群陆续发病，发病率为 5%，死亡率约 1%，鸡群消瘦、虚弱、产蛋率下降。剖检可见肝、脾、肾、卵巢和法氏囊均有肿瘤结节。该病可能是(　　)

A. 禽白血病　　B. 禽结核病　　C. 鸡传染性贫血
D. 传染性法氏囊病　　E. 鸡大肠杆菌病

189. 西北地区，某牛群出现消瘦，衰弱，有轻度咳嗽等症状。死后剖检可见肝脏边缘有鸡蛋大小囊状虫体，囊内有小囊。该病最可能是(　　)

A. 链尾蚴病　　B. 棘球蚴病　　C. 牛囊尾蚴病
D. 脑多头蚴病　　E. 细颈囊尾蚴病

190. 某放牧羊群发生以渐进性消瘦、贫血、回旋运动等神经症状为主的疾病。粪便检查发现有白色节片。该病可能是(　　)

A. 球虫病　　B. 片形吸虫病　　C. 莫尼茨绦虫病
D. 捻转血矛线虫病　　E. 日本分体吸虫病

191. 夏季，30 日龄雏鸡陆续发病死亡，剖检病鸡可见一侧或两侧盲肠肿胀，外观似香肠，肠腔有干酪样肠芯。肝脏肿大，表面呈淡黄色或淡绿色的坏死病灶，病灶中央凹陷，边缘隆起。该鸡群可能发生的疾病是(　　)

A. 毛滴虫病　　B. 鸡球虫病　　C. 禽白血病
D. 马立克氏病　　E. 组织滴虫病

[A3/A4 型题]

答题说明
以下提供若干个案例，每个案例下设若干个考题。请根据案例所提供的信息，在每一道考试题下面的 A、B、C、D、E 五个备选答案中选择一个最佳答案，并在答题卡上将相应题号的相应字母所属的方框涂黑。

(192～194 题共用题干)

某 15 日龄鸡群发病，呼吸困难，下痢，粪便呈黄绿色，提起时流出腥臭的液体，部分病鸡出现神经症状，剖检可见腺胃乳头出血，腺胃与食道交汇处呈带状出血。

192. 该病最可能是(　　)

A. 禽霍乱　　B. 新城疫　　C. 传染性支气管炎
D. 传染性喉气管炎　　E. 大肠杆菌病

193. 确诊该病最可靠的方法是(　　)

A. 细菌分离鉴定　　B. 病毒分离鉴定　　C. ELISA 抗体检测
D. 病理组织学检查　　E. 血凝试验

194.对受威胁鸡群应采取最有效的措施是(　　)

A.加强饲养管理　B.鸡舍消毒　C.抗病毒药物预防

D.疫苗紧急接种　E.注射卵黄抗体

(195～197题共用题干)

夏季,某鸡场5 000只蛋鸡突然发病,病鸡表现呼吸困难、鸡冠肉垂发绀呈紫黑色、剧烈腹泻等症状,剖检后可见皮下组织、腹部脂肪和肠系膜有大小不等出血点,心外膜、心冠脂肪有出血点,肝脏肿大,表面分布针尖大小坏死点。

195.该病最可能是(　　)

A.新城疫　B.禽流感　C.禽霍乱

D.鸡白痢　E.禽大肠杆菌病

196.用于实验室病原学检查的病料是(　　)

A.肝脏　B.肺脏　C.肾脏

D.脑组织　E.法氏囊

197.预防本病最有效的措施是(　　)

A.环境消毒　B.疫苗接种　C.药物预防

D.通风换气　E.防暑降温

(198～200题共用题干)

某个体养殖户饲养的成年猪表现营养不良、贫血、生长迟缓、逐渐消瘦等症状。剖检心肌、咬肌、四肢肌肉等部位有黄豆大小半透明的囊泡状虫体。

198.该病可能是(　　)

A.弓形虫病　B.猪球虫病　C.猪囊尾蚴病

D.姜片吸虫病　E.细颈囊尾蚴病

199.该病的感染来源是(　　)

A.犬　B.猫　C.昆虫

D.牛、羊　E.带虫病人

200.对该病有一定效果的药物是(　　)

A.青霉素　B.盐霉素　C.吡喹酮

D.左旋咪唑　E.磺胺嘧啶

2011年·预防科目·答案与解析

考生姓名：　　　　　　　　　　　　　　　准考证号：

2011 年全国执业兽医资格考试试卷

(兽医全科类)下午卷

（临床综合）

注 意 事 项

一、请按照要求，用蓝黑色或者黑色签字笔在答题卡上填写姓名、身份证号码、考点、考试地点、考场号、准考证号等信息，并用铅笔涂好准考证号。

二、试卷分为 2 部分，临床科目 100 小题，综合科目 100 小题，共 200 小题，考试时间为 150 分钟。各部分不单独计时，请考生自己合理分配时间。

三、监考人员宣布考试开始时，方可答题；宣布考试结束时，应立即停止答题。答题卡、题本一律反扣在桌面上，待监考人员确认数量无误，允许离开时，考生方可离开考场。如果考生违反了以上任何一项要求，都将影响考试成绩。

四、答案必须填涂在答题卡上，书写在试题本上的答案一律无效。

五、答题卡严禁折叠。

六、答题卡的正确填涂方式为：■，用其他符号填涂答案者不计分。

七、如要改动答案，必须先用橡皮擦去原来选定的答案，然后再按上面的规定重新作答。

临 床 科 目

[A1 型题]

答 题 说 明

每一道考试题下面有 A、B、C、D、E 五个备选答案,请从中选择一个最佳答案,并在答题卡上将相应题号的相应字母所属的方框涂黑。

1. 属于心脏收缩期的非器质性杂音是( )

A. 贫血性杂音　B. 心包摩擦音　C. 心包拍水音

D. 连续性杂音　E. 心肺性杂音

2. 属于犬生理性肺呼吸音是( )

A. 啰音　B. 捻发音　C. 空瓮音

D. 混合呼吸音　E. 齿轮呼吸音

3. 属于心肌损害的生化检验指标为( )

A. 肌酸激酶　B. 胆碱酯酶　C. 碱性磷酸酶

D. γ-谷氨酰转移酶　E. 丙氨酸氨基转移酶

4. 不属于卵巢功能减退的症状是( )

A. 长期不发情　B. 发情周期延长　C. 出现发情症候并排卵

D. 出现发情症候但不排卵　E. 发情的外表征象不明显

5. 血小板减少且分布异常常见于( )

A. 骨折　B. 肝炎　C. 胰腺炎

D. 白血病　E. 支气管炎

6. 细胞外液中的主要阳离子是( )

A. 钾离子　B. 钠离子　C. 钙离子

D. 镁离子　E. 铁离子

7. 代谢产物形成肌酐的物质是( )

A. 脂肪　B. 糖类　C. 谷氨酸

D. 肌酸　E. 维生素

8. 尿液形成障碍,可能受损的是( )

A. 肝脏　B. 肾脏　C. 尿道

D. 膀胱　E. 输尿管

9. 检查脑瘫的血清酶是( )

A. 淀粉酶　B. 肌酸激酶　C. 乳酸脱氢酶

D. 碱性磷酸酶　E. 天门冬氨酸氨基转移酶

10. 超声检查中,明暗不同的光点反映回声变化,且显示不同灰度图像的属于( )

A. A 超　B. B 超　C. C 超

D. D 超　E. M 超

11. 在心电图检查中,仅 P 波时限延长提示( )

A. 左心房肥大　B. 右心房肥大　C. 右心室肥大

D. 左心室肥大　E. 左右心房肥大

12.溶血性黄疸时,血液检查会出现( )

A. 总胆红素增加,结合胆红素增加
B. 总胆红素增加,结合胆红素减少
C. 总胆红素增加,结合胆红素正常
D. 总胆红素减少,结合胆红素增加
E. 总胆红素减少,结合胆红素减少

13.一侧大脑的运动神经受损所致瘫痪称为( )

A. 单瘫
B. 截瘫
C. 偏瘫
D. 双瘫
E. 暂时性瘫痪

14.缺乏时能引起家畜非传染性口炎的维生素是( )

A. 维生素 B_1
B. 维生素 B_2
C. 维生素 B_6
D. 维生素 B_{11}
E. 维生素 B_{12}

15.触诊瓣胃阻塞病牛,能引起其疼痛不安的部位是( )

A. 左侧4~6肋间与肩关节水平线交界上下
B. 左侧5~7肋间与肩关节水平线交界上下
C. 左侧7~9肋间与肩关节水平线交界上下
D. 右侧7~9肋间与肩关节水平线交界上下
E. 右侧5~7肋间与肩关节水平线交界上下

16.治疗瓣胃阻塞的首选药物是( )

A. 硼酸
B. 硫酸镁
C. 酵母片
D. 稀盐酸
E. 胃蛋白酶

17.犬猫急性胃炎时,给药方式应尽量避免( )

A. 灌肠
B. 静脉注射
C. 肌肉注射
D. 口服给药
E. 皮下注射

18.犬猫肠炎不正确的治疗措施是( )

A. 补充水分
B. 防止碱中毒
C. 预防感染
D. 补充电解质
E. 控制饮食

19.一般情况下,不引起犬支气管炎的病毒是( )

A. 犬腺病毒Ⅱ型
B. 犬瘟热病毒
C. 犬流感病毒
D. 犬细小病毒
E. 犬副流感病毒

20.犬支气管肺炎最常见的热型是( )

A. 稽留热
B. 弛张热
C. 间歇热
D. 回归热
E. 双相热

21.急性心力衰竭出现水肿、钠潴留时,可以选用的治疗药物是( )

A. 氨茶碱
B. 甲硝唑
C. 氨基比林
D. 双氢克尿噻
E. 硫代硫酸钠

22.一般不会引起肾炎的因素是( )

A. 冲击、踢蹴等外力作用
B. 微量元素硒、锌等缺乏
C. 栎树叶、毒芹等外源性毒物的中毒
D. 猪瘟和犬瘟热等传染性疾病继发
E. 子宫内膜炎等邻近器官炎症的蔓延

23.家畜患膀胱麻痹时的主要表现是( )

A. 随意排尿,膀胱充满且无疼痛反应
B. 随意排尿,膀胱空虚且有疼痛反应
C. 不随意排尿,膀胱充满且无疼痛反应
D. 不随意排尿,膀胱充满且有疼痛反应
E. 不随意排尿,膀胱空虚且有疼痛反应

24. 猪食盐中毒时,临床上常表现( )
A. 颅内压降低 B. 腹内压降低 C. 颅内压升高
D. 腹内压升高 E. 颅内压不变

25. 犬有机氟中毒的特效解毒药是( )
A. 苯巴比妥 B. 抗坏血酸 C. 解磷定
D. 乙酰胺 E. 硫代硫酸钠

26. 治疗动物皮下厌氧菌感染的方法是( )
A. 冷敷 B. 热敷 C. 切开后缝合
D. 切开排液 E. 红外线照射

27. 新鲜创的特点是损伤时间短,创内存有( )
A. 脓汁 B. 血凝块 C. 肉芽组织
D. 痂皮组织 E. 坏死组织

28. 一级冻伤的主要特征是受伤组织发生( )
A. 湿性坏疽 B. 干性坏疽 C. 水式溃疡
D. 弥漫性水肿 E. 疼痛性水肿

29. 手术切除恶性肿瘤的正确做法是( )
A. 可以随意翻动肿瘤 B. 禁止损伤健康组织 C. 手术在健康组织内进行
D. 禁止使用高频电刀 E. 仅摘取肿瘤组织

30. 检眼镜主要用于检查( )
A. 角膜 B. 虹膜 C. 玻璃体
D. 视网膜 E. 晶状体

31. 马发生上颌窦炎和蓄脓的主要原因是( )
A. 马腺疫 B. 马鼻疽 C. 牙齿疾病
D. 鼻腔炎症 E. 放线菌病

32. 犬龋齿常发部位是( )
A. 上门齿 B. 下门齿 C. 上犬齿
D. 下犬齿 E. 第一上臼齿

33. 腹股沟疝内容物中不可能出现的是( )
A. 左肾 B. 膀胱 C. 子宫
D. 大肠 E. 小肠

34. 肛门囊炎形成排泄瘘的时钟钟点位置通常是( )
A. 3点和9点 B. 4点和8点 C. 5点和7点
D. 2点和10点 E. 1点和11点

35. 动物受到应激原刺激后,可以引起( )
A. 免疫力升高 B. 血糖升高 C. 超氧化物歧化酶活性升高
D. 谷胱甘肽过氧化物酶活性升高 E. 过氧化氢酶活性升高

36. 跛行种类可以分为( )
A. 悬跛、支跛 B. 悬跛、支跛、混合跛行 C. 悬跛、支跛、混合跛行、畸跛
D. 悬跛、支跛、混合跛行、间歇跛 E. 悬跛、支跛、混合跛行、特殊跛行

37. 小型犬因滑车沟变浅造成的髌骨脱位的治疗方法可以采取( )
A. 滑车成形术 B. 胫骨移位术 C. 石膏绷带固定
D. 张力绷带固定 E. 股骨胫骨截断术

38. 骨科专用手术器械不包括( )
A. 骨凿 B. 骨锉 C. 线锯
D. 石膏锯 E. 骨膜起子
39. 不属于吸入麻醉剂的是( )
A. 氟烷 B. 异氟醚 C. 安氟醚
D. 氧化亚氮 E. 一氧化碳
40. 犬膀胱切开术的切口缝合宜采用( )
A. 一层内翻缝合(浆膜肌层、黏膜) B. 一层内翻缝合(浆膜肌层、黏膜下层)
C. 两层内翻缝合(浆膜肌层、黏膜肌层) D. 两层内翻缝合(浆膜肌层、黏膜、黏膜肌层)
E. 两层内翻缝合(浆膜肌层、黏膜下层、黏膜肌层)
41. 股骨头切除术是指切除( )
A. 股骨头 B. 股骨头和大转子 C. 股骨头和股骨膜
D. 股骨头、股骨膜和转子 E. 股骨头、股骨膜和大转子
42. 胚胎移植技术中,对供体动物进行超数排卵处理,必须配合治疗的药物是( )
A. 孕酮和雌二醇 B. 雌激素和催产素 C. 松弛素和催产素
D. 催产素和褪黑素 E. 促卵泡激素和促黄体素
43. 催产素在体内的合成部位主要是( )
A. 性腺 B. 子宫内膜 C. 垂体前叶
D. 垂体后叶 E. 丘脑下部
44. 属于诱导排卵的动物是( )
A. 牛 B. 猪 C. 马
D. 犬 E. 兔
45. 猪新鲜精液液态保存的适宜温度为( )
A. 0～4 ℃ B. 5～9℃ C. 10～14 ℃
D. 15～20 ℃ E. 21～25 ℃
46. 由胚泡产生的抗溶黄因子发生作用后使母体产生妊娠识别的动物是( )
A. 马 B. 猪 C. 牛
D. 犬 E. 猫
47. 妊娠中后期,卵巢上黄体开始退化的动物是( )
A. 奶牛 B. 山羊 C. 猪
D. 马 E. 牦牛
48. 采用孕酮含量测定法对牛进行早期妊娠诊断的最早时间,一般是在妊娠后( )
A. 14 d B. 24 d C. 30 d
D. 45 d E. 60 d
49. 马产后子宫复原所需时间一般为( )
A. 1～4 d B. 5～7 d C. 12～14 d
D. 20～24 d E. 30～34 d
50. 五脏之中开窍于耳的是( )
A. 心 B. 肝 C. 肺
D. 脾 E. 肾
51. 沉脉的主证是( )
A. 表证 B. 里证 C. 热证
D. 寒证 E. 虚证

52. 甘味药的主要作用是(　　)

A. 泻下、软坚　B. 滋补、和中　C. 行气、行血
D. 收敛、固涩　E. 清热、燥湿

53. 具有发汗、解表作用的药物是(　　)

A. 麻黄　B. 桂枝　C. 薄荷
D. 桑叶　E. 柴胡

54. 白头翁汤的药物组成除了白头翁、黄连、黄柏外,还有(　　)

A. 黄芩　B. 大黄　C. 秦皮
D. 桂花　E. 栀子

55. 具有软坚、泻下的药物是(　　)

A. 桔梗　B. 杏仁　C. 泽泻
D. 芒硝　E. 麝香

56. 具有润肺下气、止咳化痰作用的药物是(　　)

A. 天麻　B. 赤芍　C. 麦芽
D. 款冬花　E. 浮小麦

57. 暖肾壮阳、温中祛寒的药物是(　　)

A. 肉桂　B. 桂枝　C. 白头翁
D. 牡丹皮　E. 地骨皮

58. 五苓散的药物组成是(　　)

A. 猪苓、茯苓、泽泻、生姜皮、桂枝　B. 猪苓、茯苓、泽泻、白术、桂枝
C. 猪苓、茯苓、大腹皮、白术、桂枝　D. 猪苓、茯苓、泽泻、白术、陈皮
E. 猪苓、桑白皮、泽泻、白术、桂枝

59. 止咳平喘、润肠通便的药物是(　　)

A. 砂仁　B. 杏仁　C. 桃仁
D. 火麻仁　E. 柏子仁

60. 具有收敛止血、消肿生肌作用的药物是(　　)

A. 白芨　B. 白果　C. 白芍
D. 白术　E. 白前

61. 具有补血止血、滋阴润肺、安胎功效的药物是(　　)

A. 当归　B. 白芍　C. 熟地黄
D. 阿胶　E. 丹参

62. 马热射病时,不宜采取的治疗措施是(　　)

A. 牵遛运动　B. 冷水浇洒全身　C. 使用碳酸氢钠
D. 使用氯丙嗪　E. 使用地塞米松

63. 控制蛋鸡脂肪肝综合征,应优先考虑降低饲料中(　　)

A. 矿物质　B. 碳水化合物　C. 维生素
D. 蛋白质　E. 微量元素

64. 牛发生骨软症,血清生化检测可能降低的指标是(　　)

A. 镁　B. 铜　C. 无机磷
D. 钙　E. 碱性磷酸酶

[B1 型题]

答题说明

以下提供若干组考题,每组考题共用在考题前列出的A、B、C、D、E五个备选答案。请从中选择一个与问题关系最密切的答案,并在答题卡上将相应题号的相应字母所属的方框涂黑。某个备选答案可能被选择一次、多次或不被选择。

(65～66 题共用备选答案)

A. 细小病毒　B. 腺病毒　C. 链球菌
D. 葡萄球菌　E. 恶丝虫

65. 犬,6周龄,呕吐,排番茄汁样稀粪,有难闻腥臭味,体温升高,听诊心音快而弱,心律不齐。该病例最可能的病原是( )

66. 犬,5岁,咳嗽,呼吸困难,运动乏力,体温正常,脉搏55次/min,听诊心内有杂音,腹围增大,X线检查肺动脉扩张,抗菌药治疗无效。该病例最可能的病原是( )

(67～68 题共用备选答案)

A. 酮体　B. 糖原　C. 蛋白质
D. 胆固醇　E. 葡萄糖

67. 4岁奶牛,分娩5 d后,精神沉郁,尿频,食欲减退,迅速消瘦,呼出气体有烂苹果气味。诊断该病,需要首先检查的血液生化指标是( )

68. 7岁雌性腊肠犬,体躯肥胖,多饮,多尿,食欲增加,角膜浑浊。诊断该病,需要首先检查的血液生化指标是( )

(69～70 题共用备选答案)

A. 坏疽　B. 恶性水肿　C. 蜂窝织炎
D. 厌气性感染　E. 腐败性感染

69. 马,全身症状加剧,大腿外侧皮下出现弥漫性大面积肿胀,并向周围急剧扩散,触诊疼痛明显,有捻发音。可能患有的疾病是( )

70. 犬,被车撞后,后腿粉碎性骨折,数日前,精神沉郁,骨折下部组织糜烂,呈褐绿色黏泥样。黏膜和骨膜坏死,关节囊溶解。可能患有的疾病是( )

(71～72 题共用备选答案)

A. 奶牛　B. 水牛　C. 马
D. 绵羊　E. 山羊

71. 夏季发情但不明显,秋季发情旺盛,平均发情周期为17 d的动物是( )

72. 全年多次发情,发情周期21 d,具有该发情特点的动物是( )

(73～74 题共用备选答案)

A. 大肠湿热　B. 大肠冷泻　C. 胃食滞
D. 脾气下陷　E. 食积大肠

73. 犬,9月龄,食欲减退,久泻不止,肛门松弛,消瘦,被毛凌乱,口色淡白,舌苔薄白,脉虚无力。该症候对应证型为( )

74. 犬,3月龄,食欲减退,不时呻吟,腹泻,粪便黏腻腥臭,带有脓血,口色红,舌苔黄腻,脉滑数。该症候对应证型为( )

(75～76 题共用备选答案)

A. 肾结石　B. 膀胱肿大　C. 膀胱结石
D. 尿道结石　E. 前列腺炎

75.3岁犬,雌性,尿频,尿痛,后段血尿,X光检测膀胱内有多个高密度阴影。该病最可能是(　　)
76.7岁犬,雄性,尿闭,腹部X光显示,坐骨下方有2 mm×3 mm的致密阴影。该病最可能是(　　)

[A2型题]

答题说明

每一道考题是以一个小案例出现的,其下面都有A、B、C、D、E五个备选答案。请从中选择一个最佳答案,并在答题卡上将相应题号的相应字母所属的方框涂黑。

77.犬,3月龄,购回1月余,对主人的呼唤无反应,饮食欲正常,该犬首先需要检查的脑神经是(　　)
A.视神经　B.听神经　C.三叉神经
D.舌咽神经　E.动眼神经
78.奶牛产后30 d发病,食欲差,不食饼粕类饲料,尿量减少呈淡黄色,易形成泡沫,尿和乳汁均有烂苹果味。该牛采食饲料的组成可能是(　　)
A.高蛋白、高脂肪和高碳水化合物　B.高蛋白、高脂肪和低碳水化合物
C.低蛋白、低脂肪和高碳水化合物　D.高蛋白、低脂肪和高碳水化合物
E.低蛋白、高脂肪和低碳水化合物
79.猪,右腹侧壁皮下有一局限性肿胀,皮肤暗紫色,触诊有波动感,稽留热,穿刺液呈鲜红色。该肿胀可能是(　　)
A.血肿　B.脓肿　C.水肿
D.肿瘤　E.淋巴外渗
80.母犬,5岁,未怀孕,就诊时精神沉郁,厌食,频做排尿姿势但无尿排出。3 d后努责突然消失,下腹部增大,该犬可能患的疾病是(　　)
A.膀胱破裂　B.子宫蓄脓　C.膀胱麻痹
D.输尿管结石　E.肾结石
81.犬,车祸后意识清醒,头颈不能抬起,四肢麻痹呈瘫痪状态,其受伤部位可能在(　　)
A.大脑　B.脑干　C.颈部脊髓
D.胸部脊髓　E.腰部脊髓
82.马,3岁,装蹄5 d后左前肢出现跛行,站立时不敢负重,运动时系部直立,触诊蹄部升温,指动脉脉搏亢进,叩诊患部有疼痛反应。该病可能是(　　)
A.蹄变形　B.白线裂　C.蹄钉伤
D.蹄叉腐烂　E.蹄裂
83.病牛症见便血、尿血、皮下出血,体瘦毛焦,倦怠喜卧,口色淡白,脉细弱。该病证可辨证为(　　)
A.脾虚不运　B.脾气下陷　C.脾不统血
D.心血虚　E.肝血虚
84.牛,3岁,近几月发情周期缩短,发情持续时间长且呈现强烈的发情行为,外阴红肿,黏液增多。直肠检查卵巢的最大变化是(　　)
A.卵巢有黄体　B.卵巢既有黄体也有小卵泡　C.卵巢有较大卵泡
D.卵巢萎缩,质地变小、变硬　E.既无卵泡也无黄体
85.牛,7月16日突然发病,症见高热恶寒,肚腹胀满,疼痛,肠鸣泄泻,倦怠乏力,肢体沉重,舌苔白腻,脉滑数。治疗宜选用(　　)
A.独活散　B.白虎汤　C.平胃散
D.八正散　E.藿香正气散

[A3/A4 型题]

答题说明

以下提供若干个案例,每个案例下设若干个考题。请根据案例所提供的信息,在每一道考试题下面的 A、B、C、D、E 五个备选答案中选择一个最佳答案,并在答题卡上将相应题号的相应字母所属的方框涂黑。

(86～88 题共用题干)

奶牛,产后加喂多量精料,随后出现食欲废绝,运动失调,眼结膜充血发绀,中度脱水,瘤胃胀满,冲击式触诊可以听到震荡音,排稀软酸臭粪便,尿少色浓,体温正常。

86. 该病可初步诊断为(　　)

A. 瘤胃酸中毒　　B. 前胃迟缓　　C. 奶牛酮病
D. 胃肠炎　　E. 生产性瘫痪

87. 进一步诊断,最有意义的检测指标是(　　)

A. 叩诊瘤胃　　B. 听诊瘤胃蠕动音　　C. 观察反刍和嗳气
D. 检查肠道和粪便　　E. 测定瘤胃液 pH

88. 可能升高的血液指标是(　　)

A. pH　　B. HCO_3^-　　C. CO_2 结合力
D. 乳酸　　E. 白细胞数

(89～91 题共用题干)

某年冬天,北方某牛场运来青年牛 10 头,进场后 3 d 发病,精神差,食欲废绝,呼吸困难,腹式呼吸,心率加快,高热稽留,铁锈色鼻液。

89. 诊断该病可能是(　　)

A. 支气管肺炎　　B. 大叶性肺炎　　C. 胸膜炎
D. 间质性肺炎　　E. 肺充血水肿

90. 本病特征性病理变化不包括(　　)

A. 充血期　　B. 出血期　　C. 红色肝变期
D. 灰色肝变期　　E. 溶解期

91. 进一步检查可以进行(　　)

A. 穿刺检查　　B. X 线检查　　C. 粪便检查
D. 尿液检查　　E. 心电图检查

(92～94 题共用题干)

马术比赛,障碍赛时摔倒,左前肢支跛明显,前臂上部弯曲,他动运动有骨摩擦音,患部肿胀,未见皮肤损伤,全身症状不明显。

92. 本病最可能的诊断是(　　)

A. 骨裂　　B. 腕关节脱位　　C. 肘关节脱位
D. 肩关节脱位　　E. 闭合性骨折

93. 本病的确诊方法是(　　)

A. 触诊　　B. X 线检查　　C. 超声检查
D. 斜板试验　　E. 关节内窥镜检查

94. 本病最适宜的保守治疗方法是(　　)

A. 绷带包扎　　B. 石蜡绷带　　C. 酒精热绷带
D. 石膏夹板绷带　　E. 复方醋酸铅绷带

(95～97 题共用题干)

奶牛右后肢跗关节外侧创伤,从伤口流出透明的黏稠滑液和少量血液,轻度跛行。

95.正确的治疗方法是(　　)

A.经伤口冲洗创腔　　B.经关节腔穿刺冲洗创腔　　C.手指探查创腔
D.开放疗法　　E.纱布条引流

96.该创伤缝合的方法是(　　)

A.仅做肌层、皮下和皮肤缝合　　B.仅缝合关节囊
C.仅做皮肤、皮下缝合　　D.全层间断缝合
E.全层连续缝合

97.若从创口流出脓汁,正确的治疗方法是(　　)

A.清创后密闭缝合　　B.清创后部分缝合　　C.清创后包扎伤口
D.魏氏流膏纱布条引流　　E.福尔马林酒精纱布条引流

(98～100 题共用题干)

马,尿少色浓,频频干咳,昼轻夜重,痰少津干,低热不退,舌红少苔,脉细数。

98.该病可辨证为(　　)

A.肺气虚　　B.肺阴虚　　C.痰饮阻肺
D.风寒束肺　　E.风热犯肺

99.该病可能的治疗原则是(　　)

A.补肺益气,止咳定喘　　B.清心润肺,养胃生津
C.疏风散热,宣肺通气　　D.宣肺散寒,祛痰止咳
E.清肺化痰,止咳平喘

100.该病最适宜的治疗方剂是(　　)

A.百合固金汤　　B.二陈汤　　C.麻黄汤
D.麻杏石甘汤　　E.银翘散

2011 年·临床科目·答案与解析

综 合 应 用

[A1 型题]

答 题 说 明

每一道考试题下面有 A、B、C、D、E 五个备选答案,请从中选择一个最佳答案,并在答题卡上将相应题号的相应字母所属的方框涂黑。

101.猪瘟的特征性病理变化是脾脏出现(　　)

A.肿大　　B.萎缩　　C.梗死
D.出血　　E.坏死灶

102.牛病毒性腹泻/黏膜病最可能出现的症状是(　　)

A.流涎增多　　B.呼吸困难　　C.头颈部水肿
D.四肢关节肿胀　　E.体表淋巴结肿大

103.目前可以通过气雾免疫预防的疾病是(　　)

A.新城疫　　B.马立克氏病　　C.产蛋下降综合征
D.鸡传染性喉气管炎　　E.传染性法氏囊病

104.产蛋下降综合征的主要传播途径是(　　)

A.鸡虱　　B.蚊子　　C.空气
D.羽毛　　E.种蛋

105.可以用血凝抑制试验诊断的水貂疾病是( )
A.狂犬病
B.大肠杆菌病
C.水貂阿留申病
D.水貂病毒性肠炎
E.水貂伪狂犬病

106.蜜蜂白垩病的诱发因素是( )
A.高温、高湿
B.高温、低湿
C.低温、高湿
D.低温、低湿
E.温度多变、潮湿

107.姜片吸虫病的中间宿主是( )
A.钉螺
B.金龟子
C.扁卷螺
D.椎实螺
E.淡水鱼

108.诊断猪蛔虫幼虫引起的疾病时,应检查的组织器官是( )
A.肺脏
B.肾脏
C.脾脏
D.胰脏
E.肝脏

109.预防牛皮蝇蛆病,可在皮蝇飞翔季节对牛体喷洒的药物是( )
A.乙醇
B.苯酚
C.过氧乙酸
D.福尔马林
E.拟除虫菊酯

110.治疗鸭球虫病的药物是( )
A.莫能菌素
B.尼卡巴嗪
C.马杜拉霉素
D.磺胺类药物
E.甲基盐霉素

111.触诊胸部皮下水肿与皮下气肿的感觉依次是( )
A.捏粉样、波动
B.捻发样、坚实
C.坚实、捏粉样
D.捏粉样、捻发样
E.捻发样、捏粉样

112.猫兴奋性白细胞增多,除淋巴细胞增多外,还表现为( )
A.单核细胞增多
B.嗜碱性粒细胞增多
C.嗜酸性粒细胞增多
D.分叶核中性粒细胞增多
E.杆状核中性粒细胞增多

113.肉食动物尿液常呈( )
A.中性
B.强碱性
C.弱碱性
D.强酸性
E.弱酸性

114.犬猫间接性动脉血压的最佳测定部位是( )
A.颈动脉
B.股动脉
C.颌外动脉
D.髂内动脉
E.髂外动脉

115.倒牛时,最常使用( )
A.单绳倒牛法
B.双绳倒牛法
C.三条绳倒牛法
D.四条绳倒牛法
E.五条绳倒牛法

116.笼养蛋鸡疲劳综合征的病因不包括( )
A.缺乏运动
B.维生素D缺乏
C.维生素E缺乏
D.饲料中钙缺乏
E.钙磷比例不当

117.犬维生素A缺乏时,可以引起( )
A.干眼病
B.蓝眼病
C.白内障
D.青光眼
E.虹膜炎

118.反刍动物氢氰酸中毒的病因是( )
A.偷食了大量谷物
B.偷食了大量面粉
C.偷食了大量干草
D.突然饲喂过量精饲料
E.采食了大量青菜

119. 蜜蜂欧洲幼虫腐臭病最易发生于蜂群的(　　)
A. 越夏期　B. 繁殖高峰期　C. 采集期
D. 采集后恢复期　E. 越冬期

120. 猪冠尾线虫的主要感染途径是(　　)
A. 经口和皮肤　B. 经生殖道　C. 经呼吸道
D. 经吸血昆虫　E. 经胎盘

121. 血针治疗马中暑的主穴是(　　)
A. 三江　B. 太阳　C. 通关
D. 颈脉　E. 尾尖

122. 猪炭疽的特征性病变不包括(　　)
A. 脾脏变性、肿大和出血　B. 血凝不良　C. 天然孔流出黑色血液
D. 纤维素性胸膜肺炎　E. 皮下、肌肉、浆膜下结缔组织水肿

123. 急性猪瘟典型的淋巴结病理变化呈现(　　)
A. 水肿　B. 萎缩　C. 干性坏死
D. 大理石样变　E. 肿瘤结节

124. 常用于诊断猪水疱病的实验动物是(　　)
A. 家兔　B. 犬　C. 大鼠
D. 小鼠　E. 豚鼠

125. 某猪场夏季经常出现妊娠母猪流产、产死胎和木乃伊胎，公猪一侧睾丸肿大。该病分离鉴定病原常用的实验动物是(　　)
A. 小鼠　B. 雏鸡　C. 雏鸭
D. 幼犬　E. 幼猫

126. 病马一侧后肢发生浮肿，沿淋巴管出现念珠样结节，随后结节破溃，排出脓液，长期不愈。该病可能是(　　)
A. 炭疽　B. 结核病　C. 马传贫
D. 马鼻疽　E. 马腺疫

127. 犬腰背风湿病针刺的穴位是(　　)
A. 天门　B. 大椎　C. 百会
D. 前三里　E. 后三里

128. 治疗马热喘适宜的方剂是(　　)
A. 麻黄汤　B. 养心汤　C. 补肺汤
D. 桂枝汤　E. 麻杏石甘汤

129. 某鸡群，30 日龄，病鸡食欲下降，生长缓慢，贫血，应用氯化钴治疗有效。本病鸡群最可能缺乏的维生素是(　　)
A. 维生素 C　B. 维生素 B_2　C. 维生素 B_3
D. 维生素 B_5　E. 维生素 B_{12}

130. 放牧牛在误食喷洒农药的牧草后突然发病，主要表现为流涎，腹泻，腹痛，尿频，瞳孔缩小，胃肠蠕动音增强。治疗本病应使用的药物是(　　)
A. 亚甲蓝和维生素 C　B. 亚硝酸钠和硫代硫酸钠　C. 解磷定和阿托品
D. 乙酰胺和维生素 K　E. 苯妥英钠和葡萄糖酸钙

131. 母犬,5岁,多尿,烦渴,头、背部和腹部多处对称性脱毛,抗菌和抗真菌治疗无效。诊断该病的首选检验方法是(　　)

A. 血常规　　B. 尿常规　　C. 肝功能检验
D. 血气分析　　E. ACTH 刺激试验

132. 藏獒犬,6月龄,近来腹底部出现拳头大小的肿胀,精神食欲无异常,麻醉后检查肿胀较柔软,有弹性,无波动,按压可缩小。该肿胀可初步诊断为(　　)

A. 脐疝　　B. 脐带炎　　C. 脐部肿瘤
D. 脐部脓肿　　E. 脐部血肿

[B1 型题]

> 答题说明
>
> 以下提供若干组考题,每组考题共用在考题前列出的 A、B、C、D、E 五个备选答案。请从中选择一个与问题关系最密切的答案,并在答题卡上将相应题号的相应字母所属的方框涂黑。某个备选答案可能被选择一次、多次或不被选择。

(133～134 题共用备选答案)

A. 腐蹄病　　B. 蹄叶炎　　C. 局限性蹄皮炎
D. 指(趾)间皮炎　　E. 指(趾)间皮肤增生

133. 奶牛,4岁,轻度跛行,左前肢蹄球部相邻的皮肤充血肿胀,增厚,指间隙有渗出物,呈腐败臭味,压诊患部有痛感。该牛最可能患的蹄病是(　　)

134. 奶牛,5岁,长期饲喂精料,体温升高,重度跛行,患牛站立弓腰,四肢收于一起,行走步态紧张,经常卧地不起,蹄冠处皮肤发红、增温,蹄壁叩击敏感,蹄底角质变黄。该牛最可能患的蹄病是(　　)

[A2 型题]

> 答题说明
>
> 每一道考题是以一个小案例出现的,其下面都有 A、B、C、D. E 五个备选答案。请从中选择一个最佳答案,并在答题卡上将相应题号的相应字母所属的方框涂黑。

135. 某犊牛群发热,昏睡,食欲不振,伴有严重腹泻,脱水,剖检可见肠管肿胀,充满黏液和气体。采用饱和蔗糖漂浮法检查患牛粪便,油镜观察发现大量内含4个裸露子孢子的卵囊。该病最可能的致病病原是(　　)

A. 弓形虫　　B. 犬新孢子虫　　C. 隐孢子虫
D. 牛球虫　　E. 肉孢子虫

136. 某羔羊食欲减退,消瘦,贫血,腹泻,死前数日排水样血色便,并有脱落的黏膜。粪便检查可见大量腰鼓形棕黄色虫卵,两端有卵塞。该病最可能的致病病原是(　　)

A. 肝片吸虫　　B. 毛尾线虫　　C. 食道口线虫
D. 蛔虫　　E. 仰口线虫

137. 夏季,某种猪场发生不同胎次妊娠母猪流产,产死胎和木乃伊胎,公猪发现睾丸一侧性肿大,分离的病原能凝集红细胞。该病可能是(　　)

A. 猪瘟　　B. 猪乙型脑炎　　C. 猪伪狂犬病
D. 猪细小病毒病　　E. 猪繁殖与呼吸综合征

138. 夏季，某猪场4月龄猪突然死亡，腹部和四肢末端等处皮肤有紫红色出血斑点。剖检可见胸腔有黄色积液，心脏冠状沟和内膜有出血点，脾脏肿大、暗红色、质脆。从血液中分离出溶血性细菌。该病可能是(　　)
A. 猪副伤寒　　B. 大肠杆菌病　　C. 猪链球菌病
D. 猪李氏杆菌病　　E. 猪副猪嗜血杆菌病

139. 某猪场猪体温升高，唇、舌、齿龈和鼻盘上出现水疱和糜烂，蹄冠、蹄叉部位红肿，随后出现水疱和糜烂，仔猪心脏呈"虎斑心"病变，死亡率达50%。该病可能是(　　)
A. 猪流行性腹泻　　B. 口蹄疫　　C. 猪水疱病
D. 猪脑心肌炎　　E. 猪水疱性口炎

140. 某猪场，3～4日龄仔猪群突然出现呕吐，水样腹泻含未消化的凝乳块，产病死仔猪的母猪泌乳下降，但无其他临床症状。用于荧光抗体染色检查最适宜的组织是(　　)
A. 胃　　B. 十二指肠　　C. 空肠和回肠
D. 盲肠　　E. 直肠

141. 某4周龄鸡群呼吸困难，病鸡鼻、气管和支气管有黏稠渗出物，气囊膜变厚和浑浊，并伴有纤维素性渗出物，其病程可长达1个月以上，病鸡后期眼睑肿胀。该病可能是(　　)
A. 沙门氏菌病　　B. 大肠杆菌病　　C. 鸡毒支原体感染
D. 鸡传染性喉气管炎　　E. 禽霍乱

142. 蜜蜂封盖大幼虫死亡，挑取黑褐色虫尸，虫尸具黏性，能拉出细丝，若用四环素治疗，适宜的给药方法是(　　)
A. 混入花粉饲喂　　B. 溶入水中饲喂　　C. 混入蜂蜜饲喂
D. 拌入糖浆饲喂　　E. 药粉直接撒入蜂箱

143. 夏季，某放养的雏鸭群出现食欲减退，在水中游走无力，精神委顿，逐渐消瘦，采用沉淀法检查粪便，发现大量虫卵，虫卵呈椭圆形，有卵盖，内有一批有纤毛的幼虫。该鸭群最有可能感染的是(　　)
A. 鸭球虫　　B. 膜壳绦虫　　C. 四棱线虫
D. 后睾吸虫　　E. 鸭棘头虫

144. 某散养鸡群，生长发育不良，精神萎靡，食欲减退，便秘或下痢，有时可见血便，镜检见有大量虫卵，虫卵呈长椭圆形，卵壳厚，光滑，内含一个胚细胞。对该鸡群应用的治疗药物是(　　)
A. 丙硫咪唑　　B. 地克珠利　　C. 氯硝柳胺
D. 二甲硝咪唑　　E. 三氯苯达唑

145. 牛群，在夏季放牧过程中，突然出现兴奋不安，第三眼睑突出，倒地，口吐白沫，有抽搐的表现。此时，兽医首先需要(　　)
A. 检查腹围　　B. 检查反刍活动　　C. 检查神经机能
D. 调查牧草情况　　E. 调查病史，迅速抢救

146. 3月龄牛，连续数日体温为42～42.5℃，反复咳嗽，呼吸困难，胸部叩诊出现大片浊音区。该牛最可能患的疾病是(　　)
A. 肺结核　　B. 支气管炎　　C. 大叶性肺炎
D. 小叶性肺炎　　E. 肺充血和肺水肿

147. 猪采食腐烂的小白菜1 h后，出现精神沉郁、口吐白沫、部分惊厥死亡等症状。病猪的可视黏膜颜色最可能是(　　)
A. 粉红　　B. 潮红　　C. 蓝紫
D. 深黄　　E. 苍白

148.9岁北京犬,精神高度沉郁,每天呕吐数次,可视黏膜黄染。临床生化检验可出现( )
A. 高血钠　B. 高血糖　C. 高血磷
D. 高胆红素　E. 高胆固醇

149.3月龄贵宾犬,腹式呼吸,运动不耐受,胸部X线片可见肺野清晰,心影增大而模糊,且夹杂少量低密度斑影。该犬最可能患的疾病是( )
A. 心脏肥大　B. 房间隔缺损　C. 二尖瓣关闭不全
D. 三尖瓣闭锁不全　E. 主动脉瓣闭锁不全

150.5岁松狮犬,22 kg,体温正常,心跳98次/min,脉搏细微,运动不耐受。胸部侧位片可见心影增大且后下部膨出。胸部腹背位片"时钟表面"定位心脏的3~5点处膨出。该犬最可能患的疾病是( )
A. 心丝虫病　B. 房间隔缺损　C. 二尖瓣关闭不全
D. 三尖瓣闭锁不全　E. 主动脉瓣闭锁不全

151.猪长期采食含有酱渣的饲料,出现身体震颤、不断咀嚼、口渴、口角挂少量白色泡沫。该病猪最可能的表现是( )
A. 兴奋　B. 沉郁　C. 昏睡
D. 昏迷　E. 正常

152.乳牛,食欲减少,口腔干臭,鼻镜干燥,反刍停止,肠蠕动音减弱,排粪停止,两后肢交替踏地或踢腹。该牛所患的疾病是( )
A. 肠炎　B. 口炎　C. 酮病
D. 肠便秘　E. 前胃迟缓

153.某鸡场15日龄仔鸡,出现单侧或双侧跗关节以下扭转,向外屈曲,跗关节肿大,变形,长骨和趾骨短粗,腓肠肌腱脱出。该鸡群可能的疾病是( )
A. 锰缺乏症　B. 锌缺乏症　C. 胆碱缺乏症
D. 铁缺乏症　E. 维生素D缺乏症

154.南方某鸭肠,7月份陆续发病,病鸭食欲废绝,腹泻,可视黏膜黄染,步态不稳,角弓反张,剖检肝脏肿大,广泛性出血和坏死,病死率达87%。该病可能是( )
A. T-2毒素中毒　B. F-2毒素中毒　C. 黄曲霉毒素中毒
D. 杂色曲霉毒素中毒　E. 展青霉素类中毒

155.8岁雌性犬,多尿,烦渴,腹部下垂,躯体两侧对称性脱毛,食欲亢进,肌肉无力萎缩,嗜睡。该犬最可能患的疾病是( )
A. 糖尿病　B. 阿狄森氏病　C. 库兴氏综合征
D. 甲状腺功能亢进　E. 甲状旁腺功能亢进

156.犬,近日排便困难,里急后重,咬尾,舔肛,肛门周围红肿,但皮肤完整,白细胞数增高。该病可能是( )
A. 锁肛　B. 肛门囊炎　C. 肛周炎
D. 肛周瘘　E. 咬尾症

157.赛马,长途奔跑突然遇到雨水浇淋后,表现背腰僵硬,运步缓慢。触诊其腰背部敏感,体温升高。治疗该病首选的药物是( )
A. 水杨酸钠　B. 乌洛托品　C. 水合氯醛
D. 碳酸氢钠　E. 磺胺嘧啶

158.犬,两眼角膜逐渐突出,并呈轻度均匀性浑浊,瞳孔散大,视力减退,暗光下患眼呈绿色。确诊该病应检查的项目是( )
A. 肉眼视诊　B. 检眼镜检查　C. 眼内压测定
D. 荧光素染色　E. 微生物培养

159. 犬,5 岁,雌性,近来肛门右侧出现拳头大小的肿胀,质地柔软,界限清楚,按压患部有尿液流出,肿胀随之变小。该病可能是( )

A. 脓肿 B. 挫伤 C. 血肿
D. 会阴疝 E. 淋巴外渗

160. 3 岁雌性犬,精神沉郁,虚弱,食欲减退,周期性呕吐,腹泻,体重减轻,多尿,烦渴,实验室检查发现呈现低钠血症和高钾血症。该犬最可能患的疾病是( )

A. 糖尿病 B. 阿狄森氏病 C. 库兴氏综合征
D. 甲状腺功能亢进 E. 甲状旁腺功能亢进

161. 羊,左侧腕关节肿大,有热痛反应和波动感,X 线检查未见关节骨异常。该病不宜采用的治疗方法为( )

A. 外敷 2%醋酸铅 B. 肌肉注射抗生素 C. 关节内注射碘酊
D. 静脉注射氯化钙溶液 E. 静脉注射水杨酸钠溶液

162. 公牛配种后,髋关节变形,隆起,他动运动时,可听到捻发音。站立时,患肢外展,运步强拘,患肢拖曳而行。该牛可能发生了( )

A. 髋关节前方脱位 B. 髋关节外方脱位 C. 膝关节内方脱位
D. 髋关节内方脱位 E. 髋关节后方脱位

163. 成年马,行走中突然出现右侧大腿、小腿强直,向后伸展,膝关节和跗关节均不能屈曲,膝关节处触诊,膝内直韧带高度紧张,手术治疗本病的皮肤切口部位是在( )

A. 膝关节内侧韧带处纵向切开 B. 胫骨嵴处,膝中直韧带的外侧缘
C. 胫骨嵴稍上方,膝中直韧带的内侧缘 D. 胫骨嵴稍下方,膝中直韧带的外侧缘
E. 胫骨嵴处,膝中直韧带与外直韧带之间

164. 奶牛分娩,持续努责 1 h,两前肢露出阴门外,口鼻部位于阴道内,额部朝向母体的左侧,下颌部朝向母体的右侧。此时的处理方法是( )

A. 缓慢、轮流水平牵拉胎儿的两前肢 B. 快速、交叉向下牵拉胎儿的两前肢
C. 截取头颈部,分别拉出胎儿的头和两前肢 D. 术者手臂深入胎头下方,自产道左侧向上矫正胎头
E. 术者手臂深入胎头上方,自产道左侧下压胎儿

165. 母猪,妊娠已 115 d,第三胎,分娩启动后持续努责 20 min 不见胎儿排出,阴道检查发现阴道柔软而有弹性,子宫颈管轮廓明显,胎儿鼻端和两前蹄位于子宫颈管中。出现这种现象的主要原因是( )

A. 孕酮分泌不足 B. 雌激素分泌不足 C. 雌激素分泌过多
D. 前列腺素分泌不足 E. 前列腺素分泌过多

[A3/A4 型题]

答题说明

以下提供若干个案例,每个案例下设若干个考题。请根据案例所提供的信息,在每一道考试题下面的 A、B、C、D、E 五个备选答案中选择一个最佳答案,并在答题卡上将相应题号的相应字母所属的方框涂黑。

(166~168 题共用题干)

某 4 周龄鸡群发病,2 d 内波及全群,死亡率迅速上升,病鸡羽毛松乱,扎堆,排出白色稀粪,严重脱水,病死鸡胸肌和腿肌有条纹状或斑点状出血,肾脏有尿酸盐沉积。

166. 该病最可能是(　　)

A. 禽流感　B. 新城疫　C. 传染性法氏囊病　D. 传染性喉气管炎　E. 传染性支气管炎

167. 快速检测病原的实验室常用方法是(　　)

A. 免疫组化法　B. 琼脂扩散试验　C. 病毒分离鉴定　D. 病毒中和试验　E. 易感鸡接种试验

168. 预防该病最有效的措施是(　　)

A. 净化种鸡群　B. 注射卵黄抗体　C. 疫苗免疫接种　D. 提高饲料维生素含量　E. 调整饲料蛋白质含量

(169～171题共用题干)

某育肥猪出现咳嗽,打喷嚏,腹式呼吸等,病猪消瘦,取鼻和气管分泌物做常规细菌分离,结果为阴性。

169. 进一步对无明显临床症状的猪做X线检查,可见其肺野内有云絮状密影。该病可能是(　　)

A. 猪瘟　B. 猪弓形虫病　C. 猪支原体肺炎　D. 猪多发性浆膜炎与关节炎　E. 猪传染性胸膜肺炎

170. 预防和治疗该病无效的药物是(　　)

A. 土霉素　B. 青霉素　C. 喹诺酮类　D. 替米考星　E. 泰乐菌素

171. 诊断该病耗时最长的方法是(　　)

A. PCR　B. ELISA　C. 病原分离　D. 荧光抗体试验　E. 间接血凝试验

(172～173题共用题干)

南方某猪场,猪皮肤出现丘疹,食欲不振,贫血,消瘦,个别猪后肢无力,尿液中带有白色絮状物和脓液,虫卵呈长椭圆形,较大,灰白色,内有多个胚细胞。

172. 该猪场流行的是(　　)

A. 猪蛔虫病　B. 旋毛虫病　C. 毛尾线虫病　D. 冠尾线虫病　E. 食道口线虫病

173. 常用确诊该病的方法是(　　)

A. 粪便漂浮法　B. 尿液沉淀法　C. 粪便沉淀法　D. 皮屑检查法　E. 血液涂片检查法

(174～175题共用题干)

某产蛋鸡群,进入冬季后产蛋量下降,消瘦,贫血,皮肤时而出现小的红疹,夜间鸡群不安静,早晨喂鸡时发现鸡笼、水槽、食槽、蛋槽的缝隙中及脱落的羽毛上有大量细小的红色虫体。

174. 该鸡群最可能感染的病原是(　　)

A. 膝螨　B. 鸡羽虱　C. 鸡体虱　D. 食冠虱　E. 鸡皮刺螨

175. 首选的治疗药物是(　　)

A. 磺胺嘧啶　B. 丙硫咪唑　C. 氯硝柳胺　D. 乙酰喹酯　E. 溴氰菊酯

(176～178 题共用题干)

3岁母猫，近日精神沉郁，脉搏强硬，食欲减退，偶有体温升高，腰部拱起，步态拘谨，不愿行走，触压腹部可以感知肾脏肿大且疼痛明显。

176. 如做尿沉渣检查，不可能出现的异常物质是( )

A. 碳酸钙结晶 B. 磷酸钙结晶 C. 草酸钙结晶
D. 硫酸钙结晶 E. 尿酸钙结晶

177. 该猫如排尿异常，最可能的临床表现是( )

A. 尿频，尿量增多 B. 尿频，尿量减少
C. 尿频，尿量未见异常 D. 排尿次数未见异常，尿量增多
E. 排尿次数未见异常，尿量未见异常

178. 如做尿液化学检查，最可能出现异常的指标是( )

A. pH B. 肌酐 C. 酮体
D. 蛋白质 E. 葡萄糖

(179～181 题共用题干)

某猪场断奶仔猪，饲喂自配料，生长较快的猪发生运动障碍，出现顽固性腹泻，心率快、心律不齐，眼睑水肿等症状，剖检可见骨骼肌色淡，呈煮肉样。

179. 该猪场仔猪所患疾病可能是( )

A. 硒缺乏症 B. 碘缺乏症 C. 锌缺乏症
D. 铜缺乏症 E. 铁缺乏症

180. 剖检还可见到的病理变化是( )

A. 血液凝固不良 B. 桑葚心 C. 甲状腺肿
D. 管状骨弯曲 E. 皮肤角化不全

181. 治疗该病首选的药物是( )

A. 碘化钾 B. 亚硒酸钠 C. 葡萄糖铁
D. 甘氨酸铜 E. 硫酸亚铁

(182～183 题共用题干)

一牛群，春季在林区放牧10多天后，出现前胃迟缓，腹痛，排粪减少，粪便呈念珠状，肉垂水肿，尿量减少等症状，体温无变化。

182. 牛可能采食的植物是( )

A. 栎树叶 B. 蕨类 C. 萱草
D. 疯草 E. 银合欢

183. 尿液检查首选的项目是( )

A. 葡萄糖 B. pH C. 蛋白质
D. 酮体 E. 胆红素

(184～186 题共用题干)

波斯猫，4月龄，从头部开始掉毛，逐渐延续到背部和四肢，呈现局部无毛的症状，涂擦红霉素软膏无效。

184. 该猫的疾病是( )

A. 猫癣 B. 脓癣 C. 脓皮症
D. 跳蚤叮咬性皮炎 E. 过敏性皮炎

185. 治疗本病宜口服( )

A. 甲硝唑片 B. 利巴韦林片 C. 多黏菌素片
D. 特比奈芬片 E. 强力霉素片

186.本病的疗程一般是(　　)

A.1～7 d　　B.7～14 d　　C.14～28 d

D.28～42 d　　E.100 d以上

(187～189题共用题干)

奶牛,5岁,精神沉郁,体温升高,左前蹄悬空离地面,触诊悬肢的蹄部有热痛,举肢检查发现患部有多个小孔,溃疡面渗出少量恶臭液体。

187.该牛最可能患的疾病是(　　)

A.蹄叶炎　　B.腐蹄病　　C.蹄皮炎

D.蹄叉腐烂　　E.指(趾)间皮炎

188.引起本病的主要病原是(　　)

A.链球菌　　B.大肠杆菌　　C.沙门氏菌

D.绿脓杆菌　　E.坏死杆菌

189.对病灶清扩创后,宜灌注的药物是(　　)

A.5%碘酊　　B.3%硼酸　　C.70%酒精

D.0.9%盐水　　E.0.1%新洁尔灭

(190～192题共用题干)

奶牛,3岁,发情表现正常,食欲体温正常,但常从阴道中排出一些浑浊黏液,发情时排出量较多,配种不孕,冲洗子宫的回流液像淘米水。

190.该牛最可能患的疾病是(　　)

A.子宫积液　　B.隐性子宫内膜炎　　C.慢性脓性子宫内膜炎

D.慢性卡他性脓性子宫内膜炎　　E.慢性卡他性子宫内膜炎

191.对该牛冲洗子宫时,首选的冲洗液是(　　)

A.5%氯化钠溶液　　B.3%葡萄糖溶液　　C.0.9%氯化钠溶液

D.0.05%苯扎溴铵溶液　　E.0.01%高锰酸钾溶液

192.促进子宫收缩及子宫内炎性物排出,可以注射(　　)

A.雌激素和催产素　　B.黄体酮和雌激素　　C.人绒毛膜促性腺激素

D.马绒毛膜促性腺激素　　E.促黄体素和促卵泡激素

(193～194题共用题干)

牛,腹泻,症见消瘦,鼻寒耳冷,毛焦体瘦,四肢浮肿,粪中带水,粪渣粗大,舌面无苔,脉象迟缓。

193.该病证可辨证为(　　)

A.寒泻　　B.热泻　　C.伤食泻

D.脾虚泻　　E.肾虚泻

194.该病证的治疗原则为(　　)

A.温中止泻　　B.解热止泻　　C.消食止泻

D.健脾止泻　　E.补肾止泻

(195～197题共用题干)

公犬,5岁,突然出现排尿困难,尿滴沥,疼痛拱腰,尿中带血,尿液浑浊。

195.该病证可辨证为(　　)

A.热淋　　B.血淋　　C.砂淋

D.膏淋　　E.尿淋

196.该病证的治法为(　　)

A.清热利湿,降火通淋　　B.清热利湿,分清化浊　　C.清热利湿,消石通淋

D.清热利湿,凉血止血　　E.清热利湿,利尿通淋

197. **该病证适宜的方剂是(　　)**

A. 八正散　　B. 五苓散　　C. 小蓟饮子
D. 参苓白术散　　E. 郁金散

(198～200 题共用题干)

北京犬,2 岁,体表发热,咳声不爽,声音洪大,鼻流黏涕,呼出气热,口渴喜饮,舌苔薄黄,口色短津,脉象浮数。

198. **根据中兽医辨证论治,该病属于(　　)**

A. 风寒咳嗽　　B. 风热咳嗽　　C. 肺火咳嗽
D. 肺阴虚咳嗽　　E. 肺气虚咳嗽

199. **根据中兽医辨证论治,该病可采用的治疗方法是(　　)**

A. 祛风散寒,止咳平嗽　　B. 清肺止咳　　C. 疏风散热,止咳平嗽
D. 润肺止咳　　E. 健脾化痰,止咳平嗽

200. **根据中兽医辨证论治,该病治疗首选方剂为(　　)**

A. 银翘散　　B. 荆防败毒散　　C. 清肺散
D. 止嗽散　　E. 清燥救肺散

2011 年 · 综合应用 · 答案与解析

考生姓名：　　　　　　　　　　　　　　　　准考证号：

2012年全国执业兽医资格考试试卷

(兽医全科类)上午卷

（基础预防）

注 意 事 项

一、请按照要求，用蓝黑色或者黑色签字笔在答题卡上填写姓名、身份证号码、考点、考试地点、考场号、准考证号等信息，并用铅笔涂好准考证号。

二、试卷分为2部分，基础科目100小题，预防科目100小题，共200小题，考试时间为150分钟。各部分不单独计时，请考生自己合理分配时间。

三、监考人员宣布考试开始时，方可答题；宣布考试结束时，应立即停止答题。答题卡、题本一律反扣在桌面上，待监考人员确认数量无误，允许离开时，考生方可离开考场。如果考生违反了以上任何一项要求，都将影响考试成绩。

四、答案必须填涂在答题卡上，书写在试题本上的答案一律无效。

五、答题卡严禁折叠。

六、答题卡的正确填涂方式为：■，用其他符号填涂答案者不计分。

七、如要改动答案，必须先用橡皮擦去原来选定的答案，然后再按上面的规定重新作答。

基础科目

[A1 型题]

答题说明

每一道考试题下面有A、B、C、D、E五个备选答案,请从中选择一个最佳答案,并在答题卡上将相应题号的相应字母所属的方框涂黑。

1. 不属于《中华人民共和国动物防疫法》规定管理的动物疫病是( )
A. 马立克氏病 B. 禽白血病 C. 肉鸡腹水综合征
D. 产蛋下降综合征 E. 低致病性禽流感

2. 目前国务院兽医主管部门确定实施强制免疫的动物疫病病种不包括( )
A. 口蹄疫 B. 猪瘟 C. 奶牛结核病
D. 高致病性猪蓝耳病 E. 高致病性禽流感

3. 《中华人民共和国动物防疫法》规定的动物疫情报告法律制度的内容不包括( )
A. 报告时机 B. 报告的义务主体 C. 接受报告的主体
D. 报告时采取的控制措施 E. 兽医主管部门与同级卫生主管部门之间的相互通报

4. 根据《中华人民共和国动物防疫法》,运载动物的车辆进行清洗、消毒的情形是( )
A. 运输途中 B. 起运前 C. 卸载前
D. 装载前 E. 进入屠宰场前

5. 申请"动物诊疗许可证"的条件不包括( )
A. 有完善的管理制度 B. 有与动物诊疗活动相适应的资金
C. 有与动物诊疗活动相适应的执业兽医
D. 有与动物诊疗活动相适应的兽医器械和设备
E. 有与动物诊疗活动相适应并符合动物防疫条件的场所

6. 根据《中华人民共和国动物防疫法》,给予执业兽医暂停六个月以上一年以下动物诊疗活动行政处罚的违法行为不包括( )
A. 不履行动物疫情报告的义务的 B. 使用不符合国家规定的兽药的
C. 使用不符合国家规定的医疗器械的 D. 不按要求参加动物疫病预防、控制和扑灭活动的
E. 违反有关动物诊疗的操作技术规范,造成动物疫病传播的

7. 根据《动物防疫条件审查办法》,不符合饲养场防疫条件的是( )
A. 厂区入口处设置消毒池 B. 生产区内养殖栋舍间距为3 m
C. 配备动物无害化处理设施设备 D. 生产区内分设清洁道和污染道
E. 设置相对独立的引入动物隔离舍

8. 《动物检疫管理办法》规定,出售种用动物申报检疫的时限是离开产地前( )
A. 3 d B. 5 d C. 7 d
D. 10 d E. 15 d

9. 跨省引进的种兔到达输入地后,隔离期为( )
A. 5 d B. 10 d C. 15 d
D. 30 d E. 45 d

10. 可以发放兽医师执业证书的情形是( )
A. 患有布鲁氏菌病的 B. 间歇性精神病人 C. 受过刑事处罚的
D. 患有狂犬病的 E. 被吊销兽医师执业证书不满两年的

11. 接受执业兽医上年度执业活动情况报告的主体是(　　)
A. 省级人民政府兽医主管部门　　B. 省动物疫病预防控制机构
C. 省动物卫生监督机构　　D. 县级人民政府兽医主管部门
E. 县动物卫生监督机构

12. 根据《动物诊疗机构管理办法》,不符合动物医院法定条件的是(　　)
A. 有 X 光机　　B. 有手术台　　C. 有污水处理设备
D. 距离畜禽养殖场 150 m　　E. 有 3 名取得执业兽医师资格证书的人员

13.《重大动物疫情应急条例》规定,有权采集重大动物疫病病料的是(　　)
A. 动物诊疗机构　　B. 动物防疫监督机构　　C. 动物疫苗生产企业
D. 动物疫病研究机构　　E. 发生重大动物疫情的饲养场

14. 属于《一、二、三类动物疫病病种名录》规定的一类动物疫病是(　　)
A. 车轮虫病　　B. 白斑综合征　　C. 刺激隐核虫病
D. 鮰爱德华菌病　　E. 淡水鱼类细菌性败血症

15. 不符合兽药经营企业规定条件的是(　　)
A. 有与所经营的兽药相适应的设备　　B. 有与所经营的兽药相适应的仓库设施
C. 有与所经营的兽药相适应的营业场所　　D. 有与所经营的兽药相适应的质量管理机构和人员
E. 有与所经营的兽药相适应且经过资格认定的兽药技术人员

16. 发现与兽药使用有关的严重不良反应的法定报告义务主体不包括(　　)
A. 兽药生产企业　　B. 兽药经营企业　　C. 兽药使用单位
D. 兽药使用个人　　E. 开具处方的兽医人员

17. 可以向农业部指定的生产企业采购自用的国家强制免疫用生物制品的养殖场,应当具备的条件不包括(　　)
A. 必须是种畜禽养殖场　　B. 具有相应的兽医技术人员
C. 具有相应的储藏条件　　D. 具有完善的使用核对管理制度
E. 具有完善的出厂保管制度

18. 兽药产品的内包装标签必须注明的事项不包括(　　)
A. 兽药名称　　B. 生产批号　　C. 有效期
D. 主要成分　　E. 生产日期

19. 农业部第 278 号公告规定,用于治疗牛病的兽用盐酸赛拉嗪注射液停药期为(　　)
A. 5 日　　B. 6 日　　C. 10 日
D. 14 日　　E. 28 日

20. 高致病性病原微生物是指(　　)
A. 第一类和第二类病原微生物　　B. 第一类和第三类病原微生物
C. 第二类和第三类病原微生物　　D. 第二类和第四类病原微生物
E. 第三类和第四类病原微生物

21. 粗面内质网和滑面内质网在电镜下的主要区别是根据其表面是否附有(　　)
A. 中心体　　B. 核糖体　　C. 溶酶体
D. 微体　　E. 高尔基复合体

22. 牛胸椎的椎弓和椎体围成(　　)
A. 椎管　　B. 椎孔　　C. 椎间孔
D. 横突孔　　E. 椎骨切迹

23. 牛股膝关节前方具有(　　)

A. 3条膝直韧带　　B. 2条膝直韧带　　C. 1条膝直韧带

D. 十字韧带　　E. 圆韧带

24. 草食家畜腹壁肌外面被覆的深筋膜含有大量的弹性纤维,称为(　　)

A. 腹白膜　　B. 腹黄膜　　C. 腹横筋膜

D. 腹膜壁层　　E. 腹膜脏层

25. 反刍动物的胃中,起化学消化作用的胃是(　　)

A. 前胃　　B. 瘤胃　　C. 皱胃

D. 瓣胃　　E. 网胃

26. 呼吸系统中,真正执行气体交换功能的器官是(　　)

A. 鼻　　B. 咽　　C. 喉

D. 肺　　E. 气管

27. 犬肾为(　　)

A. 复肾　　B. 光滑多乳头肾　　C. 光滑单乳头肾

D. 有沟单乳头肾　　E. 有沟多乳头肾

28. 只有前列腺而无精囊腺和尿道球腺的家畜是(　　)

A. 牛　　B. 犬　　C. 羊

D. 马　　E. 猪

29. 马卵巢呈豆形,位于(　　)

A. 第2～3腰椎横突腹侧　　B. 第4～5腰椎横突腹侧　　C. 第6～7腰椎横突腹侧

D. 骨盆腔内　　E. 腹腔内,耻骨前缘前下方

30. 孕育胎儿的肌质器官是(　　)

A. 卵巢　　B. 输卵管　　C. 子宫

D. 阴道　　E. 阴道前庭和阴门

31. 心脏自身的营养动脉是(　　)

A. 冠状动脉　　B. 升主动脉　　C. 胸廓内动脉

D. 胸主动脉　　E. 降主动脉

32. 左心室血液流入(　　)

A. 主动脉　　B. 肺动脉　　C. 肺静脉

D. 前腔静脉　　E. 后腔静脉

33. 大多数家畜淋巴结的实质分为外周的皮质和中央的髓质,但皮质和髓质位置颠倒的是(　　)

A. 猪　　B. 马　　C. 牛

D. 羊　　E. 犬

34. 分布于视网膜的感觉神经是(　　)

A. 眼神经　　B. 视神经　　C. 外展神经

D. 动眼神经　　E. 滑车神经

35. 眼球壁的3层结构是指纤维膜、血管膜和(　　)

A. 蛛网膜　　B 视网膜　　C. 硬膜

D. 软膜　　E. 白膜

36. 具有结缔绒毛膜胎盘(绒毛叶胎盘)的动物是(　　)

A. 马　　B. 牛　　C. 犬

D. 猪　　E. 兔

37. 与组织液生成无关的因素是(　　)
A. 毛细血管血压　B. 血浆胶体渗透压　C. 组织液胶体渗透压
D. 组织液静水压　E. 血浆晶体渗透压

38. 平静呼吸时,与呼气运动无关的是(　　)
A. 膈肌舒张　B. 肺内容量减小　C. 肋间外肌舒张
D. 腹壁肌肉收缩　E. 肺内压高于大气压

39. 瘤胃生态环境中少见的微生物是(　　)
A. 厌氧细菌　B. 需氧细菌　C. 贫毛虫
D. 全毛虫　E. 真菌

40. 胆汁的组分中参与消化的主要成分是(　　)
A. 内因子　B. 卵磷脂　C. 胆固醇
D. 胆盐　E. 胆色素

41. 动物严重呕吐或者腹泻时,尿量减少的主要机制是(　　)
A. 抗利尿激素分泌增加　B. 血浆晶体渗透压降低　C. 血浆胶体渗透压降低
D. 入球小动脉舒张　E. 肾小囊内压升高

42. 神经-骨骼肌接头后膜(终板膜)的胆碱能受体是(　　)
A. α 受体　B. β 受体　C. M 受体
D. N_1 受体　E. N_2 受体

43. 属于含氮激素的是(　　)
A. 甲状腺素、胰岛素、前列腺素　B. 甲状旁腺激素、胰岛素、雌激素
C. 降钙素、肾上腺素、雄激素　D. 生长激素、去甲肾上腺素、孕激素
E. 生长激素、胰岛素、肾上腺素

44. 垂体分泌的促性腺激素包括(　　)
A. 促黑色激素与雄激素　B. 促黑色激素与孕酮
C. 促卵泡激素与促黄体生成素　D. 促卵泡激素与催乳素
E. 促黄体生成素与催产素

45. 属于盐皮质激素的是(　　)
A. 降钙素　B. 抗利尿激素　C. 醛固酮
D. 皮质醇　E. 肾上腺素

46. 具有自发性排卵功能的动物是(　　)
A. 猫　B. 兔　C. 骆驼
D. 水貂　E. 牛

47. 动物样品分析中,常用于沉淀蛋白质的试剂是(　　)
A. 稀盐酸　B. 尿素　C. 巯基乙醇
D. 三氯乙酸　E. 胆酸盐

48. 动物小肠黏膜吸收葡萄糖和氨基酸时伴有同向转运的离子是(　　)
A. 钠离子　B. 钾离子　C. 钙离子
D. 氯离子　E. 镁离子

49. 单胃动物胃蛋白酶的最适 pH 范围是(　　)
A. 1.6～2.4　B. 3.6～5.4　C. 6.6～7.4
D. 7.6～8.4　E. 8.6～9.4

50. 可以在动物体内转变成葡萄糖和糖原的物质是( )
A. 乳酸 B. 乙酸 C. 亮氨酸
D. 乙酰乙酸 E. 赖氨酸

51. 真核细胞生物氧化的主要场所是( )
A. 核糖体 B. 线粒体 C. 溶酶体
D. 高尔基复合体 E. 过氧化物酶体

52. 影响动物脂肪动员的关键酶是( )
A. 激素敏感脂肪酶 B. 脂蛋白脂肪酶 C. 磷酸甘油激酶
D. 转脂酰基酶 E. 磷脂酶

53. 哺乳动物合成尿素的主要器官是( )
A. 肝 B. 脑 C. 脾
D. 肾 E. 胰

54. 丙酸在反刍动物体内主要用于( )
A. 合成丙氨酸 B. 异生葡萄糖 C. 运输蛋白质
D. 转化胆固醇 E. 合成卵磷脂

55. 能够缓解高铁血红蛋白症的维生素是( )
A. 维生素 D B. 维生素 K C. 维生素 B_2
D. 维生素 C E. 维生素 A

56. 肌肉组织中细丝的主要成分是( )
A. 肌球蛋白 B. 肌动蛋白 C. 原肌球蛋白
D. 肌钙蛋白 E. 肌红蛋白

57. 脂肪变性是指( )
A. 组织中出现脂肪细胞 B. 脂肪细胞内脂肪滴增多 C. 脂肪组织中脂肪细胞增多
D. 组织内脂滴增多或脂肪细胞增多 E. 正常不见脂滴的细胞内出现脂滴,或细胞基质内脂滴增多

58. 黄疸时引起全身皮肤黏膜发生黄染的是( )
A. 胆红素 B. 脂褐素 C. 黑色素
D. 卟啉色素 E. 含铁血黄素

59. 发生淤血的组织局部( )
A. 温度升高,颜色鲜红 B. 温度升高,颜色暗红 C. 温度降低,颜色鲜红
D. 温度降低,颜色暗红 E. 温度不变,颜色暗红

60. 心瓣膜上形成血栓,常见的类型是( )
A. 白色血栓 B. 混合血栓 C. 红色血栓
D. 透明血栓 E. 败血型血栓

61. 构成肉芽组织的主要成分是毛细血管内皮细胞和( )
A. 肌细胞 B. 多核巨细胞 C. 成纤维细胞
D. 上皮细胞 E. 纤维细胞

62. 呼吸性碱中毒的特点( )
A. 血浆 $NaHCO_3$ 原发性增加 B. 血浆 $NaHCO_3$ 原发性减少
C. 血浆 H_2CO_3 含量原发性增加 D. 血浆 H_2CO_3 含量继发性增加
E. 血浆 H_2CO_3 含量原发性减少

63. 动物亚硝酸盐中毒时,末梢血液呈( )
A. 浅红色 B. 酱油色 C. 鲜红色
D. 樱桃红色 E. 玫瑰红色

64. 应激时机体物质代谢改变的特点是(　　)
A. 血糖升高　B. 代谢率下降　C. 血中脂肪酸含量降低
D. 血中酮体含量降低　E. 血中游离氨基酸含量降低

65. 炎性渗出物中的纤维素是指(　　)
A. 纤维组织　B. 纤维蛋白　C. 纤维细胞
D. 纤维蛋白原　E. 纤维蛋白酶

66. 结核性肉芽肿病灶内的上皮样细胞来源于(　　)
A. 淋巴细胞　B. 浆细胞　C. 巨噬细胞
D. 中性粒细胞　E. 嗜酸性粒细胞

67. 败血症是指(　　)
A. 病畜血液内存在原虫　B. 病畜血液内存在病原菌　C. 病畜血液内存在病毒
D. 病畜血液内存在毒素　E. 病原体侵入血液增殖、产生毒素引起的全身严重病变

68. 良性肿瘤常见的生长方式是(　　)
A. 浸润性生长/外生性生长　B. 弥漫性生长/内生性生长　C. 膨胀性生长/弥漫性生长
D. 外生性生长/ 膨胀性生长　E. 内生性生长/弥漫性生长

69. 牛副结核病时的肠炎属于(　　)
A. 出血性肠炎　B. 坏死性肠炎　C. 增生性肠炎
D. 慢性卡他性肠炎　E. 纤维素性坏死性肠炎

70. 一般情况下,作用选择性低的药物,在治疗量时对畜禽的(　　)
A. 毒性较小　B. 副作用较多　C. 副作用较少
D. 不良反应较少　E. 过敏反应较剧烈

71. 治疗犬脑部细菌感染应该首选(　　)
A. 新霉素内服　B. 庆大霉素内服　C. 磺胺氯丙嗪内服
D. 磺胺嘧啶内服　E. 磺胺二甲嘧啶内服

72. 青霉素类抗生素的抗菌作用机理是抑制细菌(　　)
A. 叶酸的合成　B. 蛋白质合成　C. 细胞壁的合成
D. 细胞膜的合成　E. DNA 回旋酶的合成

73. 可用于饮水消毒的药物是(　　)
A. 复合酚　B. 戊二醛　C. 含氯石灰
D. 聚维酮碘　E. 溴氯海因

74. 对创伤、手术等引起的剧烈疼痛有良好镇痛效果的药物是(　　)
A. 地西泮　B. 氯丙嗪　C. 安乃近
D. 哌替啶(度冷丁)　E. 对乙酰氨基酚

75. 猫禁用的解热镇痛抗炎药物是(　　)
A. 安乃近　B. 萘普生　C. 安替比林
D. 对乙酰氨基酚　E. 氟尼辛葡甲胺

76. 内服硫酸钠可用于治疗犬(　　)
A. 胃炎　B. 肠炎　C. 胃溃疡
D. 胃肠鼓气　E. 大肠便秘

77. 用于治疗动物充血性心力衰竭的药物是(　　)
A. 樟脑　B. 咖啡因　C. 氨茶碱
D. 肾上腺素　E. 洋地黄毒苷

78.马来酸氯苯那敏抗过敏作用的机理是(　　)

A.激动 H_1 受体　　B.阻断 H_1 受体　　C.激动 H_2 受体

D.阻断 H_2 受体　　E.激动 N_2 受体

[B1 型题]

答题说明
以下提供若干组考题,每组考题共用在考题前列出的 A、B、C、D、E 五个备选答案。请从中选择一个与问题关系最密切的答案,并在答题卡上将相应题号的相应字母所属的方框涂黑。某个备选答案可能被选择一次、多次或不被选择。

(79～80 题共用备选答案)

A.马　　B.牛　　C.猪

D.犬　　E.兔

79.升结肠形成圆锥状肠袢的动物是(　　)

80.升结肠形成圆盘状肠袢的动物是(　　)

(81～82 题共用备选答案)

A.鸣管　　B.气囊　　C.鸣膜

D.鸣骨　　E.鸣泡

81.鸡气管分叉处形成的特殊结构是(　　)

82.鸭的发声器官是(　　)

(83～85 题共用备选答案)

A.铁和蛋白质　　B.锌和蛋白质　　C.维生素 B_{12}、丁酸和铜离子

D.维生素 B_{12}、叶酸和铜离子　　E.促红细胞生成素

83.红细胞生成所需的原料主要是(　　)

84.促成红细胞发育和成熟的物质主要是(　　)

85.调节红细胞数量自稳态的物质主要是(　　)

(86～87 题共用备选答案)

A. Na^+　　B. K^+　　C. Ca^{2+}

D. Mg^{2+}　　E. Fe^{2+}

86.分布于细胞外液的主要离子是(　　)

87.分布于细胞内液的主要离子是(　　)

(88～89 题共用备选答案)

A.淋巴细胞　　B.中性粒细胞　　C.嗜酸性粒细胞

D.嗜碱性粒细胞　　E.单核细胞

88.鸡感染了新城疫病毒,临床见有观星姿势,组织病理学观察见有非化脓性脑炎,脑血管周围有大量炎性细胞浸润。该病灶中渗出的主要炎性细胞种类为(　　)

89.犊牛感染了化脓性棒状杆菌,剖检见肾脏有明显的化脓灶,组织病理学观察见病灶局部有大量的炎性细胞浸润。该病灶中渗出的主要炎性细胞种类为(　　)

(90～91 题共用备选答案)

A.尸冷　　B.尸体自溶　　C.尸僵

D.尸斑　　E.尸体腐败

90. 动物死亡后,尸体组织在自身酶(如溶酶体酶)的作用下被消化,其中以胃、肠、胰腺出现的变化最为明显。该动物尸体变化类型属于(　　)

91. 动物死亡后,可见尸体倒卧侧的皮肤出现青紫色淤血区,后期由于发生溶血,可使该部分染成红色。该动物尸体变化的类型属于(　　)

(92～93 题共用备选答案)

A. 副作用　　B. 毒性作用　　C. 过敏反应

D. 二重感染　　E. 后遗效应

92. 犬麻醉前使用阿托品时,出现抑制腺体分泌、减轻心脏抑制、抑制胃肠平滑肌的作用,其中抑制胃肠平滑肌的作用属于(　　)

93. 猪长期使用乙酰甲喹后,可以引起肝、肾损害,此作用属于(　　)

(94～95 题共用备选答案)

A. 地克珠利　　B. 莫能菌素　　C. 托曲珠利

D. 尼卡巴嗪　　E. 氯羟吡啶

94. 通过干扰球虫细胞内钠、钾离子的正常渗透而产生杀虫作用的抗球虫药是(　　)

95. 既能用于预防鸡球虫病,又能作用肉牛促生长使用的抗球虫药是(　　)

[A2 型题]

答题说明

每一道考题是以一个小案例出现的,其下面都有 A、B、C、D、E 五个备选答案。请从中选择一个最佳答案,并在答题卡上将相应题号的相应字母所属的方框涂黑。

96. 鸡,35 日龄,初步诊断为大肠杆菌病,用庆大霉素治疗 3 d,疗效欠佳,经实验室确诊为大肠杆菌并发支原体感染,应加用的治疗药物是(　　)

A. 杆菌肽　　B. 土霉素　　C. 头孢噻呋

D. 莫能菌素　　E. 磺胺嘧啶

97. 奶牛,出现瘤胃迟缓,用氨甲酰胆碱 200 mg 皮下注射,10 min 后出现不安,唾液分泌过多,诊断为氨甲酰胆碱中毒,有效的解毒药是(　　)

A. 阿托品　　B. 亚甲蓝　　C. 解磷定

D. 新斯的明　　E. 毛果芸香碱

[A3/A4 型题]

答题说明

以下提供若干个案例,每个案例下设若干个考题。请根据案例所提供的信息,在每一道考试题下面的 A、B、C、D、E 五个备选答案中选择一个最佳答案,并在答题卡上将相应题号的相应字母所属的方框涂黑。

(98～100 题共用题干)

某牛场成年牛突然发病,症见高热,呼吸困难,听诊有明显的啰音,叩诊有大面积浊音区,X 射线检查可见肺部呈现大面积的渗出性阴影。死后剖检可见肺肿大,暗红色,质地坚实如肝脏,病变肺组织切块可沉入水底。

98. 该牛肺的病变为(　　)

A. 过敏性肺炎　　B. 小叶性肺炎　　C. 大叶性肺炎

D. 真菌性肺炎　　E. 间质性肺炎

99. 该肺炎的变化处于(　　)
A. 充血期　　B. 红色肝变期　　C. 灰色肝变期
D. 水肿期　　E. 消散期

100. 如果病情进一步发展,该肺的病变会呈现(　　)
A. 充血明显,肺泡内充满大量网状物
B. 充血消失,肺泡内见少量网状物
C. 充血消失,肺泡内充满大量网状物
D. 水肿明显,肺泡内见少量均质红染物
E. 出血明显,肺泡内充满大量网状物

2012年·基础科目·答案与解析

预 防 科 目

[A1 型题]

答 题 说 明

每一道考试题下面有A、B、C、D、E五个备选答案,请从中选择一个最佳答案,并在答题卡上将相应题号的相应字母所属的方框涂黑。

101. 在固体培养基上可生长成大而扁平,边缘呈卷发状菌落的细菌是(　　)
A. 大肠杆菌　　B. 炭疽杆菌　　C. 金黄色葡萄球菌
D. 多杀性巴氏杆菌　　E. 产单核细胞李氏杆菌

102. L型细菌与其原型菌相比,差异的结构是(　　)
A. 核体　　B. 质粒　　C. 细胞膜
D. 核糖体　　E. 细胞壁

103. 抗酸染色后呈红色的细菌是(　　)
A. 大肠杆菌　　B. 猪链球菌　　C. 炭疽杆菌
D. 结核分枝杆菌　　E. 多杀性巴氏杆菌

104. 细菌群体生长过程中,新繁殖的活菌数与死菌数大致平衡的生长时期是(　　)
A. 静止期　　B. 迟缓期　　C. 对数期
D. 稳定期　　E. 衰亡期

105. 在液体培养基中静置培养后,液体表面形成菌膜的细菌是(　　)
A. 大肠杆菌　　B. 猪链球菌　　C. 牛分枝杆菌
D. 金黄色葡萄球菌　　E. 多杀性巴氏杆菌

106. 不含有内毒素的细菌是(　　)
A. 葡萄球菌　　B. 沙门氏菌　　C. 巴氏杆菌
D. 变形杆菌　　E. 嗜血杆菌

107. 半固体培养基可用于检测细菌的(　　)
A. 生长缓慢　　B. 运动性　　C. 呼吸类型
D. 菌落形态　　E. 血清型

108. 超高温巴氏消毒法采用的温度是(　　)
A. 160℃　　B. 132℃　　C. 121℃　　D. 100℃　　E. 72℃

109. 引起仔猪水肿病的病原是(　　)
A. 大肠杆菌　　B. 副猪嗜血杆菌　　C. 猪伤寒沙门氏菌
D. 多杀性巴氏杆菌　　E. 产单核细胞李氏杆菌

110.病毒的增殖方式是(　　)
A.复制　B.芽殖　C.二分裂
D.减数分裂　E.孢子增殖

111.可用于纯化病毒的试验是(　　)
A.空斑试验　B.凝集试验　C.耐酸性试验
D.免疫转印试验　E.血凝抑制试验

112.可用于病毒血清型鉴定的方法是(　　)
A.中和试验　B.耐酸性试验　C.耐碱性试验
D.乙醚敏感性试验　E.核酸酶敏感性试验

113.禽流感病毒H亚型分型的物质基础是(　　)
A.核蛋白　B.磷蛋白　C.血凝素
D.基质蛋白　E.神经氨酸酶

114.决定抗原特异性的物质基础是(　　)
A.分子质量　B.物理性状　C.化学成分
D.结构的复杂性　E.表面特殊的化学基团

115.在机体黏膜免疫中发挥主要作用的抗体类型是(　　)
A.IgG　B.IgM　C.IgA
D.IgD　E.IgE

116.禽类特有的免疫器官是(　　)
A.骨髓　B.法氏囊　C.胸腺
D.扁桃体　E.淋巴结

117.具有免疫记忆功能的细胞是(　　)
A.B细胞　B.巨噬细胞　C.肥大细胞
D.NK细胞　E.中性粒细胞

118.属于典型的细胞毒型(Ⅱ型)变态反应是(　　)
A.血清病　B.结核菌素肉芽肿　C.青霉素过敏反应
D.新生仔畜溶血性贫血　E.自身免疫复合物病

119.在母猪产前进行疫苗免疫可以有效保护仔猪,此方法对于仔猪来说属于(　　)
A.人工主动免疫　B.人工被动免疫　C.天然主动免疫
D.天然被动免疫　E.非特异性免疫

120.接种鸡痘疫苗最常用的方法是(　　)
A.滴鼻　B.饮水　C.气雾
D.刺种　E.点眼

121.可用于检测抗体的方法是(　　)
A.PCR技术　B.空斑试验　C.血凝试验
D.补体结合反应　E.淋巴细胞增殖反应

122.需颗粒性抗原参与的免疫血清学反应是(　　)
A.环状沉淀试验　B.对流免疫电泳　C.火箭免疫电泳
D.直接凝集反应　E.补体结合反应

123.某犬被同类咬伤后,从表现精神沉郁到刚出现攻击人畜、恐水症状之前的一段时间称为(　　)
A.潜伏期　B.前驱期　C.明显期
D.转归期　E.康复带毒期

124. 流行病学调查中，不能为疫情来源提供线索的是(　　)
A. 养殖场规模　B. 近期是否从外地引种　C. 近期免疫接种情况
D. 周边地区有无疫情　E. 是否有外来人员参观

125. 直接影响初生仔猪接种活疫苗免疫效果的最主要因素是(　　)
A. 饲料中氨基酸水平　B. 饲料中维生素含量　C. 饲料中微量元素水平
D. 种公猪免疫状况　E. 母源抗体水平

126. 决定漂白粉消毒效果的因素是(　　)
A. 剂型　B. 有效氯含量　C. 使用时间
D. 储存容器　E. 环境温度

127. 公猪患乙型脑炎常出现的症状是(　　)
A. 阴囊炎　B. 尿道炎　C. 尿道结石
D. 膀胱炎　E. 睾丸炎

128. 国家贸易中用于确诊牛羊布氏杆菌病的方法是(　　)
A. PCR　B. 现场诊断　C. 玻片凝集试验
D. 试管凝集试验　E. 补体结合试验

129. 成年鸡感染鸡白痢沙门氏菌后的病理损害部位常见于(　　)
A. 生殖系统　B. 消化系统　C. 呼吸系统
D. 神经系统　E. 免疫系统

130. 送检病料用于分离口蹄疫病毒时，常在其中加入的保存液是(　　)
A. 无菌蒸馏水　B. 70%乙醇　C. 50%甘油磷酸盐缓冲液
D. 0.1% 硫柳汞　E. 0.1%叠氮钠

131. 目前我国防控非洲猪瘟的主要措施是(　　)
A. 环境消毒　B. 扑杀病猪　C. 免疫预防
D. 使用抗病毒药物　E. 严格入境检疫

132. 副猪嗜血杆菌病最常见的病理变化是(　　)
A. 出血性肠炎　B. 多发性浆膜炎　C. 肾小球肾炎
D. 坏死性心肌炎　E. 非化脓性脑炎

133. 急性猪痢疾严重病例的粪便颜色多为(　　)
A. 白色　B. 灰色　C. 红色
D. 黄色　E. 黑色

134. 脑膜脑炎型牛传染性鼻气管炎主要发生(　　)
A. 泌乳期奶牛　B. 干奶期奶牛　C. 育成肉牛
D. 犊牛　E. 种公牛

135. 以食道黏膜糜烂并呈线状排列为病理特征的牛传染病是(　　)
A. 口蹄疫　B. 牛流行热　C. 牛出血性白血病
D. 牛传染性鼻气管炎　E. 牛病毒性腹泻

136. 山羊关节炎-脑炎除了常见的脑脊髓炎型和关节炎型外，还有(　　)
A. 眼炎型　B. 流产型　C. 胃肠炎型
D. 生殖道型　E. 间质性肺炎型

137. 从马传染性贫血发热期病马分离病原，宜采集的样品是(　　)
A. 尿液　B. 粪便　C. 血液
D. 唾液　E. 鼻液

138. 鸡发生以呼吸困难、咳出带血黏液为特征的疾病多见于( )
A. 新城疫 B. 鸡败血支原体感染 C. 鸡传染性喉气管炎
D. 鸡传染性支气管炎 E. 鸡传染性鼻炎

139. 分离鸡病毒性关节炎病毒,应采集病鸡的样品是( )
A. 脑组织 B. 法氏囊 C. 肝脏
D. 肺脏 E. 肠内容物

140. 犬瘟热常呈现的发热特点是( )
A. 不规则热 B. 回归热 C. 稽留热
D. 双相热 E. 波状热

141. 犬心肌炎型细小病毒病多发生于( )
A. 1 周龄内 B. 1～2 周龄 C. 2 月龄内
D. 3～4 月龄 E. 5～6 月龄

142. 犬传染性肝炎病犬常见的体表变化是( )
A. 皮下水肿 B. 皮下脓肿 C. 被毛脱落
D. 皮肤溃疡 E. 皮肤干裂

143. 蜜蜂美洲幼虫腐臭病出现症状的时间平均在卵孵化后的( )
A. 9.5 d B. 10.5 d C. 11.5 d
D. 12.5 d E. 13.5 d

144. 猪带绦虫的终末宿主是( )
A. 猪 B. 猫 C. 人
D. 犬 E. 鼠

145. 钩虫的主要感染途径是( )
A. 经交配感染 B. 经空气感染 C. 经胎盘感染
D. 经眼结膜感染 E. 经皮肤感染

146. 确诊寄生虫病最可靠的方法是( )
A. 临床特征观察 B. 流行病学调查 C. 病变观察
D. 病原检查 E. 血清学检查

147. 动物驱虫期间,最适宜的粪便处理方法是( )
A. 深埋 B. 生物热发酵 C. 使用消毒机
D. 直接用作肥料 E. 直接喂鱼

148. 细粒棘球绦虫的终末宿主是( )
A. 犬 B. 山羊 C. 人
D. 猪 E. 绵羊

149. 人吃生鱼片和醉虾最可能感染的寄生虫是( )
A. 华支睾吸虫 B. 前后盘吸虫 C. 肝片吸虫
D. 胰阔盘吸虫 E. 布氏姜片吸虫

150. 确诊羊疥螨主要根据( )
A. 血液嗜碱性粒细胞增加 B. 血液涂片镜检有虫体 C. 皮肤病料镜检有大量虫卵
D. 血液嗜酸性粒细胞增加 E. 时常擦痒,皮肤表面形成痂块,大面积脱落

151. 可以用于治疗牛泰勒虫病的药物是( )
A. 左旋咪唑 B. 三氮脒 C. 吡喹酮
D. 阿维菌素 E. 溴氰菊酯

152. 多头多头绦虫成虫寄生在犬、狼、狐狸的( )
A. 肝脏 B. 肺脏 C. 大脑
D. 大肠 E. 小肠

153. 马媾疫的感染途径是( )
A. 经口感染 B. 经胎盘感染 C. 经交配感染
D. 经呼吸道感染 E. 经节肢动物感染

154. 鸡感染火鸡组织滴虫的最易感年龄是( )
A. 1～2周龄 B. 4～6周龄 C. 2～3月龄
D. 4～6月龄 E. 7月龄以上

155. 犬巴贝斯虫寄生于犬的( )
A. 红细胞 B. 淋巴细胞 C. 巨噬细胞
D. 中性粒细胞 E. 浆细胞

156. 防控犬复孔绦虫病必须注意杀灭( )
A. 蚤和虱 B. 疥螨 C. 伤口蛆
D. 蚊和蝇 E. 硬蜱

157. 犬恶丝虫成虫的主要寄生部位是( )
A. 左心室 B. 左心房 C. 肺动脉
D. 气管 E. 胆管

158. 斯氏艾美耳球虫寄生于兔的( )
A. 胃 B. 小肠 C. 大肠
D. 肾脏 E. 肝脏

159. 小蜂螨的生活史中无( )
A. 成虫 B. 蛹 C. 若虫
D. 幼虫 E. 卵

160. 有机磷农药的靶器官是( )
A. 瞳孔 B. 唾液腺 C. 骨骼肌
D. 神经系统 E. 平滑肌

161. 绝大多数的环境污染物对人群健康的影响是( )
A. 高毒性的 B. 中等毒性的 C. 低毒性的
D. 微毒性的 E. 无毒性的

162. 大肠菌群的特性不包括( )
A. 发酵乳糖 B. 产酸产气 C. 无芽孢
D. 革兰氏阳性 E. 需氧和兼性厌氧

163. 属于互源性人畜共患病的是( )
A. 棘球蚴病 B. 日本血吸虫病 C. 肉孢子虫病
D. 旋毛虫病 E. 肝片吸虫病

164. 现行国家标准规定,水疱病病猪应进行( )
A. 高温处理 B. 冷冻处理 C. 盐腌处理
D. 销毁处理 E. 产酸处理

165. 不能用生物热消毒法处理病畜粪便的疫病是( )
A. 口蹄疫 B. 猪瘟 C. 炭疽
D. 猪丹毒 E. 布鲁氏菌病

166.动物诊疗结构至少应有两个分区,其中之一必须是( )

A.动物手术区　B.动物诊疗区　C.动物处理区
D.动物疫病区　E.动物消毒区

[B1型题]

答题说明

以下提供若干组考题,每组考题共用在考题前列出的A、B、C、D、E五个备选答案。请从中选择一个与问题关系最密切的答案,并在答题卡上将相应题号的相应字母所属的方框涂黑。某个备选答案可能被选择一次、多次或不被选择。

(167～169题共用备选答案)

A.胸膜肺炎放线杆菌　B.多杀性巴氏杆菌　C.牛支原体
D.支气管败血波氏杆菌　E.牛分枝杆菌

167.奶牛,呼吸急促,鼻孔流出血色泡沫液体;取鼻腔分泌物经瑞氏染色、镜检见两极着色的球杆菌。该病例最可能的病原是( )

168.黄牛,初期干咳,后期湿咳,鼻孔流出黄色黏液;取鼻腔分泌物经抗酸染色、镜检见红色杆菌。该病例最可能的病原是( )

169.奶牛,长时间干咳。取鼻腔拭子接种于10%的马血清马丁琼脂,37℃培养5 d,可见"煎荷包蛋"状小菌落。该病例最可能的病原是( )

(170～172题共用备选答案)

A.犬细小病毒　B.犬瘟热病毒　C.狂犬病病毒
D.犬传染性肝炎病毒　E.伪狂犬病病毒

170.比格犬,腹泻,病初粪便呈黄色且大量黏液,后期排出番茄汁样稀粪。自粪便中分离出一种能凝集猪红细胞的DNA病毒。该病例最可能的病原是( )

171.牧羊犬,突然发病,表现为双相热型,腹泻,眼、鼻流出脓性分泌物。取鼻分泌物接种Vero细胞,分离到一种具有血凝活性的RNA病毒。该病例最可能的病原是( )

172.贵宾犬,腹泻,头眼部出现水肿。经治疗好转,康复期出现"蓝眼"症状。取体温升高阶段的血液接种MDCK细胞,分离得到一种具有血凝活性的DNA病毒。该病例最可能的病原是( )

(173～175题共用备选答案)

A.特异性识别与杀伤感染细胞　B.阻止病毒从黏膜入侵机体　C.中和病毒与调理作用
D.广谱抗病毒作用　E.释放大量细胞因子

173.在局部免疫中,分泌型IgA发挥抗病毒作用的方式是( )

174.细胞毒性T细胞发挥抗病毒感染的方式是( )

175.循环抗体阻断病毒通过血液扩散的方式( )

(176～178题共用备选答案)

A.仔猪大肠杆菌病　B.仔猪沙门氏菌病　C.仔猪梭菌性肠炎
D.猪传染性胃肠炎　E.猪伪狂犬病

176.某猪场12～15日龄仔猪发生腹泻,排出灰白色糊状粪便,有腥臭味,发病率35%,死亡率5%。尸体外表苍白、脱水、消瘦,剖检可见肠黏膜有卡他性炎症。粪便接种麦康凯培养基长出红色菌落。该病最可能是( )

177.某猪场2日龄仔猪腹泻,排出含组织碎片的红褐色稀粪,病猪脱水,死亡。剖检可见空肠呈暗红色,肠腔充满含血液的稀粪,肠系膜淋巴结呈鲜红色。该病最可能是( )

178. 某猪场部分断奶仔猪咳嗽,有时呕吐,有的仔猪共济失调、间歇发生四肢痉挛,有的猪顽固性腹泻。病猪脑组织接种家兔,家兔出现奇痒死亡,该病最可能是(　　)

(179～181 题共用备选答案)

A. 血液检查　　B. 尿液检查　　C. 粪便检查
D. 皮屑检查　　E. 体表淋巴结穿刺检查

179. 夏末,一水牛体温升高,呈间歇热。病牛逐渐消瘦,贫血,眼内有浆液性分泌物,四肢下部、前胸与腹下水肿,皮肤干燥。进一步诊断该病,首选的检查方法是(　　)

180. 成年猫出现消瘦、下痢、贫血和消化不良等症状,有喂生鱼史。用丙硫咪唑驱虫,精神与食欲好转。进一步诊断该病,首选的检查的方法是(　　)

181. 夏季,某马群体温升高,呈间隙热,眼结膜、瞬膜上有黄豆大的出血斑,尿量减少,尿色深黄、黏稠。后期腋下、胸前水肿。检查马体,未发现硬蜱。进一步诊断该病,首选的检查方法是(　　)

(182～184 题共用备选答案)

A. 孔雀石绿　　B. 己烯雌酚　　C. 氯霉素
D. 克伦特罗　　E. 呋喃唑酮

182. 一养牛户,为治疗奶牛乳腺炎,将某种禁用药物注入奶牛乳房中治疗数日,使乳中大量残留该药物,可以引起食用者骨髓造血机能受到抑制,发生再生障碍性贫血。牛奶中最可能残留的禁用药物是(　　)

183. 一养牛户,为了促进肉牛生长,长期给肉牛使用某种禁用药物,使肉牛中大量残留该药物,长期食用对食用者的生殖系统和生殖功能造成严重影响,并有可能引起癌变。牛肉中最可能残留的禁用药物是(　　)

184. 一养猪户,为增加瘦肉率,减少脂肪沉积,在饲料中非法添加某种禁用药物,造成猪肉中大量残留该药物,可以引起食用者出现头痛、头晕、心悸、心律失常、呼吸困难、肌肉震颤和疼痛等中毒症状。猪肉中最可能残留的药物是(　　)

[A2 型题]

答题说明

每一道考题是以一个小案例出现的,其下面都有 A、B、C、D、E 五个备选答案。请从中选择一个最佳答案,并在答题卡上将相应题号的相应字母所属的方框涂黑。

185. 某鸡场产蛋鸡食欲减退,排黄色稀粪,肉髯肿胀呈青紫色。取病死鸡肝脏触片,经亚甲蓝染色可见两极浓染的球杆菌。该鸡群感染的病原可能是(　　)

A. 李氏杆菌　　B. 大肠杆菌　　C. 沙门氏菌
D. 巴氏杆菌　　E. 葡萄球菌

186. 某放牧绵羊,突然倒地死亡,天然孔流出泡沫的暗红黑色血液。该死羊耳尖部血液涂片后亚甲蓝染色,镜检可见有荚膜的竹节状大杆菌。该羊感染的病原可能是(　　)

A. 诺维梭菌　　B. 破伤风梭菌　　C. 蜡样芽孢杆菌
D. 炭疽芽孢杆菌　　E. 产气荚膜梭菌

187. 患鸡垂翅,渐进性消瘦,陆续死亡。死后剖检,脾脏和肝脏有肿瘤样结节,羽毛囊上皮超薄切片电镜观察,可见有囊膜的病毒粒子。引起该病的病原可能是(　　)

A. 新城疫病毒　　B. 马立克氏病病毒　　C. 传染性法氏囊病病毒
D. 禽传染性支气管炎病毒　　E. 禽传染性喉气管炎病毒

188. 7 日龄仔猪发病,病初呕吐,继而水样腹泻,粪便内含有未消化的凝乳块,病死率达 90%。取病猪粪便,经处理后电镜观察,可以见到表面具有花瓣状纤突的病毒颗粒。引起该病的病原可能是( )

A. 猪水疱病病毒　B. 猪圆环病毒　C. 猪细小病毒
D. 猪瘟病毒　E. 猪传染性胃肠炎病毒

189. 牧羊犬,雌性,1 岁,后驱麻痹,流涎,恐水,脑组织检查发现内基氏小体,此病可诊断为( )

A. 狂犬病　B. 犬瘟热　C. 犬传染性肝炎
D. 犬细小病毒病　E. 犬流感

190. 某成年公猪出现咳嗽、打喷嚏、流鼻涕等呼吸道症状,采食正常,随后面部出现泪斑。如分离病原,应采集的样品是( )

A. 鼻拭子　B. 咽拭子　C. 泪液
D. 唾液　E. 血液

191. 某 6 周龄鸡群冬季发病,病鸡频频摇头、打喷嚏,之后眼睑肿胀,病程长达 1 个月以上。剖检见鼻、气管、支气管有黏稠渗出物,气囊壁增厚和浑浊,内含干酪样物。该病可能是( )

A. 禽霍乱　B. 鸡新城疫　C. 鸡败血性支原体感染
D. 鸡传染性支气管炎　E. 鸡传染性喉气管炎

192. 某猪群出现食欲废绝,高热稽留,呼吸困难,体表淋巴结肿大,皮肤发绀。孕猪出现流产、死胎。取病猪肝、肺、淋巴结触片染色镜检见香蕉形虫体。该寄生虫病可能是( )

A. 球虫病　B. 鞭虫病　C. 旋毛虫病
D. 弓形虫病　E. 蛔虫病

193. 某工地工人误食未煮熟的猪肉后,部分工人出现发热、肌肉疼痛、眼睑水肿等症状,个别患者死亡。对冰箱中剩余的猪肉进行检查,镜检发现肌肉内有梭形包囊,囊内有蜷曲的虫体。对此类感染猪的屠宰检疫方法是( )

A. 淋巴结检查　B. 血液检查　C. 肌肉压片镜检
D. 内脏检查　E. 皮肤检查

194. 夏季,某绵羊群放牧后出现食欲减退、体温升高、可视黏膜苍白等症状。剖检见肝脏肿大、出血,在肝、胆管中发现扁平叶状虫体。该病可能是( )

A. 绵羊球虫病　B. 棘球蚴病　C. 莫尼茨绦虫病
D. 片形吸虫病　E. 血矛线虫病

[A3/A4 型题]

答题说明

以下提供若干个案例,每个案例下设若干个考题。请根据案例所提供的信息,在每一道考试题下面的 A、B、C、D、E 五个备选答案中选择一个最佳答案,并在答题卡上将相应题号的相应字母所属的方框涂黑。

(195～197 题共用题干)

夏末秋初,某牛场个别牛突然发病,很快波及整群。部分病牛体温正常,但四肢关节肿胀,疼痛,站立时后躯僵硬。少数牛卧地不起、瘫痪。现场调查发现该场卫生条件差,蚊虫滋生。

195. 该病可能是( )

A. 口蹄疫　B. 牛流行热　C. 牛病毒性腹泻
D. 牛李氏杆菌病　E. 牛传染性胸膜肺炎

196. **多数病牛高热,流泪,有泡沫样流涎,呼吸急促。该病型可能是( )**

A. 脑脊髓炎型　　B. 败血症　　C. 呼吸型
D. 繁殖障碍型　　E. 水肿型

197. **如分离病原,应采取的样品是( )**

A. 关节液　　B. 红细胞　　C. 白细胞
D. 血浆　　E. 血清

(198～200 题共用题干)

我国南方某放牧牛群食欲减退,体温升高,精神不振,腹泻便血,严重贫血,衰竭死亡。剖检见肝、脾肿大,肝组织内有大量虫卵结节。

198. **该病的病原最可能是( )**

A. 肝片吸虫　　B. 矛形歧腔吸虫　　C. 腔阔盘吸虫
D. 日本分体吸虫　　E. 大片形吸虫

199. **确诊该病常用的粪检方法是( )**

A. 饱和盐水漂浮法　　B. 毛蚴孵化法　　C. 直接涂片法
D. 幼虫分离法　　E. 离心沉淀法

200. **病死后剖检,最可能检出成虫的部位是( )**

A. 胰脏　　B. 颈静脉　　C. 肺脏
D. 肾脏　　E. 肠系膜静脉

2012 年 · 预防科目 · 答案与解析

考生姓名：　　　　　　　　　　　　　　　　准考证号：

2012年全国执业兽医资格考试试卷

(兽医全科类)下午卷

（临床综合）

注 意 事 项

一、请按照要求，用蓝黑色或者黑色签字笔在答题卡上填写姓名、身份证号码、考点、考试地点、考场号、准考证号等信息，并用铅笔涂好准考证号。

二、试卷分为2部分，临床科目100小题，综合科目100小题，共200小题，考试时间为150分钟。各部分不单独计时，请考生自己合理分配时间。

三、监考人员宣布考试开始时，方可答题；宣布考试结束时，应立即停止答题。答题卡、题本一律反扣在桌面上，待监考人员确认数量无误，允许离开时，考生方可离开考场。如果考生违反了以上任何一项要求，都将影响考试成绩。

四、答案必须填涂在答题卡上，书写在试题本上的答案一律无效。

五、答题卡严禁折叠。

六、答题卡的正确填涂方式为：▬，用其他符号填涂答案者不计分。

七、如要改动答案，必须先用橡皮擦去原来选定的答案，然后再按上面的规定重新作答。

临床科目

[A1 型题]

答题说明

每一道考试题下面有A、B、C、D、E五个备选答案,请从中选择一个最佳答案,并在答题卡上将相应题号的相应字母所属的方框涂黑。

1. 浅触诊主要用于检查( )
A. 肾脏大小　B. 体表温度　C. 肠内容物
D. 腹腔肿块　E. 肝脏边缘

2. 检查浅表淋巴结活动性的基本方法是( )
A. 视诊　B. 触诊　C. 叩诊
D. 听诊　E. 嗅诊

3. 叩诊时,引起心浊音区缩小的疾病是( )
A. 心包积液　B. 心扩张　C. 心肥大
D. 肺气肿　E. 肺炎

4. 毕欧特氏呼吸的特点是( )
A. 间断性呼气或吸气　B. 呼气和吸气都费力,时间延长
C. 深大呼吸与暂停交替出现　D. 呼吸深大而慢,但无暂停
E. 由浅而深再至浅,经暂停后复始

5. 过渡型中性粒细胞是指( )
A. 原粒细胞　B. 中幼粒细胞　C. 杆状核粒细胞
D. 3叶核粒细胞　E. 5叶核粒细胞

6. 动物血管内严重溶血时最易导致( )
A. 高胆红素血症　B. 血小板凝集　C. 高蛋白血症
D. 高脂血症　E. 高钠血症

7. 健康草食动物尿液常呈( )
A. 强碱性　B. 弱碱性　C. 强酸性
D. 弱酸性　E. 中性

8. 支气管肺炎的X线影征是( )
A. 黑色阴影　B. 密度均匀的阴影　C. 大小不一的云絮状阴影
D. 边缘整齐的大块状阴影　E. 整个肺视野出现高密度阴影

9. 对动物做肝脏B超探查时,出现局限性液性暗区,其中有散在的光点或小光团,提示( )
A. 肝结节　B. 肝硬化　C. 肝肿瘤
D. 肝脓肿　E. 肝坏死

10. 心电图中的T波反映( )
A. 心房肌去极化　B. 心房肌复极化　C. 心室肌去极化
D. 心室肌复极化　E. 窦房结激动

11. 有注册的执业兽医师和执业助理兽医师在诊疗活动中为患病动物开具的作为患病动物处治凭证的医疗文书是( )
A. 医嘱　B. 处方　C. 诊断建议书
D. 病情通知书　E. 病危通知书

12. 血液中还原血红蛋白减少时,动物可视黏膜常表现为(　　)
A. 红色　B. 紫色　C. 黄色
D. 黄白色　E. 苍白色

13. 兽医临床上牛瓣胃穿刺的正确部位是(　　)
A. 左侧第 7 肋间　B. 左侧第 8 肋间　C. 右侧第 6 肋间
D. 右侧第 7 肋间　E. 右侧第 8 肋间

14. 治疗口炎常用的口腔清洗液是(　　)
A. 过氧化氢　B. 生理盐水　C. 来苏儿
D. 10%氯化钠溶液　E. 20%硫酸钠溶液

15. 牛瓣胃阻塞时临床症状不包括(　　)
A. 反刍缓慢　B. 轻度腹痛　C. 食欲减退
D. 触诊左腹壁敏感　E. 瘤胃蠕动音减弱

16. 尿道发炎时,可以用于清洗尿道的药物是(　　)
A. 10%氯化钠溶液　B. 10%葡萄糖酸钙溶液　C. 3%过氧化氢溶液
D. 2%戊二醛溶液　E. 0.1%高锰酸钾溶液

17. 中暑的临床症状除体温急剧升高外,还有(　　)
A. 多尿　B. 黄疸　C. 碱中毒
D. 发病缓慢　E. 心肺机能障碍

18. 为预防奶牛骨软症,饲料中最适的钙磷比例为(　　)
A. 1∶1　B. 1.5∶1　C. 2.5∶1
D. 1∶1.5　E. 1∶2

19. 母牛倒地不起综合征的病因不包括(　　)
A. 骨折　B. 蛋白质缺乏　C. 神经损伤
D. 关节脱臼　E. 矿物质代谢紊乱

20. 不能对动物造成血液性、化学性、临诊或病理性改变等损害作用的最大剂量称为(　　)
A. 半数致死量　B. 最高无毒剂量　C. 绝对致死量
D. 最小致死量　E. 无作用剂量

21. 牛慢性蕨中毒的典型症状是(　　)
A. 腹泻　B. 血尿　C. 皮下水肿
D. 共济失调　E. 黏膜发绀

22. 黄曲霉毒素经动物胃肠吸收后主要毒害的器官是(　　)
A. 肝脏　B. 肾脏　C. 肺脏
D. 胰脏　E. 心脏

23. 引起牛黑斑病甘薯中毒的甘薯酮是(　　)
A. 肝脏毒　B. 肺脏毒　C. 肾脏毒
D. 心脏毒　E. 脾脏毒

24. 猪食盐中毒发作期应(　　)
A. 大量饮水　B. 少量饮水　C. 禁止饮水
D. 多次饮水　E. 自由饮水

25. 肉鸡腹水综合征的特征是(　　)
A. 肺动脉低压　B. 主动脉高压　C. 主动脉低压
D. 右心衰竭　E. 左心衰竭

26. 犬库兴氏综合征血液检查可见( )

A. 中性粒细胞减少 B. 淋巴细胞减少 C. 单核细胞减少

D. 淋巴细胞增多 E. 红细胞减少

27. 臀部深部脓肿的确诊方法是( )

A. 视诊 B. 触诊 C. 叩诊

D. 听诊 E. 穿刺

28. 创伤一期愈合的临床特点是( )

A. 创缘不整 B. 感染严重 C. 瘢痕组织多

D. 炎症反应轻微 E. 愈合时间长

29. 机体多肌群或多关节发生疼痛的疾病是( )

A. 骨关节炎 B. 腱鞘炎 C. 风湿病

D. 骨膜炎 E. 黏液囊炎

30. 因房水排泄受阻导致视力减退或丧失的眼病是( )

A. 结膜炎 B. 角膜炎 C. 虹膜炎

D. 青光眼 E. 白内障

31. 治疗马额窦蓄脓常采用( )

A. 穿刺术 B. 圆锯术 C. 外敷术

D. 内服药 E. 放疗

32. 动物发生腹壁透创,常继发( )

A. 贫血 B. 水肿 C. 肾衰

D. 腹膜炎 E. 心力衰竭

33. 游离于疝囊内的肠管,其中一部分通过疝孔回入腹腔,两者均受到疝孔的弹力压迫,所造成血液循环障碍的痛称为( )

A. 可复性疝 B. 粘连性痛 C. 粪性嵌闭疝

D. 弹力性嵌闭疝 E. 逆行性嵌闭疝

34. 犬膈疝内容物中不可能出现的脏器是( )

A. 胃 B. 肝脏 C. 盲肠

D. 脾脏 E. 十二指肠

35. 手术治疗仔猪锁肛的方法是( )

A. 直肠端端吻合手术 B. 直肠盲端吻合术 C. 直肠阴道造瘘术

D. 直肠肌层与皮肤创缘间断缝合 E. 直肠黏膜与皮肤创缘间断缝合

36. 跛行诊断中确诊患肢的主要方法是( )

A. 问诊 B. 触诊 C. 视诊

D. 听诊 E. 叩诊

37. 治疗家畜皮肤真菌感染常用的方法是( )

A. 外用甲硝唑 B. 口服甲硝唑 C. 口服洗必泰

D. 外用酮康唑 E. 外用地塞米松

38. 发生在蹄真皮层的弥散性无败性炎症是( )

A. 蹄叶炎 B. 滑膜囊炎 C. 蹄叉腐炎

D. 局限性蹄皮炎 E. 蹄冠蜂窝织炎

39. 手术人员的准备与消毒顺序是(　　)
A. 更衣—戴手术帽和口罩—手臂消毒—穿无菌手术衣—戴无菌手套
B. 更衣—手臂消毒—戴手术帽和口罩—穿无菌手术衣—戴无菌手套
C. 更衣—戴手术帽和口罩—穿无菌手术衣—手臂消毒—戴无菌手套
D. 手臂消毒—更衣—戴手术帽和口罩—穿无菌手术衣—戴无菌手套
E. 更衣—手臂消毒—戴手术帽和口罩—戴无菌手套—穿无菌手术衣

40. 外科手术中空腔器官浆膜肌层缝合的适宜方法是(　　)
A. 单纯结节缝合　B. 单纯连续缝合　C. 十字缝合
D. 连续锁边缝合　E. 伦伯特氏缝合

41. 手术切除脱出的第三眼睑腺时,其钳夹部位为(　　)
A. 下眼睑内侧　B. 第三眼睑基部　C. 第三眼睑中部
D. 突出物的中部　E. 突出物的基部

42. 性腺激素主要包括(　　)
A. GnRH、LH、FSH　B. OT、松弛素、PGs　C. 孕酮、雌激素、雄激素
D. eCG、hCG、GnRH　E. OT、PGs、LH

43. 属于季节性发情的动物是(　　)
A. 奶牛　B. 黄牛　C. 绵羊
D. 猪　E. 兔

44. 经产奶牛,妊娠已 280 d。外阴部出现肿胀,尾根两侧臀部塌陷,乳房肿胀,乳汁呈滴状流出。该牛可能发生的是(　　)
A. 临产征兆　B. 早产征兆　C. 胎儿浸溶征兆
D. 慢性乳腺炎　E. 发情

45. 奶牛剖宫产手术,子宫壁切口的缝合方法是(　　)
A. 浆膜肌层连续内翻缝合　B. 浆膜肌层间断外翻缝合　C. 子宫壁全层连续内翻缝合
D. 子宫壁全层间断内翻缝合　E. 全层水平纽扣缝合

46. 闭锁型犬子宫蓄脓的关键指征不包括(　　)
A. 腹泻　B. 呕吐　C. 腹围增大
D. 血液白细胞数升高　E. B 超检查子宫影像有暗区

47. 某动物个体的性腺同时具有睾丸和卵巢组织,这种情况属于(　　)
A. XXX 综合征　B. XXY 综合征　C. XX 真两性畸形
D. 雄性假两性畸形　E. 雌性假两性畸形

48. 公牛精囊腺炎综合征的常用诊断方法是(　　)
A. 血常规检查　B. 腹壁 B 超检查　C. 直肠检查
D. 尿常规检查　E. 激素分析

49. 新生仔猪低糖血症不会出现的临床症状是(　　)
A. 体温升高　B. 体温下降　C. 口流白沫
D. 头颈后仰　E. 四肢无力

50. 五脏之中,主藏血的是(　　)
A. 肝　B. 肾　C. 脾
D. 心　E. 肺

51. 起于胸部、行于前肢内侧前缘、止于前肢末端的经脉是(　　)
A. 太阴肺经　B. 太阴脾经　C. 阳明大肠经
D. 厥阴肝经　E. 少阴肾经

52. 淡味常附于五味中的(　　)
A. 辛味　B. 甘味　C. 酸味
D. 苦味　E. 咸味

53. 发汗解表、宣肺平喘、主治外感风寒表实证的方剂是(　　)
A. 桂枝汤　B. 麻黄汤　C. 小柴胡汤
D. 银翘散　E. 荆防败毒散

54. 白虎汤的药物组成除了石膏、甘草、粳米外,还有(　　)
A. 知母　B. 栀子　C. 芦根
D. 黄连　E. 黄柏

55. 用于治疗老龄患畜肠燥便秘的方剂是(　　)
A. 白头翁汤　B. 大承气汤　C. 当归苁蓉汤
D. 曲蘖散　E. 保和丸

56. 具有清热化痰、宽中散结作用的药物是(　　)
A. 黄芩　B. 瓜蒌　C. 麻黄
D. 半夏　E. 天南星

57. 具有温肾散寒,祛湿止痛作用的方剂是(　　)
A. 五苓散　B. 八正散　C. 茴香散
D. 曲蘖散　E. 郁金散

58. 具有活血祛瘀、养血安神作用的药物是(　　)
A. 沙参　B. 丹参　C. 党参
D. 苦参　E. 玄参

59. 具有补气升阳、脱毒生肌作用的药物是(　　)
A. 党参　B. 黄芪　C. 白术
D. 山药　D. 甘草

60. 用于治疗肝火上炎,目赤肿痛的方剂是(　　)
A. 独活散　B. 牡蛎散　C. 决明散
D. 巴戟散　E. 茴香散

[B1 型题]

答题说明

以下提供若干组考题,每组考题共用在考题前列出的 A、B、C、D、E 五个备选答案。请从中选择一个与问题关系最密切的答案,并在答题卡上将相应题号的相应字母所属的方框涂黑。某个备选答案可能被选择一次、多次或不被选择。

(61～62 题共用备选答案)
A. 阴道炎　B. 胎衣不下　C. 子宫捻转
D. 子宫脱出　E. 子宫颈炎

61. 对母牛进行阴道检查时,发现阴道呈螺旋状褶皱。该病的诊断是(　　)
62. 对母牛进行阴道检查时,发现子宫颈外口充血、肿胀,子宫颈外褶凸出,有黏脓性恶臭分泌物。该病的诊断是(　　)

(63～64 题共用备选答案)

A. 铁缺乏　　B. 铜缺乏　　C. 钴缺乏

D. 硒缺乏　　E. 叶酸缺乏

63. 仔猪,20 日龄,高床保育,精神沉郁,食欲减退,被毛粗乱,生长发育停滞,皮肤和可视黏膜苍白,稍加运动则喘息不止。该病最可能的致病原因是(　　)

64. 牛,草地放牧 6 个月后发病,表现消瘦,贫血,被毛由黑色变棕黄色,尿液中甲基丙氨酸和亚胺甲基谷氨酸含量升高。该病最可能的致病原因是(　　)

(65～67 题共用备选答案)

A. 干性坏疽　　B. 湿性坏疽　　C. 凝固性坏死

D. 液化性坏死　　E. 坏疽性溃疡

65. 藏獒犬,因打斗致使左侧肩胛部有 5 cm 长的开放性创伤,一周后,该部位周围组织脱毛,浮肿;创面呈暗紫色、湿润,并覆有恶臭的红褐色分泌物,分泌物镜检有坏死杆菌。该犬表现的病理特征属于(　　)

66. 家猫,一个月前因难产实施剖宫产术,创口一直不愈合,表现为体温升高、厌食,创口裂开,皮下及肌肉组织肿胀坏死,创口内见有大量脓性分泌物流出。该猫所表现的病理特征属于(　　)

67. 雄性博美犬,6 月龄,7 d 前去势时用 5% 的碘酊对术部做术前和术后阴囊皮肤消毒,现阴囊皮肤呈褐色、皮革样。该犬所表现的病理特征属于(　　)

(68～69 题共用备选答案)

A. 单纯间断缝合　　B. 单纯连续缝合　　C. 连续锁边缝合

D. 库兴氏缝合　　E. 康乃尔式缝合

68. 腊肠犬,直肠脱出 4 d,肠黏膜表面糜烂、坏死,决定做直肠切除术。直肠切除术后浆膜肌层的缝合方法是(　　)

69. 北京犬,误食鱼钩,X 线拍片见鱼钩位于胃内,决定施行胃切开术取出鱼钩。胃切开后浆膜肌层的缝合方法是(　　)

(70～71 题共用备选答案)

A. 隐性子宫内膜炎　　B. 慢性卡他性子宫内膜炎　　C. 慢性脓性子宫内膜炎

D. 子宫积脓　　E. 子宫积液

70. 奶牛,产后 5 个月,发情正常。最近发现常从阴道中流出黏液、浑浊的液体,发情时排出更多,但无全身症状;冲洗子宫的回流液略浑浊、似淘米水样。该牛最有可能发生的子宫疾病是(　　)

71. 奶牛,产后 4 个月,一直未见发情,从阴道中排出少量异常分泌物,但无全身症状。直肠检查感觉子宫体积明显增大、呈袋状,子宫壁增厚、有柔性的波动感;阴道检查见有大量灰黄色脓液。该牛最有可能发生的子宫疾病是(　　)

(72～73 题共用备选答案)

A. 黄连解毒汤　　B. 龙胆泻肝汤　　C. 麻杏甘石汤

D. 荆防败毒汤　　E. 独活散

72. 牛,突然发病,证见发热,喘急,咳嗽,口干渴,舌红,苔黄,脉数。治疗该病证适宜的方剂是(　　)

73. 牛,突然发病,证见咳嗽,恶寒,被毛逆立,鼻流清涕,无汗,不喜欢饮水,尿清长,口淡而润,舌苔薄白,脉象浮紧。治疗该病证适宜的方剂是(　　)

[A2 型题]

答题说明
每一道考题是以一个小案例出现的,其下面都有 A、B、C、D、E 五个备选答案。请从中选择一个最佳答案,并在答题卡上将相应题号的相应字母所属的方框涂黑。

74. 犬,4 周龄,未免疫,体温 40℃,呻吟,可视黏膜发绀,心杂音,心跳加快,心电图检查出现冠状 T 波。血液生化检查,活性升高的酶是(　　)
A. 脂肪酶　B. 碱性磷酸酶　C. 胆碱酯酶
D. 肌酸激酶　E. G-谷氨酰转移酶

75. 金毛犬,4 岁,消瘦,反复呕吐,大便先干后稀。腹部平片未见异常,钡餐造影 2 h 后仅有少量进入空肠,X 线正位片,胃影左侧可见高中密度间隔条形影,右侧为欠均匀的高密度影。此病最可能是(　　)
A. 胃内金属异物　B. 布片阻塞胃贲门　C. 石头阻塞胃幽门
D. 骨头阻塞十二指肠　E. 塑料袋阻塞胃幽门

76. 牛,发热,精神沉郁,叩诊胸部敏感,听诊胸部有摩擦音,胸腔穿刺液含有大量纤维蛋白。该牛可以诊断为(　　)
A. 大叶性肺炎　B. 小叶性肺炎　C. 肺充血
D. 胸膜炎　E. 肺泡气肿

77. 某猪群,饲喂焖煮的菜叶后不久生病,临床表现为呼吸困难,心跳加快,全身发绀。剖检见血液呈黑褐色,凝固不良。治疗该病的特效药是(　　)
A. 亚硝酸钠　B. 硫代硫酸钠　C. 阿托品
D. 亚甲蓝　E. 硫酸镁

78. 犬骨折内固定手术后,创口周围严重肿胀,创口有多量分泌物流出,且流出不畅,触诊有捻发音。此时,首选的治疗措施是(　　)
A. 清创术　B. 扩创术　C. 封闭疗法
D. 制止渗出　E. 加装绷带

79. 藏獒,2 岁,颌下出现波动性肿胀、无热痛,穿刺液黏稠、透明。最佳的治疗方法是摘除(　　)
A. 腮腺　B. 腭腺　C. 舌下腺
D. 颌下腺　E. 颌下腺和舌下腺

80. 雄性京巴犬,8 岁,今日排尿不畅,排粪正常,在会阴部出现鹅蛋大肿胀,无热,无痛,无腹胀。该肿胀内容物最可能是(　　)
A. 结肠　B. 盲肠　C. 回肠
D. 卵巢　E. 前列腺

81. 奶牛,3 岁,食欲废绝,右侧下腹部腹围增大明显,粪便量少、糊状、呈棕褐色,有恶臭味,并混有少量黏液和血丝。触诊皱胃区,感觉到有硬囊状物撞击手指。准备实施病胃切开术,最佳切口是(　　)
A. 左侧肋弓下斜切口　B. 右侧肋弓下斜切口　C. 左肷部前切口
D. 右肷部前切口　E. 脐后腹中线切口

82. 母猪,妊娠已 3 个月,突然发现乳房膨大,阴唇肿胀,有清亮分泌物从阴道流出。提示可能发生的疾病是(　　)
A. 流产　B. 妊娠毒血症　C. 轻度乳腺炎
D. 乳房浮肿　E. 阴道炎

83. **奶牛分娩,持续努责 1.5 h 仍未产出胎儿。检查发现胎膜已经破裂,一前蹄露出阴门外,口鼻位于阴道内,另一前肢腕关节屈曲,抵于耻骨前缘,胎儿尚活。处理该难产的首选方法是(　　)**

A. 直接矫正屈曲的腕关节

B. 将头部推回子宫腔,矫正屈曲的腕关节

C. 将露出的前肢推回子宫腔,矫正屈曲的腕关节

D. 推回屈曲的肢体,向外牵拉头部和露出的前肢

E. 截除屈曲的腕关节,再向外牵拉头部和露出的前肢

84. **马,耳鼻温热,泄泻,泻粪腥臭,尿短赤,口津干黏,口渴贪饮,口色红黄,舌苔黄腻,脉象滑数。该病可以辨证为(　　)**

A. 食积大肠　　B. 大肠冷泻　　C. 大肠湿热

D. 大肠液亏　　E. 寒湿困脾

85. **公牛,形寒肢冷,后肢水肿,尿清粪溏,阳痿不举,口色淡,脉沉无力。该病证首选的方剂是(　　)**

A. 八正散　　B. 秦艽散　　C. 肾气丸

D. 六味地黄丸　　E. 麻黄汤

[A3/A4 型题]

答题说明

以下提供若干个案例,每个案例下设若干个考题。请根据案例所提供的信息,在每一道考试题下面的 A、B、C、D、E 五个备选答案中选择一个最佳答案,并在答题卡上将相应题号的相应字母所属的方框涂黑。

(86～88 题共用题干)

马,长期休闲,饲喂富含碳水化合物饲料,剧烈运动后,突然出现运动障碍;股四头肌和臀肌强直,硬如木板。发病后 3 d 来就诊。

86. **其尿液的颜色可能是(　　)**

A. 红色　　B. 白色　　C. 绿色

D. 黄色　　E. 无色

87. **尿液的性质可能是(　　)**

A. 糖尿　　B. 药尿　　C. 卟啉尿

D. 血红蛋白尿　　E. 肌红蛋白尿

88. **镜检尿液发现(　　)**

A. 无异常成分　　B. 有大量管型　　C. 有大量血小板

D. 有大量白细胞　　E. 有大量红细胞

(89～91 题共用题干)

黄牛,5 岁,高温季节田间使役时,突然发病,呼吸困难,流泡沫状鼻液,黏膜发绀。体温 40.8℃,呼吸 60 次/min,脉搏 98 次/min。肺部听诊湿啰音,X 线影像显示肺部阴影加重,肺门血管纹理显著。

89. **该病可诊断为(　　)**

A. 胸膜炎　　B. 喘鸣症　　C. 支气管炎

D. 肺泡气肿　　E. 肺充血和肺水肿

90. 肺部叩诊可能出现(　　)

A. 清音　B. 浊音　C. 鼓音　D. 破壶音　E. 金属音

91. 血气分析最可能异常的是(　　)

A. p_{O_2} 正常，p_{CO_2} 升高　B. p_{O_2} 升高，p_{CO_2} 升高　C. p_{O_2} 降低，p_{CO_2} 降低

D. p_{O_2} 升高，p_{CO_2} 降低　E. p_{O_2} 降低，p_{CO_2} 升高

(92～94 题共用题干)

北京犬，2 周前因打斗致左眼羞明、流泪，黏液脓性分泌物增多；检查发现角膜中央有一凹陷、呈灰黄色浑浊，周边有新生的树枝状血管。

92. 该犬所患眼部疾病是(　　)

A. 角膜表层损伤　B. 外伤性角膜炎　C. 浅表性角膜炎

D. 间质性角膜炎　E. 溃疡性角膜炎

93. 有助于做出诊断的检查方法是(　　)

A. 直接检眼镜检查　B. 手电筒检查　C. 间接检眼镜检查

D. 荧光素染色　E. 微生物培养

94. 该病最佳的治疗方法是(　　)

A. 眼睑皮下注射　B. 球结膜下注射　C. 角膜损伤缝合

D. 球结膜瓣覆盖　E. 抗生素眼膏点眼

(95～97 题共用题干)

母猪，产后 4 d，发现肠管从肛门脱出，长约 10 cm，呈圆筒形，向下弯曲，黏膜水肿、淤血严重，部分黏膜破裂，但未见肠管坏死，脱出肠管与肛门之间没有间隙。

95. 该病诊断是(　　)

A. 脱肛　B. 单纯性直肠脱　C. 直肠套叠脱出

D. 结肠套叠脱出　E. 小肠套叠脱出

96. 治疗该病采用的最佳保定方法是(　　)

A. 仰卧保定　B. 侧卧保定　C. 俯卧保定

D. 前低后高保定　E. 前高后低保定

97. 肠管整复后缝合肛门的方法是(　　)

A. 螺旋缝合　B. 荷包缝合　C. 库兴氏缝合

D. 伦勃特氏缝合　E. 康奈尔氏缝合

(98～100 题共用题干)

经产奶牛，5 岁，顺产一牛犊，产后当日精神、食欲、泌乳未见异常；产后第二天突发食欲废绝，精神委顿，嗜睡，四肢不能站立，卧地时头弯向左侧胸部。检查发现体温 37℃。

98. 进一步确诊该疾病的检查方法是(　　)

A. 血常规检查　B. 尿常规检查　C. 血液生化检查

D. X 射线检查　E. B 超检查

99. 与该病发生最相关的因素是(　　)

A. 分娩状态　B. 产犊数　C. 繁殖率

D. 产奶量　E. 产犊季节

100. 防止该病发生的有效方法之一是在怀孕期给予(　　)

A. 高钙高磷饲料　B. 低钙高磷饲料　C. 富含钙、铁饲料

D. 富含磷、镁饲料　E. 富含维生素 A 饲料

2012 年 · 临床科目 · 答案与解析

综 合 应 用

[A1 型题]

答题说明

每一道考试题下面有 A、B、C、D、E 五个备选答案，请从中选择一个最佳答案，并在答题卡上将相应题号的相应字母所属的方框涂黑。

101. 与猪传染性胸膜肺炎流行病学相关的正确描述是(　　)
A. 保育阶段猪多发　B. 主要经污染饲料传播　C. 主要经吸血昆虫传播
D. 优势血清为 9 型和 15 型　E. 生长阶段和育肥阶段多发

102. 蓝舌病的传播媒介主要是(　　)
A. 蚤　B. 蚊　C. 蜱
D. 库蠓　E. 螨

103. 以腿肌和胸肌出血、腺胃和肌胃交界处条状出血为特征病理变化的疾病是(　　)
A. 产蛋下降综合征　B. 传染性法氏囊病　C. 鸡传染性支气管炎
D. 禽败血病　E. 马立克氏病

104. 鸭瘟又称为(　　)
A. 鸭病毒性肝炎　B. 鸭病毒性肠炎　C. 番鸭细小病毒病
D. 鸭浆膜炎　E. 禽霍乱

105. 对兔病毒性出血病重症病例，适宜的处置办法是(　　)
A. 隔离治疗　B. 预防继发感染　C. 紧急接种疫苗
D. 注射高免血清　E. 扑杀、尸体无害化处理

106. 家蚕质型多角体病毒感染家蚕中肠的细胞为(　　)
A. 圆筒形细胞　B. 杯形细胞　C. 再生细胞
D. 颗粒细胞　E. 脂肪细胞

107. 猪球虫的感染途径是(　　)
A. 经口感染　B. 经皮肤感染　C. 经节肢动物
D. 经胎盘感染　E. 经呼吸道

108. 蛭型巨吻棘头虫的中间宿主是(　　)
A. 淡水螺　B. 陆地螺　C. 蚯蚓
D. 金龟子　E. 剑水蚤

109. 捻转血矛线虫寄生于牛羊的(　　)
A. 真胃　B. 瘤胃　C. 结肠
D. 盲肠　E. 肺脏

110. 寄生于禽类肝脏胆管与胆囊内的寄生虫是(　　)
A. 前殖吸虫　B. 后睾吸虫　C. 异刺线虫
D. 鸡蛔虫　E. 鸡绦虫

111. 健康犬的脉搏变化范围是(　　)
A. 30～80 次/min　B. 40～90 次/min　C. 50～100 次/min
D. 60～110 次/min　E. 70～120 次/min

112. 牛三尖瓣口的最佳听诊区在(　　)
A. 左侧第 3 肋间　B. 右侧第 3 肋间　C. 左侧第 4 肋间
D. 右侧第 4 肋间　E. 左侧第 5 肋间

113. 鸡维生素 B_1 缺乏时会出现观星姿势。这种症状属于(　　)

A. 脊髓性失调　　B. 前庭性失调　　C. 小脑性失调

D. 大脑性失调　　E. 延脑性失调

114. 在X线片上开始显示犬胎儿颅骨和脊柱时,提示其妊娠至少达到了(　　)

A. 11 d　　B. 21 d　　C. 31 d

D. 41 d　　E. 51 d

115. 犬后腹部超声检查显示横切面双叶形、纵切面卵圆形,实质呈中等强度的均质回声,间杂小回声光点,这个器官是(　　)

A. 前列腺　　B. 肾上腺　　C. 淋巴结

D. 卵巢　　E. 胰腺

116. 引起牛创伤性心包炎的异物主要来自(　　)

A. 瓣胃　　B. 皱胃　　C. 网胃

D. 胸腔　　E. 肺脏

117. 猪维生素 B_2 缺乏症不包括(　　)

A. 结膜炎　　B. 脂溢性皮炎　　C. 鬃毛脱落

D. 步态强拘　　E. 小红细胞低色素贫血

118. 治疗禽骨骼短粗和腓肠肌腱脱落的药物是(　　)

A. 硫酸锰　　B. 硫酸钴　　C. 硫酸锌

D. 硫酸铜　　E. 硫酸亚铁

119. 猫白血病的主要病原是(　　)

A. 病毒　　B. 霉菌　　C. 孢子菌

D. 厌氧菌　　E. 需氧菌

120. 猪隐睾常发生的部位位于(　　)

A. 腰区的肾后方　　B. 腰区的肾前方　　C. 盆腔内的膀胱下

D. 腹股沟管内环处的皮下　　E. 腹股沟管外环处的皮下

121. 动物手术麻醉前用药的种类不包括(　　)

A. 抗生素　　B. 镇痛药　　C. 镇静药

D. 肌松药　　E. 抗胆碱药

122. 妊娠中后期,由胎盘产生的孕酮发挥维持妊娠作用的动物是(　　)

A. 马　　B. 奶牛　　C. 黄牛

D. 绵羊　　E. 山羊

123. 猫的妊娠期平均是(　　)

A. 45 d　　B. 58 d　　C. 62 d

D. 75 d　　E. 90 d

124. 奶牛正常分娩时,胎儿的胎位是(　　)

A. 上位　　B. 侧位　　C. 下位

D. 正生　　E. 倒生

125. 奶牛产后子宫复旧所需的时间一般为(　　)

A. 2～3 d　　B. 4～7 d　　C. 8～15 d

D. 10～25 d　　E. 30～45 d

126. 奶牛难产,产道检查胎儿呈正生,判断胎儿是否死亡最常用的方法是(　　)
A. 观察胎儿瞳孔反应
B. 测定胎儿体温是否下降
C. 针刺前肢,观察有无疼痛反应
D. 手指伸入胎儿肛门内,检查有无胎粪
E. 手指伸入胎儿口腔,检查有无吞咽和舌回缩反应

127. 位于犬尾根与肛门之间的穴位是(　　)
A. 尾根　B. 尾本　C. 后海
D. 肾俞　E. 脾俞

128. 电针治疗马结症常用的穴位是(　　)
A. 抢风　B. 前三里　C. 关元俞
D. 后三里　E. 邪气

[B1 型题]

答题说明

以下提供若干组考题,每组考题共用在考题前列出的 A、B、C、D、E 五个备选答案。请从中选择一个与问题关系最密切的答案,并在答题卡上将相应题号的相应字母所属的方框涂黑。某个备选答案可能被选择一次、多次或不被选择。

(129～130 题共用备选答案)
A. 牛传染性鼻气管炎　B. 牛流行热　C. 牛传染性胸膜肺炎
D. 牛出血性败血病　E. 牛炭疽

129. 在我边境口岸隔离场检疫期间,发现部分引进牛体温升高达 40～42℃,干咳数日,弓形站立,头前伸,肘外展。病牛可见关节炎症状。病料在含 10%马血清的马丁琼脂培养基上培养,长出的菌落光镜观察成煎蛋状,中央有乳头状突起。该病最可能是(　　)

130. 某肉牛群发病,病初体温 39.5～42℃,拒食,随后有脓性鼻漏,鼻黏液高度充血,有溃疡,鼻镜有严重炎症。呼吸困难,呼气有臭味,时而咳嗽。剖检可见肺脏有片状化脓性肺炎。该病最可能是(　　)

(131～132 题共用备选答案)
A. 磷化锌中毒　B. 硫脲类中毒　C. 香豆素类中毒
D. 毒鼠强中毒　E. 尿素中毒

131. 猫,突然发病,精神不振,呼吸困难,肌肉震颤,食欲废绝,腹痛和腹泻,呕吐物有蒜臭味,粪便中混有血液,并在暗处有特殊亮光。该病最可能是(　　)

132. 猫,突然发病,呕吐,皮肤发紫,尿血,粪便带血,呼吸困难。维生素 K 治疗能缓解病情。该病最可能是(　　)

(133～134 题共用备选答案)
A. 内侧关节囊缝合手术　B. 外侧关节囊缝合手术　C. 膝直中韧带截断术
D. 膝直内韧带截断术　E. 膝直外韧带截断术

133. 贵妇犬,站立时患肢呈弓形,膝关节屈曲,趾间内向,小腿向内旋转,行走时呈三脚跳样,可自行复位,易复发。治疗该病应采取(　　)

134. 犬,1 岁,时而表现跛行,有时呈三角跳步样,患肢膝外翻,趾尖向外,小腿向外旋转,X 线检查可见股骨和胫骨有不同程度的扭曲畸形。治疗该病应采取(　　)

(135～136 题共用备选答案)
A. 阴囊部尿道造口术　B. 会阴部尿道造口术　C. 阴囊前尿道切开术
D. 膀胱切开术　E. 尿道逆行冲洗术

135. 公犬,5岁,未绝育,排尿困难,尿淋漓有多日,但近日犬频频努责,无尿排出,腹围增大,膀胱充盈,X线检查发现阴茎骨后部尿道有高密度阴影。手术治疗该病宜选择(　　)

136. 公猫,6岁,精神沉郁,厌食,呕吐,不停行走,鸣叫,频频舔尿生殖器,尿淋漓,有时排出红色尿液,龟头发现有多个小的结晶物。X线检查显示膀胱和尿道内有较高的密度阴影。手术治疗该病宜选(　　)

[A2型题]

答题说明
每一道考题是以一个小案例出现的,其下面都有A、B、C、D、E五个备选答案。请从中选择一个最佳答案,并在答题卡上将相应题号的相应字母所属的方框涂黑。

137. 某猪场刚断奶仔猪突然出现神经症状,眼睑及周围皮肤水肿。剖检病猪见胃壁和肠系膜明显水肿。该病可能是(　　)

A. 猪痢疾　B. 仔猪低血糖症　C. 仔猪副伤寒
D. 仔猪大肠杆菌病　E. 仔猪营养性水肿

138. 某群保育猪体温升高,耳尖皮肤发紫,呼吸困难,剖检病猪肺脏见间质性肺炎。肺组织匀浆接种Marc-145细胞后出现细胞病变。该病最可能是(　　)

A. 猪瘟　B. 猪支原体肺炎　C. 猪伪狂犬病
D. 猪圆环病毒病　E. 猪繁殖与呼吸综合征

139. 某猪场部分初产母猪发生流产、产死胎和木乃伊胎,其他性别和年龄猪无明显症状。可能的疾病是(　　)

A. 猪细小病毒病　B. 弓形虫病　C. 猪布鲁氏菌病
D. 猪伪狂犬病　E. 猪繁殖与呼吸综合征

140. 某种猪群遇寒潮,出现咳嗽和气喘等呼吸道症状,剖检病猪见双侧肺有对称性肉变。如需快速检测猪群中隐性感染猪,首选的方法是(　　)

A. 病原分离　B. ELISA　C. X线检查
D. 免疫荧光法　E. 补体结合试验

141. 某鸭场5周龄鸭发病,呼吸困难,眼和鼻分泌物增多,共济失调,头颈震颤。剖检可见心包炎和肝周炎,其他的典型病变可能是(　　)

A. 肝肿瘤　B. 肾肿大　C. 气囊炎
D. 心脏肿瘤　E. 食道黏膜条状出血

142. 某50日龄水貂群发病,病貂主要表现为体温升高、食欲不振,腹泻,白细胞计数为2×10^9/L,发病率50%,病死率40%。剖检可见小肠出血性肠炎。该病可能是(　　)

A. 犬瘟热　B. 狂犬病　C. 伪狂犬病
D. 水貂病毒性肠炎　E. 水貂阿留申病

143. 夏季,某5周龄雏鹅群出现精神委顿,排灰白色或暗红色带黏液的稀粪。剖检见小肠肿胀,黏膜出血、坏死,形成伪膜和肠芯。刮取肠黏膜镜检,见有大量圆形或椭圆形裂殖体。治疗该病应选用(　　)

A. 吡喹酮　B. 伊维菌素　C. 泰乐菌素
D. 二甲硝咪唑　E. 磺胺间甲氧嘧啶

144. 某散养雏鸡群,出现消瘦、贫血、下痢等症状,个别发生死亡。剖检见腺胃肿大呈球状,黏膜显著肥厚,有菜花样溃疡灶,病灶中可见虫体寄生。该鸡群感染的是(　　)

A. 鸡蛔虫　B. 美洲四棱线虫　C. 鹅裂口线虫
D. 鸡异刺线虫　E. 旋锐形线虫

145. 奶牛长期饲喂干玉米秸,反刍停止,喜卧,每次仅排出少量粪便。体温38.4℃,脉搏85次/min,精神沉郁,眼窝凹陷,触诊瘤胃内容物坚实,拳压留痕,听诊瘤胃蠕动音消失,该病可诊断为( )

A. 瘤胃炎　B. 瓣胃阻塞　C. 瘤胃积食
D. 瘤胃臌气　E. 皱胃变位

146. 博美犬,2岁,有阵发性腹痛,每天呕吐次数不等,听诊肠鸣音亢进,可以排除的疾病是( )

A. 肠痉挛　B. 肠扭转　C. 肠套叠
D. 肠狭窄　E. 肠粘连

147. 公犬,2岁,发病1周。阴囊椭圆形肿大、表面光滑,触诊无压痛,但留压痕。最可能的临床诊断是( )

A. 睾丸炎　B. 附睾炎　C. 阴囊疝
D. 阴囊水肿　E. 睾丸肿瘤

148. 某散养户猪场,平均体重50 kg的猪群,采食自配饲料。近期猪群表现兴奋不安、烦渴、黏膜潮红、转圈、甚至舔食尿液,呕吐,全身肌肉震颤,个别倒地后四肢呈游泳状划动,调查发现猪场供水严重不足。血液生化检查可能出现升高的是( )

A. 钙　B. 钠　C. 铜
D. 铁　E. 磷

149. 奶牛,6岁,近期表现舔食泥土、墙壁、牛槽等,运步强拘,走路后躯摇摆,临床生化检查最可能发现( )

A. 高血钙　B. 高血镁　C. 低血磷
D. 低血氯　E. 低血钾

150. 犬,9岁,少尿,尿液浓稠,黄如豆油状,尿中出现多量蛋白质及肾上皮细胞和透明管型。临床血液生化检查最可能见到( )

A. 尿素氮升高　B. 胆固醇升高　C. 钠离子升高
D. 葡萄糖升高　E. 甘油三酯升高

151. 7月的一天,户外活动的犬突然表现精神沉郁,四肢无力,共济失调,体温41.5℃。血液检查,红细胞比容60%。该犬最可能出现( )

A. 黄疸　B. 脱水　C. 血尿
D. 腹泻　E. 咳嗽

152. 猫,贪食,但少量进食后立即呕吐,机体逐渐消瘦,腹部触诊敏感。进一步检查首选的方法是( )

A. X线检查　B. 血液生化检查　C. 血常规检查
D. 粪便检查　E. 呕吐物检查

153. 某蛋鸡场,自配料中因重复添加了豆饼,出现产蛋量下降问题,剖检可见内脏表面有白色沉积物,血液检查尿酸水平为30 mg/dL。该鸡群可能患有( )

A. 痛风　B. 维生素A缺乏症　C. 笼养蛋鸡疲劳症
D. 肉鸡腹水综合征　E. 蛋鸡脂肪肝综合征

154. 蛋鸡场,产蛋率急剧下降,眼和鼻有水样分泌物,有的上下眼睑被粘在一起,眼睛中有乳白色干酪样物质积聚,角膜增厚,眼球凹陷,甚至角膜穿孔。该病可诊断为( )

A. 维生素 B_1 缺乏症　B. 维生素A缺乏症　C. 维生素C缺乏症
D. 维生素D缺乏症　E. 维生素E缺乏症

155. 水牛,在田间放牧后不久发病,腹泻,大量流涎,肌肉震颤,瞳孔缩小,体温不高。该病最可能诊断为( )

A. 砷中毒　B. 铅中毒　C. 食盐中毒
D. 有机磷中毒　E. 有机氟化物中毒

156. 犬,突然发病,精神沉郁,频繁呕吐,腹泻,且呕吐物和粪便在暗处有特殊的亮光,呕吐物有大蒜味,粪便中混有血液。本病最可能是( )
A. 安妥中毒　B. 杀鼠灵中毒　C. 有机磷中毒
D. 磷化锌中毒　E. 食盐中毒

157. 犬,被车冲撞后立即出现呼吸困难、精神沉郁,随后对犬站立位进行 X 线检查,提示胸膈三角区等密度水平阴影。该病可能是( )
A. 气胸　B. 血胸　C. 脓胸
D. 肺炎　E. 胸膜炎

158. 公羊,4 岁,体温 39.5℃,精神沉郁,频做出排尿姿势,未见有尿液排出,尿道探诊有碰撞异物感,腹围增大,腹腔穿刺放出多量棕黄色液体。治疗本病应采取的方法( )
A. 尿道插管、膀胱冲洗　B. 膀胱插管、尿道切开　C. 膀胱修补、尿道切开
D. 腹腔冲洗、尿道切开　E. 膀胱插管、腹腔冲洗

159. 赛马,奔跑时右后蹄蹬空,系关节处戳伤,运步时系部直立,后方短步,蹄音低。该马跛行表现为( )
A. 悬跛　B. 支跛　C. 鸡跛
D. 混合跛行　E. 间歇跛行

160. 猫,股骨干骨折 7 d 后仍见患部肿胀、有热痛反应,骨折端不稳定,患肢不能负重,体温 38.7℃。该猫处于骨折愈合过程的( )
A. 血肿机化演进期　B. 原始骨痂形成期　C. 骨痂塑形改造期
D. 骨折二次愈合　E. 骨折不愈合

161. 种公猪,3 岁,精神沉郁,减食,脊背拱起,行动困难,腰部敏感,疼痛,尿量少,尿沉渣中有大量肾上皮细胞、白细胞、红细胞,可能的疾病是( )
A. 间质肾炎　B. 急性肾炎　C. 膀胱麻痹
D. 膀胱炎　E. 尿道炎

162. 犬,6 岁,去年开始肩背部脱毛,绒毛较多而长毛很少;今年起荐背部脱毛,患部皮干、色深。此犬可能患有( )
A. 雄性激素过剩　B. 甲状腺功能亢进　C. 甲状腺功能减退
D. 肾上腺皮质功能亢进症　E. 肾上腺皮质功能减退症

163. 牛,4 岁,轻度跛行,右后肢趾间隙前部有一"舌状"突起并附有脓汁,周围皮肤红肿、破溃。该牛所患蹄病是( )
A. 腐蹄病　B. 蹄叶炎　C. 趾间皮炎
D. 趾间皮肤增生　E. 局限性蹄皮炎

164. 经产母猪,分娩时排出 4 个胎儿后停止努责,30 min 后仍无努责迹象。产道检查发现有一胎儿位于盆腔入口处,两蹄部和鼻端位于子宫颈处。该猪最可能发生的疾病是( )
A. 继发性子宫迟缓　B. 原发性子宫迟缓　C. 子宫颈狭窄
D. 骨盆腔狭窄　E. 胎势异常

165. 奶牛,离预产期尚有数日。发现整个乳房体积增大,乳房皮肤发红、有光泽,无热无痛,指压留痕。该奶牛最可能发生的疾病是( )
A. 乳房浮肿　B. 乳房血肿　C. 乳房气肿
D. 乳房坏疽　E. 急性乳腺炎

[A3/A4 型题]

答题说明

以下提供若干个案例，每个案例下设若干个考题。请根据案例所提供的信息，在每一道考试题下面的A、B、C、D、E五个备选答案中选择一个最佳答案，并在答题卡上将相应题号的相应字母所属的方框涂黑。

(166～168 题共用题干)

某猪场哺乳猪和保育猪体温升高，耳部和臀部皮肤发紫且有出血点，病情很快蔓延，部分迅速死亡，死亡率达30%。剖检病猪可见喉头和膀胱出血，脾脏边缘梗死，扁桃体有坏死灶。

166. 为防止该病在猪场内扩散，对未发病猪群采取的最适措施是(　　)

A. 环境消毒　B. 加强营养　C. 停止引种
D. 淘汰病猪　E. 全群紧急免疫接种

167. 进一步检查，发现部分新生仔猪出现先天性震颤。该病可能是(　　)

A. 猪瘟　B. 伪狂犬病　C. 乙型脑炎
D. 猪细小病毒病　E. 猪圆环病毒病

168. 快速确认该病扁桃体中病毒的方法是(　　)

A. 接种细胞　B. 血凝试验　C. 病料接种家兔
D. 病料接种小鼠　E. 免疫荧光试验

(169～171 题共用题干)

某4月龄鸡群发病，病鸡消瘦，昏迷，翅膀下垂，有的两腿前后伸展呈“大劈叉”姿势。剖检见单侧坐骨神经和臂神经肿大增粗，部分病鸡的肝脏和肾脏出现肿瘤。

169. 该病最可能是(　　)

A. 禽白血病　B. 马立克氏病　C. 新城疫
D. 传染性法氏囊病　E. 鸡病毒性关节炎

170. 该病还可能出现的典型病变是(　　)

A. 虹膜变为灰白色　B. 间质性肺炎　C. 纤维素性胸膜炎
D. 纤维素性腹膜炎　E. 纤维素性心包炎

171. 防止该病最有效的措施是(　　)

A. 孵化房严格消毒　B. 隔离患病鸡　C. 淘汰阳性鸡
D. 疫苗免疫接种　E. 使用抗病毒药物

(172～173 题共用题干)

某3～4月龄育肥猪群出现消瘦，异嗜，有的成为僵猪。剖检可见小肠内有大量淡黄色、圆柱形、体长为15～30 cm的虫体，有的虫体尾端弯曲呈钩状。

172. 该猪群感染的是(　　)

A. 蛔虫　B. 棘头虫　C. 毛尾线虫
D. 食道口线虫　E. 毛细线虫

173. 该病原感染猪的主要途径是(　　)

A. 经口　B. 经皮肤　C. 经节肢动物
D. 经胎盘　E. 经呼吸道

(174～175 题共用题干)

某70日龄散养鸡群，精神沉郁，食欲减退，排水样稀粪并带有少量血液，2周内死亡率达30%以上。剖检见小肠中段高度肿胀，肠壁充血、出血和坏死，从浆膜面可见病灶区有小的白斑和红斑点。

174.该病可能的病原是( )

A.鸡异刺线虫　B.毒害艾美耳球虫　C.柔嫩艾美耳球虫

D.卡氏住白细胞虫　E.火鸡组织滴虫

175.治疗该病的药物是( )

A.吡喹酮　B.阿苯达唑　C.溴氰菊酯

D.环丙沙星　E.磺胺二甲氧嘧啶

(176～178题共用题干)

萨摩耶犬,3月龄,2日前突发呕吐、不食、少饮。昨日上午开始拉稀,大便稀薄,下午便血。昨晚至今日上午呕吐7次,腹泻6次,体温38.9℃。血液检查:白细胞数11.8×10^9/L,红细胞8.6×10^{12}/L,血红蛋白浓度179g/L,血小板241×10^9/L,二氧化碳结合力20 mmol/L。

176.血常规检查还发现,该犬红细胞比容增至61.3%,其原因最可能是( )

A.脾血进入血液循环　B.红细胞产生增加　C.出血

D.水肿　E.脱水

177.矫正该犬水、电解质、酸碱平衡紊乱,静脉输液最适宜的液体组方是( )

A.10%葡萄糖,5%葡萄糖　B.5%葡萄糖,5%碳酸氢钠

C.10%葡萄糖,5%碳酸氢钠　D.5%葡萄糖,5%葡萄糖氯化钠

E.5%葡萄糖氯化钠,复方氯化钠

178.判断体液平衡恢复的最佳血常规指标是( )

A.红细胞比容　B.白细胞总数　C.红细胞总数

D.血小板总数　E.血红蛋白浓度

(179～181题共用题干)

雄性北京犬,6岁,一直饲喂自制犬食,近日屡做排尿动作,但无尿液排出。X线检查,膀胱内有大量蚕豆大颗粒状白色阴影,右肾区有大片白色阴影,阴茎骨后部有管状白色阴影。

179.该病可诊断为( )

A.肾炎　B.尿石症　C.尿道炎

D.膀胱炎　E.肾功能衰竭

180.治疗本病时,禁用( )

A.头孢曲松钠　B.磺胺嘧啶钠　C.乌洛托品

D.青霉素　E.呋喃坦啶

181.治疗该病的方法不包括( )

A.膀胱切开术　B.尿道切开术　C.尿道再造术

D.肾切除术　E.输尿管疏通术

(182～183题共用题干)

妊娠母猪,精神沉郁,食欲未见异常,体温38.5℃,生长缓慢,皮肤粗糙,呈脂溢性皮炎,口唇发炎,继而共济失调,轻瘫,鬣毛脱落,流产、早产,所产仔猪孱弱、秃毛,皮炎,结膜炎。

182.该病可以诊断为( )

A.维生素K缺乏症　B.维生素A缺乏症　C.维生素B_2缺乏症

D.维生素B_6缺乏症　E.维生素D缺乏症

183.治疗该病首选药物是( )

A.烟酸　B.硫胺素　C.核黄素

D.生物素　E.钴胺素

(184～186 题共用题干)

黄牛,1岁,眼部和耳部皮肤出现结节状与菜花状突起,并在面部、颈部、肩部和下唇部逐渐增多,其表面无毛,凹凸不平,表面摩擦脱落后常见角化现象。

184. 此皮肤的突起物为( )

A. 脓疹 B. 丘疹 C. 脓癣
D. 结节 E. 乳头状瘤

185. 本病的病因是( )

A. 病毒 B. 细菌 C. 真菌
D. 支原体 E. 衣原体

186. 本病适宜的治疗方法是( )

A. 手术摘除 B. 注射链霉素 C. 外用酮康唑乳膏
D. 口服特比萘酚 E. 注射林可霉素

(187～189 题共用题干)

犬,由于纤维环破裂、髓核突出,压迫脊髓,临床上主要表现以疼痛、共济失调、肢体麻木,运动障碍为特征的疾病。

187. 其颈椎的易发部位为( )

A. 第1～2颈椎 B. 第2～4颈椎 C. 第4～5颈椎
D. 第5～6颈椎 E. 第6～7颈椎

188. 其胸腰部易发部位为( )

A. 第3胸椎～第5腰椎 B. 第3胸椎～第6腰椎 C. 第11胸椎～第3腰椎
D. 第8胸椎～第6腰椎 E. 第9胸椎～第6腰椎

189. 本病X线检查显示( )

A. 椎间隙正常 B. 椎间孔变大 C. 椎间隙变大无钙化
D. 椎间隙狭窄并钙化 E. 脊髓造影病变部脊索变粗

(190～192 题共用题干)

奶牛,已妊娠7个月。近期发现精神沉郁,弓背,努责,阴门流出红褐色难闻黏稠液体。阴道检查发现子宫颈口开张,阴道及子宫颈黏膜红肿。

190. 该牛最可能发生的疾病是( )

A. 胎儿干尸化 B. 胎儿浸溶 C. 子宫积脓
D. 子宫内膜炎 E. 胎盘脱落

191. 进行直肠检查,卵巢上可能( )

A. 既有妊娠黄体存在,又有卵泡发育 B. 有妊娠黄体存在,无卵泡发育
C. 无妊娠黄体存在,有卵泡发育 D. 无妊娠黄体存在,无卵泡发育
E. 有囊肿黄体

192. 最理想的处理方法是( )

A. 剖宫产 B. 注射黄体酮 C. 通过产道取出胎儿
D. 注射前列腺素 E. 注射催产素

(193～194 题共用题干)

牛,突然发病,证见高热,气喘,呼吸喘粗,呼出热气,食欲废绝,口渴喜饮,粪便干燥,尿短赤,鼻液黄稠,口色鲜红,舌苔黄燥,脉象洪数。

193. 该病证可以辨证为( )

A. 痰喘 B. 寒喘 C. 热喘
D. 肺虚喘 E. 肾虚喘

194. 治疗该病证首选的方剂为(　　)

A. 二陈汤　　B. 麻杏石甘汤　　C. 止咳散
D. 补肺汤　　E. 蛤蚧散

(195～197 题共用题干)

骡,精神沉郁,食欲减少,可视黏膜发黄,黄色晦暗,耳鼻末梢发凉,舌苔白腻,脉沉细无力。

195. 该病证可以辨证为(　　)

A. 阴黄　　B. 阳黄　　C. 胃寒
D. 肝阴虚　　E. 肾阳虚

196. 治疗该病证首选的方剂为(　　)

A. 消黄散　　B. 桂心散　　C. 肾气丸
D. 四逆汤　　E. 茵陈术附汤

197. 针灸治疗该病证可以选用的穴位为(　　)

A. 颈脉、胸堂　　B. 肝俞、脾俞　　C. 阴俞、肾堂
D. 命门、百会　　E. 穿黄、黄水

(198～200 题共用题干)

犬,3 岁,排尿困难且疼痛不安,尿色鲜红,口色红,苔黄,脉数。

198. 该病证可以辨证为(　　)

A. 热淋　　B. 血淋　　C. 膏淋
D. 尿浊　　E. 尿闭

199. 该病证的治法为(　　)

A. 清热利湿,凉血止血　　B. 清热利湿,化石通淋　　C. 清热利湿,分清化浊
D. 清热降火,利湿通淋　　E. 益气升阳,化石通淋

200. 治疗该病证宜选用的基础方剂为(　　)

A. 红花散　　B. 槐花散　　C. 四物汤
D. 小蓟饮子　　E. 六味地黄汤

2012 年·综合应用·答案与解析

考生姓名：　　　　　　　　　　　　　　　准考证号：

2013 年全国执业兽医资格考试试卷

(兽医全科类)上午卷

（基础预防）

注 意 事 项

一、请按照要求，用蓝黑色或者黑色签字笔在答题卡上填写姓名、身份证号码、考点、考试地点、考场号、准考证号等信息，并用铅笔涂好准考证号。

二、试卷分为 2 部分，基础科目 100 小题，预防科目 100 小题，共 200 小题，考试时间为 150 分钟。各部分不单独计时，请考生自己合理分配时间。

三、监考人员宣布考试开始时，方可答题；宣布考试结束时，应立即停止答题。答题卡、题本一律反扣在桌面上，待监考人员确认数量无误，允许离开时，考生方可离开考场。如果考生违反了以上任何一项要求，都将影响考试成绩。

四、答案必须填涂在答题卡上，书写在试题本上的答案一律无效。

五、答题卡严禁折叠。

六、答题卡的正确填涂方式为：▬，用其他符号填涂答案者不计分。

七、如要改动答案，必须先用橡皮擦去原来选定的答案，然后再按上面的规定重新作答。

基础科目

[A1 型题]

> 答题说明
>
> 每一道考试题下面有 A、B、C、D、E 五个备选答案,请从中选择一个最佳答案,并在答题卡上将相应题号的相应字母所属的方框涂黑。

1. 颁发“动物防疫条件合格证”的主体是( )
   A. 工商行政管理部门　B. 环境保护主管部门　C. 兽医主管部门
   D. 动物卫生监督机构　E. 动物疫病预防控制机构
2. 发布疫区封锁令的主体是( )
   A. 县级以上地方人民政府　B. 县级兽医主管部门　C. 乡镇卫生主管部门
   D. 县级动物疫病预防控制机构　E. 乡镇动物卫生监督机构
3. 动物诊疗过程中的防疫要求不包括( )
   A. 做好卫生安全防护　B. 做好消毒　C. 做好隔离
   D. 做好诊疗废弃物的处置　E. 做好动物福利
4. 专门经营动物的集贸市场入口处的消毒池的最小长度为( )
   A. 2 m　B. 2.5 m　C. 3 m
   D. 3.5 m　E. 4 m
5. 取得“动物防疫条件合格证”的饲养场,必须重新申请办理“动物防疫条件合格证”的是( )
   A. 变更地址　B. 变更布局　C. 变更单位名称
   D. 变更单位负责人　E. 变更设备和制度
6. 跨省引进的种用动物到达输入地后,应当在隔离场或饲养场(养殖小区)内的隔离舍进行隔离观察,大中型动物的隔离期为( )
   A. 14 d　B. 28 d　C. 30 d
   D. 35 d　E. 45 d
7. 根据《执业兽医管理办法》,可以参加执业兽医资格考试的人员不包括( )
   A. 具有兽医专业大学专科以上学历的
   B. 具有畜牧兽医专业大学专科以上学历的
   C. 具有中兽医(民族兽医)专业大学专科以上学历的
   D. 具有水产养殖专业大学专科及以上学历的
   E. 具有临床医学专业大学专科以上学历的
8. 执业兽医师的职业权限不包括( )
   A. 从事动物疫病的诊断、治疗　B. 在动物诊疗活动中开具处方
   C. 在动物诊疗活动中填写诊断书　D. 在动物诊疗活动中出具检疫证明
   E. 出具与动物诊疗活动有关的证明文件
9. 从事颅腔、胸腔、腹腔手术的动物诊疗机构,其执业兽医师的法定最低数量是( )
   A. 1 名　B. 2 名　C. 3 名
   D. 5 名　E. 7 名
10. 不符合动物诊疗活动行为规范的是( )
    A. 在诊疗场所显著位置悬挂动物诊疗许可证　B. 在诊疗场所显著位置公示从业人员基本情况
    C. 使用空白纸张做处方笺　D. 按规定使用兽药
    E. 按规定处理动物病理组织

11. 重大动物疫情的公布主体为(　　)
A. 国务院兽医主管部门　B. 省级人民政府
C. 省级人民政府兽医主管部门　D. 省动物卫生监督机构
E. 省动物疫病预防控制机构

12. 我国尚未发现的动物疫病是(　　)
A. 马传染性贫血　B. 马鼻疽　C. 马腺疫
D. 非洲马瘟　E. 马媾疫

13. 不属于《兽药管理条例》立法目的的是(　　)
A. 加强兽药管理　B. 保证兽药质量　C. 保护动物福利
D. 防治动物疾病　E. 促进养殖业发展

14. 属于劣兽药的是(　　)
A. 以非兽药冒充兽药的　B. 以彼种兽药冒充此种兽药的
C. 所含成分名称与兽药国家标准不符合　D. 所含成分种类与兽药国家标准不符合
E. 所含成分含量与兽药国家标准不符合

15. 根据《兽药经营质量管理规范》,禁止出库销售的兽药不包括(　　)
A. 标识模糊不清　B. 外包装出现破损　C. 外包装封条严重损坏
D. 外包装标识销售企业信息　E. 超出有效期限

16. 具备条件的养殖场采购自用的国家强制免疫用生物制品必须进行备案,实施备案的是养殖场所在地的(　　)
A. 省动物疫病预防控制机构　B. 县级人民政府兽医行政管理部门
C. 县动物疫病预防控制机构　D. 县动物卫生监督机构
E. 乡镇畜牧兽医站

17. 兽药原料药标签必须注明的事项不包括(　　)
A. 兽药名称　B. 标准文号　C. 功能与主治
D. 有效期　E. 生产日期

18. 负责兽用安钠咖监督管理工作的主体是(　　)
A. 省级人民政府卫生行政管理部门　B. 省级人民政府畜牧兽医行政管理部门
C. 省动物卫生监督机构　D. 省动物疫病预防控制机构
E. 省兽药检验机构

19. 需要制定停药期的兽药是(　　)
A. 叶酸片　B. 呋塞米片　C. 磺胺嘧啶片
D. 碳酸氢钠片　E. 对乙酰氨基酚片

20. 为新建、改建或扩建一级、二级动物病原微生物实验室备案的主体是(　　)
A. 国务院兽医主管部门　B. 省级人民政府兽医主管部门
C. 设区的市级人民政府兽医主管部门　D. 县级人民政府兽医主管部门
E. 镇级人民政府兽医主管部门

21. 家畜的髋骨包括(　　)
A. 髂骨、股骨、坐骨　B. 髂骨、坐骨、膝盖骨　C. 髂骨、膝盖骨、耻骨
D. 膝盖骨、耻骨、坐骨　E. 髂骨、坐骨、耻骨

22. 构成哺乳动物肩关节的骨骼是(　　)
A. 肱骨和前臂骨　B. 前臂骨和腕骨　C. 腕骨和掌骨
D. 掌骨和指骨　E. 肩胛骨和肱骨

23. 组成牛跟(总)腱的肌肉是( )
A. 腓肠肌、趾浅屈肌、臀股二头肌 B. 腓肠肌、趾深屈肌、臀股二头肌
C. 腓肠肌、趾浅屈肌、股四头肌 D. 腓肠肌、趾深屈肌、股四头肌
E. 腓肠肌、趾浅屈肌、趾深屈肌

24. 牛上唇中部与两鼻孔之间形成的特殊结构为( )
A. 唇裂 B. 鼻镜 C. 吻突
D. 鼻唇镜 E. 人中

25. 牛为多室胃动物,成年牛容积最大的胃是( )
A. 腺胃 B. 瓣胃 C. 网胃
D. 瘤胃 E. 皱胃

26. 牛皱胃的黏膜上皮为( )
A. 单层扁平上皮 B. 单层柱状上皮 C. 单层立方上皮
D. 复层扁平上皮 E. 假复层纤毛上皮

27. 固有鼻腔呼吸区黏膜上皮的类型是( )
A. 复层扁平上皮 B. 单层扁平上皮 C. 单层柱状上皮
D. 假复层柱状纤毛上皮 E. 变移上皮

28. 喉软骨中成对的是( )
A. 会厌软骨 B. 甲状软骨 C. 环状软骨
D. 杓状软骨 E. 盘状软骨

29. 具有肾大盏和肾小盏,但无肾盂的家畜是( )
A. 羊 B. 牛 C. 猪
D. 马 E. 犬

30. 给公牛导尿带来困难的结构是( )
A. 尿道峡前方的半月形黏膜襞 B. 精阜 C. 尿道突
D. 尿道内口 E. 尿道脊

31. 睾丸中有神经、血管进入的一端是( )
A. 头端 B. 尾端 C. 附睾缘
D. 游离缘 E. 睾丸固有韧带

32. 在初级卵泡的卵母细胞与颗粒细胞之间出现一层嗜酸性、折光性强的膜状结构是( )
A. 生殖上皮 B. 放射冠 C. 透明带
D. 膜性黄体细胞 E. 粒性黄体细胞

33. 羊子宫的特殊结构是( )
A. 子宫颈枕 B. 子宫阜 C. 子宫角
D. 子宫体 E. 子宫颈

34. 分布到内脏器官、平滑肌、心肌和腺体的神经称为内脏神经,其中的传出神经是( )
A. 中枢神经 B. 脊神经 C. 感觉神经
D. 脑神经 E. 植物性神经

35. 眼球壁3层结构的中层机构是( )
A. 纤维膜 B. 血管膜 C. 视网膜
D. 角膜 E. 虹膜

36. 具有内皮绒毛膜胎盘(环状胎盘)的动物是( )
A. 马 B. 牛 C. 羊
D. 猪 E. 犬

37. 内环境稳态是指(　　)
A. 细胞内液的成分和理化性质保持相对稳定
B. 细胞内液的成分和理化性质稳定不变
C. 细胞外液的成分和理化性质保持相对稳定
D. 细胞外液的成分和理化性质稳定不变
E. 体液的成分和理化性质保持相对稳定

38. 心室肌细胞产生动作电位时,其膜内电位由－90 mV变为0 mV的过程称为(　　)
A. 极化　B. 反极化　C. 去极化
D. 复极化　E. 超极化

39. 白细胞伸出伪足做变形运动并得以穿过血管壁的现象属于(　　)
A. 血细胞渗出　B. 趋化性　C. 吞噬作用
D. 可塑变形性　E. 渗透脆性

40. 心交感神经节后神经末梢释放的递质是(　　)
A. 乙酰胆碱　B. 去甲肾上腺素　C. 氨基丁酸
D. 多巴胺　E. 肾上腺素

41. 营养物质在小肠吸收的主要机制包括(　　)
A. 简单扩散、易化扩散、主动转运　B. 滤过、易化扩散、主动转运
C. 滤过、简单扩散、易化扩散　D. 自噬、简单扩散、主动转运
E. 自噬、易化扩散、主动转运

42. 构成中枢温度感受器的是(　　)
A. 神经节　B. 神经元　C. 神经胶质细胞
D. 神经突触　E. 环层小体

43. 葡萄糖在近曲小管的吸收机制为(　　)
A. 简单扩散　B. 内吞　C. 渗透
D. 滤过　E. 继发性主动转运

44. 箭毒可以与之结合而起阻断作用的受体是(　　)
A. α受体　B. β受体　C. M受体
D. N_1受体　E. N_2受体

45. 褪黑素对生长发育期哺乳动物生殖系统的影响是(　　)
A. 促进性腺的发育　B. 促进副性腺的发育
C. 促进垂体分泌促性腺激素　D. 延长精子的寿命
E. 延缓性成熟

46. 动物在怀孕期间一般不发情,其主要原因是血液中含有高浓度的(　　)
A. 促卵泡激素　B. 黄体生成素　C. 雌激素
D. 孕酮　E. 松弛素

47. 具有四级结构的蛋白质通常有(　　)
A. 一个α亚基　B. 一个β亚基　C. 两种或两种以上的亚基
D. 辅酶　E. 二硫键

48. 属于生物膜组成成分的物质是(　　)
A. 丙酮酸　B. 乳糖　C. 磷脂
D. 乙酸　E. 甘油

49. 结合酶的基本结构是(　　)

A. 由多个亚基聚合而成　B. 由多个辅助因子组成

C. 由酶蛋白和辅助因子组成　D. 由酶蛋白组成

E. 由不同的酶结合而成

50. 动物采食后血糖浓度(　　)

A. 维持恒定　B. 逐渐下降　C. 先下降后上升

D. 先下降后恢复正常　E. 先上升后恢复正常

51. 磷酸戊糖途径较为活跃的器官是(　　)

A. 快速跳动的心脏　B. 剧烈运动的肌肉　C. 哺乳期的乳腺

D. 机体的表皮　E. 饥饿时的肝脏

52. 生物氧化中产生 CO_2 的主要方式是(　　)

A. 缩合反应　B. 偶联反应　C. 脱氧反应

D. 脱羧反应　E. 羧化反应

53. 参与联合脱氨基作用的酶是(　　)

A. *L*- 谷氨酸脱氢酶　B. *L*-氨基酸氧化酶　C. 谷氨酰胺酶

D. 氨甲酰基转移酶　E. 氨甲酰磷酸合成酶

54. 可以转变为肾上腺素的氨基酸是(　　)

A. 谷氨酸　B. 亮氨酸　C. 甘氨酸

D. 苯丙氨酸　E. 赖氨酸

55. 所有氨基酸在动物体内最终都能转变为(　　)

A. 必需脂肪酸　B. 磷脂　C. 脂肪

D. 核苷酸　E. 葡萄糖

56. 维生素D在体内的最高活性形式是(　　)

A. 维生素 D_2　B. 维生素 D　C. 25-羟维生素 D_3

D. 1-羟维生素 D_3　E. 1,25-二羟维生素 D_3

57. 疾病发展过程中,从最初症状出现到典型症状开始暴露的时期称为(　　)

A. 潜伏期　B. 前驱期　C. 症状明显期

D. 转归期　E. 隐蔽期

58. 细胞肿胀的常见原因不包括(　　)

A. 细菌感染　B. 全身性营养不良　C. 中毒

D. 缺血　E. 缺氧

59. 新生动物的核黄疸是由于胆红素进入脑组织内(　　)

A. 与葡萄糖结合　B. 与蛋白质类物质结合　C. 与脂肪类物质结合

D. 与核酸结合　E. 与盐类结合

60. 白色血栓的主要成分是(　　)

A. 血小板和白蛋白　B. 血小板和纤维蛋白　C. 血小板和红细胞

D. 血小板和白细胞　E. 纤维蛋白和白细胞

61. 萎缩是指已发育成熟的组织、器官(　　)

A. 体积不变、功能增强　B. 体积不变、功能减退　C. 体积缩小、功能增强

D. 体积缩小、功能不变　E. 体积缩小、功能减退

62.左心功能不全常引起( )

A.肾水肿 B.肝水肿 C.脑水肿

D.皮肤水肿 E.肺水肿

63.患化脓性炎症的动物的热型通常为( )

A.稽留热 B.弛张热 C.间歇热

D.回归热 E.波状热

64.动物应激儿茶酚胺分泌增多时,可以抑制分泌的激素是( )

A.抗利尿激素 B.胰岛素 C.生长激素

D.胰高血糖素 E.糖皮质激素

65.被称为"绒毛心"的炎症是心外膜的( )

A.化脓性炎 B.出血性炎 C.浆液性炎

D.卡他性炎 E.纤维素性炎

66.复层扁平上皮发生的恶性肿瘤称( )

A.纤维肉瘤 B.纤维瘤 C.乳头状瘤

D.鳞状细胞癌 E.癌肉瘤

67.引起小叶性肺炎的常见原因是( )

A.细菌 B.病毒 C.毒物

D.缺氧 E.营养缺乏

68.铁钉等尖锐物被牛误吞入胃内易引起( )

A.瘤胃炎 B.瓣胃炎 C.肠炎

D.皱胃炎 E.网胃炎

69."白斑肾"见于( )

A.急性肾小球肾炎 B.膜性肾小球肾炎 C.亚急性肾小球肾炎

D.化脓性肾炎 E.间质性肾炎

70.吸收是指药物进入( )

A.胃肠道的过程 B.靶器官的过程 C.血液循环的过程

D.细胞内液的过程 E.细胞外液的过程

71.因连续用药而产生的耐药性是指( )

A.病原体对药物的敏感性降低 B.患病畜禽对药物的敏感性降低

C.病原体对药物产生了依赖性 D.病原体对药物的敏感性提高

E.患病畜禽对药物的敏感性提高

72.不属于畜禽专用的抗生素是( )

A.泰拉霉素 B.多西环素 C.泰乐菌素

D.替米考星 E.沃尼妙林

73.对羊胃肠道线虫、牛绦虫和肝片吸虫均有效的药物是( )

A.阿维菌素 B.阿苯达唑 C.氯硝柳胺

D.吡喹酮 E.三氯苯达唑

74.阿托品不适用于( )

A.麻醉前给药 B.有机磷农药中毒解救 C.治疗虹膜炎

D.治疗瘤胃迟缓 E.治疗马疝痛

75.解热镇痛抗炎药的抗炎作用机理是抑制( )

A.环氧化酶 B.磷酸二酯酶 C.葡萄糖苷酸转移酶

D.胆碱酯酶 E.二氢叶酸还原酶

76. 不属于糖皮质激素类药物的是(　　)

A. 地塞米松　　B. 可的松　　C. 泼尼松

D. 氟轻松　　E. 保泰松

77. 能增强心肌收缩力,并使心率减慢的药物是(　　)

A. 肾上腺素　　B. 去甲肾上腺素　　C. 咖啡因

D. 氨茶碱　　E. 洋地黄毒苷

78. 应避免与呋塞米合用的抗生素是(　　)

A. 庆大霉素　　B. 红霉素　　C. 阿莫西林

D. 泰妙菌素　　E. 土霉素

[B1 型题]

答题说明

以下提供若干组考题,每组考题共用在考题前列出的A、B、C、D、E五个备选答案。请从中选择一个与问题关系最密切的答案,并在答题卡上将相应题号的相应字母所属的方框涂黑。某个备选答案可能被选择一次、多次或不被选择。

(79~80题共用备选答案)

A. 脊硬膜　　B. 脊蛛网膜　　C. 脊软膜

D. 硬膜外腔　　E. 蛛网膜下腔

79. 脊髓麻醉是将麻醉剂注入(　　)

80. 脊膜中最薄而紧贴在脊髓表面的是(　　)

(81~82题共用备选答案)

A. 鼻　　B. 咽　　C. 喉

D. 气囊　　E. 鸣管

81. 位于气管分叉处,由数个气管环和支气管环及一块鸣骨组成的禽类发声器官是(　　)

82. 有前后两群共9个,作为储气装置而参与肺呼吸作用的禽类特有器官是(　　)

(83~85题共用备选答案)

A. 淀粉酶　　B. 舌酯酶　　C. 蛋白酶

D. 核酸酶　　E. 溶菌酶

83. 唾液的浆液性分泌产物中富含的消化酶是(　　)

84. 具有清洁作用的酶是(　　)

85. 以乳为食的犊牛等幼畜唾液中特有的消化酶是(　　)

(86~87题共用备选答案)

A. 氧化反应　　B. 甘氨酸结合反应　　C. 酰基化反应

D. 谷胱甘肽还原反应　　E. 葡萄糖醛酸结合反应

86. 磺胺类药物在肝脏中的解毒机制是(　　)

87. 苯甲酸在肝脏中转化为马尿酸的解毒机制是(　　)

(88~89题共用备选答案)

A. 尿酸盐　　B. 含铁血黄素　　C. 黑色素

D. 胆红素　　E. 脂褐素

88. 传染性支气管炎患鸡的肾脏中出现的石灰样物是(　　)

89. 溶血性疾病时,脾脏HE染色切片中巨噬细胞内出现的棕色颗粒是(　　)

(90～91 题共用备选答案)

A. 化脓性心肌炎　　B. 间质性心肌炎　　C. 实质性心肌炎
D. 中毒性心肌炎　　E. 免疫反应性心肌炎

90. 仔猪发生口蹄疫时,心脏常常呈现“虎斑心”外观,镜下见心肌细胞脂肪变性,肌纤维断裂崩解,间质中见有淋巴细胞、巨噬细胞等浸润。此病变为(　　)

91. 牛创伤性网胃心包炎时,引起心肌发炎,眼观心脏表面有大小不一的化脓灶,心肌坏死、液化和大量中性粒细胞浸润,病灶周围血管扩张、充血、大量反应带。此病变为(　　)

(92～93 题共用备选答案)

A. 氨茶碱　　B. 尼可刹米　　C. 地塞米松
D. 氟尼辛葡甲胺　　E. 氟轻松

92. 犬,2 岁,发生不明原因高热,选用的对症治疗药物是(　　)

93. 奶牛,3 岁,产后 1 周食欲减退,便秘,迅速消瘦,产奶量下降,乳中血酮含量显著升高,应选用的治疗药物是(　　)

(94～95 题共用备选答案)

A. 缩宫素　　B. 丙酸睾酮　　C. 垂体后叶素
D. 呋塞米　　E. 雌二醇

94. 后备母猪,10 月龄,未见发情,应选用的催情药物是(　　)

95. 成年公犬,因雄性激素缺乏出现隐睾症,应选用的治疗药物是(　　)

[A2 型题]

答 题 说 明
每一道考题是以一个小案例出现的,其下面都有 A、B、C、D、E 五个备选答案。请从中选择一个最佳答案,并在答题卡上将相应题号的相应字母所属的方框涂黑。

96. 5 月龄公猪,因怀疑患猪肺疫,用头孢噻呋肌注治疗 3 d,疗效欠佳,经实验室诊断为支原体肺炎混合感染巴氏杆菌,进一步治疗应加用的药物是(　　)

A. 磺胺对甲氧嘧啶　　B. 乙酰甲喹　　C. 阿莫西林
D. 泰乐菌素　　E. 喹乙醇

97. 某 25 日龄蛋用鸡群,因患维生素缺乏症,已在饲料中添加维生素 B_1 进行治疗,此时预防球虫病,不适宜添加的药物是(　　)

A. 磺胺喹噁啉　　B. 地克珠利　　C. 盐酸氨丙啉
D. 氯羟吡啶　　E. 莫能菌素

[A3/A4 型题]

答 题 说 明
以下提供若干个案例,每个案例下设若干个考题。请根据案例所提供的信息,在每一道考试题下面的 A、B、C、D、E 五个备选答案中选择一个最佳答案,并在答题卡上将相应题号的相应字母所属的方框涂黑。

(98～100 题共用题干)

某鸡场发生大量雏鸡死亡,剖检病死雏鸡见小脑肿胀,质地变软,软脑膜充血,镜下出现大小不一的坏死灶。

98. 发生的疾病最可能是(　　)

A. 维生素 A 缺乏症　B. 维生素 B_{12} 缺乏症　C. 维生素 C 缺乏症

D. 维生素 D 缺乏症　E. 维生素 E-硒缺乏症

99. 病鸡脑组织病变的机制是(　　)

A. 缺血性梗死　B. 干酪样坏死　C. 蜡样坏死

D. 液化性坏死　E. 湿性坏死

100. 引起雏鸡脑病变的机制是(　　)

A. 氧化磷酸化过程障碍　B. 抗氧化功能障碍

C. 突触传递障碍　D. 神经递质生成障碍　E. 离子通道障碍

2013 年 · 基础科目 · 答案与解析

预 防 科 目

[A1 型题]

答 题 说 明

每一道考试题下面有 A、B、C、D、E 五个备选答案,请从中选择一个最佳答案,并在答题卡上将相应题号的相应字母所属的方框涂黑。

101. 螺形菌大小的度量单位是(　　)

A. 分米(dm)　B. 厘米(cm)　C. 毫米(mm)

D. 微米(μm)　E. 纳米(nm)

102. 具有抗吞噬作用的细菌结构是(　　)

A. 细胞壁　B. 芽孢　C. 荚膜

D. 菌毛　E. 鞭毛

103. 细菌细胞中含量最多的物质是(　　)

A. 无机盐　B. 蛋白质　C. 糖类

D. 脂类　E. 水

104. 能够中和细菌外毒素的物质是(　　)

A. 溶血素　B. 内毒素　C. 抗毒素

D. 类毒素　E. 肠毒素

105. 引起欧洲幼虫腐臭病的病原是(　　)

A. 葡萄球菌　B. 四联球菌　C. 奈瑟氏球菌

D. 蜂房球菌　E. 布兰汉球菌

106. 能引起人和多种动物疾病的沙门氏菌是(　　)

A. 马流产沙门氏菌　B. 猪伤寒沙门氏菌　C. 鸡伤寒沙门氏菌

D. 鼠伤寒沙门氏菌　E. 鸡白痢沙门氏菌

107. 猪肺疫的病原是(　　)

A. 多杀性巴氏杆菌　B. 猪丹毒杆菌　C. 副猪嗜血杆菌

D. 猪胸膜肺炎放线杆菌　E. 猪肺炎支原体

108. 菌体排列成短链,相连菌端呈竹节状的细菌是(　　)

A. 猪链球菌　B. 炭疽芽孢杆菌　C. 牛分枝杆菌

D. 牛布鲁氏菌　E. 多杀性巴氏杆菌

109. 引起奶牛间歇性腹泻和增生性肠炎的病原菌是(　　)
A. 大肠埃希氏菌　B. 副结核分枝杆菌　C. 产单核细胞李氏杆菌
D. 产气荚膜梭菌　E. 都柏林沙门氏菌

110. 决定病毒遗传特性的物质是(　　)
A. 核酸　B. 蛋白质　C. 类脂
D. 糖类　E. 磷酸

111. 病毒的形态学鉴定方法是(　　)
A. PCR　B. 中和试验　C. 耐酸性试验
D. 电子显微镜观察　E. 光学显微镜观察

112. 引起母猪繁殖障碍的疱疹病毒是(　　)
A. 猪传染性胃肠炎病毒　B. 猪细小病毒　C. 猪圆环病毒Ⅰ型
D. 伪狂犬病病毒　E. 猪繁殖与呼吸综合征病毒

113. 引起小鹅瘟的病原属于(　　)
A. 正黏病毒科　B. 细小病毒科　C. 疱疹病毒科
D. 副黏病毒科　E. 冠状病毒科

114. 基因组有8个节段的病毒是(　　)
A. 马立克氏病病毒　B. 禽流感病毒　C. 新城疫病毒
D. 禽传染性支气管炎病毒　E. 禽传染性喉气管炎病毒

115. 能够区分口蹄疫病毒自然感染与疫苗免疫的抗体是(　　)
A. VP1抗体　B. VP2抗体　C. VP3抗体
D. VP4抗体　E. 3ABC抗体

116. IgM分子中将免疫球蛋白单体连接为五聚体的结构是(　　)
A. 分泌片　B. 连接链　C. 氢键
D. 二硫键　E. 离子键

117. 与肥大细胞或嗜碱性粒细胞结合,并介导Ⅰ型变态反应的抗体类型是(　　)
A. IgG　B. IgA　C. IgM
D. IgE　E. IgD

118. 成纤维细胞分泌的具有直接抗病毒作用的细胞因子是(　　)
A. GM-CSF　B. TGF-β　C. IL-6
D. IFN-β　E. IFN-γ

119. 抗原递呈细胞消化降解外源性抗原的部位是(　　)
A. 细胞核　B. 吞噬溶酶体　C. 高尔基体
D. 线粒体　E. 内质网

120. 与IgE结合,参与Ⅰ型变态反应的细胞是(　　)
A. 嗜中性粒细胞　B. 肥大细胞　C. 巨噬细胞
D. T淋巴细胞　E. B淋巴细胞

121. 鸡群暴发传染性法氏囊病时,控制该病最好紧急注射(　　)
A. 疫苗　B. 中药制剂　C. 抗生素
D. 白细胞介素　E. 高免卵黄抗体

122. 乳胶凝集试验属于(　　)
A. 间接凝集试验　B. 协同凝集试验　C. 反向间接凝集试验
D. 琼脂凝胶扩散试验　E. 直接凝集试验

123. 可以垂直传播的疾病是(　　)
A. 口蹄疫　B. 鸡白痢　C. 鸭病毒性肝炎
D. 牛流行热　E. 犬细小病毒病

124. 某1 000只鸡群,1周内发病100只,病死10只,其病死率为(　　)
A. 1%　B. 10%　C. 11%
D. 20%　E. 30%

125. 动物传染病的预防措施中,属于预防接种的措施是(　　)
A. 对健康动物注射高免血清　B. 对健康动物进行疫苗接种
C. 对健康动物进行药物预防　D. 对发病动物注射高免血清
E. 对发病动物进行疫苗接种

126. 可用于制备疫苗的物质是(　　)
A. 抗生素　B. 内毒素　C. 外毒素
D. 白细胞介素　E. 干扰素

127. 石灰乳用于地面消毒室的适宜浓度为(　　)
A. 1%～2%　B. 3%～4%　C. 5%～6%
D. 7%～8%　E. 10%～20%

128. 杀菌作用最强的紫外线的波长范围是(　　)
A. 200～210 nm　B. 215～220 nm　C. 225～230 nm
D. 235～240 nm　E. 250～270 nm

129. 容易形成长久疫源地并难以根除的疫病是(　　)
A. 链球菌病　B. 炭疽　C. 猪乙型脑炎
D. 禽流感　E. 狂犬病

130. 诊断炭疽简便快捷的血清学方法是(　　)
A. Ascoli 试验　B. 免疫荧光试验　C. 琼脂扩散实验
D. ELISA　E. HA 和 HI

131. 引起雏鸡卵黄囊炎和脐炎最常见的病原是(　　)
A. 大肠杆菌　B. 巴氏杆菌　C. 副猪嗜血杆菌
D. 鸡败血支原体　E. 新城疫病毒

132. 在口蹄疫病原学诊断中,宜采取的组织和器官是(　　)
A. 水疱皮　B. 脾脏　C. 心脏
D. 肝脏　E. 淋巴结

133. 疑似牛副结核病病料涂片镜检常用的染色方法是(　　)
A. 革兰氏染色　B. 瑞氏染色　C. 抗酸染色
D. 吉姆萨染色　E. 柯兹洛夫斯基染色

134. 猪水疱病病猪脑膜中大量出现的细胞是(　　)
A. 淋巴细胞　B. 巨噬细胞　C. 中性粒细胞
D. 嗜酸性粒细胞　E. 嗜碱性粒细胞

135. 猪细小病毒主要发生于(　　)
A. 初产母猪　B. 经产母猪　C. 后备母猪
D. 育肥猪　E. 公猪

136. 急性猪肺疫的主要病理变化为(　　)
A. 出血性肠炎　B. 坏死性鼻炎　C. 间质性肾炎
D. 纤维素性肺炎　E. 化脓性脑膜炎

137. 牛传染性胸膜肺炎的病理变化多出现在呼吸道和(　　)
A. 大脑　　B. 消化道　　C. 生殖道
D. 关节　　E. 皮肤
138. 临床上,牛传染性鼻气管炎可能出现的病型是(　　)
A. 胃肠炎型　　B. 多发性关节炎型　　C. 流产型
D. 心内膜炎型　　E. 皮肤疹块型
139. 绵羊痘与山羊痘典型病例局部皮肤最初的变化是(　　)
A. 红斑　　B. 结节　　C. 水疱
D. 丘疹　　E. 痂块
140. 新城疫病鸡腺胃常见的病理变化是(　　)
A. 乳头或乳头间有出血点　　B. 萎缩　　C. 胃壁有灰白色小结节
D. 黏膜有乳白色分泌物　　E. 黏膜有肿瘤结节
141. 鸡产蛋下降综合征病毒主要侵害(　　)
A. 1～4 周龄鸡　　B. 5～10 周龄鸡　　C. 11～15 周龄鸡
D. 26～32 周龄鸡　　E. 35 周龄以上鸡
142. 鸭浆膜炎急性病例濒死期的典型症状是(　　)
A. 剧烈腹泻　　B. 咳嗽气喘　　C. 头颈肿胀
D. 跛行　　E. 神经症状
143. 犬瘟热病的热型是(　　)
A. 稽留热　　B. 双相热　　C. 波型热
D. 不规则热　　E. 回归热
144. 寄生于宿主体表的寄生虫称为(　　)
A. 内寄生虫　　B. 外寄生虫　　C. 单宿主寄生虫
D. 多宿主寄生虫　　E. 暂时性寄生虫
145. 疥螨的感染途径是(　　)
A. 经空气感染　　B. 经吸血感染　　C. 经胎盘感染
D. 接触感染　　E. 经口感染
146. 从粪便中检出含六钩蚴的虫卵,该动物感染的寄生虫是(　　)
A. 线虫　　B. 球虫　　C. 绦虫
D. 吸虫　　E. 棘头虫
147. 细粒棘球蚴寄生的主要动物是(　　)
A. 鸡　　B. 鸭　　C. 羊
D. 犬　　E. 猫
148. 伊氏锥虫的感染途径是经(　　)
A. 皮肤主动侵入　　B. 呼吸道感染　　C. 食物感染
D. 饮水感染　　E. 虻机械性传播
149. 犬新孢子虫在犬肠上皮细胞内发育的方式类似于(　　)
A. 球虫　　B. 蛔虫　　C. 滴虫
D. 贾第虫　　E. 巴贝斯虫
150. 隐孢子虫随宿主粪便排出体外的虫体发育阶段是(　　)
A. 孢子囊　　B. 组织包囊　　C. 伪孢子化卵囊
D. 孢子化卵囊　　E. 配子体

151. 对猪致病性较强的球虫是(   )
A. 柔嫩艾美耳球虫
B. 猪等孢球虫
C. 邱氏艾美耳球虫
D. 堆型艾美耳球虫
E. 毁灭泰泽球虫

152. 有齿冠尾线虫的感染性阶段是(   )
A. 感染性虫卵
B. 第一期幼虫
C. 第二期幼虫
D. 第三期幼虫
E. 第四期幼虫

153. 猪棘头虫病的主要临床表现是(   )
A. 消化功能障碍
B. 呼吸功能障碍
C. 泌尿系统障碍
D. 凝血功能障碍
E. 造血功能障碍

154. 肝片形吸虫对牛羊等动物的感染性阶段是(   )
A. 囊蚴
B. 尾蚴
C. 雷蚴
D. 胞蚴
E. 毛蚴

155. 丝状网尾线虫寄生于羊的(   )
A. 真胃
B. 小肠
C. 大肠
D. 肝脏
E. 肺脏

156. 马巴贝斯虫病的传播媒介是(   )
A. 蚤
B. 虱
C. 软蜱
D. 硬蜱
E. 蝇蛆

157. 马绦虫虫卵内含有(   )
A. 梨形器和六钩蚴
B. 多个卵细胞
C. 毛蚴
D. 棘头蚴
E. 孢子囊

158. 钩虫主要寄生于犬的(   )
A. 结肠
B. 盲肠
C. 十二指肠
D. 胆囊
E. 胰脏

159. 剖检马氏管变形虫病病蜂,可见马氏管出现(   )
A. 变色
B. 萎缩
C. 肿胀
D. 伤口
E. 破裂

160. 不具有游离作用的是(   )
A. 破伤风毒素
B. 肉毒毒素
C. 抗毒素
D. 内毒素
E. 外毒素

161. 通过食用猪肉传播的人畜共患寄生虫病是(   )
A. 绦虫病
B. 棘球蚴病
C. 旋毛虫病
D. 肝片吸虫病
E. 日本血吸虫病

162. 引起沙门氏菌食物中毒最常见的食品是(   )
A. 粮油制品
B. 调味品
C. 肉与肉制品
D. 水果及其制品
E. 蔬菜及其制品

163. 评定食品被细菌污染程度的指标是(   )
A. 大肠杆菌
B. 大肠菌群
C. 沙门氏菌
D. 菌落总数
E. 布鲁氏菌

164. 属于人兽并重的人畜共患病是(   )
A. 炭疽
B. 马脑炎
C. 旋毛虫病
D. 棘球蚴病
E. 囊尾蚴病

165. 经过好氧处理后的屠宰污水上层清液,在排放前常采取的处理方法是(　　)

A. 氯化消毒　　B. 碱消毒　　C. 酸消毒
D. 过氧化消毒　　E. 表面活性剂消毒

166. 动物诊疗场所选址,距离畜禽养殖场、屠宰加工厂、动物交易场所应不少于(　　)

A. 40 m　　B. 60 m　　C. 80 m
D. 100 m　　E. 200 m

[B1 型题]

答题说明

以下提供若干组考题,每组考题共用在考题前列出的 A、B、C、D、E 五个备选答案。请从中选择一个与问题关系最密切的答案,并在答题卡上将相应题号的相应字母所属的方框涂黑。某个备选答案可能被选择一次、多次或不被选择。

(167～169 题共用备选答案)

A. VH-VL　　B. CH_1-CL　　C. CH_2
D. CH_3　　E. CH_4

167. IgG 分子中与抗原特异性结合的功能区是(　　)

168. IgE 分子中与肥大细胞或嗜碱性粒细胞的 Fc 受体结合的功能区是(　　)

169. 抗体分子的遗传标志所在的功能区是(　　)

(170～172 题共用备选答案)

A. 中性粒细胞　　B. 巨噬细胞　　C. 浆细胞
D. NK 细胞　　E. B 细胞

170. 兼有吞噬和抗原递呈功能的免疫细胞是(　　)

171. 可以递呈抗原,活化后又可分泌抗体的免疫细胞是(　　)

172. 抗原刺激后具有免疫记忆功能的免疫细胞是(　　)

(173～175 题共用备选答案)

A. 自然杀伤细胞　　B. 细胞毒性 T 细胞　　C. 迟发型变态反应 T 细胞
D. B 细胞　　E. 巨噬细胞

173. 布鲁氏菌感染免疫中,既能吞噬细菌,又能吞噬细胞碎片的细胞是(　　)

174. 猪瘟病毒感染免疫中,可以特异性杀伤受病毒感染的细胞的是(　　)

175. 真菌深部感染中,抗原刺激后可转化为产生抗体的细胞是(　　)

(176～178 题共用备选答案)

A. 流行性乙型脑炎　　B. 布鲁氏菌病　　C. 猪繁殖与呼吸综合征
D. 猪瘟　　E. 猪细小病毒病

176. 夏季某母猪群发生流产,产死胎或木乃伊胎,公猪出现睾丸炎或睾丸一侧性肿大,分离的病原具有血凝特性。该病可能是(　　)

177. 某猪场部分母猪不孕,后肢麻痹,或妊娠后 4～12 周发生流产,公猪出现睾丸炎或副睾炎,取病料涂片,革兰氏染色镜检,见大量红色细菌。该病可能是(　　)

178. 某猪场部分初产母猪发生流产,产死胎或木乃伊胎,育肥公猪症状不明显,分离的病原能凝集豚鼠红细胞。该病可能是(　　)

(179～181 题共用备选答案)

A. 经皮肤感染　B. 经蜱叮咬感染　C. 经蚊叮咬感染

D. 经白蛉叮咬感染　E. 经口感染

179. 长江流域某放牧牛群,部分牛只出现食欲下降、行动迟缓、营养不良、贫血等症状,剖检见肝、脾肿胀,腹水,肝脏上有结节,在肠系膜静脉内见雌雄合抱的线状虫体。该病原的感染途径是(　　)

180. 某散养猪群,其中数头猪屠宰后见肌肉组织内有米粒或黄豆大小半透明囊泡,囊泡壁上有一个乳白色结节。该病原的感染途径是(　　)

181. 某犬眼周围脱毛呈"眼镜"状,皮肤脱毛、湿疹,并出现中度体温升高,贫血,体表淋巴结肿大,淋巴结穿刺物涂片染色镜检,见大小为 4.2 μm×2.1 μm 卵圆形、无鞭毛的虫体。该病原的感染途径是(　　)

(182～184 题共用备选答案)

A. 溶解氧　B. 生化需氧量　C. 化学耗氧量

D. 悬浮物　E. 浑浊度

182. 一定时间和温度下,水体中有机污染物受微生物分解所耗去水体溶解氧的总量是(　　)

183. 一定条件下,用强氧化剂氧化水中有机污染物和一些还原物质所消耗的总氧量是(　　)

184. 水中含有的不溶性物质为(　　)

[A2 型题]

答题说明

每一道考题是以一个小案例出现的,其下面都有 A、B、C、D、E 五个备选答案。请从中选择一个最佳答案,并在答题卡上将相应题号的相应字母所属的方框涂黑。

185. 某母猪流产,取阴道分泌物涂片,革兰氏染色和柯兹洛夫斯基染色均可见红色球杆菌,该病原可能是(　　)

A. 巴氏杆菌　B. 布鲁氏菌　C. 支原体

D. 螺旋体　E. 李氏杆菌

186. 某奶牛乳房硬结,乳汁稀薄,乳腺区淋巴结肿大。取乳汁用罗杰二代培养基培养,15 d 后长出花菜状、米黄色的粗糙菌落。该牛感染的病原可能是(　　)

A. 副结核分枝杆菌　B. 牛分枝杆菌　C. 炭疽芽孢杆菌

D. 产单核细胞李氏杆菌　E. 产气荚膜梭菌

187. 9 周龄鸡呈"劈叉"姿势,剖检见一侧坐骨神经肿大,羽毛囊上皮超薄切片,电镜观察可见有囊膜的病毒粒子。引起该病的病原可能是(　　)

A. 禽传染性支气管炎病毒　B. 传染性法氏囊病病毒　C. 禽传染性喉气管炎病毒

D. 马立克氏病病毒　E. 产蛋下降综合征病毒

188. 4 月龄猪高热稽留,四肢内侧皮肤有出血点。剖检可见脾脏边缘梗死,肾脏有出血点,扁桃体匀浆液接种 PK-15 细胞,可以分离到病毒,引起该病的病原可能是(　　)

A. 猪细小病毒　B. 猪圆环病毒　C. 猪瘟病毒

D. 伪狂犬病病毒　E. 猪繁殖与呼吸综合征病毒

189. 某患犬表现兴奋、流涎、喜食异物、恐水等症状,有攻击性。对此,不宜采取的措施是(　　)

A. 疫苗紧急接种受威胁犬　B. 控制流浪犬　C. 无害化处理死亡犬

D. 扑杀病犬　E. 治疗病犬

190. 某猪场部分 4 月龄育肥猪突然发病，呼吸急促，体温 41℃，四肢皮肤呈紫红色，有出血点，濒死猪口鼻中流出暗红色血液，血液涂片染色镜检，可见大量革兰氏阳性菌。该病可初步诊断为(　　)

A. 猪支原体肺炎　B. 猪巴氏杆菌病　C. 猪链球菌病　D. 猪传染性萎缩性鼻炎　E. 猪传染性胸膜肺炎

191. 某猪场部分后备母猪不发情，后备公猪睾丸肿大；病料接种家兔后，家兔啃咬注射部位，随后死亡。该病可能是(　　)

A. 猪细小病毒病　B. 伪狂犬病　C. 猪蓝耳病　D. 猪瘟　E. 流行性乙型脑炎

192. 某猫病死前出现消化不良、下痢、贫血、水肿、消瘦等症状。剖检见肝脏肿大，胆管增生，胆囊及胆管内有多条呈叶形、体长 1～2 cm 的虫体。该病可能是(　　)

A. 肝片吸虫病　B. 并殖吸虫病　C. 华支睾吸虫病　D. 细粒棘球绦虫病　E. 孟氏迭宫绦虫病

193. 某绵羊群部分绵羊耳、背及臀部等处被毛脱落，患部皮肤湿润、结痂。取痂皮置于底部垫有色纸张的平皿内，用热源对皿底加热，肉眼仔细观察，可见白色虫体从痂皮中爬出。该病可能是(　　)

A. 虱病　B. 蜱病　C. 蝇蛆病　D. 痒螨病　E. 皮刺螨病

194. 夏季，某放牧绵羊群出现食欲减退、体温升高、可视黏膜苍白等症状。剖检见肝脏肿大，有出血点。在肝脏中发现大量呈扁平叶状的虫体。该病可能是(　　)

A. 细粒棘球蚴病　B. 莫尼茨绦虫病　C. 捻转血矛线虫病　D. 肝片形吸虫病　E. 日本分体吸虫病

[A3/A4 型题]

答题说明

以下提供若干个案例，每个案例下设若干个考题。请根据案例所提供的信息，在每一道考试题下面的 A、B、C、D、E 五个备选答案中选择一个最佳答案，并在答题卡上将相应题号的相应字母所属的方框涂黑。

(195～197 题共用题干)

某马场同槽饲喂的两匹马精神沉郁，流浆液性或黏性鼻液，随后鼻黏膜出现小米粒大的黄白色结节，周围有红晕，下颌淋巴结肿胀。

195. 该病可能是(　　)

A. 马传染性贫血　B. 马鼻疽　C. 马腺疫　D. 炭疽　E. 马流感

196. 对病马应采取的措施是(　　)

A. 对症治疗　B. 隔离淘汰　C. 抗菌治疗　D. 抗病毒治疗　E. 紧急接种疫苗

197. 对同群隐性或慢性病例，常用的诊断方法是(　　)

A. 细菌学检查　B. 病毒学检查　C. 变态反应　D. ELISA　E. 荧光抗体试验

(198～200 题共用题干)

某黄牛 7 月份出现高热稽留、贫血、黄疸和血红蛋白尿等症状，体表检查发现腹下有多处虫体寄生。

198. **该病最可能是(　　)**

A. 双芽巴贝斯虫病　　B. 环形泰勒虫病　　C. 日本分体吸虫病

D. 肝片吸虫病　　E. 细粒棘球病

199. **确诊该病最常用的方法是(　　)**

A. 粪便检查　　B. 尿液检查　　C. 皮屑检查

D. 淋巴结穿刺检查　　E. 血液涂片检查

200. **治疗该病可以选用的药物是(　　)**

A. 氨丙啉　　B. 阿苯达唑　　C. 阿维菌素

D. 咪唑苯脲　　E. 硫双二氯酚

2013年·预防科目·答案与解析

考生姓名：　　　　　　　　　　　　　　　　准考证号：

2013年全国执业兽医资格考试试卷

（兽医全科类）下午卷

（临床综合）

注 意 事 项

一、请按照要求，用蓝黑色或者黑色签字笔在答题卡上填写姓名、身份证号码、考点、考试地点、考场号、准考证号等信息，并用铅笔涂好准考证号。

二、试卷分为2部分，临床科目100小题，综合科目100小题，共200小题，考试时间为150分钟。各部分不单独计时，请考生自己合理分配时间。

三、监考人员宣布考试开始时，方可答题；宣布考试结束时，应立即停止答题。答题卡、题本一律反扣在桌面上，待监考人员确认数量无误，允许离开时，考生方可离开考场。如果考生违反了以上任何一项要求，都将影响考试成绩。

四、答案必须填涂在答题卡上，书写在试题本上的答案一律无效。

五、答题卡严禁折叠。

六、答题卡的正确填涂方式为：■，用其他符号填涂答案者不计分。

七、如要改动答案，必须先用橡皮擦去原来选定的答案，然后再按上面的规定重新作答。

临床科目

[A1 型题]

答题说明

每一道考试题下面有A、B、C、D、E五个备选答案,请从中选择一个最佳答案,并在答题卡上将相应题号的相应字母所属的方框涂黑。

1. 鉴别血尿和血红蛋白尿的主要方法是( )

A. 潜血检查　B. 尿胆原检查　C. 胆红素检查
D. 尿酮体检查　E. 尿沉渣检查

2. 肢体作主动运动时肌肉最大的收缩力是( )

A. 肌力　B. 肌张力　C. 肌弹力
D. 肌阻力　E. 肌体积

3. 次侧交叉配血试验时,与供血者血清配合的是受血者的( )

A. 红细胞　B. 白细胞　C. 血小板
D. 血浆　E. 全血

4. 维持血容量恒定最关键的阳离子是( )

A. K^+　B. Na^+　C. Ca^{2+}
D. Mg^{2+}　E. Cu^{2+}

5. 影响X线穿透力的摄影技术条件是( )

A. 千伏　B. 毫安　C. 焦片距
D. 物片距　E. 曝光时间

6. A型超声诊断仪主要利用的超声物理特性是( )

A. 衍射　B. 反射　C. 折射
D. 绕射　E. 直射

7. 在心电向量环中,心室肌除极化是( )

A. P-Q　B. S-T　C. T
D. Q-T　E. QRS

8. 当动物脱水量为6%～8%,每千克体重需要补液( )

A. 10～20 mL　B. 20～25 mL　C. 30～50 mL
D. 50～60 mL　E. 80～120 mL

9. 血液中还原血红蛋白增高时,可视黏膜颜色为( )

A. 红色　B. 黄色　C. 蓝紫色
D. 苍白色　E. 黄白色

10. 可以引起血尿的疾病是( )

A. 纤维病　B. 牛磷酸盐血病　C. 犬巴贝斯虫病
D. 犬膀胱炎　E. 牛滴虫病

11. 脑脊髓膜上运动神经元损伤引起的是( )

A. 偏瘫　B. 弛张性瘫痪　C. 中枢性瘫痪
D. 痉挛性瘫痪　E. 短暂性瘫痪

12. 双抽筋倒马法倒马时，跗关节的绳套应移到后肢的(　　)
A. 腓部　B. 跗部　C. 系部
D. 冠部　E. 蹄部

13. 腹腔穿刺不用于(　　)
A. 腹腔积水　B. 治疗腹膜炎　C. 治疗肠便秘
D. 腹腔注射　E. 诊断肠套叠

14. 瘤胃积食导致机体脱水的主要原因是(　　)
A. 腹泻　B. 饮水不足　C. 出汗
D. 体液向瘤胃内渗透　E. 呕吐

15. 发生支气管炎时，若支气管分泌物中有大量的嗜酸性粒细胞，其原因可能是(　　)
A. 吸入花粉　B. 寒冷空气刺激　C. 病毒感染
D. 细菌感染　E. 通风不良

16. 动物急性肾炎时，心脏听诊可能出现(　　)
A. 肺动脉第二心音减弱　B. 第二心音分裂　C. 主动脉第二心音减弱
D. 主动脉第二心音增强　E. 肺动脉第二心音增强

17. 动物脑膜脑炎出现狂躁不安时，首选的治疗药物是(　　)
A. 东莨菪碱　B. 安溴注射液　C. 6-氨基己酸
D. 地塞米松　E. 樟脑磺酸钠

18. 与钙、磷代谢无关的疾病是(　　)
A. 牛生产瘫痪　B. 猪桑葚心　C. 犬佝偻病
D. 马纤维素性骨营养不良　E. 牛青草搐搦

19. 羊铜缺乏的主要表现是(　　)
A. 运动障碍　B. 视力模糊　C. 黄疸
D. 呕吐　E. 呼吸缓慢

20. 家禽锰缺乏症的临床特征是(　　)
A. 腓肠肌腱脱出　B. 皮肤角化不全　C. 共济失调
D. 趾爪蜷缩　E. 角弓反张

21. 青饲料文火焖煮产生的有毒物质是(　　)
A. 硝酸盐　B. 亚硝酸盐　C. 氢氰酸
D. 乳酸　E. 碳酸

22. 黄牛栎树叶中毒时，其粪便常呈现(　　)
A. 水样　B. 泡沫样　C. 胶冻样
D. 念珠样　E. 粥样

23. 动物慢性铅中毒时血常规检查可见(　　)
A. 红细胞数增多　B. 红细胞数正常　C. 红细胞数减少
D. 白细胞数增多　E. 白细胞数减少

24. 牛钼中毒引起代谢紊乱的元素是(　　)
A. 铜　B. 铁　C. 锰
D. 锌　E. 钴

25. 急性有机氟中毒的主要症状类型包括(　　)
A. 神经型和胃肠型　B. 肝脏型和肾脏型　C. 肝脏型和心脏型
D. 神经型和心脏型　E. 神经型和肝脏型

26. 犬营养性继发性甲状旁腺机能亢进,尿液检查可见( )
A. 尿钙含量增加 B. 尿磷含量增加 C. 尿磷含量减少
D. 尿钠含量减少 E. 尿钠含量增加
27. 肌间蜂窝织炎首先感染的组织是( )
A. 肌纤维 B. 肌外膜 C. 肌间组织
D. 肌间动脉 E. 肌间神经干
28. 治疗蕈状溃疡的首选药物是( )
A. 0.1%高锰酸钾液 B. 3%龙胆紫酒精 C. 5%鱼石脂软膏
D. 20%硝酸银液 E. 鱼肝油软膏
29. 犬的乳腺肿瘤多发生在( )
A. 6月龄以下幼犬 B. 1岁左右母犬 C. 2~3岁母犬
D. 初情期前的绝育母犬 E. 6岁以上的母犬
30. 对放疗最敏感的小动物肿瘤是( )
A. 平滑肌瘤 B. 脂肪瘤 C. 纤维瘤
D. 骨肉瘤 E. 恶性淋巴瘤
31. 巩膜周边冷冻术的治疗目的是( )
A. 消除结膜充血 B. 减轻角膜浑浊 C. 预防虹膜粘连
D. 减少房液产生 E. 促进晶体透明
32. 直肠脱病程较久者易引起( )
A. 重剧腹泻 B. 重剧腹痛 C. 前列腺炎
D. 膀胱炎 E. 局部坏死
33. 患肢在悬垂和支柱阶段均表现机能障碍的跛行称为( )
A. 鸡跛 B. 支跛 C. 悬跛
D. 间歇跛行 E. 混合跛行
34. 运动视诊确定马患肢支跛的依据是( )
A. 患肢着地时,头低下 B. 患肢着地时,头高举
C. 患肢抬举时,颈部摆向患侧 D. 健肢负重时,颈部摆向患侧
E. 健肢抬举时,颈部摆向患侧
35. 犬胫骨骨折特有的临床症状为( )
A. 卧地不起 B. 患部严重出血 C. 患部水肿
D. 患部异常活动 E. 患部异常固定
36. 马蹄骨边缘骨折的主要病因是( )
A. 蹄挫伤 B. 蹄刺伤 C. 蹄叶炎
D. 白线裂 E. 蹄叉腐烂
37. 反映吸入麻醉药麻醉强度的指标是( )
A. 血/气分配系数 B. 终末吸气浓度 C. 终末呼气浓度
D. 最低有效血液浓度 E. 最低有效肺泡浓度
38. 采用康乃尔缝合法缝合胃、肠壁时,缝针要穿透( )
A. 浆膜肌层 B. 黏膜下层 C. 肌层
D. 浆膜层 E. 全层组织
39. 牛角神经传导麻醉的注射部位是( )
A. 眼眶后方 B. 角根周围 C. 眶上突周围
D. 额骨外侧嵴的上方 E. 额骨外侧嵴的下方

40. 犬竖耳术的手术步骤为确定切除线、切除耳郭( )

A. 缝合耳郭、固定耳轮
B. 缝合耳郭、固定对耳轮
C. 缝合耳郭、固定耳郭
D. 缝合耳郭、固定耳屏
E. 缝合对耳轮、固定耳郭

41. 牛皱胃左方变位整复手术常用的保定方法是( )

A. 前驱垫高侧卧保定
B. 左侧卧保定
C. 右侧卧保定
D. 俯卧保定
E. 站立保定

42. 促进乳汁从乳腺腺泡进入乳池的激素是( )

A. 催产素
B. 松弛素
C. 促黄体素
D. 促卵泡激素
E. 马绒毛膜促性腺激素

43. 称为成熟卵泡的是( )

A. 原始卵泡
B. 初级卵泡
C. 次级卵泡
D. 三级卵泡
E. 格拉夫氏卵泡

44. 与卵子激活有关的最主要离子是( )

A. Na^{+}
B. K^{+}
C. Ca^{2+}
D. Mg^{2+}
E. Zn^{2+}

45. 孕体分泌的雌激素因子在识别过程中发挥的作用是( )

A. 阻止 PGF_{2a} 的合成
B. 促进 PGF_{2a} 的合成
C. 促进雌激素的分泌
D. 维持并促进腺体分泌孕激素
E. 抑制雌激素的分泌

46. 对奶牛启动分娩起决定作用的是( )

A. 胎儿的丘脑下部-垂体-肾上腺轴系
B. 母体的丘脑下部-垂体-肾上腺轴系
C. 胎盘产生的雌激素
D. 胎盘产生的孕激素
E. 神经垂体释放的催产素

47. 牛分娩时正常的胎位、胎向是( )

A. 上位、纵向
B. 下位、纵向
C. 侧位、纵向
D. 上位、横向
E. 下位、横向

48. 影响分娩过程的因素不包括( )

A. 阵缩与努责
B. 软产道
C. 硬产道
D. 胎儿与产道的关系
E. 母体促卵泡激素的水平

49. 睾丸炎的治疗措施不包括( )

A. 热敷
B. 冷敷
C. 封闭
D. 消炎
E. 消肿

50. 五脏之中主藏神的是( )

A. 心
B. 肝
C. 脾
D. 肺
E. 肾

51. 六淫之中,具有善行数变特性的邪气是( )

A. 风
B. 寒
C. 暑
D. 湿
E. 燥

52. 中药的五味是指()

A. 辛、甘、酸、苦、咸
B. 木、火、土、金、水
C. 寒、凉、平、温、热
D. 红、黄、白、青、黑
E. 浮、沉、迟、数、滑

53. 方剂中,加强君药治疗主病或主证作用的药物属于( )

A. 臣药
B. 佐药
C. 君药
D. 使药
E. 引药

54. 治疗久泻脱肛、子宫脱垂的方剂中,常以升麻配( )

A. 柴胡 B. 桑叶 C. 防风

D. 紫苏 E. 薄荷

55. 具有消食健脾、化石通淋作用的药物是( )

A. 神曲 B. 麦芽 C. 山楂

D. 鸡内金 E. 莱菔子

56. 具有止咳化痰、清热散结作用的药物是( )

A. 贝母 B. 杏仁 C. 麻黄

D. 白前 E. 半夏

57. 陈皮的功效是( )

A. 理气健脾、燥湿化痰 B. 疏肝止痛、破气消积 C. 行气躁湿、降逆平喘

D. 破气消积、通便利膈 E. 理气解郁、散结止痛

58. 具有散瘀止血、消肿止痛作用的药物是( )

A. 桃仁 B. 红花 C. 乳香

D. 没药 E. 三七

59. 具有清肝明目、退翳消瘀作用的方剂是( )

A. 桃花散 B. 青黛散 C. 冰硼散

D. 决明散 E. 牵正散

60. 治疗马热喘证适宜的针灸穴位是( )

A. 开天 B. 鼻俞 C. 睛俞

D. 肷俞 E. 阴俞

[B1 型题]

答题说明

以下提供若干组考题,每组考题共用在考题前列出的A、B、C、D、E五个备选答案。请从中选择一个与问题关系最密切的答案,并在答题卡上将相应题号的相应字母所属的方框涂黑。某个备选答案可能被选择一次、多次或不被选择。

(61~62题共用备选答案)

A. 前胃迟缓 B. 瘤胃酸中毒 C. 瘤胃积食

D. 瓣胃阻塞 E. 瘤胃臌气

61. 牛,采食后突然发病,回头踢腹,检查见腹部膨大,左肷部尤为明显,叩诊呈鼓音,呼吸高度困难,黏膜呈蓝紫色,该病最可能诊断为( )

62. 牛,近日采食量减少,反刍和嗳气也减少,体温38.7℃,听诊瘤胃蠕动音明显减弱,触诊瘤胃内容物松动,实验室检查瘤胃液pH 5.8,纤毛虫数量减少。该病最可能诊断为( )

(63~65题共用备选答案)

A. 血肿 B. 脓肿 C. 肿瘤

D. 淋巴外渗 E. 唾液腺囊肿

63. 猫,约1月龄,耳内有少量褐色分泌物,有异味,常见甩耳、后肢抓耳动作,近侧有一杏核大的肿胀,暗红色,有波动感,轻度热痛,穿刺液呈暗红色。该肿胀最可能是( )

64. 萨摩耶犬,食欲减退,腹侧壁有一个椭圆形、拳头大肿胀,触诊肿胀周围稍坚实,有痛感,中部有波动,穿刺液为黄白色黏稠液体。该肿胀最可能是( )

65. 松狮犬,下颌有一鸡蛋大小的肿胀,触诊柔软,无热无痛,穿刺液黏稠呈淡黄色,该肿胀最可能是( )

(66～67题共用备选答案)

A. 单纯性颈静脉炎　　B. 颈静脉周围炎　　C. 血栓性颈静脉炎

D. 化脓性颈静脉炎　　E. 出血性颈静脉炎

66. 马,因病多次进行静脉注射,5～6 d后发现左侧颈静脉沟皮下呈增生性肿胀,触诊有鸡蛋大肿块,该病诊断为( )

67. 马,精神沉郁,食欲减退、体温升高,颈静脉沟温热、疼痛及弥漫性炎性水肿,肿胀表面带有黄色渗出物,颈静脉不易触及,该病诊断为( )

(68～69题共用备选答案)

A. 当天下午　　B. 第二天上午　　C. 第二天下午

D. 第二天晚上　　E. 第二天上午

68. 某牛,早上出现发情,外阴红肿,阴道黏膜充血,黏液清亮,牵缕性很强,第一次输精最适宜的时间是( )

69. 某猪,下午出现发情,外阴红肿,阴道黏膜充血,黏液透明清晰,发情过程正常,第一次配种最适宜的时间是( )

(70～71题共用备选答案)

A. 肘关节屈曲　　B. 肩关节屈曲　　C. 腕关节屈曲

D. 头颈捻转　　E. 头颈侧弯

70. 某奶牛分娩,努责1 h,可见胎儿左前蹄露出阴门外,产道检查发现胎儿头颈姿势无异常,右前肢弯曲,右前蹄位于左蹄之后、头颈之下,难产的原因是( )

71. 某山羊分娩,努责半小时,仅见胎儿右前蹄露出阴门外,产道检查发现,胎儿头颈姿势无异常,左前肢向后伸展,位于胎儿躯干之下,难产的原因是( )

(72～73题共用备选答案)

A. 肝血虚　　B. 肝胆湿热　　C. 肝火上炎

D. 肝阳化风　　E. 阴虚生风

72. 某牛,精神沉郁,食欲减退,眼结膜黄染,黄色鲜明如橘,粪便稀软,尿黄浑浊,口色红黄、舌苔黄腻,脉弦数。该病可辨证为( )

73. 某犬,眼目红肿,羞明流泪,视物不清,粪便干燥,口色鲜红,脉象弦数。该病可辨证为( )

[A2型题]

答题说明
每一道考题是以一个小案例出现的,其下面都有A、B、C、D、E五个备选答案。请从中选择一个最佳答案,并在答题卡上将相应题号的相应字母所属的方框涂黑。

74. 京巴犬,6月龄,运动后腹部皮下出现一个杏核大小肿胀物,触诊质软,仰卧,穿刺物含有血液,此肿胀可能是( )

A. 肿瘤　　B. 丘疹　　C. 血肿

D. 脓肿　　E. 淋巴外渗

75. 犬,3岁,2 d前精神沉郁,被毛粗乱,食欲下降,可视黏膜苍白,体温38℃,为确诊该病的类型,应进一步检查( )

A. 红细胞数、白细胞数、血小板数　　B. 淋巴细胞数、红细胞数、单核细胞数

C. 单核细胞数、淋巴细胞数、血红蛋白含量　　D. 血小板数、红细胞数、红细胞比容

E. 红细胞比容、红细胞数、血红蛋白含量

76. 犬,2 岁,咳嗽,流鼻液,弛张热,听诊有湿啰音,血液检查见嗜酸性粒细胞增多。该病病因可能是( )

A. 寄生虫感染 B. 寒冷空气刺激 C. 细菌感染
D. 病毒感染 E. 阳光照射

77. 德国牧羊犬,6 岁,疾病发作时突然出现抽搐,口吐白沫,意识消失,然后很快恢复正常,平时工作时无任何症状,该犬所患疾病可能是( )

A. 犬瘟热 B. 癫痫 C. 有机磷农药中毒
D. 脑炎 E. 狂犬病

78. 猪脐疝手术后 10 d,术部皮肤破溃并有少量粪便自此流出。该猪最可能发生的疾病是( )

A. 脐疝 B. 脐部脓肿 C. 肠窦道
D. 肠梗阻 E. 肠瘘

79. 某犬,1 周前发热,呕吐,腹泻,现眼角膜呈浅蓝色浑浊,表面光滑,侧面视诊浑浊,表面有薄的透明层,该犬所患眼病是( )

A. 急性浅表性角膜炎 B. 间质性角膜炎 C. 溃疡性角膜炎
D. 慢性浅表性角膜炎 E. 色素性角膜炎

80. 犬,奔跑后突然倒地,表现呼吸急促,数小时后逐渐安静,数天后再次出现呼吸困难。该病可能是( )

A. 气胸 B. 血胸 C. 膈疝
D. 肺气肿 E. 胸膜炎

81. 公犬,9 岁,一年来表现腹部肥大和对称性脱毛,多饮多尿,食欲亢进,肌肉萎缩无力,嗜睡。该犬所患疾病是( )

A. 库兴氏综合征 B. 雄激素分泌过多 C. 甲状腺功能亢进症
D. 甲状腺功能减退症 E. 肾上腺皮质功能减退症

82. 奶牛,分娩时持续强烈努责 1 h,仅见两前蹄露出阴门外,产道检查发现胎儿头颈左弯。首选的助产方法是( )

A. 矫正术 B. 牵引术 C. 截肢术
D. 剖宫产术 E. 翻转母体

83. 奶牛,10 岁,饲养管理如常,一年前产犊,产后两个月发情、配种,但未孕,后来一直未见发情。直肠检查发现卵巢小而硬,无卵泡和黄体,子宫角细小。该牛最可能发生的是( )

A. 卵巢先天性发育不全 B. 谬勒氏发育不全 C. 衰老性不育
D. 管理性不育 E. 营养不育

84. 犬,2 岁,证见尿频,尿急,尿痛,尿液浑浊、淋漓不畅,口色红,舌苔黄腻,脉滑数。该病证为( )

A. 肾阳虚 B. 肾阴虚 C. 肾气不固
D. 肾虚水泛 E. 膀胱湿热

85. 马,证见尿频,尿痛,尿液浑浊、淋漓不畅,口干舌红,苔黄腻,脉滑数。治疗宜选用的药物是( )

A. 八正散 B. 郁金散 C. 曲蘖散
D. 大承气汤 E. 苏子降气汤

[A3/A4 型题]

答题说明

以下提供若干个案例,每个案例下设若干个考题。请根据案例所提供的信息,在每一道考试题下面的A、B、C、D、E五个备选答案中选择一个最佳答案,并在答题卡上将相应题号的相应字母所属的方框涂黑。

(86～88 题共用题干)

黄牛,采食过程中被惊吓,突然躁动不安,伸颈,空嚼,吞咽,大量流涎,咳嗽,呼吸困难。

86. 该病可能是( )

A. 口炎　B. 咽炎　C. 唾液腺炎　D. 食道阻塞　E. 肠胃臌气

87. 如进一步检查,具有诊断意义的是( )

A. 瘤胃穿刺　B. 瘤胃叩诊　C. 胸部叩诊　D. 口腔视诊　E. 胃管探诊

88. 进一步诊断本病的检查方法是( )

A. X线检查　B. B超检查　C. 心电图检查　D. 血常规检查　E. 金属检查仪检查

(89～91 题共用题干)

一舍饲牛,日粮以粗纤维饲料为主,一次过食后数小时,突发不安,后腿踢腹,不断摇尾,食欲废绝。临床检查,左腹部隆起,触诊坚实。

89. 该病最可能的诊断是( )

A. 前胃迟缓　B. 瘤胃积食　C. 瘤胃臌气　D. 瘤胃酸中毒　E. 皱胃变位

90. 左肷部听诊,瘤胃( )

A. 蠕动次数增加,声音增强　B. 蠕动次数增加,声音减弱　C. 蠕动次数减少,声音增强　D. 蠕动次数减少,声音减弱　E. 蠕动正常

91. 检查瘤胃内容物,可能出现( )

A. 纤毛虫数增加　B. 纤毛虫数减少　C. pH=7　D. pH>7　E. 渗透压降低

(92～94 题共用题干)

京巴犬,半月前受伤,在其左腹壁中部有一 0.2 cm 创口,并不时从创口内流出少量脓汁;腹壁触诊,在创口的右上方两指处有一坚硬的异物。

92. 为进一步确认,首先应采取的检查方法是( )

A. B超检查　B. X线检查　C. 腹部听诊　D. 腹部叩诊　E. 实验室检查

93. 该创伤已形成( )

A. 褥疮　B. 瘘管　C. 窦道　D. 坏疽　E. 溃疡

94. 治疗原则是( )

A. 促进一期愈合　B. 促进瘢痕形成　C. 促进肉芽增生　D. 促进创液排出　E. 防止继发感染

(95～97 题共用题干)

京巴犬,8 岁,雄性,未去势,体温 38.2℃,肛门左下方有一无热、无痛、柔软的肿胀,抬高后躯,肿胀可缩小,近 3 d 未排尿,直检在骨盆入口处有核桃大小的肿胀。

95. 该病最可能的诊断是( )

A. 会阴疝　B. 肛门囊疝　C. 肛周脓肿　D. 直肠憩室　E. 直肠闭锁

96. 造成排尿不畅的原因可能是( )

A. 肛膜炎　B. 肛周脓肿　C. 直肠闭锁　D. 直肠憩室　E. 前列腺增生

97. 该病的最佳治疗方案是( )

A. 前列腺摘除　B. 消炎镇痛　C. 手术整复会阴部肿胀　D. 手术治疗会阴部肿胀并去势　E. 灌肠通便

(98～100 题共用题干)

奶牛,正常妊娠至 8 个月时,腹部不再继续增大,超出预产期 45 d,仍无分娩预兆。阴道检查子宫颈口关闭,临床上无明显症状。

98. 该牛最可能发生的是( )

A. 胎儿干尸化　B. 子宫破裂　C. 胎儿气肿　D. 胎儿浸溶　E. 子宫捻转

99. 确诊该病需要进行( )

A. 血常规检查　B. 血液生化检查　C. 直肠检查　D. 阴道检查　E. 孕酮检查

100. 治疗该病时,首先应注射( )

A. 黄体酮与催产素　B. 前列腺素与黄体酮　C. 黄体酮与钙剂　D. 前列腺素与雌激素　E. 催产素与雌激素

2013 年·临床科目·答案与解析

综 合 应 用

[A1 型题]

> 答 题 说 明
>
> 每一道考试题下面有 A、B、C、D、E 五个备选答案,请从中选择一个最佳答案,并在答题卡上将相应题号的相应字母所属的方框涂黑。

101. 牛海绵状脑病俗称( )

A. 库鲁病　B. 痒病　C. 疯牛病　D. 克雅二氏病　E. 蓝舌病

102. 猪乙型脑炎的主要传播途径是经( )

A. 饲料传播　B. 蚊媒传播　C. 鼠类传播　D. 空气传播　E. 土壤传播

103. 鸡白痢检疫最常用的方法是( )

A. 细菌染色镜检　B. 平板凝集试验　C. 补体结合试验　D. 易感动物接种　E. 病理组织学检查

104. 腿部和胸部肌肉出血,肾脏肿大、苍白呈花斑状、肾小管和输尿管中有白色尿酸盐沉积的禽病是( )

A. 禽流感　B. 新城疫　C. 鸡传染性支气管炎　D. 传染性法氏囊病　E. 禽白血病

105. 兔病毒性出血病受威胁区,预防该病的关键措施是(　　)
A. 淘汰病兔　B. 隔离封锁　C. 定期消毒
D. 紧急接种疫苗　E. 注射高免血清

106. 预防蜜蜂欧洲幼虫腐臭病的错误方法是(　　)
A. 培育抗病品种　B. 更换蜂王　C. 销毁病脾
D. 严格消毒　E. 饲喂抗生素

107. 猪感染旋毛虫主要是因为食入(　　)
A. 螺蛳　B. 鼠　C. 蚯蚓
D. 甲虫　E. 剑水蚤

108. 治疗痒螨病的药物是(　　)
A. 伊维菌素　B. 丙硫咪唑　C. 吡喹酮
D. 地克珠利　E. 磺胺嘧啶

109. 牛弓首蛔虫成虫寄生于犊牛的(　　)
A. 真胃　B. 小肠　C. 大肠
D. 肝脏　E. 肺脏

110. 鸡组织滴虫病的病变主要发生在(　　)
A. 食道与嗉囊　B. 肌胃与腺胃　C. 空肠与回肠
D. 盲肠与肝脏　E. 喉头与气管

111. 最能直接反映动物精神状态的是(　　)
A. 姿态　B. 饮水量　C. 采食量
D. 对环境的适应性　E. 对外界刺激的反应能力

112. 临床检查牛脉搏最常用(　　)
A. 股动脉　B. 臂动脉　C. 尾动脉
D. 指动脉　E. 颌外动脉

113. 检查家禽呼吸频率最常用的方法是(　　)
A. 观察头部　B. 观察胸廓运动　C. 观察肛下羽毛
D. 用手背触感呼出气流　E. 用手掌触感胸廓运动

114. 犬脾脏肿大常用的临床检查方法是(　　)
A. 叩诊结合听诊　B. 脾脏穿刺　C. 体外触诊
D. 直肠检查　E. 叩诊

115. 在猫口鼻部发生的炎症中,无流涎的疾病是(　　)
A. 鼻炎　B. 口炎　C. 咽炎
D. 舌炎　E. 齿龈炎

116. 牛重度瘤胃臌气时,眼结膜表现为(　　)
A. 黄染　B. 发绀　C. 潮红
D. 苍白　E. 出血

117. 下列哪个维生素与禽痛风有关(　　)
A. 维生素 A　B. 维生素 B_2　C. 维生素 B_1
D. 维生素 E　E. 维生素 K

118. 犬急性洋葱中毒的典型症状是(　　)
A. 呕吐　B. 腹泻　C. 红尿
D. 皮肤发绀　E. 黄疸

119. 牛乳头状瘤的病原是(　　)

A. 寄生虫　　B. 霉菌　　C. 病毒

D. 需氧菌　　E. 厌氧菌

120. 牛传染性角膜结膜炎的诱发因素是(　　)

A. 红外线　　B. 紫外线　　C. X 射线

D. 蠕形螨　　E. 衣原体

121. 公犬膀胱修补术的皮肤切口为(　　)

A. 脐前腹中线切口　　B. 耻骨前腹中线切口

C. 脐前腹中线旁 2 cm 处纵向切口　　D. 以脐孔为中心的腹中线切口

E. 脐后腹中线阴茎旁 2 cm 处纵向切口

122. 犬髌骨习惯性内方脱位的疗法是(　　)

A. 关节囊内侧连续缝合　　B. 膝直韧带切除术　　C. 关节囊外侧松弛术

D. 滑车成形术　　E. 行走自行复位

123. 犬于配种后第 3 天终止妊娠,可以肌肉注射(　　)

A. 人绒毛膜促性腺激素　　B. 雌激素　　C. 马绒毛膜促性腺激素

D. 促黄体素　　E. 促卵泡激素

124. 因子宫捻转导致的奶牛难产属于(　　)

A. 产道性难产　　B. 产力性难产　　C. 胎位性难产

D. 胎向性难产　　E. 胎势性难产

125. 与发生牛子宫脱出无关的因素是(　　)

A. 子宫迟缓　　B. 助产时急速拉出胎儿

C. 胎儿排出后母牛努责强烈　　D. 产后子宫生理性收缩

E. 应用牵引术助产时产道干涩

126. 仔畜中新生仔畜溶血病多发生(　　)

A. 犊牛　　B. 羔羊　　C. 仔兔

D. 仔猪　　E. 仔犬

127. 位于犬最后腰椎与第一荐椎之间的穴位是(　　)

A. 大椎　　B. 悬枢　　C. 百会

D. 命门　　E. 阳关

128. 巧治马脱肛的穴位是(　　)

A. 百会　　B. 阴脱　　C. 莲花

D. 尾根　　E. 尾尖

[B1 型题]

答题说明

以下提供若干组考题,每组考题共用在考题前列出的 A、B、C、D、E 五个备选答案。请从中选择一个与问题关系最密切的答案,并在答题卡上将相应题号的相应字母所属的方框涂黑。某个备选答案可能被选择一次、多次或不被选择。

(129～130 题共用备选答案)

A. 牛传染性胸膜肺炎　　B. 牛结核　　C. 牛出血性败血病

D. 牛流行热　　E. 牛病毒性腹泻/黏膜病

129. 从国外引进的某牛群,在隔离期间急性发病,体温上升达 40℃ 以上,头前伸,肘外展。剖检见肺脏呈大理石样外观,组织学检查为支气管肺炎。病料接种培养基,病原菌落呈圆形煎蛋状,中央突起。该病可能是(　　)

130. 一群奶牛突然发病,体温达 41～42℃ ,呼吸困难,鼻流带血泡沫,24h 后死亡,取心血涂片,瑞氏染色,镜检可见两极染色的球杆菌。该病可能是(　　)

(131～132 题共用备选答案)

A. 急性浆液性滑膜炎　　B. 慢性浆液性滑膜炎　　C. 化脓性滑膜炎
D. 骨关节炎　　E. 关节脱位

131. 关节囊高度膨大,无热无痛,触诊有波动感,轻度跛行。该病最可能是(　　)

132. 关节肿大、热痛敏感、触诊关节高度紧张,有波动感,体温 39℃,关节骨正常。该病最可能为(　　)

(133～134 题共用备选答案)

A. 高钾血症　　B. 低钾血症　　C. 高钠血症
D. 低钠血症　　E. 低钙血症

133. 猫肠梗阻,灌肠和静脉注射 5% 葡萄糖盐水治疗后症状缓解,每天灌服糖水、营养餐和呋塞米。一周后,该猫无力,头向患侧屈曲,心电图 T 波异常,Q-T 间期延长和 U 波增高。可能伴随的是(　　)

134. 京巴犬,尿道结石,排尿困难,血钾 7.1 mmol/L,血钠 149 mmol/L,血钙 2.5 mmol/L,心电图 QRS 波群加宽,P-R 间期延长,可能伴随的电解质紊乱是(　　)

(135～136 题共用备选答案)

A. 环绕阴囊到包皮周围做一椭圆形皮肤切口
B. 在阴囊基部做一椭圆形皮肤切口
C. 在阴囊底部做椭圆形切口,切除底部的阴囊壁
D. 在包皮周围做一椭圆形皮肤切口
E. 在阴囊前方做一椭圆形皮肤切口

135. 公犬,5 岁,未去势,阴茎骨后部尿道阻塞,排尿困难,腹围增大,膀胱充满。实施尿道引流术,应(　　)

136. 公犬,5 岁,未去势,反复发生阴茎远端尿道阻塞,膀胱充盈,龟头部肿胀,尿不能排出,实施尿道造口术,应(　　)

[A2 型题]

> 答题说明
>
> 每一道考题是以一个小案例出现的,其下面都有 A、B、C、D、E 五个备选答案。请从中选择一个最佳答案,并在答题卡上将相应题号的相应字母所属的方框涂黑。

137. 某猪场 4 月龄育肥猪突然发病,体温 41℃,呼吸急促;腹下及四肢皮肤有出血点,死前口鼻流出暗红色凝固不良血液。病猪血液涂片,染色镜检,可见大量革兰氏阳性菌,该病可能是(　　)

A. 猪乙型链球菌病　　B. 猪肺疫　　C. 猪支原体肺炎
D. 猪传染性胸膜肺炎　　E. 猪传染性萎缩性鼻炎

138. 某保育猪群出现咳嗽,打喷嚏,眼睛肿胀,体温 41～42℃,全身皮肤发红,剖检可见间质性肺炎和支气管淋巴结充血、肿大。磺胺和抗生素治疗无效。该病可能是(　　)

A. 猪传染性胸膜肺炎　　B. 猪繁殖与呼吸综合征　　C. 猪巴氏杆菌病
D. 猪弓形虫病　　E. 副猪嗜血杆菌病

139. 病猪尸体脱水明显，胃内充满乳凝块，胃底黏膜充血、出血。肠内充满水样粪便，肠壁变薄，半透明状，病猪粪便样品经处理后，电镜观察，呈冠状结构。该病可能是(　　)

A. 仔猪黄痢　　B. 仔猪白痢　　C. 仔猪副伤寒
D. 猪传染性胃肠炎　　E. 轮状病毒感染

140. 某猪场4月龄猪，出现咳嗽、气喘等症状，气候骤变和驱赶时症状加重，死后剖解可见双侧肺有对称性肉变。该病可能是(　　)

A. 猪传染性胸膜肺炎　　B. 副猪嗜血杆菌病　　C. 猪肺疫
D. 猪支原体肺炎　　E. 猪伪狂犬病

141. 某10周龄鸡群发病，病鸡视力减退，表现为虹膜呈同心环状褪色，瞳孔环状不规则，后期逐渐缩小。部分病鸡出现皮肤肿瘤，法氏囊常见萎缩。该病最可能是(　　)

A. 禽白血病　　B. 鸡传染性贫血　　C. 传染性法氏囊病
D. 网状内皮组织增生病　　E. 马立克氏病

142. 从国外引进一批种兔，在隔离检疫期间，部分家兔面部和天然孔周围肿胀明显，皮下组织充血、水肿，有胶冻状液体积聚，病死率达100%，该病可能是(　　)

A. 链球菌病　　B. 兔病毒性出血病　　C. 恶性水肿
D. 黏液瘤病　　E. 巴氏杆菌病

143. 树林中放养的70日龄鸡群，精神委顿，食欲减退，拉稀，消瘦。用硫双二氯酚驱虫，可见白色带状虫体。该鸡群感染的可能是(　　)

A. 剑带绦虫　　B. 赖利绦虫　　C. 锐形线虫
D. 异刺线虫　　E. 四棱线虫

144. 春季，某群幼鹅出现死亡，死前排白色稀粪，食欲废绝，运动失调，不能站立。剖检可见黏膜卡他性炎症和出血，肠腔内见数条长约10 cm、形似矛头的乳白色虫体。该寄生虫可能是(　　)

A. 四棱线虫病　　B. 裂口线虫病　　C. 剑带绦虫病
D. 莫尼茨绦虫病　　E. 裸头绦虫病

145. 某犬吞食猪骨后，表现头颈伸展，频做吞咽动作，有饮食欲，但吞咽时出现呕吐，进一步诊断首选方法是(　　)

A. 嗅诊　　B. 听诊　　C. 叩诊
D. 视诊　　E. 触诊

146. 牛，过度使役，突然出现呼吸困难，皮下气肿，伸舌，惊恐不安，该病可能是(　　)

A. 肺充血　　B. 肺水肿　　C. 大叶性肺炎
D. 小叶性肺炎　　E. 间质性肺气肿

147. 猪，20 kg，发病2日，见发热、咳嗽、气喘；X线检查肺纹理增粗，膈叶云絮状影，未见其他异常；肺后区叩诊出现半浊音，听诊非浊音区常可发现(　　)

A. 空瓮音　　B. 胸膜拍水音　　C. 支气管呼吸音
D. 肺泡呼吸音增强　　E. 胸膜摩擦音

148. 黄牛，3岁，出现流涎，嘴角挂有大量泡沫，有食欲但采食后咀嚼缓慢、吐草，诊断本病需进一步进行(　　)

A. 饲料分析　　B. 口腔检查　　C. 腹部听诊
D. 腹部叩诊　　E. 粪便检查

149. 奶牛，6岁，产犊后3周出现食欲减退，精神沉郁、凝视。呼出气体及尿液有烂苹果味，体温37.5℃，产奶量下降，迅速消瘦。血液学检查最可能降低的指标是(　　)

A. 血清钠　　B. 血清氯　　C. 血清钾
D. 血糖　　E. 血清总蛋白

150. 猫,近几天尿频,尿淋漓,腹围增大,但近24 h未见排尿,且频频排尿姿势也消失。有利于确诊本病的腹腔穿刺液检验项目是( )

A. pH　B. 蛋白质　C. 酮体
D. 葡萄糖　E. 尿素

151. 马,精神沉郁,呼吸困难,鼻孔流出粉红色泡沫状鼻液,脉搏跳动快,可视黏膜发绀,该病可能是( )

A. 肺泡气肿　B. 肺充血和肺水肿　C. 肺间质水肿
D. 支气管肺炎　E. 大叶性肺炎

152. 仔猪群,30日龄,部分猪精神沉郁,腹泻,粪便有酸臭味,混有未消化的饲料,但体重未减轻,呼吸无明显变化。该病可能是( )

A. 仔猪消化不良　B. 猪流行性腹泻　C. 仔猪副伤寒
D. 仔猪白痢　E. 猪传染性胃肠炎

153. 犬,5岁,精神沉郁,消瘦,腹泻与便秘交替出现,以腹泻为主,无其他明显症状。该犬可能患有( )

A. 急性肠炎　B. 慢性肠炎　C. 肠阻塞
D. 肠套叠　E. 胰腺炎

154. 北京犬,8岁,雌性,精神沉郁,近2 d未见尿液排出,触诊膀胱高度充盈,按压膀胱,尿液呈喷射状排出,尿液检查无管型。该病最可能是( )

A. 肾炎　B. 尿道炎　C. 膀胱麻痹
D. 膀胱结石　E. 膀胱肿瘤

155. 蛋鸡群,300日龄,近来体重明显增加,产蛋率下降至50%,喜卧,有的病鸡突然死亡,剖检见腹腔有大量脂肪沉积,肝脏明显肿大,色黄,质脆并有油腻感。该病可能是( )

A. 肺动脉高压综合征　B. 禽后睾吸虫病　C. 大肝大脾病
D. 脂肪肝综合征　E. 脂肪肝-肾综合征

156. 蛋鸡群,8 000只,近期产蛋率下降到55%,软壳蛋或薄壳蛋量增加,病鸡运动困难,口粮中钙含量为1%,剖检可见的病变是( )

A. 皮下出血　B. 肺水肿　C. 肠道出血
D. 肝脏肿大　E. 骨骼变形易折

157. 犬,臀部外侧有一创口,表面有脓性分泌物。该创伤为( )

A. 无菌创　B. 污染创　C. 感染创
D. 新鲜创　E. 保菌创

158. 犬,结膜粉红色,角膜透明,瞳孔反射尚好,但视力减退。眼底检查视网膜水肿,视神经乳头充血、增粗,边界模糊。控制该病进一步发展的药物是( )

A. 阿托品　B. 肾上腺素　C. 地塞米松
D. 维生素A　E. 毛果芸香碱

159. 马,5岁,行走时右后膝关节和跗关节高度屈曲,高抬腿在空中后又突然着地。该马表现的跛行是( )

A. 悬跛　B. 支跛　C. 鸡跛
D. 间歇跛行　E. 混合跛行

160. 牛,3岁,正常行走时,一切正常,在劳动中,突然出现患肢屈曲不全,蹄尖着地,拖拽前行,患肢高度外展,突然发出呻吟声后恢复正常姿势,这种跛行称作( )

A. 悬跛　B. 支跛　C. 鸡跛
D. 间歇跛行　E. 混合跛行

161. 奶牛,跛行,左后肢趾间长出舌状增生物,大小为2～4 cm,采用的治疗方法是(　　)
A. 局部涂抗生素软膏　B. 10%硫酸铜药浴　C. 手术切除
D. 蹄绷带包扎　E. 涂擦高锰酸钾溶液

162. 犬,10岁,因胸部食道阻塞,需施胸部食道手术,用吸入麻醉维持,就麻醉安全性而言,宜选用的麻醉剂是(　　)
A. 氧化亚氮　B. 异氟醚　C. 安氟烷
D. 甲氧氟烷　E. 氟烷

163. 笼养蛋鸡群,280日龄,产软壳蛋、薄壳蛋数量增加,站立和移动困难,骨骼易折易弯曲,血清碱性磷酸酶活性升高,该病的发病原因不包括(　　)
A. 维生素D缺乏　B. 钙磷比例不当　C. 光照不足
D. 过早使用蛋鸡料　E. 硒-维生素E缺乏

164. 母猪,产后2 d体温升高,食欲下降,从阴部流出灰褐色液体,内含胎衣碎片,治疗应选择的药物组合是(　　)
A. 抗生素、雌激素与催产素　B. 人工盐与前列腺　C. 抗生素与孕酮
D. 孕酮与催产素　E. 雌二醇与孕酮

165. 奶牛,产奶量下降,但乳房和乳汁无肉眼可见的变化,乳房体细胞数为7.5×10^5/mL,该牛最可能发生的疾病是(　　)
A. 乳腺组织增生　B. 乳腺机能减退　C. 乳房坏疽
D. 隐性乳腺炎　E. 临床型乳腺炎

[A3/A4 型题]

答题说明

以下提供若干个案例,每个案例下设若干个考题。请根据案例所提供的信息,在每一道考试题下面的A、B、C、D、E五个备选答案中选择一个最佳答案,并在答题卡上将相应题号的相应字母所属的方框涂黑。

(166～168题共用题干)

某断奶后1周仔猪群,其中部分仔猪突然倒地惊厥,出现眼睑肿胀,大部分仔猪在1～7 d内死亡。

166. 本病可以初步诊断为(　　)
A. 猪链球菌病　B. 猪水肿病　C. 副猪嗜血杆菌病
D. 破伤风　E. 李氏杆菌病

167. 麦康凯培养基分离病原,挑选的菌落颜色是(　　)
A. 白色　B. 黄色　C. 灰色
D. 红色　E. 黑色

168. 进一步检查,具诊断意义的病理变化是(　　)
A. 胃壁和肠系膜水肿　B. 小肠黏膜出血　C. 胃黏膜出血
D. 回盲肠扣状溃疡　E. 回肠增厚

(169～171题共用题干)

某育肥猪群,体温41℃左右,食欲减退,眼结膜发炎,剖检可见多器官广泛性出血,脾脏边缘梗死,淋巴结肿大出血,部分仔猪出生后全身震颤。

169. 发生震颤的仔猪感染途径是(　　)
A. 呼吸道　B. 消化道　C. 胎盘传播
D. 精液传播　E. 创伤皮肤

170. 如需快速确诊，选用的方法(　　)

A. 病毒分离　　B. 本动物接种　　C. 家兔接种

D. 荧光抗体试验　　E. 琼脂扩散试验

171. 具有示病意义的病变是(　　)

A. 脾脏边缘梗死　　B. 肺脏出血　　C. 心肌出血

D. 肾脏出血　　E. 淋巴结肿大

(172～173 题共用题干)

母猪群，高热稽留，腹泻，呼吸困难，耳部及腹下皮肤有较大面积发绀，部分孕猪发生流产、死胎，取淋巴结染色镜检，发现香蕉形虫体。

172. 该疾病可能是(　　)

A. 棘头虫病　　B. 旋毛虫病　　C. 肾虫病

D. 球虫病　　E. 弓形虫病

173. 治疗该病的有效药物是(　　)

A. 吡喹酮　　B. 阿苯达唑　　C. 盐霉素

D. 氯霉素　　E. 磺胺六甲氧嘧啶

(174～175 题共用题干)

梅雨季节，某 4 周龄鸡群出现精神沉郁，食欲废绝，剖检见小肠中段肿胀，黏膜出血、坏死，浆膜层有圆形白色斑点。

174. 该疾病可能是(　　)

A. 大肠杆菌病　　B. 禽霍乱　　C. 小鹅瘟

D. 禽流感　　E. 球虫病

175. 进一步确诊的方法是(　　)

A. 肠黏膜镜检　　B. 病毒分离鉴定　　C. 细菌分离鉴定

D. 血清学检查　　E. 血液涂检查

(176～178 题共用题干)

犬，黏膜苍白，轻度黄染，精神沉郁，食欲减退，偶有低热，轻度消瘦，易疲劳，红细胞数减少。

176. 血常规检查，还可能出现(　　)

A. 血沉减慢，红细胞比容升高　　B. 血沉加快，红细胞比容升高

C. 血沉正常，红细胞比容正常　　D. 血沉加快，红细胞比容降低

E. 血沉减慢，红细胞比容降低

177. 如果对该犬实施输血治疗，下列配血试验结果适宜输血的是(　　)

A. 主、次两侧红细胞均凝集　　B. 主、次两侧红细胞均不凝集

C. 主侧红细胞凝集、次侧红细胞溶血　　D. 主侧红细胞凝集、次侧红细胞不凝集

E. 主侧红细胞不凝集、次侧红细胞凝集

178. 实施输血治疗前，判断配血是否适合的最佳时间是在配血后(　　)

A. 2～3 min　　B. 5～10 min　　C. 20～30 min

D. 50～60 min　　E. 80～100 min

(179～180 题共用题干)

猪，25 kg，精神不振，食欲废绝，起卧不安，腹部膨大，频做排粪动作，但没有粪便排出，听诊肠音减弱。

179. 如本病是原发病，病因不可能是(　　)

A. 饲料泥沙过多　　B. 粗饲料过多　　C. 青饲料过多

D. 精饲料过多　　E. 饮水过少

180. 应用硫酸钠缓泻,正确的做法是( )
A. 肌肉注射
B. 静脉注射
C. 皮下注射
D. 溶于少量水内服
E. 溶于大量水内服

(181～183题共用题干)

肉鸡群,35日龄,部分鸡精神萎靡,呼吸困难,心跳加快,腹部膨大,触诊有波动感,剖检可见腹腔内有淡黄色透明的液体。

181. 该病最可能的诊断为( )
A. 禽痛风
B. 脂肪肝综合征
C. 生长障碍综合征
D. 腹水综合征
E. 食盐中毒

182. 本病的心脏主要病变是( )
A. 右心室扩张
B. 左心室扩张
C. 右心萎缩
D. 左心萎缩
E. 心肌出血

183. 下列说法正确的是( )
A. 血红蛋白量增加
B. 血红蛋白量减少
C. 中性粒细胞数增加
D. 中性粒细胞数减少
E. 血红蛋白不变

(184～186题共用题干)

牛流出脓性鼻液,黄白色,有臭味,随着病情加重,发生呼吸困难,鼻室区敏感,潮湿。

184. 该病的诊断是( )
A. 副鼻窦炎
B. 放线菌病
C. 恶性肿瘤
D. 鼻蝇蛆病
E. 恶性卡他热

185. 该病的原因不包括( )
A. 脑包虫
B. 上颌齿瘘
C. 异物流入
D. 恶性卡他热
E. 低位角折

186. 治疗的首选方法是( )
A. 圆锯术
B. 放射疗法
C. 肌注抗生素
D. 静注抗生素
E. 温热疗法

(187～189题共用题干)

马,6岁,2 d前因便秘来医院就诊,现排便不安,粪便带血,体温38.2℃,WBC为6.5×10^9/L,直检手指染血,局部黏膜破裂水肿。

187. 该病可能是( )
A. 结肠炎
B. 直肠炎
C. 直肠不全破裂
D. 腹膜外直肠全破裂
E. 腹膜内直肠全破裂

188. 治疗该病的首选方法是( )
A. 保证肠蠕动
B. 灌肠
C. 禁止饮水
D. 抗菌消炎
E. 修补直肠

189. 治疗该病不能采用的方法是( )
A. 止血
B. 止痛
C. 灌肠
D. 消炎
E. 输液

(190～192题共用题干)

奶牛,距预产期10 d,步态强拘,食欲减退,腹部至前胸和后肢皮下水肿,质地如面团,指压留痕,精神、体温未见异常。

190.该牛最可能发生的是(　　)

A.肾功能不全　B.腹壁蜂窝织炎　C.孕畜浮肿
D.心功能衰竭　E.食盐中毒

191.与该病发生无直接关系的因素是(　　)

A.腹内压增高　B.饲料蛋白质不足　C.机体衰弱,运动不足
D.雌激素、醛固酮等分泌较多　E.钠盐、钾盐摄入不足

192.预防该病的措施之一是(　　)

A.给予富含蛋白质的饲料　B.减少饲料中蛋白质的用量　C.增加青绿饲料
D.补充盐分　E.限制运动

(193~195 题共用题干)

马,高热,大汗,呼吸喘粗,口渴贪饮,尿短赤,口色鲜红,舌苔黄燥,脉洪大。

193.该病可辨证为(　　)

A.太阳伤寒　B.太阳中风　C.阳明经证
D.阳明腑证　E.少阳病证

194.该病证的治则是(　　)

A.发汗解表　B.清热生津　C.清热泻下
D.温中散寒　E.利水渗湿

195.若该病畜粪便燥结不通,可辨证为(　　)

A.太阳伤寒　B.太阳中风　C.阳明经证
D.阳明腑证　E.少阳病证

(196~197 题共用题干)

牛,证见粪便不通,肚腹胀满,回头观腹,不时起卧,饮食欲废绝,口腔酸臭,尿少色浓,口色赤红,舌苔黄厚,脉象沉而有力。

196.该病可辨证为(　　)

A.大肠湿热　B.大肠液亏　C.食积大肠
D.脾胃虚寒　E.肝脾不调

197.治疗该病证宜选用的基础方剂是(　　)

A.郁金散　B.曲蘖散　C.保和丸
D.理中汤　E.大承气汤

(198~200 题共用题干)

京巴犬,3 岁,患病 6 月余,体瘦毛焦,食少,久泻不止,粪便稀溏,舌淡苔白,脉细。

198.该病可辨证为(　　)

A.冷肠泄泻　B.脾虚泄泻　C.温热泄泻
D.温热痢疾　E.虚寒痢疾

199.该病证的治法为(　　)

A.消食止泻　B.温中散寒　C.补脾益气
D.行气活血　E.清热燥湿

200.治疗该病证宜选用的基础方剂为(　　)

A.橘皮散　B.保和丸
C.郁金散　D.猪苓散
E.补中益气汤

2013 年·综合应用·答案与解析

考生姓名：　　　　　　　　　　　　　　准考证号：

2014年全国执业兽医资格考试试卷

(兽医全科类)上午卷

（基础预防）

注 意 事 项

一、请按照要求，用蓝黑色或者黑色签字笔在答题卡上填写姓名、身份证号码、考点、考试地点、考场号、准考证号等信息，并用铅笔涂好准考证号。

二、试卷分为2部分，基础科目100小题，预防科目100小题，共200小题，考试时间为150分钟。各部分不单独计时，请考生自己合理分配时间。

三、监考人员宣布考试开始时，方可答题；宣布考试结束时，应立即停止答题。答题卡、题本一律反扣在桌面上，待监考人员确认数量无误，允许离开时，考生方可离开考场。如果考生违反了以上任何一项要求，都将影响考试成绩。

四、答案必须填涂在答题卡上，书写在试题本上的答案一律无效。

五、答题卡严禁折叠。

六、答题卡的正确填涂方式为：■，用其他符号填涂答案者不计分。

七、如要改动答案，必须先用橡皮擦去原来选定的答案，然后再按上面的规定重新作答。

基础科目

[A1 型题]

答题说明

每一道考试题下面有 A、B、C、D、E 五个备选答案,请从中选择一个最佳答案,并在答题卡上将相应题号的相应字母所属的方框涂黑。

1.《中华人民共和国动物防疫法》规定,制定并组织实施动物疫病防治规划的是(　　)

A. 县级以上人民政府　B. 乡级人民政府
C. 县级以上人民政府兽医主管部门　D. 动物卫生监督机构
E. 动物疫病预防控制机构

2.《中华人民共和国动物防疫法》规定,参加展览、演出和比赛的动物,应当附有(　　)

A. 养殖档案　B. 免疫证明　C. 检疫标志
D. 检疫证明　E. 畜禽标识

3. 动物卫生监督机构执行监督检查任务,不得实施的行为是(　　)

A. 对动物产品按规定抽检　B. 对染疫动物进行隔离　C. 收取监督检查费
D. 查验畜禽标识　E. 查验检疫证明

4. 对在动物疫病扑灭过程中销毁的动物产品,应当给予补偿,补偿的主体是(　　)

A. 县级以上食品与药品监督管理部门　B. 县级以上动物卫生监督机构
C. 县级以上动物疫病预防控制机构　D. 县级以上人民政府兽医主管部门
E. 县级以上人民政府

5.《动物防疫条件审查办法》规定,动物养殖小区距动物、动物产品无害化处理场所的距离至少(　　)

A. 500 m　B. 1 000 m　C. 2 000 m
D. 3 000 m　E. 5 000 m

6.《动物检疫管理办法》规定,出售水产苗种的提前申报检疫时限是(　　)

A. 7 d　B. 10 d　C. 15 d
D. 20 d　E. 30 d

7. 种兔跨省引进到输入地后,隔离期为(　　)

A. 5 d　B. 10 d　C. 15 d
D. 30 d　E. 45 d

8. 执业兽医应当重新办理注册或者备案手续是因为(　　)

A. 执业满 1 年　B. 执业满 2 年　C. 执业满 3 年
D. 执业满 4 年　E. 变更受聘的动物诊疗机构

9. 接受执业兽医上年度执业活动情况报告的主体是(　　)

A. 省级人民政府兽医主管部门　B. 省动物疫病预防控制机构
C. 省动物卫生监督机构　D. 县级人民政府兽医主管部门
E. 县动物卫生监督机构

10. 动物诊疗机构的病历档案保存期限不得少于(　　)

A. 3 个月　B. 6 个月　C. 1 年
D. 2 年　E. 3 年

11. 执业兽医在重大动物疫情应急工作中,应履行的义务不包括(　　)

A. 参加应急预备队　B. 接受指派,实施紧急免疫　C. 治疗患病动物
D. 报告动物疫情　E. 接受指派,实施消毒

12. 根据《国家突发重大动物疫病应急预案》规定，将突发重大动物疫情预警级别分为(　　)

A. Ⅰ级　B. Ⅱ级　C. Ⅲ级　D. Ⅳ级　E. Ⅴ级

13. 属于《一、二、三类动物疫病病种名录》规定的一类动物疫病是(　　)

A. 牛结核病　B. 牛白血病　C. 布鲁氏菌病　D. 牛恶性卡他热　E. 牛海绵状脑病

14. 劣兽药不包括(　　)

A. 不标明有效成分的　B. 不标明产品批号的　C. 变质的　D. 不标明有效期的　E. 兽药所含成分含量不符合国家标准

15. 根据《兽药经营质量管理规范》规定，应当申请换发"兽药经营许可证"的是(　　)

A. 变更经营地点　B. 增加仓库面积　C. 增加仓库数量　D. 变更仓库位置　E. 变更经营场所面积

16. 动物诊疗机构变更名称，应当报原审批部门，具备下列哪项才能使用"动物医院"的名称(　　)

A. 具有1名有执业兽医师　B. 具有消毒器械　C. 具有管理制度　D. 具有财务人员　E. 具有从事动物颅腔、胸腔和腹腔手术能力

17. 禁止在饲料中使用的药物不包括(　　)

A. 雌二醇　B. 氯丙嗪　C. 地西泮　D. 苯巴比妥　E. 那西肽

18. 违反兽用处方药管理规定的是(　　)

A. 西林瓶上未标注"兽用处方药"标识

B. 未凭兽医处方笺，向聘有注册专职执业兽医的动物饲养场销售兽用处方药

C. 未凭兽医处方笺，向动物诊疗机构销售兽用处方药

D. 未经执业兽医再次开具处方笺，动物饲养场将剩余的兽用处方药用于动物

E. 在经营场所设专柜摆放兽用处方药

19. 农业部指定的国家强制免疫用生物制品生产企业，只能将该生物制品销售给(　　)

A. 县动物疫病预防控制机构　B. 地市动物疫病预防控制机构

C. 省动物疫病预防控制机构　D. 地市级人民政府兽医行政管理部门

E. 省级人民政府兽医行政管理部门和符合规定条件的养殖场

20. 实验室高致病性病原微生物实验活动的实验档案保存期不得少于(　　)

A. 5年　B. 10年　C. 15年　D. 20年　E. 30年

21. 控制细胞遗传的主要场所是(　　)

A. 溶酶体　B. 细胞质　C. 细胞核　D. 内质网　E. 高尔基复合体

22. 组成骨盆腔的骨骼是(　　)

A. 髋骨、荐骨和前3(4)个尾椎　B. 髋骨、腰椎和荐骨

C. 髋骨、股骨和前3(4)个尾椎　D. 髂骨、坐骨和耻骨

E. 髂骨、耻骨和荐骨

23. 对肉品进行检验时，常规检查猪腹腔的淋巴结是(　　)

A. 肝淋巴结　B. 脾淋巴结　C. 胰十二指肠淋巴结　D. 肠系膜前淋巴结　E. 肠系膜后淋巴结

24. 羊股四头肌有4个肌头,除了股内侧肌、股外侧肌和股中间肌外,还有(　　)
A. 半腱肌　B. 股方肌　C. 股直肌
D. 半膜肌　E. 股二头肌

25. 呼吸系统中,真正执行气体交换功能的器官是(　　)
A. 鼻　B. 咽　C. 喉
D. 肺　E. 气管

26. 具有尿道下憩室的家畜是(　　)
A. 母马　B. 母犬　C. 母牛
D. 母兔　E. 母驴

27. 输精管开口于雄性尿道骨盆部的起始部背侧的圆形隆起称为(　　)
A. 膀胱三角　B. 精阜　C. 尿道球
D. 前列腺　E. 尿道突起

28. 具有子宫颈枕的家畜是(　　)
A. 马　B. 牛　C. 羊
D. 猪　E. 犬

29. 马子宫的形态特点是(　　)
A. 子宫角弯曲呈绵羊角状,子宫体短
B. 子宫整体呈Y形,子宫角呈弓形,子宫角与子宫体等长
C. 子宫角长而弯曲似小肠,子宫体短
D. 子宫整体呈Y形,子宫角细长而直,子宫体短
E. 子宫角弯曲呈绵羊角状,子宫角与子宫体等长

30. 由左心室发出的血管是(　　)
A. 肺动脉　B. 肺静脉　C. 主动脉
D. 前腔静脉　E. 后腔静脉

31. 血液由左心室输出,经主动脉及分支分布到全身组织,由毛细血管和静脉回到右心房,此循环称为(　　)
A. 体循环　B. 小循环　C. 门脉循环
D. 微循环　E. 肺循环

32. 母牛乳房临诊检查触诊的淋巴结是(　　)
A. 腹股沟浅淋巴结　B. 髂下淋巴结　C. 腹股沟深淋巴结
D. 腘淋巴结　E. 髂内淋巴结

33. 脊髓膜的最内层称为(　　)
A. 脊外膜　B. 脊内膜　C. 脊蛛网膜
D. 脊硬膜　E. 脊软膜

34. 哺乳动物眼球壁的三层结构中有感光功能的是(　　)
A. 虹膜　B. 巩膜　C. 纤维膜
D. 脉络膜　E. 视网膜

35. 当合子(受精卵)分裂细胞数为16～32个细胞时,称为(　　)
A. 囊胚　B. 胚泡　C. 桑葚胚
D. 原肠胚　E. 原肠腔

36. 血清指的是(　　)
A. 去除纤维蛋白原后的血浆组分　B. 含纤维蛋白原的血浆组分
C. 去除血清蛋白后的血浆组分　D. 去除球蛋白后的血浆组分
E. 去除胶体物质后的血浆组分

37. 正常情况下,心脏的起搏点是(　　)

A. 房室结　　B. 窦房结　　C. 房室束

D. 左右束支　　E. 蒲金野氏纤维

38. 恒温动物体温调节的基本中枢位于(　　)

A. 脊髓　　B. 延髓　　C. 下丘脑

D. 小脑　　E. 大脑

39. 促进抗利尿激素分泌的主要因素是(　　)

A. 血浆胶体渗透压升高或血容量增加　　B. 血浆晶体渗透压降低或血容量增加

C. 血浆胶体渗透压降低或血容量降低　　D. 血浆晶体渗透压升高或血容量降低

E. 肾小球滤过率增大

40. 犬的胰脏呈(　　)

A. 不正三角形　　B. 不正四边形　　C. 不规则三角形

D. V形　　E. U形

41. 临床上常将肾上腺素用作强心剂,其作用途径是(　　)

A. 肾上腺素与 α 受体结合　　B. 肾上腺素与 β 受体结合

C. 肾上腺素与M受体结合　　D. 肾上腺素与R受体结合

E. 肾上腺素与 N_2 受体结合

42. 由腺垂体分泌的激素是(　　)

A. 抗利尿激素与催乳素　　B. 抗利尿激素和催产素　　C. 生长激素与催乳素

D. 生长激素与催产素　　E. 催乳素与催产素

43. 参与甲状腺激素合成的元素是(　　)

A. 铁　　B. 铜　　C. 锰

D. 锌　　E. 碘

44. 松果腺分泌的激素是(　　)

A. 促黑素　　B. 褪黑素　　C. 降钙素

D. 抑制素　　E. 松弛素

45. 乳腺腺泡细胞合成的物质包括(　　)

A. 乳糖、酪蛋白和维生素　　B. 葡萄糖、酪蛋白和维生素

C. 乳糖、酪蛋白、无机盐　　D. 葡萄糖、酪蛋白和无机盐

E. 乳糖、酪蛋白和乳脂

46. 紫外线消毒是因为它能引起蛋白质(　　)

A. 变构　　B. 变性　　C. 断裂

D. 水解　　E. 聚合

47. 生物膜功能的主要体现者是(　　)

A. 蛋白质　　B. 脂类　　C. 糖类

D. 水　　E. 无机盐类

48. 动物组织中的酶,其最适温度大多在(　　)

A. 20～24℃　　B. 25～34℃　　C. 35～40℃

D. 41～45℃　　E. 60℃以上

49. 糖原分解的关键酶是(　　)

A. 磷酸酶　　B. 糖基转移酶　　C. 磷酸化酶

D. 葡萄糖苷酶　　E. 己糖激酶

50. 动物细胞获得ATP的主要方式是(　　)
A. 氧化脱氨　B. 氧化磷酸化　C. 氧化脱羧
D. 底物磷酸化　E. 无氧氧化

51. 动物自身不能合成,必须从饲料中摄取的脂肪酸是(　　)
A. 油酸　B. 软脂酸　C. 硬脂酸
D. 亚油酸　E. 丙酸

52. 肌肉与肝脏之间氨的转运必须借助(　　)
A. 嘌呤核苷酸循环　B. 乳酸循环　C. 柠檬酸-丙酮酸循环
D. 丙氨酸-葡萄糖循环　E. 柠檬酸循环

53. 脱羧产物可以作为磷脂合成原料的氨基酸是(　　)
A. 半胱氨酸　B. 谷氨酸　C. 组氨酸
D. 色氨酸　E. 丝氨酸

54. 尿酸作为代谢终产物的动物是(　　)
A. 鸡　B. 猪　C. 牛
D. 羊　E. 犬

55. 生命有机体中遗传信息的载体是(　　)
A. 蛋白质　B. 氨基酸　C. 核酸
D. 核苷酸　E. 多糖

56. 肝脏中解除胺类物质毒性的主要反应是(　　)
A. 结合反应　B. 氧化反应　C. 异构反应
D. 水解反应　E. 裂解反应

57. 细胞发生程序性死亡时可见到的特征性结构是(　　)
A. 核固缩　B. 核碎片　C. 核小体
D. 残余小体　E. 凋亡小体

58. 因代谢障碍引起家禽痛风的物质是(　　)
A. 甘油三酯　B. 含铁血黄素　C. 嘌呤
D. 胆固醇　E. 糖原

59. "槟榔肝"是指慢性肝淤血伴发肝细胞(　　)
A. 玻璃样变　B. 脂肪变性　C. 颗粒变性
D. 水泡变性　E. 淀粉样变

60. 在休克发展的微循环瘀血期,微循环的特点是(　　)
A. 灌少于流　B. 灌大于流　C. 灌等于流
D. 不灌不流　E. 灌流不变

61. 创伤性肉芽组织表层结构的组成主要是(　　)
A. 渗出液和炎性细胞　B. 成纤维细胞和毛细血管　C. 纤维细胞和胶原纤维
D. 成熟的结缔组织　E. 疏松结缔组织

62. 呼吸性酸中毒的特征是(　　)
A. 血浆 H_2CO_3 浓度原发性减少　B. 血浆 H_2CO_3 浓度原发性升高
C. 血浆 HCO_3^- 浓度原发性升高　D. 血浆 HCO_3^- 浓度原发性减少
E. 血浆 HCO_3^- 浓度不变

63. 猪应激性溃疡主要发生部位是(　　)
A. 口腔黏膜　B. 食道黏膜　C. 胃黏膜
D. 小肠黏膜　E. 大肠黏膜

64. 寄生虫感染时常出现的炎性细胞是(　　)

A. 中性粒细胞　　B. 淋巴细胞　　C. 单核细胞
D. 嗜酸性粒细胞　　E. 嗜碱性粒细胞

65. 结核结节的病变属于(　　)

A. 化脓性炎　　B. 出血性炎　　C. 特异性增生性炎
D. 非特异性增生性炎　　E. 急性增生性炎

66. 发热的体温上升期,表现为(　　)

A. 体表血管扩张　　B. 排汗显著增多　　C. 尿量增加
D. 脉搏加快　　E. 皮温增高

67. 恶性肿瘤的特征之一是(　　)

A. 异型性强　　B. 生长缓慢　　C. 异型性弱
D. 膨胀性生长　　E. 核分裂象少见或无

68. 支原体肺炎时,肺间质中浸润的炎性细胞主要是(　　)

A. 中性粒细胞　　B. 嗜酸性粒细胞　　C. 嗜碱性粒细胞
D. 淋巴细胞　　E. 巨噬细胞

69. 鸡病理剖检时,通常将尸体(　　)

A. 右侧卧位　　B. 俯卧位　　C. 左侧卧位
D. 仰卧位　　E. 悬挂位

70. 泰乐菌素抗菌的作用机理是抑制细菌(　　)

A. 叶酸的合成　　B. 蛋白质的合成　　C. 细胞壁的合成
D. 细胞膜的合成　　E. DNA 回旋酶的合成

71. 常用于犬术前或注射药物前皮肤消毒的碘酊浓度是(　　)

A. 1%　　B. 2%　　C. 3%
D. 4%　　E. 5%

72. 去甲肾上腺素的药理作用主要是(　　)

A. 激动 α 受体　　B. 阻断 α 受体　　C. 激动 β 受体
D. 阻断 β 受体　　E. 激动 M 受体

73. 地西泮(安定)不具有的药理作用是(　　)

A. 镇静　　B. 催眠　　C. 收缩肌肉
D. 抗惊厥　　E. 抗癫痫

74. 安乃近的主要不良反应是(　　)

A. 组织缺氧　　B. 贫血　　C. 胃肠溃疡
D. 黄疸　　E. 粒细胞减少

75. 猪内服硫酸钠可以产生(　　)

A. 消沫　　B. 制酵　　C. 泄下
D. 催吐　　E. 抗惊厥

76. 甘露醇的最佳适应证是(　　)

A. 肺水肿　　B. 脑水肿　　C. 肝性水肿
D. 乳房水肿　　E. 肾性水肿

77. 亚硒酸钠可以用于防治仔猪的(　　)

A. 白肌病　　B. 贫血　　C. 佝偻病
D. 骨软症　　E. 干眼病

78.亚硝酸钠适用于解救动物的( )

A.氰化物中毒　B.重金属中毒　C.有机氟中毒
D.有机磷中毒　E.磷化锌中毒

[B1 型题]

答题说明

以下提供若干组考题,每组考题共用在考题前列出的A、B、C、D、E五个备选答案。请从中选择一个与问题关系最密切的答案,并在答题卡上将相应题号的相应字母所属的方框涂黑。某个备选答案可能被选择一次、多次或不被选择。

(79~80题共用备选答案)

A.马　B.牛　C.兔
D.猪　E.犬

79.升结肠分初袢、旋袢和终袢,其旋袢呈圆盘状的动物是( )

80.升结肠在肠系膜中盘曲成结肠圆锥,锥底朝向背侧,锥尖朝向左腹侧的动物是( )

(81~82题共用备选答案)

A.峡部　B.膨大部　C.漏斗部
D.子宫部　E.阴道部

81.产蛋期呈乳白色,黏膜内有丰富的腺体,分泌物形成蛋白的输卵管部位是( )

82.黏膜内具有壳腺,分泌物形成蛋壳的输卵管部位是( )

(83~85题共用备选答案)

A.内因子　B.碳酸氢盐　C.胰脂肪酶
D.胆盐　E.胃蛋白酶原

83.与维生素 B_{12} 结合,从而促进其吸收的是( )

84.由主细胞分泌并能被盐酸激活而发挥作用的是( )

85.与脂肪的分解产物脂肪酸、甘油酯结合成复合物,从而促进其吸收的是( )

(86~87题共用备选答案)

A.胆红素　B.胆素原　C.胆绿素
D.间接胆红素　E.直接胆红素

86.为减少细胞毒性,与血浆蛋白结合后运输的形式是( )

87.在肝脏中与葡萄糖醛酸结合从而解毒的形式是( )

(88~89题共用备选答案)

A.高胆红素血症　B.血钙浓度升高　C.尿酸盐沉着
D.磷酸铵镁沉着　E.含铁血黄素沉着

88.机体发生转移性钙化是由于( )

89.胆管阻塞可以引起( )

(90~91题共用备选答案)

A.黄色　B.鲜红色　C.樱桃红色
D.酱油色　E.苍白色

90.亚硝酸盐中毒性缺氧,可视黏膜的颜色变化是( )

91.氰化物中毒性缺氧,可视黏膜颜色的变化是( )

(92～93 题共用备选答案)

A. 药时曲线下面积　B. 消除半衰期　C. 分布半衰期
D. 表观分布容积　E. 生物利用度

92. 与兽药在动物体内的生物等效性密切相关的药代动力学参数是(　　)

93. 弃奶期与兽药在奶牛乳汁中药代动力学参数密切相关的是(　　)

(94～95 题共用被选答案)

A. 绒毛膜促性腺激素　B. 垂体后叶素　C. 雌二醇
D. 苯丙酸诺龙　E. 促黄体素释放激素

94. 用于催产、产后子宫出血和胎衣不下等的药物是(　　)

95. 兽医临诊中用于慢性消耗性疾病的恢复期,也可以用于某些贫血性疾病辅助治疗的药物是(　　)

[A2 型题]

答 题 说 明

每一道考题是以一个小案例出现的,其下面都有 A、B、C、D、E 五个备选答案。请从中选择一个最佳答案,并在答题卡上将相应题号的相应字母所属的方框涂黑。

96. 常与磺胺喹肟组成处方制剂,用于防治禽球虫病的是(　　)

A. 阿莫西林　B. 二甲氧苄啶　C. 恩诺沙星
D. 乙酰甲喹　E. 甲硝唑

97. 控制犬肌肉骨骼病所致的疼痛和炎症,且仅用于犬的解热镇痛药是(　　)

A. 替泊沙林　B. 氨基比林　C. 头孢噻呋
D. 氟尼辛葡甲胺　E. 阿司匹林

[A3/A4 型题]

答 题 说 明

以下提供若干个案例,每个案例下设若干个考题。请根据案例所提供的信息,在每一道考试题下面的 A、B、C、D、E 五个备选答案中选择一个最佳答案,并在答题卡上将相应题号的相应字母所属的方框涂黑。

(98～100 题共用题干)

某鸡场,雏鸡发病,头颈震颤,共济失调,镜下见脑神经变性坏死,有噬神经元和血管套形成现象,胶质细胞增多。

98. 病雏鸡脑部的病变是(　　)

A. 脑软化　B. 化脓性脑炎　C. 化脓性脑膜炎
D. 化脓性脑膜脑炎　E. 非化脓性脑炎

99. 脑部形成的血管套细胞是(　　)

A. 中性粒细胞　B. 淋巴细胞　C. 嗜酸性粒细胞
D. 嗜碱性粒细胞　E. 巨噬细胞

100. 脑部增生的胶质细胞是(　　)

A. 星形胶质细胞　B. 室管膜细胞　C. 少突胶质细胞
D. 小胶质细胞　E. 雪旺式细胞

2014 年·基础科目·答案与解析

预防科目

[A1 型题]

答题说明

每一道考试题下面有A、B、C、D、E五个备选答案,请从中选择一个最佳答案,并在答题卡上将相应题号的相应字母所属的方框涂黑。

101. 细菌染色体以外的遗传信息存在于(　　)
A. 细胞壁　B. 细胞膜　C. 质粒
D. 核糖体　E. 核体

102. 具有完整核质与酶系统的细菌结构是(　　)
A. 荚膜　B. 鞭毛　C. 性菌毛
D. 普通菌毛　E. 芽孢

103. 细菌纯培养物血清学鉴定最常用的方法是(　　)
A. 血凝试验　B. 免疫组化　C. 玻片凝集试验
D. 对流免疫电泳　E. 琼脂扩散试验

104. 细菌群体生长过程中,对抗菌药物最敏感的时期是(　　)
A. 静止期　B. 迟缓期　C. 对数期
D. 稳定期　E. 衰亡期

105. 适用于动物传染病微生物学诊断的病料是(　　)
A. 无明显病变部位的病料　B. 病变明显部位的病料
C. 动物死亡较长时间的病料　D. 暴露于污染环境中的病料
E. 康复期动物的病料

106. 常用于畜舍熏蒸消毒的消毒剂是(　　)
A. 来苏儿　B. 新洁尔灭　C. 季铵盐
D. 福尔马林　E. 氢氧化钠

107. 适用于巴氏消毒法进行消毒的是(　　)
A. 培养基　B. 生理盐水　C. 玻璃器皿
D. 手术器械　E. 牛奶

108. 乙醇消毒常用的浓度为(　　)
A. 100%　B. 95%　C. 85%
D. 75%　E. 65%

109. 自然条件下,只能通过皮肤创口才能感染的细菌是(　　)
A. 大肠杆菌　B. 破伤风梭菌　C. 金黄色葡萄球菌
D. 沙门氏菌　E. 副猪嗜血杆菌

110. 检测雏鸡新城疫母源抗体效价最常用的方是(　　)
A. 免疫荧光技术　B. 血凝抑制试验　C. 琼脂扩散试验
D. 中和试验　E. 酶联免疫吸附试验

111. 朊病毒对动物的感染过程属于(　　)
A. 急性感染　B. 潜伏感染　C. 慢性感染
D. 慢发病毒感染　E. 迟发性临诊症状的急性感染

112. 用于分离病毒,采集病料不宜的做法是(　　)

A. 急性期采集病料　　B. 康复期采集病料　　C. 病料低温保藏
D. 采集新鲜病料　　E. 抗生素处理病料

113. 朊病毒的主要组成成分是(　　)

A. 核酸　　B. 蛋白质　　C. 类脂
D. 糖类　　E. 磷酸

114. 与多克隆抗体相比,单克隆抗体的优点是(　　)

A. 稳定性好　　B. 与抗原的结合力强　　C. 特异性强
D. 针对多种抗原表位　　E. 制备过程简单

115. 哺乳动物新生期,切除后会影响T淋巴细胞分化成熟的免疫器官是(　　)

A. 胸腺　　B. 淋巴结　　C. 法氏囊
D. 扁桃体　　E. 哈德氏腺

116. 病原分离鉴定常用的细胞是(　　)

A. PK-15细胞　　B. 肺泡巨噬细胞　　C. Mar-145细胞
D. Vero细胞　　E. BHK-21细胞

117. 与初次应答相比,机体再次应答时产生抗体的特点是(　　)

A. IgM产生需时长　　B. 产生的IgG水平高
C. 产生的抗体大部分为IgM　　D. 抗体的特异性发生了改变
E. 抗体在体内持续时间短

118. 在抗真菌特异性免疫中发挥主要介导作用的物质是(　　)

A. 皮肤分泌的脂肪酸　　B. 致敏淋巴细胞释放的细胞因子　　C. 血清中的补体
D. 组织液中的溶菌酶　　E. 组织液中的C-反应蛋白

119. 与活疫苗相比,灭活疫苗的优点是(　　)

A. 安全性高　　B. 用量少　　C. 免疫期长
D. 免疫途径多样化　　E. 主要产生细胞免疫

120. 抗原抗体反应的特异性主要取决于(　　)

A. 抗原的分子量　　B. 抗体所带电荷　　C. 抗体的独特型
D. 抗原的亲水性　　E. 抗原表位和抗体可变区构型

121. 诊断炭疽的Ascoli试验属于(　　)

A. 直接凝集试验　　B. 协同凝集试验　　C. 间接凝集试验
D. 环状沉淀试验　　E. 琼脂扩散试验

122. 病犬在康复期出现角膜浑浊的常见传染病是(　　)

A. 伪狂犬病　　B. 犬细小病毒病　　C. 犬瘟热
D. 狂犬病　　E. 犬传染性肝炎

123. 不属于动物传染病流行过程的表现形式是(　　)

A. 散发性　　B. 地方流行性　　C. 流行性
D. 大流行　　E. 潜伏期

124. 动物出现某病特有症状的感染称为(　　)

A. 外源性感染　　B. 内源性感染　　C. 显性感染
D. 隐性感染　　E. 继发感染

125. 某猪场 100 头仔猪中,2 周内有 40 头发病,其中 20 头死亡,其死亡率为(　　)
A. 20%　　B. 40%　　C. 50%
D. 60%　　E. 80%

126. 我国动物传染病防疫工作的指导方针是(　　)
A. 检疫为主　　B. 预防为主　　C. 治疗为主
D. 抗病育种为主　　E. 扑杀为主

127. 监测疫苗免疫效果最常测定的是(　　)
A. 特异性抗体水平　　B. 疫苗抗原含量　　C. 疫苗稳定性
D. 排毒(菌)时间　　E. 疫苗佐剂含量

128. 用于分离细菌的粪便样本在运输中常加入的保存液是(　　)
A. 70%乙醇　　B. 无菌蒸馏水　　C. 0.1%新洁尔灭
D. 0.1%高锰酸钾　　E. 无菌甘油缓冲盐水

129. 猪炭疽特征性病变不包括(　　)
A. 脾脏变性、肿大和出血　　B. 血凝不良　　C. 天然孔流出黑色血液
D. 纤维素性胸膜炎　　E. 皮下、肌肉、浆膜下结缔组织水肿

130. 常用于诊断猪水疱病的实验动物是(　　)
A. 家兔　　B. 犬　　C. 大鼠
D. 小鼠　　E. 豚鼠

131. 鸡白痢检疫最常用的方法是(　　)
A. ELISA　　B. 血凝抑制试验　　C. PCR
D. 琼脂扩散试验　　E. 全血平板凝集试验

132. 犊牛和仔猪口蹄疫的主要病理变化是(　　)
A. 心肌炎　　B. 关节炎　　C. 间质性肺炎
D. 脾梗死　　E. 脑膜出血

133. 急性猪瘟淋巴结的典型病理变化是(　　)
A. 水肿　　B. 萎缩　　C. 干性坏死
D. 大理石样变　　E. 肿瘤结节

134. 为避免猪繁殖与呼吸综合征传入猪场,引进猪隔离饲养观察的最短时间是(　　)
A. 5 d　　B. 7 d　　C. 10 d
D. 15 d　　E. 30 d

135. 母猪感染猪细小病毒引起流产的胎次主要是(　　)
A. 第 1 胎次　　B. 第 2 胎次　　C. 第 3 胎次
D. 第 4 胎次　　E. 第 5 胎次

136. 猪传染性胃肠炎的主要传播途径是(　　)
A. 创伤　　B. 消化道　　C. 泌尿道
D. 精液传播　　E. 昆虫叮咬

137. 猪传染性萎缩性鼻炎的特征性症状是(　　)
A. 鼻盘充血、肿胀　　B. 鼻盘水泡、溃疡　　C. 颜面变形、泪斑
D. 眼睑水肿、流泪　　E. 口腔流涎、溃疡

138. 猪传染性萎缩性鼻炎病原分离常用的样品是(　　)
A. 咽拭子　　B. 血液　　C. 鼻拭子
D. 尿液　　E. 粪便

139.蓝舌病具有示病意义的病理变化是( )
A.肝脏点状坏死 B.肺动脉基部明显出血 C.脾脏边缘出血性梗死
D.肾脏表面点状出血 E.胰腺点状坏死
140.分离牛病毒性腹泻病毒常用的实验动物是( )
A.幼犬 B.乳兔 C.雏鸭
D.雏鸡 E.豚鼠
141.螨的主要检查方法是( )
A.粪便检查 B.血液检查 C.皮屑检查
D.抗原检查 E.抗体检查
142.蛔虫、钩虫等在发育过程中只需要一个宿主,它们被称为( )
A.外寄生虫 B.单宿主寄生虫 C.多宿主寄生虫
D.永久性寄生虫 E.暂时性寄生虫
143.治疗牛羊东毕吸虫病的药物是( )
A.左旋咪唑 B.伊维菌素 C.吡喹酮
D.氯苯胍 E.氨丙啉
144.冠状膜壳绦虫主要感染的动物是( )
A.鸭 B.鸡 C.牛
D.羊 E.猪
145.球虫的感染途径是( )
A.经口感染 B.经皮肤感染 C.接触感染
D.经胎盘感染 E.自身感染
146.在炎热的夏季,由于天气闷热潮湿,一猪场产房工作人员对刚出生的哺乳仔猪进行拔牙、断尾时,若没有对伤口进行严格的消毒措施,在这种情况下,哺乳仔猪最易感染的疾病是( )
A.猪瘟 B.仔猪黄痢 C.仔猪白痢
D.仔猪水肿病 E.猪链球菌病
147.切断寄生虫的传播途径不包括( )
A.使用驱虫药物 B.控制传播媒介 C.圈舍环境消毒
D.粪便无害化处理 E.轮流放牧
148.治疗棘球蚴病的药物是( )
A.硫双二氯酚 B.吡喹酮 C.阿维菌素
D.莫能菌素 E.三氮脒
149.人畜粪便不经处理直接排入鱼塘,可以传播的寄生虫病是( )
A.疥螨病 B.猪囊尾蚴病 C.旋毛虫病
D.巴贝斯虫病 E.华支睾吸虫病
150.经常发生疥螨的养殖场,控制发病的最有效措施是( )
A.加强通风 B.药物预防 C.通风干燥
D.控制温度 E.勤换垫料
151.蚤对犬、猫的主要危害是( )
A.破坏被毛 B.破坏红细胞 C.破坏白细胞
D.破坏免疫细胞 E.吸血和传播疾病

152.确诊蜜蜂马氏管变形虫病的方法是(　　)

A.观察病蜂体色变化　B.观察病蜂中肠颜色变化　C.观察病蜂马氏管变化

D.观察病蜂后肠变化　E.镜检病原

153.诊断牛弓首蛔虫病常采用的粪便检查方法是(　　)

A.肉眼观察法　B.饱和盐水漂浮法　C.毛蚴孵化法

D.幼虫分离法　E.粪便培养法

154.治疗马圆线虫病的药物是(　　)

A.吡喹酮　B.倍硫磷　C.溴氰菊酯

D.磺胺嘧啶　E.噻苯咪唑

155.有机氯农药进入动物机体后,主要蓄积于(　　)

A.皮肤　B.脂肪　C.肌肉

D.脾脏　E.淋巴结

156.按病原体储存宿主的性质分类,属于互源性人兽共患病的是(　　)

A.棘球蚴病　B.旋毛虫病　C.马脑炎

D.戊型肝炎　E.钩端螺旋体病

157.养殖场带畜禽消毒最适用的消毒药是(　　)

A.0.1%碘溶液　B.0.2%氢氧化钠溶液　C.0.4%福尔马林溶液

D.0.3%过氧乙酸溶液　E.0.1%乙内酰脲溶液

[B1型题]

答题说明

以下提供若干组考题,每组考题共用在考题前列出的A、B、C、D、E五个备选答案。请从中选择一个与问题关系最密切的答案,并在答题卡上将相应题号的相应字母所属的方框涂黑。某个备选答案可能被选择一次、多次或不被选择。

(158～160题共用备选答案)

A.猪链球菌　B.大肠杆菌　C.沙门氏菌

D.产气荚膜梭菌　E.猪痢疾短螺旋体

158.某猪场3日龄仔猪排红褐色稀粪。取病死猪肠黏膜接种血琼脂,厌氧培养后,生长出的菌落周围形成双层溶血环。该病例最可能的致病病原是(　　)

159.某猪场8周龄猪排恶臭带有血液的粪便。取病死猪肠黏膜涂片,经吉姆萨染色可见两端尖锐,有2～4个弯曲的微生物。该病例最可能的致病病原是(　　)

160.某猪场新生仔猪排黄色浆状稀粪,内含凝乳小片。取病死猪肠黏膜接种麦康凯琼脂,可以长出红色菌落,该病例最可能的致病病原是(　　)

(161～163题共用备选答案)

A.禽流感病毒　B.产蛋下降综合征病毒　C.传染性支气管炎病毒

D.新城疫病毒　E.传染性喉气管炎病毒

161.某30周龄蛋鸡群突发群体性产蛋量下降,产软壳蛋或无壳蛋,蛋壳颜色变淡。精神、食欲正常,剖检未见明显病变。采集病鸡输卵管接种鸭胚,可分离到病毒,该病毒对雏鸡无致病性。该病例最可

能的致病病原是(　　)

162. 产蛋鸡轻微咳嗽，产蛋量下降，产软壳蛋、畸形蛋；剖检见卵泡充血、出血，输卵管发育不良。取病鸡输卵管接种鸡胚，导致胚体矮小。该病例最可能的致病病原是(　　)

163. 产蛋鸡张口呼吸，咳出带血黏液，眶下窦肿胀，产蛋量下降。剖检见气管黏膜出血、坏死，取分泌物接种鸡胚绒毛尿囊膜，4 d后可见痘疱。该病例最可能的致病病原是(　　)

(164～165题共用备选答案)

A. 腺病毒　　B. 链球菌　　C. 葡萄球菌
D. 犬细小病毒　　E. 犬恶丝虫

164. 犬，6周龄，呕吐，排番茄汁样稀粪，有难闻的腥臭味，体温40.5℃，听诊心音快而弱，心律不齐。该病例最可能的病原是(　　)

165. 犬，5岁，咳嗽，呼吸困难，运动乏力，体温38.9℃，脉搏55次/min，听诊有心内杂音，腹围增大，X射线检查肺动脉扩张，抗菌药治疗无效。该病例最可能的病原是(　　)

(166～168题共用备选答案)

A. 牛流行热　　B. 牛传染性鼻气管炎　　C. 牛病毒性腹泻/黏膜病
D. 牛布鲁氏菌病　　E. 蓝舌病

166. 某牛群妊娠中后期流产，流产后可见阴道黏膜发生粟粒大小红色结节，阴道流出黏液和血样分泌物。最可能的疫病是(　　)

167. 某牛群发病，病初体温升高，无食欲，尿频；多数病牛鼻镜组织高度发炎，部分牛阴道黏膜出现白色脓疱；公牛出现包皮水肿，阴茎发生脓疱。最可能的疫病是(　　)

168. 某牛群发热，鼻镜和口腔黏膜糜烂，舌面上皮坏死，眼鼻流出浆液性分泌物，流涎明显，呼气恶臭，后期发生严重腹泻，粪便带有黏液和血液，部分母牛出现流产，新生犊牛发生共济失调，不能站立。最可能的疫病是(　　)

(169～171题共用备选答案)

A. 蛔虫　　B. 隐孢子虫　　C. 毛尾线虫
D. 类圆线虫　　E. 食道口线虫

169. 某仔猪群精神不振，消瘦，腹部膨大，腹泻。粪检见大量壳薄透明的卵圆形虫卵，内含折刀样幼虫，该病例最可能的致病病原是(　　)

170. 某羔羊群食欲减退，消瘦、贫血、腹泻，死前数日排水样血色便，并有脱落的黏膜。粪检见大量腰鼓形棕黄色虫卵，两端有卵塞，该病例最可能的致病病原是(　　)

171. 某犊牛群发热、昏睡、食欲不振，伴有严重腹泻、脱水，剖检见肠管肿胀，充满黏液和气体，采用饱和蔗糖液漂浮法检查患牛粪便，油镜观察发现大量内含4个裸露子孢子的卵囊，该病例最可能的致病病原是(　　)

(172～174题共用备选答案)

A. NK细胞　　B. 浆细胞　　C. TDTH细胞
D. CTL细胞　　E. 树突状细胞

172. 能分泌抗体的免疫细胞是(　　)

173. 介导迟发型(Ⅳ型)变态反应的免疫细胞是(　　)

174. 具有专职抗原递呈功能的免疫细胞是(　　)

[A2 型题]

答题说明
每一道考题是以一个小案例出现的，其下面都有A、B、C、D、E五个备选答案。请从中选择一个最佳答案，并在答题卡上将相应题号的相应字母所属的方框涂黑。

175. 奶牛发热，干咳，腹式呼吸，眼睑及鼻腔流出脓性分泌物。分泌物接种含10%马血清的马丁琼脂，7 d长出“煎荷包蛋”状菌落。该牛感染的病原可能是(　　)
A. 产气荚膜梭菌　B. 多杀性巴氏杆菌　C. 牛分枝杆菌
D. 牛支原体　E. 产单核细胞李氏杆菌

176. 犬眼鼻流出脓性分泌物，体温升至41℃，持续2 d恢复正常，之后体温再次升高并持续2周左右，3周后病犬出现抽搐症状。分泌物接种MDCK细胞可见合胞体病变。该犬感染的病原可能是(　　)
A. 狂犬病病毒　B. 犬瘟热病毒　C. 犬副流感病毒
D. 犬细小病毒　E. 犬传染性肝炎病毒

177. 某鸡群部分雏鸡拉灰白色稀粪。取病鸡肝、脾接种麦康凯培养基，长出无色透明小菌落，革兰氏染色见红色杆菌，穿刺培养只沿穿刺线生长。该鸡群最可能感染的病原菌是(　　)
A. 里氏杆菌　B. 嗜血杆菌　C. 巴氏杆菌
D. 沙门氏菌　E. 大肠杆菌

178. 3周龄鸡呈“劈叉”姿势，剖检见一侧坐骨神经肿大，羽毛囊上皮超薄切片，电镜观察可见有囊膜的病毒粒子。引起该病的病原可能是(　　)
A. 禽传染性支气管炎病毒　B. 传染性法氏囊病病毒　C. 禽传染性喉气管炎病毒
D. 马立克氏病病毒　E. 产蛋下降综合征病毒

179. 病马一侧后肢发生浮肿，沿淋巴管出现念珠状结节，随后结节破溃，排出脓汁，长期不愈。该病可能是(　　)
A. 炭疽　B. 结核病　C. 马痘
D. 马鼻疽　E. 马腺疫

180. 某4～5周龄猪群发病，眼睑周围皮下水肿，倒地后四肢划动如游泳状，1～2 d内死亡。剖检见胃壁及肠系膜水肿。该病最可能是(　　)
A. 猪链球菌病　B. 李氏杆菌病　C. 猪副伤寒
D. 猪伪狂犬病　E. 仔猪大肠杆菌病

181. 某猪场部分猪发病，体温升高至40～41℃，口腔黏膜、鼻及蹄周围形成小水疱，有的水疱破裂、出血、糜烂，有的蹄壳脱落。对病猪正确的处理方法是(　　)
A. 化制　B. 焚毁　C. 盐腌
D. 治疗　E. 接种疫苗

182. 引进种兔在隔离期，见面部和天然孔周围明显肿胀，切开肿胀部，见皮下充血，积聚胶冻状液体；该病发病率高，病死率达100%。该病的传播媒介是(　　)
A. 椎实螺　B. 钉螺　C. 迁徙候鸟
D. 吸血昆虫　E. 啮齿动物

183. 某保育猪群陆续出现关节肿大、运动障碍，发病率约20%。剖检见关节积液。用关节液接种，仅在巧克力琼脂培养基上长出针尖大小、无色透明、光滑湿润的菌落。该病可能是(　　)
A. 猪链球菌病　B. 副猪嗜血杆菌病　C. 葡萄球菌病
D. 猪丹毒　E. 猪肺疫

184. 某5月龄蛋鸡群陆续出现消瘦、喜卧,有的病鸡出现“大劈叉”姿势。剖检可见翅神经丛、坐骨神经单侧肿大。该病可以初步诊断为( )

A. 鸡白痢　B. 传染性法氏囊病　C. 马立克氏病
D. 鸡病毒性关节炎　E. 维生素B缺乏症

185. 剖检病鸡发现肾脏肿大出血,肾小管、输尿管因尿酸盐沉积而扩张,病鸡可能患( )

A. 禽流感　B. 新城疫　C. 鸡慢性呼吸道病
D. 鸡传染性支气管炎　E. 鸡传染性喉气管炎

186. 秋季,散养鸡发病,剖检见腺胃肿胀呈球状,腺胃黏膜显著肥厚,有菜花样的溃疡病灶,在溃疡深处有线状的虫体。对该鸡群驱虫应选择( )

A. 吡喹酮　B. 氨丙啉　C. 双甲脒
D. 左旋咪唑　E. 氯硝柳胺

187. 某犊牛群发热,昏睡,食欲不振伴有严重腹泻、脱水,剖检肠管肿胀,充满黏液和气体。采用饱和蔗糖漂浮法检查患牛粪便,油镜观察发现大量内含4个裸露子孢子的卵囊,该病最可能的致病病原是( )

A. 弓形虫　B. 犬新孢子虫　C. 隐孢子虫
D. 牛球虫　E. 肉孢子虫

188. 某羔羊食欲减退,消瘦,贫血,腹泻,死前数日排水样血色便,并有脱落的黏膜。粪便检查见大量腰鼓形棕黄色虫卵,两端有卵塞,该病最可能的致病病原是( )

A. 肝片吸虫　B. 毛尾线虫　C. 食道口线虫
D. 蛔虫　E. 仰口线虫

189. 某绵羊出现流产,其他症状不明显。取流产胎儿脑组织镜检见香蕉形虫体。该病是( )

A. 球虫病　B. 鞭虫病　C. 旋毛虫病
D. 泰勒虫病　E. 弓形虫病

190. 犬,4月龄,生长缓慢、呕吐、腹泻、贫血,经粪便检查确诊为蛔虫和复孔绦虫混合感染,最佳的治疗药物是( )

A. 吡喹酮　B. 阿苯达唑　C. 伊维菌素
D. 地克珠利　E. 三氯苯达唑

[A3/A4型题]

答题说明

以下提供若干个案例,每个案例下设若干个考题。请根据案例所提供的信息,在每一道考试题下面的A、B、C、D、E五个备选答案中选择一个最佳答案,并在答题卡上将相应题号的相应字母所属的方框涂黑。

(191～193题共用题干)

某15日龄鸡群发病,呼吸困难,下痢,粪便呈黄绿色,提起时流出腥臭的液体,部分病鸡出现神经症状,剖检见腺胃乳头出血,腺胃与食道交汇处呈带状出血。

191. 该病最可能是( )

A. 禽霍乱　B. 新城疫　C. 传染性支气管炎
D. 传染性喉气管炎　E. 大肠杆菌病

192. 确诊该病最可靠的方法是( )

A. 细菌分离鉴定　B. 病毒分离鉴定　C. ELISA抗体检测
D. 病理组织学检查　E. 血凝试验

193. 对受威胁鸡群应采取的最有效的措施是(　　)

A. 加强饲养管理　　B. 鸡舍消毒　　C. 抗病毒药物预防

D. 疫苗紧急接种　　E. 注射卵黄抗体

(194～195 题共用题干)

某群羊发病，口鼻有脓性分泌物，呼吸急促，剖检可见胃黏膜糜烂，结肠和直肠结合处有条纹状出血，死亡率 50%。

194. 该羊群发生什么病(　　)

A. 蓝舌病　　B. 小反刍兽疫　　C. 羊痘

D. 羊快疫　　E. 口蹄疫

195. 该病由什么引起(　　)

A. 细菌　　B. 病毒　　C. 衣原体

D. 朊病毒　　E. 立克次体

(196～197 题共用题干)

早秋季节，6 周龄地面平养鸡群表现精神委顿，食欲减少，消瘦，拉稀。病死鸡极度消瘦。小肠黏膜增厚，出血，肠腔内有大量黏液及多条长 100 cm 左右、呈带状的虫体。

196. 治疗该病的药物是(　　)

A. 氨丙啉　　B. 吡喹酮　　C. 伊维菌素

D. 地克珠利　　E. 左旋咪唑

197. 该病原的中间宿主是(　　)

A. 地螨　　B. 蚯蚓　　C. 蚊虫

D. 蚂蚁　　E. 跳蚤

(198～200 题共用题干)

长江流域某地牛群出现严重贫血、消瘦，剖检见肝脏肿大，有虫卵结节。流行病学调查该牛群有湖滩放牧史。

198. 该病可能是(　　)

A. 弓形虫病　　B. 日本分体吸虫病　　C. 旋毛虫病

D. 棘球蚴病　　E. 片形吸虫病

199. 该寄生虫的中间宿主是(　　)

A. 椎实螺　　B. 陆地螺　　C. 钉螺

D. 蜱　　E. 淡水鱼

200. 治疗该病的药物是(　　)

A. 左旋咪唑　　B. 磺胺嘧啶　　C. 硫酸喹啉脲

D. 吡喹酮　　E. 甲基盐霉素

2014 年 · 预防科目 · 答案与解析

考生姓名：　　　　　　　　　　　　　　　　准考证号：

2014年全国执业兽医资格考试试卷

(兽医全科类)下午卷

（临床综合）

注 意 事 项

一、请按照要求，用蓝黑色或者黑色签字笔在答题卡上填写姓名、身份证号码、考点、考试地点、考场号、准考证号等信息，并用铅笔涂好准考证号。

二、试卷分为2部分，临床科目100小题，综合科目100小题，共200小题，考试时间为150分钟。各部分不单独计时，请考生自己合理分配时间。

三、监考人员宣布考试开始时，方可答题；宣布考试结束时，应立即停止答题。答题卡、题本一律反扣在桌面上，待监考人员确认数量无误，允许离开时，考生方可离开考场。如果考生违反了以上任何一项要求，都将影响考试成绩。

四、答案必须填涂在答题卡上，书写在试题本上的答案一律无效。

五、答题卡严禁折叠。

六、答题卡的正确填涂方式为：■，用其他符号填涂答案者不计分。

七、如要改动答案，必须先用橡皮擦去原来选定的答案，然后再按上面的规定重新作答。

临 床 科 目

[A1 型题]

答 题 说 明

每一道考试题下面有 A、B、C、D、E 五个备选答案,请从中选择一个最佳答案,并在答题卡上将相应题号的相应字母所属的方框涂黑。

1. 眼结膜出现树枝状充血的原因是(　　)
A. 角膜炎　B. 坏死　C. 营养不良
D. 供氧不足　E. 血液循环障碍

2. 马心搏动最明显的部位是左侧(　　)
A. 第 3 肋间胸廓下 1/3　B. 第 4 肋间胸廓下 1/3　C. 第 5 肋间胸廓下 1/3
D. 第 6 肋间胸廓下 1/3　E. 第 7 肋间胸廓下 1/3

3. 仔猪,2 月龄,突然出现血液从一侧鼻孔点滴状流出,呈鲜红色,该出血来源于(　　)
A. 肺泡　B. 小支气管　C. 大支气管
D. 气管　E. 鼻腔

4. 患猪腹部有局限性肿胀,触摸柔软如面团样,指压留痕,此病变可能是(　　)
A. 皮下血肿　B. 疝　C. 皮下气肿
D. 结缔组织增生　E. 皮下水肿

5. 血小板减少且分布异常见于(　　)
A. 骨折　B. 肝炎　C. 胰腺炎
D. 白血病　E. 支气管炎

6. 细胞外液中的主要阳离子是(　　)
A. K^+　B. Na^+　C. Ca^{2+}
D. Mg^{2+}　E. Fe^{3+}

7. 代谢产物形成肌酐的物质是(　　)
A. 脂肪　B. 糖类　C. 谷氨酸
D. 肌酸　E. 维生素

8. 犬胸部侧位 X 线片,心脏影像的前上部和前下部分别是(　　)
A. 右心房和右心室　B. 左心房和左心室　C. 右心房和左心室
D. 左心房和右心室　E. 右心室和左心室

9. 对超声物理性质描述正确的是(　　)
A. 频率越高,透入深度越大　B. 频率越高,穿透力越低　C. 频率越低,分辨力越高
D. 频率越高,显现力越低　E. 频率越低,衰减越显著

10. 犬右侧最后肋骨后方,靠近第一腰椎处向腹侧作 B 超纵切面扫查时,见豆状实质性回声,其后带光滑的弧形回声光带下出现较大的液性暗区,提示(　　)
A. 肾盂积水　B. 心包积液　C. 肝囊肿
D. 肝脓肿　E. 肾脓肿

11. 在心电图检查中,如果引导电极面向心电向量的方向,则记录为(　　)
A. 电变化为正,波形向上　B. 电变化为正,波形向下　C. 电变化为负,波形向上
D. 电变化为负,波形向　E. 基线

12. 最易发生脱水的疾病是(　　)

A. 胰腺炎　B. 尿道炎　C. 脉管炎　D. 胆管炎　E. 淋巴管炎

13. 牛皱胃穿刺的正确部位是(　　)

A. 左侧第 8 肋间肋弓下方　B. 右侧第 8 肋间肋弓下方　C. 左侧第 10 肋间肋弓下方　D. 右侧第 10 肋间肋弓下方　E. 右侧第 12 肋间肋弓下方

14. 牛急性瘤胃臌气导致极度呼吸困难时,首先要采取的措施是(　　)

A. 强心　B. 兴奋呼吸　C. 穿刺放气　D. 镇静　E. 输氧

15. 肾炎的治疗原则除了消除病因、消炎利尿和对症治疗外,还包括(　　)

A. 抑制免疫　B. 增强免疫　C. 使用磺胺药　D. 大量补液　E. 补充电解质

16. 马热射病时,不宜采取的治疗措施是(　　)

A. 牵遛运动　B. 冷水浇洒全身　C. 使用碳酸氢钠　D. 使用氯丙嗪　E. 使用地塞米松

17. 控制蛋鸡脂肪肝综合征,应优先考虑降低饲料中的营养素为(　　)

A. 常量元素　B. 碳水化合物　C. 维生素　D. 蛋白质　E. 微量元素

18. 牛发生骨软症,血清生化检测可能降低的指标是(　　)

A. 镁　B. 铜　C. 无机磷　D. 钙　E. 碱性磷酸酶

19. 牛产后血红蛋白尿病的主要临床病理学变化是(　　)

A. 高磷酸盐血症　B. 低磷酸盐血症　C. 高钾血症　D. 低钾血症　E. 低钠血症

20. 鸭群发生皮下紫斑,缺乏的维生素是(　　)

A. 维生素 E　B. 维生素 B_1　C. 维生素 K_3　D. 维生素 D_3　E. 维生素 A

21. 羔羊摆(晃)腰病的主要致病原因是日粮中缺乏(　　)

A. 碘　B. 铜　C. 钼　D. 硒　E. 锌

22. 猪亚硝酸盐中毒的特效解毒药是(　　)

A. 硫代硫酸钠　B. 碳酸氢钠　C. 葡萄糖　D. 甲苯胺蓝　E. 阿托品

23. 防止饲料中黄曲霉生长的有效方法是(　　)

A. 酸处理　B. 使用丙酸钠　C. 使用氯化钾　D. 使用硫酸亚铁　E. 使用硫酸锌

24. 猪食盐中毒时,临床上常表现(　　)

A. 颅内压降低　B. 腹内压降低　C. 颅内压升高　D. 腹内压升高　E. 颅内压不变

25.犬有机氟中毒的特效解毒药是(　　)
A.苯巴比妥　　B.抗坏血酸　　C.解磷定
D.乙酰胺　　E.硫代硫酸钠

26.动物受到应激原刺激后,可引起(　　)
A.免疫力升高　　B.血糖升高　　C.超氧化物歧化酶活性升高
D.谷胱甘肽过氧化物酶活性升高　　E.过氧化氢酶活性升高

27.治疗动物皮下厌氧菌感染的方法是(　　)
A.冷敷　　B.热敷　　C.切开后缝合
D.切开排液　　E.红外线照射

28.新鲜创的特点是损伤时间短,创内存在(　　)
A.脓汁　　B.血凝块　　C.肉芽组织
D.血凝痂皮组织　　E.坏死组织

29.一级冻伤的主要特征是受伤组织发生(　　)
A.湿性坏疽　　B.干性坏疽　　C.水式溃疡
D.弥漫性水肿　　E.疼痛性水肿

30.手术切除恶性肿瘤的正确做法是(　　)
A.可以随意翻动肿瘤　　B.禁止损伤健康组织　　C.手术在健康组织内进行
D.禁止使用高频电刀　　E.仅摘除肿瘤组织

31.风湿性肉芽肿中央的特征性病变是(　　)
A.浆细胞浸润　　B.淋巴细胞浸润　　C.风湿细胞浸润
D.纤维素性坏死　　E.中性粒细胞浸润

32.检眼镜主要用于检查(　　)
A.角膜　　B.虹膜　　C.玻璃体
D.视网膜　　E.晶状体

33.治疗犬猫牙结石的最有效方法是(　　)
A.刷牙　　B.冲洗　　C.消炎
D.拔牙　　E.刮除

34.胸壁透创后的纵隔摆动主要出现在(　　)
A.血胸　　B.脓胸　　C.闭合性气胸
D.开放性气胸　　E.混合性气胸

35.先天性直肠肛门疾病不包括(　　)
A.锁肛　　B.直肠闭锁　　C.肛门囊炎
D.直肠生殖裂　　E.肛门直肠狭窄

36.患肢在负重时表现机能障碍的跛行是(　　)
A.悬跛　　B.支跛　　C.鸡跛
D.间歇跛行　　E.混合跛行

37.手术器械灭菌首选的方法是(　　)
A.火焰灭菌法　　B.高压蒸气灭菌法　　C.紫外线照射法
D.射线照射法　　E.化学药品浸泡法

38.牛硬膜外麻醉注射部位多为(　　)
A.胸腰椎之间　　B.荐尾椎之间　　C.第一、二尾椎之间
D.倒数第一、二腰椎之间　　E.倒数第二、三腰椎之间

39.容易引起虹膜后粘连的眼病是(　　)

A.结膜炎　　B.角膜炎　　C.虹膜炎
D.青光眼　　E.白内障

40.猪患有隐睾时,除触诊检查外,还可以通过下列哪些特点来判断(　　)

A.性欲弱、生长快、肉质好　　B.性欲弱、生长慢、肉质好　　C.性欲弱、生长快、肉质差
D.性欲强、生长慢、肉质好　　E.性欲强、生长慢、肉质差

41.母犬膀胱手术常用的腹壁切口部位是(　　)

A.肷部前切口　　B.肋弓后斜切口　　C.脐前腹中线切口
D.耻前腹中线切口　　E.脐前中线旁切口

42.母牛产后40 d时,生殖器官的正常变化是(　　)

A.子宫大小和形状基本恢复原状　　B.卵巢上有持久黄体
C.卵巢体积变小　　D.有少量恶露从阴道排出
E.卵巢上有囊肿黄体

43.受精结束和胚胎开始发育的标志是(　　)

A.原核发育　　B.透明带反应　　C.卵质膜反应
D.气质颗粒膜形成　　E.染色体第一次有丝分裂,形成纺锤体

44.妊娠中后期孕酮主要来源于胎盘的动物是(　　)

A.马　　B.山羊　　C.猪
D.奶牛　　E.黄牛

45.不适宜对奶牛采用矫正术助产的难产是(　　)

A.胎儿背前置　　B.胎头侧弯　　C.胎儿侧位
D.胎儿腕关节屈曲　　E.胎儿跗关节屈曲

46.子宫复旧延迟的原因不包括(　　)

A.难产　　B.胎衣不下　　C.子宫脱出
D.产后缺钙　　E.产后发情

47.对有轻度阴道脱出病史的母犬,预防再次发病最适宜的措施是(　　)

A.注射抗生素　　B.发情前期注射醋酸甲地孕酮　　C.生理盐水冲洗阴道
D.用0.1%高锰酸钾液冲洗阴道　　E.实施子宫卵巢切除术

48.最可能导致母牛难产的原因是(　　)

A.妊娠前半期正常使役　　B.妊娠后期适当减少饲料蛋白质含量
C.产前1周开始转入产房饲养　　D.分娩期进行产道检查
E.初情期配种受孕

49.判定奶牛隐性乳腺炎的标准之一是每毫升乳汁中含有的体细胞数为(　　)

A.10万个以上　　B.20万个以上　　C.30万个以上
D.40万个以上　　E.50万个以上

50.五脏之中,开窍于口的是(　　)

A.心　　B.肝　　C.脾
D.肺　　E.肾

51.六淫之中,具有重浊、黏滞特性的邪气是(　　)

A.风　　B.寒　　C.暑
D.湿　　E.火

52. 药物进入机体后的作用趋向是(　　)

A. 浮沉迟数　B. 升降沉浮　C. 寒凉温热　D. 寒热虚实　E. 升降出入

53. 发汗解表,用于外感风寒表实证,与麻黄相须配伍的药物是(　　)

A. 知母　B. 石膏　C. 薄荷　D. 桂枝　E. 杏仁

54. 五苓散的药物组成是(　　)

A. 猪苓、茯苓、泽泻、生姜皮、桂枝
B. 猪苓、茯苓、泽泻、白术、桂枝
C. 猪苓、茯苓、大腹皮、白术、桂枝
D. 猪苓、茯苓、泽泻、白术、陈皮
E. 猪苓、桑白皮、泽泻、白术、桂枝

55. 治热结便秘,与大黄配伍的药物是(　　)

A. 石膏　B. 秦皮　C. 石斛　D. 当归　E. 芒硝

56. 止咳平喘、润肠通便的药物是(　　)

A. 砂仁　B. 杏仁　C. 桃仁　D. 火麻仁　E. 柏子仁

57. 暖肾壮阳、温中祛寒的药物是(　　)

A. 肉桂　B. 桂枝　C. 白头翁　D. 牡丹皮　E. 地骨皮

58. 具有收敛止血、消肿生肌作用的中药是(　　)

A. 白及　B. 白果　C. 白术　D. 白芷　E. 白前

59. 具有补血止血、滋阴润肺、安胎功效的药物是(　　)

A. 当归　B. 白芍　C. 熟地黄　D. 阿胶　E. 丹参

[B1 型题]

答题说明

以下提供若干组考题,每组考题共用在考题前列出的 A、B、C、D、E 五个备选答案。请从中选择一个与问题关系最密切的答案,并在答题卡上将相应题号的相应字母所属的方框涂黑。某个备选答案可能被选择一次、多次或不被选择。

(60～61 题共用备选答案)

A. 肝炎　B. 肠炎　C. 胃炎　D. 腹膜炎　E. 胰腺炎

60. 巴哥犬,4 岁,精神不振,食欲差,呕吐,腹围膨大,触诊波动感明显。血清生化检查,ALT 升高、AST 升高、LDH 升高、ALB 降低。该病最可能的诊断是(　　)

61. 北京犬,3 岁,精神差,不食,呕吐,腹部膨大,触诊敏感。体温 39.8℃,脉搏 60 次/min,呼吸 120 次/min。血常规检查,WBC 升高,中性粒细胞比例升高,核左移;血清生化检查,K^+ 下降,其他指标变化不明显。该病最可能的诊断是(　　)

(62～63 题共用备选答案)

A. 滑车成形术　B. 内侧支持带加强术　C. 膝内直韧带切断术　D. 膝中直韧带切断术　E. 膝外直韧带切断术

62. 犬,时而表现跛行,时而正常,时而呈三脚跳步样,患肢膝外翻,趾尖向外,小腿向外旋转。X线检查,可见股骨和胫骨有一定变形。治疗本病应采取的措施是( )

63. 犬,站立时患肢呈弓形,膝关节屈曲,趾尖向内,小腿向内旋转,行走时呈三脚跳样,可整复,易复发。治疗本病应采取的措施是( )

(64～66题共用备选答案)

A. 异氟醚　B. 赛拉嗪　C. 氯胺酮
D. 丙泊酚　E. 赛拉唑

64. 母猫,1岁,主人要求做绝育手术,适宜的麻醉药是( )

65. 犬,5岁,因车祸造成左股骨粉碎性骨折,需实施股骨内固定,诱导麻醉,适宜的诱导麻醉药是( )

66. 母犬,8岁,难产,体力消耗,虚弱,全身麻痹,做剖宫手术,适用的麻醉药是( )

(67～68题共用备选答案)

A. 奶牛　B. 水牛　C. 马
D. 绵羊　E. 山羊

67. 夏季发情但不明显,秋季发情旺盛,平均发情周期17 d的动物是( )

68. 全年多次发情,发情周期21 d。具有该发情特点的是( )

(69～70题共用备选答案)

A. 肾结石　B. 膀胱肿大　C. 膀胱结石
D. 尿道结石　E. 前列腺炎

69. 3岁犬,雄性,尿频,尿痛,后段血尿,X光检测发现膀胱内有多个高密度阴影,该病可能是( )

70. 7岁犬,雄性,尿闭,腹部X光显示坐骨下方有一致密阴影,该病可能是( )

(71～72题共用备选答案)

A. 大肠湿热　B. 大肠冷泻　C. 胃食滞
D. 脾气下陷　E. 食积大肠

71. 犬,9月龄,食欲减退,久泻不止,肛门松弛,消瘦,被毛凌乱,口色淡白,舌苔薄白,脉虚无力。该症候对应证型为( )

72. 犬,3月龄,食欲减退,不时呻吟,腹泻,粪便黏腻腥臭,带有脓血,口色红,舌苔黄腻,脉滑数。该症候的证型是( )

[A2型题]

答题说明

每一道考题是以一个小案例出现的,其下面都有A、B、C、D、E五个备选答案。请从中选择一个最佳答案,并在答题卡上将相应题号的相应字母所属的方框涂黑。

73. 母猪,交配后经过一个性周期,未见发情,表现妊娠,但过了一些时间后又发情,一般可以诊断为( )

A. 先兆流产　B. 隐性流产　C. 延期流产
D. 胎儿浸溶　E. 胎儿干尸化

74. 母牛,直肠检查时,子宫颈增大并变厚实,一般可以诊断为( )

A. 子宫颈炎　B. 子宫积液及积脓　C. 卵巢囊肿
D. 慢性子宫内膜炎　E. 卵巢功能不全

75. 北京犬,8岁,7 kg,不愿活动,呼吸困难,可视黏膜发绀。心电图Ⅱ联显示:P波电压0.5 V,高耸尖锐。心电图诊断提示( )

A. 左心房肥大　B. 右心房肥大　C. 左右心房肥大
D. 左心室肥大　E. 右心室肥大

76. 犬,3月龄,购回1月余,对主人的呼唤无反应,饮食欲正常,该犬首先需要检查的脑神经是( )

A. 视神经　B. 听神经　C. 三叉神经
D. 舌咽神经　E. 动眼神经

77. 奶牛产后30 d发病,食欲差,不食饼粕类饲料,尿量减少,呈淡黄色,易形成泡沫,尿和乳汁均有烂苹果味,该牛采食饲料的组成可能是( )

A. 高蛋白、低脂肪和低碳水化合物　B. 高蛋白、高脂肪和低碳水化合物
C. 低蛋白、低脂肪和高碳水化合物　D. 高蛋白、低脂肪和高碳水化合物
E. 低蛋白、高脂肪和低碳水化合物

78. 猫,右腹侧壁皮下有一局限性肿胀,皮肤暗紫色,触诊有波动感,稽留热,穿刺液呈鲜红色,该肿胀可能是( )

A. 血肿　B. 脓肿　C. 水肿
D. 肿瘤　E. 淋巴外渗

79. 藏獒犬,6月龄,近来腹底部出现拳头大小的肿胀,精神食欲无异常,麻醉后检查肿胀较柔软,有弹性,无波动,按压可缩小。该肿胀可以初步诊断为( )

A. 脐疝　B. 脐带炎　C. 脐部肿瘤
D. 脐部脓肿　E. 脐部血肿

80. 犬,7岁,雄性,近日在肛门旁出现无热、无痛、界限明显、柔软的肿胀物,大小便不畅。该病最可能的诊断是( )

A. 会阴部肿瘤　B. 会阴疝　C. 淋巴外渗
D. 肛门腺炎　E. 肛周蜂窝织炎

81. 奶牛,妊娠245 d,近日出现烦躁不安、乳房肿大等症状。临床检查心率90次/min,呼吸30次/min,阴唇稍肿,阴门有清亮黏液流出。治疗该病首选的药物是( )

A. 雌激素　B. 垂体后叶素　C. 孕酮
D. 前列腺素　E. 促卵泡激素

82. 奶牛,已到预产期,表现拱腰、烦躁不安;产道检查发现不能触及子宫颈,阴道壁紧张、深部皱褶明显。最可能发生的是( )

A. 胎势异常　B. 子宫捻转　C. 子宫破裂
D. 胎儿过大　E. 阵缩与努责微弱

83. 牛,3岁,近几月发现发情周期缩短,发情持续时间长且呈现强烈的发情行为,外阴红肿,黏液增多,直肠检查卵巢的最大变化是( )

A. 卵巢有黄体　B. 卵巢既有黄体也有小卵泡　C. 卵巢有较大卵泡
D. 卵巢萎缩,质地变小,变硬　E. 既无卵泡也无黄体

84. 病牛证见便血、尿血、皮下出血,体瘦毛焦,倦怠喜卧,口色淡白,脉细弱,可以辨证为( )

A. 脾虚不运　B. 脾气下陷　C. 脾不统血
D. 心血虚　E. 肝血虚

85. 牛,7月16日突然发病,证见高热恶寒,肚腹胀满,疼痛,肠鸣泄泻,倦怠乏力,肢体沉重,舌苔白腻,脉滑数,治疗宜选用( )

A. 独活散　B. 白虎汤　C. 平胃散
D. 八正散　E. 藿香正气散

[A3/A4型题]

答题说明

以下提供若干个案例,每个案例下设若干个考题。请根据案例所提供的信息,在每一道考试题下面的A、B、C、D、E五个备选答案中选择一个最佳答案,并在答题卡上将相应题号的相应字母所属的方框涂黑。

(86~88题共用题干)

奶牛,产后加喂多量精料,随后出现食欲废绝,运动失调,眼结膜充血发绀,中度脱水,瘤胃胀满,冲击式触诊可听到震荡音,排稀软酸臭粪便,尿少色浓,体温正常。

86.该病初步诊断为( )

A.瘤胃酸中毒 B.前胃迟缓 C.奶牛酮病
D.胃肠炎 E.生产性瘫痪

87.进一步诊断,最具有意义的检测指标是( )

A.叩诊瘤胃 B.听诊瘤胃蠕动音 C.观察反刍和嗳气
D.检查肠道和粪便 E.测定瘤胃液pH

88.可能升高的血液指标是( )

A.pH B.HCO_3^- C.CO_2结合力
D.乳酸 E.白细胞数

(89~91题共用题干)

2012年2月,北方某牛场运来青年牛10头,进场后3 d发病,精神差,食欲废绝,呼吸困难,腹式呼吸,心率加快,高热稽留,流铁锈色鼻液。

89.诊断该病可能是( )

A.支气管肺炎 B.大叶性肺炎 C.胸膜炎
D.间质性肺炎 E.肺水肿

90.病理变化不包括( )

A.充血期 B.出血期 C.红色肝变期
D.灰色肝变期 E.溶解期

91.进一步检查可以进行( )

A.穿刺检查 B.X线检查 C.粪便检查
D.尿液检查 E.心电图检查

(92~94题共用题干)

犬,车祸后大小便失禁,两后肢不能站立,针刺前肢敏感,但两后肢无反应,肛门反射消失。

92.进一步确诊应采用( )

A.关节镜检查 B.X线检查 C.直肠检查
D.B超检查 E.肢体触诊

93.最可能的损伤部位是( )

A.头部 B.颈部 C.胸部
D.腰荐部 E.尾部

94.导致大小便失禁的原因是( )

A.膀胱破裂 B.直肠破裂 C.脊髓损伤
D.髋骨骨折 E.坐骨骨折

(95～97 题共用题干)

奶牛右后肢跗关节外侧创伤,从伤口流出透明的黏稠滑液和少量血液,轻度跛行。

95. 正确的治疗方法是(　　)

A. 经伤口冲洗创腔　B. 经关节腔穿刺冲洗创腔　C. 手指探查创腔
D. 开放疗法　E. 纱布条引流做肌层、皮下和皮肤缝合

96. 该创伤缝合的方法是(　　)

A. 仅做肌层、皮下和皮肤缝合　B. 仅缝合关节囊　C. 仅做皮肤、皮下缝合
D. 全层间断缝合　E. 全层连续缝合

97. 若从创口流出脓汁,正确的治疗方法是(　　)

A. 清创后密闭缝合　B. 清创后部分缝合
C. 清创后包扎伤口　D. 魏氏流膏纱布条引流
E. 福尔马林酒精纱布条引流

(98～100 题共用题干)

牛,产后第 2 天,表现弓背、努责,阴门中排出污红色恶臭液体,卧地时排出量较多,排出物内含变性分解的组织碎片,体温未见明显变化。

98. 最可能发生的疾病是(　　)

A. 阴道炎　B. 产后败血症　C. 产后脓毒血症
D. 胎衣不下　E. 子宫内翻

99. 治疗该病时,需促进子宫收缩,为增强催产素效果,可先行肌内注射(　　)

A. 雌二醇　B. 孕酮
C. 前列腺素　D. 地塞米松
E. 肾上腺素

100. 如果该病未及时处理,病畜体温升高时,治疗中不宜采用的方法是(　　)

A. 皮下注射催产素　B. 注射前列腺素
C. 子宫内投放抗生素　D. 肌内注射雌激素制剂
E. 用 1% 高锰酸钾溶液冲洗子宫

2014 年 · 临床科目 · 答案与解析

综合应用

[A1 型题]

> 答题说明
>
> 每一道考试题下面有 A、B、C、D、E 五个备选答案,请从中选择一个最佳答案,并在答题卡上将相应题号的相应字母所属的方框涂黑。

101. 鸡传染性支气管炎临床上可能出现的疾病类型有(　　)

A. 眼型　B. 内脏型　C. 神经型
D. 腺胃型　E. 喉气管炎型

102. 发生产蛋下降综合征时,除表现产蛋下降外,其他发病症状还有(　　)

A. 蛋壳变薄、变色、易碎　B. 排出白色黏稠或水样稀粪　C. 呼吸困难
D. 翅下垂、头颈歪斜　E. 喷嚏、啰音

103. 鸡毒支原体感染又称(　　)

A. 禽流感　B. 鸡慢性呼吸道病　C. 鸡传染性支气管炎
D. 鸡传染性喉气管炎　E. 鸡传染性鼻炎

104. 犬鼻头龟裂最可能见于( )

A. 犬瘟热　B. 传染性肝炎　C. 冠状病毒病
D. 细小病毒病　E. 钩端螺旋体病

105. 预防犬瘟热最有效的方法是注射( )

A. 干扰素　B. 高免血清　C. 疫苗
D. 抗菌药物　E. 抗病毒药物

106. 犬细小病毒病肠炎型的特异性治疗方法是( )

A. 注射高免血清　B. 注射阿托品止呕　C. 口服硝酸铋止泻
D. 注射安络血止血　E. 先盐后糖补液

107. 蜜蜂欧洲幼虫腐臭病最易发生于蜂群的( )

A. 越夏期　B. 繁殖高峰期　C. 采集期
D. 采集后恢复期　E. 越冬期

108. 猪冠尾线虫的主要感染途径是( )

A. 经口和皮肤　B. 经生殖道　C. 经呼吸道
D. 经吸血昆虫　E. 经胎盘

109. 禽皮刺螨寄生于鸡的( )

A. 体表　B. 表皮内　C. 羽干
D. 毛囊　E. 皮脂腺

110. 治疗犬巴贝斯虫病的药物是( )

A. 伊维菌素　B. 马杜拉霉素　C. 左旋咪唑
D. 三氮脒　E. 磺胺嘧啶

111. 听诊不用于检查( )

A. 泌尿系统　B. 生殖系统　C. 消化系统
D. 呼吸系统　E. 心血管系统

112. 对骨折动物进行X线检查诊断时,为减少受照剂量和便于分析,应尽量采用的检查方法是( )

A. 透视　B. 摄影　C. 先透视后摄影
D. 先摄影后透视　E. 造影后透视

113. 血清胆红素升高主要见于( )

A. 外伤　B. 溶血　C. 腹泻
D. 呕吐　E. 脱水

114. 确诊家禽痛风,需要检测的生化指标是( )

A. 脂肪酶　B. 尿素氮　C. 肌酐
D. 尿酸　E. 淀粉酶

115. 牛顽固性瓣胃阻塞的适宜治疗方法是( )

A. 真胃切开冲洗瓣胃　B. 瘤胃切开冲洗瓣胃　C. 瓣胃内注射盐水
D. 瓣胃内注射液体石蜡　E. 瓣胃内注射硫酸钠

116. 易表现为食欲亢进的疾病是( )

A. 肾上腺功能减退　B. 甲状旁腺功能减退　C. 甲状旁腺功能亢进
D. 肾上腺皮质功能亢进　E. 慢性胰腺炎

117. 属于食道阻塞的临床特点是( )

A. 大量流涎　B. 发病缓慢　C. 咀嚼障碍
D. 频繁努责　E. 口腔干燥

118. 牛创伤性心包炎,心脏听诊可能出现的异常是(　　)
A. 奔马音　B. 拍水音　C. 射血音
D. 狭窄音　E. 胎性心音

119. 产蛋下降综合征是由(　　)引起的一种以产蛋下降为特征的传染病
A. 副嗜血杆菌　B. 腺病毒　C. 疱疹病毒
D. 呼肠孤病毒　E. 细小病毒

120. 鸡慢性呼吸道病的病原是(　　)
A. 巴氏杆菌　B. 副鸡嗜血杆菌　C. 鸡败血支原体
D. 呼肠孤病毒　E. 副黏病毒

121. 手术治疗马腹股沟阴囊疝的最佳切口部位是(　　)
A. 腹股沟内环处　B. 腹股沟外环处　C. 阴囊颈部正外侧
D. 阴囊底部正外侧　E. 阴囊体部正外侧

122. 阿托品用作犬麻醉前给药的剂量是(　　)
A. 0.01 mg/kg　B. 0.04 mg/kg　C. 0.08 mg/kg
D. 0.1 mg/kg　E. 0.15 mg/kg

123. 肠线缝合打结后,剪线时常保留线尾的长度是(　　)
A. 1～2 mm　B. 3～4 mm　C. 4～6 mm
D. 8～10 mm　E. 10～12 mm

124. 奶牛发生生产瘫痪时,出现知觉丧失的主要原因是(　　)
A. 脑缺血　B. 脑血栓　C. 脑充血
D. 脑水肿　E. 脑出血

125. 不属于卵巢机能减退的症状是(　　)
A. 长期不发情　B. 发情周期延长　C. 出现发情症候并排卵
D. 出现发情症候但不排卵　E. 发情的外表征象不明显

126. 属于性染色体两性畸形的疾病是(　　)
A. XX 真两性畸形　B. XX 雄性综合征　C. 雄性假两性畸形
D. XXY 综合征　E. 雌性假两性畸形

127. 肝炎病犬在康复期可能出现的眼部病变是(　　)
A. 结膜炎　B. 角膜淡蓝色,浑浊　C. 角膜溃疡
D. 全眼球炎　E. 角膜穿孔

128. 下列穴位中,施巧治术的穴位是(　　)
A. 风门　B. 夹气　C. 开关
D. 睛俞　E. 鼻俞

129. 血针治疗马中暑的主穴是(　　)
A. 三江　B. 太阳　C. 通关
D. 颈脉　E. 尾尖

[B1 型题]

答题说明

以下提供若干组考题,每组考题共用在考题前列出的A、B、C、D、E五个备选答案。请从中选择一个与问题关系最密切的答案,并在答题卡上将相应题号的相应字母所属的方框涂黑。某个备选答案可能被选择一次、多次或不被选择。

(130~131题共用备选答案)

A. 狂犬病　B. 水貂伪狂犬病　C. 水貂阿留申病
D. 大肠杆菌病　E. 水貂病毒性肠炎

130. 某水貂场,成年貂发病,食欲不振,部分病貂后期有抽搐、痉挛症状,剖检见肾肿大明显,表面有出血点。临床病理学检查见肾脏浆细胞增多、血清丙种球蛋白异常增高。最可能发生的疾病是(　)

131. 某水貂场,2月龄水貂发病,病死率为60%,病貂主要表现为体温升高,食欲不振,腹泻,粪便水样,有黏液和脱落的肠黏膜,白细胞显著减少,小肠急性卡他性纤维素性炎症。最可能发生的疾病是(　)

(132~133题共用备选答案)

A. 血尿　B. 血红蛋白尿　C. 肌红蛋白尿
D. 卟啉尿　E. 药物性红尿

132. 巴哥犬,6岁,雄性,近期精神沉郁,喜卧,四肢无力,身躯摇摆,食欲减退,体温40.5℃,结膜轻度苍白、黄染,尿呈暗褐色。最可能的红尿性质是(　)

133. 猫,8岁,精神沉郁,食欲废绝,反复呕吐,不停地行走,鸣叫,频频舔生殖器,尿少,前段尿呈红色,后段尿呈淡黄色。最可能的红尿性质是(　)

(134~135题共用备选答案)

A. 蹄叶炎　B. 腐蹄病　C. 局限性蹄皮炎
D. 指(趾)间皮炎　E. 指(趾)间皮肤增生

134. 奶牛,跛行,体温40.5℃,四肢蹄部肿胀,触诊有热痛,右后肢蹄底有窦道,内有恶臭坏死物;病原检查发现坏死杆菌。最可能的蹄病是(　)

135. 奶牛,处于泌乳高峰期,长期饲喂精料和青贮饲料;跛行,站立时弓背,后肢向前伸达于腹下;指(趾)动脉搏动明显,蹄冠皮肤发红、增温,蹄壁叩击疼痛、敏感,最可能的蹄病是(　)

(136~137题共用备选答案)

A. 直肠全层与腰小肌结节缝合　B. 直肠浆膜肌层结节缝合
C. 直肠全层与髂骨结节内侧肌肉结节缝合　D. 直肠浆膜肌层与髂骨内侧肌肉结节缝合
E. 肛门周围荷包缝合

136. 贵宾犬,直肠脱出,经整复后直肠又脱出,实施直肠固定术。适宜的缝合方法为(　)

137. 腊肠犬,直肠脱出4 d,肠黏膜表面糜烂、坏死,实施直肠切除术。适宜的缝合方法为(　)

[A2 型题]

答题说明

每一道考题是以一个小案例出现的,其下面都有A、B、C、D、E五个备选答案。请从中选择一个最佳答案,并在答题卡上将相应题号的相应字母所属的方框涂黑。

138. 某猪场夏季经常出现妊娠母猪流产、产死胎和木乃伊胎,公猪一侧睾丸肿大,该病分离鉴定病原常

用的实验动物是( )

A. 小鼠　B. 雏鸡　C. 雏鸭
D. 幼犬　E. 幼猫

139. 犬膀胱炎时,尿沉渣检查可见大量的细胞是( )

A. 圆形大上皮细胞　B. 高脚杯形大上皮细胞　C. 圆形小上皮细胞
D. 角形小上皮细胞　E. 多角形大扁平细胞

140. 通常用哪种方法来区分犬胃扭转、肠扭转、脾扭转和单纯性胃扩张( )

A. 触诊　B. 插胃管　C. 听诊
D. B超探查　E. 穿刺

141. 某猪场部分3月龄以上猪突然发生咳嗽,呼吸困难,急性死亡,病死前口鼻流出有血色的液体,剖检见肺与胸壁粘连,肺充血、出血,分离病原时应选用的培养基是( )

A. 麦康凯琼脂　B. 三糖铁琼脂　C. 马铃薯琼脂
D. 巧克力琼脂　E. SS培养基

142. 某猪场3月龄猪出现发病,体温40℃左右,精神稍沉郁,被毛粗乱,食欲稍减少,主要表现严重下痢,粪便呈水样,有未消化的饲料颗粒,有的有黏液和肠黏膜碎片,恶臭,病程长的便秘和腹泻交替发生,较少死亡,有的病猪四肢末端皮肤有大小不一的黑色出血性坏死,该病可能是( )

A. 猪丹毒　B. 猪肺疫　C. 猪链球菌病
D. 仔猪副伤寒　E. 猪圆环病毒病

143. 某猪场3～6月龄仔猪,5月份突然发病,体温可达42.5℃,精神沉郁,不食,呼吸高度困难,粪便干燥,下颌皮肤、腹部皮肤、四肢末端皮肤出现紫色或紫红色瘀斑,喜卧,驱赶时尖叫,病程快的1～2 d死亡,病程长的可见后肢关节肿大,跛行,注射器穿刺有纤维素和脓汁,后期出现腹泻,该病可能是( )

A. 猪丹毒　B. 猪肺疫　C. 猪圆环病毒病
D. 仔猪副伤寒　E. 猪链球菌病

144. 春季,某奶牛表现消瘦、泌乳量下降,背部局部皮肤隆起,上有小孔,孔内有20 mm左右长的幼虫。该病可能是( )

A. 棘球蚴病　B. 贝诺孢子虫病　C. 肉孢子虫病
D. 牛皮蝇蛆病　E. 痒螨病

145. 夏季,某养鸡场雏鸡下痢,呼吸困难,口流鲜血,鸡冠和肉垂苍白;剖检见有全身性出血,内脏器官肿大,胸肌、腿肌和心包等处有针尖至粟粒大小的白色结节。防治该病的药物是( )

A. 吡喹酮　B. 阿苯达唑　C. 硫双二氯酚
D. 伊维菌素　E. 磺胺喹噁啉

146. 马,精神沉郁,呼吸困难,鼻孔流出粉红色泡沫状鼻液,脉搏跳动快,可视黏膜发绀,该病可能是( )

A. 肺泡气肿　B. 肺充血和肺水肿　C. 肺间质水肿
D. 支气管肺炎　E. 大叶性肺炎

147. 病牛运步小心谨慎,不愿下坡,站多卧少,病情时好时坏,在吸气、排粪、起卧过程中出现呻吟等疼痛表现。触诊剑状软骨后表现痛苦,躲闪,耆甲反射阳性,提示本病是( )

A. 创伤性网胃炎　B. 瓣胃阻塞　C. 瘤胃积食
D. 皱胃变位　E. 皱胃阻塞

148. 种公猪,3岁,精神沉郁,减食,脊背拱起,行动困难,腰部敏感,疼痛,尿量少,尿沉渣中有大量肾上皮细胞、白细胞、红细胞、可能的疾病是( )

A. 间质性肾炎　B. 急性肾炎　C. 膀胱麻痹
D. 膀胱炎　E. 尿道炎

149. 北京犬,雄性,6岁,发病1周,两后肢拘谨,不愿行走,排尿困难,直肠指检,于骨盆腔入口处触及一大而硬的核桃状团块,表面光滑无痛感。可能的临床诊断是( )
A. 直肠息肉　B. 尿道炎　C. 前列腺增生
D. 膀胱炎　E. 膀胱结石

150. 北京犬,8岁。精神沉郁,采食减少,不愿运动。体温、呼吸未见明显异常,但心音浑浊且间隔不等。诊断本病的血清生化检测指标应首选( )
A. 胆碱酯酶　B. 肌酸激酶　C. 碱性磷酸酶
D. 酸性磷酸酶　E. γ-谷氨酰胺转移酶

151. 家猫,雌性,2岁,前天突发呼吸抑制,张口呼吸,体温正常。X线侧位片见在肺和膈,肺和脊柱,肺和胸骨间有透明的间隙,显示为黑色,心脏向背侧提升,主动脉和后腔静脉非常清晰,中央肺部密度升高,最可能的诊断是( )
A. 气胸　B. 肺气肿　C. 肺水肿
D. 肺炎　E. 胸腔积液

152. 一病犬体温升高,流脓性鼻涕,经化验和X线摄片诊断为细菌性肺炎,血常规WBC和GR明显升高,其白细胞体积分布二峰图表现为( )
A. 左侧峰明显升高　B. 右侧峰明显升高　C. 左侧峰底明显增宽
D. 右侧峰底明显变窄　E. 左右两峰间距增宽

153. 某猪场2月龄左右仔猪出现发病,体温略为升高,被毛粗乱消瘦,食少,主要表现下痢,粪便呈红色或黑色,恶臭,含有肠黏膜碎片,有的有无色的胶冻样液体,主要表现大肠纤维素性出血性坏死性肠炎,该病可能是( )
A. 仔猪副伤寒　B. 猪肺疫　C. 猪痢疾
D. 猪丹毒　E. 仔猪红痢

154. 笼养蛋鸡群,280日龄,产软壳蛋和薄壳蛋数量增加,站立和移动困难,骨骼易折易弯曲,血清碱性磷酸酶活性升高,该病的发病原因不包括( )
A. 维生素D缺乏　B. 钙磷比例不当　C. 光照不足
D. 过早使用蛋鸡料　E. 硒-维生素E缺乏

155. 某鸡群,30日龄,病鸡食欲下降,生长缓慢,贫血,应用氯化钴治疗有效。本病鸡群最可能缺乏的维生素是( )
A. 维生素B_1　B. 维生素B_2　C. 维生素B_3
D. 维生素B_5　E. 维生素B_{12}

156. 放牧牛在误食喷洒农药的牧草后突然发病,主要表现为流涎,腹泻,腹痛,尿频,瞳孔缩小,胃肠蠕动音增强,治疗本病应使用的药物是( )
A. 亚甲蓝和维生素C　B. 亚硝酸钠和硫代硫酸钠　C. 解磷定和阿托品
D. 乙酰胺和维生素K_3　E. 苯妥英钠和葡萄糖酸钙

157. 某猪场猪突然发病,传播迅速,病猪跛行明显,表现蹄壳变形或脱落,卧地不能站立。部分猪在鼻镜、吻突、乳房等处皮肤出现大小不一的水泡,水泡很快破溃,露出边缘整齐的暗红色糜烂面,形成烂斑,死率较低。剖检死亡猪,见心包膜有弥散性出血点,心肌切面有灰白色或淡黄色斑点或条纹。该病可能是( )
A. 猪水泡病　B. 口蹄疫　C. 猪高热
D. 猪瘟　E. 猪圆环病毒感染

158. 2 岁奶牛,突然发病,腹围迅速增大,左肷窝明显突出、隆起,高于髋结节。触诊左腹壁紧张而富有弹性,听诊瘤胃蠕动音消失;呼吸高度困难,张口喘气,每分钟呼吸数达 83 次;病牛惊恐不安,时而回头顾腹,时而后肢踢腹,起卧不安,很快出现眼结膜发绀,行走摇晃。该病最可能的诊断是(　　)

A. 前胃迟缓　　B. 急性瘤胃臌气　　C. 创伤性网胃炎
D. 瘤胃积食　　E. 急性肺炎

159. 奶牛,6 岁,产后 3 周出现红尿,继而尿呈棕褐色,排尿次数增加,每次排尿量相对较少;尿液检查未见红细胞。血液凝固不良,红细胞数 2×10^{12}/L,血红蛋白含量 130 g/kg,可视黏膜苍白、黄染。最可能降低的是(　　)

A. 血清镁　　B. 血清磷　　C. 血清钠
D. 血清钾　　E. 血清氯

160. 京巴犬,雌性,4 岁,体重 5 kg,连续 6 d 应用地塞米松磷酸钠(25 mg/d)治疗,停药 2 d 后,病犬出现低血容量性休克。实验室检查,空腹血糖为 4.63 mmol/L。该犬可能的发病原因是(　　)

A. 肾上腺皮质增生　　B. ACTH 分泌过多　　C. 肾上腺腺瘤
D. 糖皮质激素使用不合理　　E. 胰岛素分泌不足

161. 母犬,5 岁,多尿,烦渴,头、背部及腹部多处对称性脱毛,抗菌药和抗真菌药治疗无效,诊断该病首选的检验方法是(　　)

A. 血常规　　B. 尿常规　　C. 肝功能分析
D. 血气分析　　E. ACTH 刺激试验

162. 有一奶牛,分娩后第二天突然发病,最初兴奋不安,食欲废绝,反刍停止,四肢肌肉震颤,站立不稳,舌伸出于口外,磨牙,行走时步态踉跄,后肢僵硬,左右摇晃,很快倒地,四肢屈曲于躯干之下,头转向胸侧,强行拉直,松手后又弯向原侧;以后闭目昏睡,瞳孔散大,反射消失,体温下降。该牛可能患的是(　　)

A. 产后败血症　　B. 脑炎　　C. 中毒
D. 低糖血症　　E. 生产瘫痪

163. 母犬,5 岁,未怀孕,就诊时精神沉郁,厌食,频做排尿姿势但无尿排出。3 d 后努责突然消失,下腹部增大,该犬患的疾病是(　　)

A. 膀胱破裂　　B. 子宫蓄脓　　C. 膀胱麻痹
D. 输尿管结石　　E. 肾结石

164. 犬,车祸后意识清醒,头颈不能抬起,四肢麻痹呈瘫痪状态,其受伤部位可能在(　　)

A. 大脑　　B. 脑干　　C. 颈部脊髓
D. 胸部脊髓　　E. 腰部脊髓

165. 马,3 岁,装蹄 5 d 后左前肢出现跛行,站立时不敢负重,运步时系部直立,触诊蹄温升高,指动脉搏动亢进,叩击患部有疼痛反应。该病可能是(　　)

A. 蹄变形　　B. 白线裂　　C. 蹄钉伤
D. 蹄叉腐烂　　E. 蹄裂

166. 奶牛,产后 12 d,体温 38.8℃,长时间采食少量饲草,厌食精料,排少量稀粪。腹围小,左侧肋部后下方局限性突起,在肩关节水平线上下听叩诊有钢管音。对该牛适宜的保守疗法是(　　)

A. 先右侧卧,然后转为仰卧,经左右摇晃后转为左侧卧
B. 先左侧卧,然后转为仰卧,经左右摇晃后转为右侧卧
C. 先呈俯卧姿势,然后以 90°的角度左右摇晃 30 min
D. 先呈仰卧姿势,然后以 90°的角度左右摇晃 30 min
E. 口服 10%氯化钠、氯化钾、氯化钙

167.猪,45日龄,做去势术,按照常规方法摘除睾丸后,处理切口的方式为(　　)

A.十字缝合　　B.内翻缝合　　C.结节缝合

D.单纯连续缝合　　E.切口不缝合

168.马驹,跛行,前肢掌、指关节屈曲、不易伸展,屈肌腱紧张。手术治疗本病的常用方法是切断(　　)

A.悬韧带　　B.深屈肌腱　　C.下翼状韧带

D.指总伸肌腱　　E.指浅屈肌腱

169.仔猪,哺乳后出现震颤、畏寒,粪便稀薄,检查发现结膜和齿龈黄染,体温正常,呼吸、心率加快,尿液红色。对该仔猪首选的处置措施是(　　)

A.肌内注射抗生素　　B.尽快让仔猪充分吮食母乳　　C.肌内注射铁钴注射液

D.肌内注射亚硒酸钠注射液　　E.立即停食母乳,实行代养或人工哺乳

170.小型犬,雄性,5岁,体温38.6℃,排粪困难。X线平片显示直肠前段有中高密度阴影,直肠指检,骨盆腔入口处有球形物压迫直肠。根治该病的有效方法是(　　)

A.尿道切开术　　B.结肠截除术　　C.直肠切开术

D.结肠切开术　　E.前列腺摘除术

171.成年犬,外耳道瘙痒、被毛着色、皮肤湿红。此犬最可能患(　　)

A.脓癣　　B.蠕形螨病　　C.念珠菌病

D.马拉色菌病　　E.犬小孢子菌病

172.北京犬,2岁,2009年8月的一天傍晚在户外嬉戏,遛了一大圈,回家洗澡后不久,即表现呼吸急速,耳根明显发热,腹底皮肤发烫,黏膜发绀,流泡沫样鼻液。医生检查体温41.5℃,呼吸72次/min,心跳102次/min,听诊肺部有湿啰音。该病最可能的诊断是(　　)

A.过敏　　B.中毒　　C.中暑

D.肺炎　　E.感冒

[A3/A4型题]

答题说明

以下提供若干个案例,每个案例下设若干个考题。请根据案例所提供的信息,在每一道考试题下面的A、B、C、D、E五个备选答案中选择一个最佳答案,并在答题卡上将相应题号的相应字母所属的方框涂黑。

(173～175题共用题干)

某猪场母猪发热,发生流产、产死胎和弱仔,新生仔猪出现败血症、死亡,公猪精液质量下降。剖检可见仔猪喉头出血,扁桃体坏死,脾脏边缘梗死,肾脏表面和肾乳头有出血点。

173.该病最可能是(　　)

A.猪瘟　　B.猪链球菌病　　C.猪伪狂犬病

D.猪乙型脑炎　　E.猪繁殖与呼吸综合征

174.活体检测母猪是否带毒,应采集母猪的样品是(　　)

A.关节液　　B.皮肤　　C.扁桃体

D.口腔分泌物　　E.鼻拭子

175.分离鉴定常用的细胞是(　　)

A.PK-15细胞　　B.肺泡巨噬细胞　　C.Mar-145细胞

D.Vero细胞　　E.BHK-21细胞

(176～178 题共用题干)

某猪场断奶仔猪突然发病，体温 40～41.5℃，病猪表现不食，精神沉郁，喜卧，有少部分病猪擦圈舍墙壁，病程长的猪两后肢不能站立，两前肢正常，有的四肢都不能站立，倒地四肢呈游泳状动作，1 周左右死亡，死亡率高，抗生素治疗效果差。

176. 该病可能是(　　)

A. 猪瘟　　B. 猪肺疫　　C. 猪伪狂犬病

D. 猪链球菌病　　E. 猪高热病

177. 剖解病变可能有(　　)

A. 脾脏边缘有出血性梗死　　B. 肾脏肿大有出血点　　C. 肺间质增宽

D. 肺充血、出血　　E. 肝脾肺肾等有白色坏死灶

178. 预防常用(　　)

A. 自家组织灭活苗　　B. 弱毒苗　　C. 灭活油乳剂苗

D. 基因工程苗　　E. 亚单位苗

(179～180 题共用题干)

某 3～4 月龄育肥猪群，消瘦，顽固性腹泻，用抗菌药物治疗无效，剖检见结肠壁有大量结节，肠腔内有大量长的线状虫体。

179. 该病是(　　)

A. 蛔虫病　　B. 食道口线虫病　　C. 肾虫病

D. 旋毛虫病　　E. 后圆线虫病

180. 治疗该病可选用的药物是(　　)

A. 丙硫咪唑　　B. 三氮脒　　C. 吡喹酮

D. 地克珠利　　E. 拉沙里菌素

(181～182 题共用题干)

一耕牛，采食较多干草后发病，食欲废绝，反刍、嗳气停止，精神变差，左腹部增大，听诊瘤胃蠕动音消失，触诊瘤胃内容物坚实，缺乏弹性，手压成坑，不易回复，体温正常，鼻镜干燥。

181. 该病最可能的诊断是(　　)

A. 前胃迟缓　　B. 瘤胃臌气　　C. 创伤性网胃炎

D. 瘤胃积食　　E. 心包炎

182. 叩诊该牛左肷部可能出现(　　)

A. 清音　　B. 金属音　　C. 实音

D. 鼓音　　E. 过清音

(183～185 题共用题干)

萨摩耶犬，3 月龄，2 日前突发呕吐，不食，少饮。昨日上午大便稀薄，下午便血，昨晚至今日上午呕吐 7 次，腹泻 6 次，体温 38.9℃，血液检查：白细胞数 11.8×10^{9}/L，红细胞 8.6×10^{12}/L，血红蛋白浓度 179 g/L，血小板 241×10^{9}/L，二氧化碳结合力 20 mmoL/L。

183. 血液检查还发现，该犬红细胞比容增至 63.1%，其原因最可能是(　　)

A. 脾血进入血液循环　　B. 红细胞产生增加　　C. 出血

D. 水肿　　E. 脱水

184. 矫正该犬水、电解质、酸碱平衡紊乱，静脉输液最适宜的液体组方是(　　)

A. 10%葡萄糖，5%葡萄糖　　B. 5%葡萄糖，5%碳酸氢钠　　C. 10%葡萄糖，5%碳酸氢钠

D. 5%葡萄糖，5%葡萄糖氯化钠　　E. 5%葡萄糖氯化钠，复方氯化钠

185. 平衡恢复的最佳血常规指标是(　　)

A. 红细胞比容　　B. 白细胞总数　　C. 红细胞总数

D. 血小板总数　　E. 血红蛋白浓度

(186～188题共用题干)

2岁耕牛,腹泻2月余,食欲减少,反刍异常,逐渐消瘦,被毛粗乱,无光泽,易脱落,行走缓慢,耕作无力,黏膜苍白,肝脏浊音区扩大,体温正常,经使用抗菌消炎药、助消化药和左旋咪唑等药物,治疗无效。

186. 对该牛病的进一步诊断最好(　　)

A. 采集粪便进行寄生虫检查　　B. 抽取血液进行寄生虫检查　　C. 宰杀后剖检检查有无寄生虫

D. 血液涂片镜检　　E. 采集尿液进行寄生虫检查

187. 该病最有可能是(　　)

A. 肝炎　　B. 胃肠炎　　C. 肝片吸虫病

D. 牛出败　　E. 犊牛新蛔虫病

188. 对该病最有效的治疗方法是(　　)

A. 抗菌消炎,保肝解毒　　B. 开胃健脾,涩肠止泻　　C. 利尿解毒,清理胃肠

D. 解热镇痛,保肝解毒　　E. 保肝驱虫,补液强心

(189～191题共用题干)

某牛场10%的牛发生羞明、流泪、痉挛,有浆液性或脓性分泌物,角膜浑浊,血管增生,有的病牛出现角膜溃疡,体温40.5～41.5℃,精神沉郁,食欲不振。

189. 最可能发生的疾病是(　　)

A. 外伤性角膜炎　　B. 传染性角膜炎　　C. 化学性角膜炎

D. 结膜炎　　E. 青光眼

190. 该病的主要病因是(　　)

A. 舍内氨气刺激　　B. 紫外线照射　　C. 异物刺激

D. 细菌感染　　E. 病毒感染

191. 治疗该病不宜使用的药物是(　　)

A. 金霉素眼膏　　B. 四环素眼膏　　C. 氧氟沙星滴眼液

D. 醋酸氢化可的松滴眼液　　E. 硫酸新霉素滴眼液

(192～194题共用题干)

母牛,发情周期正常,几个发情期的发情持续时间为3～5 d,常规配种后,均未受孕。

192. 该牛最可能患的疾病是(　　)

A. 卵泡囊肿　　B. 黄体囊肿　　C. 卵泡萎缩

D. 排卵延迟　　E. 卵巢机能减退

193. 该病最可能的原因是(　　)

A. 促卵泡激素分泌过多　　B. 促卵泡激素分泌不足　　C. 促黄体素分泌过多

D. 促黄体素分泌不足　　E. 雌激素分泌过多

194. 临床上治疗该病的首选药物是(　　)

A. 马绒毛膜促性腺激素　　B. 人绒毛膜促性腺激素　　C. 孕酮

D. 前列腺素　　E. 苯丙酸诺龙

(195～197题共用题干)

马,尿少色浓,频频干咳,昼轻夜重,痰少津干,低热不退,舌红少苔,脉细数。

195. 该病可辨证为(　　)

A. 肺气虚　　B. 肺阴虚　　C. 痰饮阻肺

D. 风寒束肺　　E. 风热犯肺

196.该病可能的治疗原则是(　　)

A. 补肺益气，止咳定喘　B. 滋阴生津，润肺止咳　C. 疏风散热，宣肺通气

D. 宣肺散寒，祛痰止咳　E. 清肺化痰，止咳平喘

197.该病证最适宜的治疗方剂是(　　)

A. 百合固金汤　B. 二陈汤　C. 麻黄汤

D. 麻杏石甘汤　E. 银翘散

(198～200 题共用题干)

马，突然发病，卷尾刨蹄，欲卧不卧，频频蹲腰努责，作排尿姿势，尿淋沥不畅，口干，舌红苔黄，脉象滑数。

198.该病可辨证为(　　)

A. 阴寒痛　B. 湿热痛　C. 食滞痛

D. 气胀痛　E. 尿结痛

199.治疗该病证的基础方剂为(　　)

A. 八正散　B. 桂心散　C. 郁金散

D. 消胀汤　E. 醋香附汤

200.针灸治疗该病证可选用的穴位为(　　)

A. 带脉　B. 莲花　C. 尾本

D. 肷俞　E. 大椎

2014 年 · 综合应用 · 答案与解析

考生姓名：　　　　　　　　　　　　　　　准考证号：

2015年全国执业兽医资格考试试卷

(兽医全科类)上午卷

（基础预防）

注 意 事 项

一、请按照要求，用蓝黑色或者黑色签字笔在答题卡上填写姓名、身份证号码、考点、考试地点、考场号、准考证号等信息，并用铅笔涂好准考证号。

二、试卷分为2部分，基础科目100小题，预防科目100小题，共200小题，考试时间为150分钟。各部分不单独计时，请考生自己合理分配时间。

三、监考人员宣布考试开始时，方可答题；宣布考试结束时，应立即停止答题。答题卡、题本一律反扣在桌面上，待监考人员确认数量无误，允许离开时，考生方可离开考场。如果考生违反了以上任何一项要求，都将影响考试成绩。

四、答案必须填涂在答题卡上，书写在试题本上的答案一律无效。

五、答题卡严禁折叠。

六、答题卡的正确填涂方式为：■，用其他符号填涂答案者不计分。

七、如要改动答案，必须先用橡皮擦去原来选定的答案，然后再按上面的规定重新作答。

基础科目

[A1 型题]

答题说明

每一道考试题下面有A、B、C、D、E五个备选答案,请从中选择一个最佳答案,并在答题卡上将相应题号的相应字母所属的方框涂黑。

1.《中华人民共和国动物防疫法》所称的动物产品不包括(　　)

A. 油脂　B. 胚胎　C. 血液　D. 皮革　E. 脏器

2. 现行国务院兽医主管部门确定的需强制免疫的动物疫病不包括(　　)

A. 猪瘟　B. 口蹄疫　C. 高致病性禽流感　D. 炭疽　E. 高致病性猪蓝耳病

3. 无规定动物疫病区的公布机关是(　　)

A. 国务院兽医主管部门　B. 省级兽医主管部门　C. 市级兽医主管部门　D. 县级兽医主管部门　E. 国务院兽医主管部门和卫生主管部门

4. 有权认定除重大动物疫情外的动物疫情的主体是(　　)

A. 县级人民政府　B. 县级人民政府卫生主管部门　C. 县级人民政府兽医主管部门　D. 县级动物卫生监督机构　E. 县级动物疫病预防控制机构

5.《中华人民共和国动物防疫法》规定,实施现场检疫的人员是(　　)

A. 官方兽医　B. 执业兽医师　C. 执业助理兽医师　D. 乡村兽医　E. 村级防疫员

6.《动物防疫条件审查办法》规定,动物饲养场距离动物和动物产品集贸市场的距离至少为(　　)

A. 200 m　B. 500 m　C. 1 000 m　D. 2 000 m　E. 3 000 m

7.《动物防疫条件审查办法》规定,出售供屠宰的动物,提前申报检疫的时限是(　　)

A. 1 d　B. 2 d　C. 3 d　D. 5 d　E. 15 d

8. 动物饲养场聘用经注册的执业兽医师不得从事的执业活动是(　　)

A. 对本场动物疾病的预防　B. 对本场动物疾病的诊断　C. 对本场动物疾病的治疗　D. 对本场动物疾病开具处方　E. 对本场外动物疾病进行诊断

9. 执业兽医向注册机关报告其上年度执业兽医活动情况的时限是每年的(　　)

A. 1月底　B. 2月底　C. 3月底　D. 4月底　E. 5月底

10. 申请设立动物诊疗机构应当提交的材料不包括(　　)

A. 动物诊疗许可证申请表　B. 动物诊疗场所地理方位图　C. 动物诊疗场所使用权证明　D. 执业助理兽医师资格证书原件及复印件　E. 执业兽医和服务人员的健康证明材料

11. 能够进行动物胸腔手术的动物诊疗机构,取得执业兽医师资格证书的从业人员至少应该有(　　)

A. 2名　B. 3名　C. 4名　D. 5名　E. 6名

12.重大动物疫情的报告义务人不包括( )

A.动物饲养者　B.饲养场所在地的村民委员会　C.从事动物运输的人员
D.从事动物疫情监测的人员　E.从事动物疫病研究的人员

13.根据《国家突发重大动物疫情应急预案》,在特别重大突发动物疫情的应急响应中,不属于兽医行政管理部门的职责是( )

A.划定疫点、疫区、受威胁区
B.发布封锁令、对疫区实施封锁
C.根据需要组织开展紧急免疫和预防用药
D.对新发现的动物疫情,及时开展有关技术标准和规范的培训工作
E.组织专家对突发重大动物疫情的处理情况进行综合评估

14.属于二类动物疫病的是( )

A.猪副伤寒　B.猪链球菌病　C.大肠杆菌病
D.李氏杆菌病　E.猪传染性胃肠炎

15.属于人畜共患病的是( )

A.猪瘟　B.牛瘟　C.布鲁氏菌病
D.肺腺瘤病　E.白斑综合征

16.不属于假兽药的是( )

A.以非兽药冒充兽药的　B.不标明有效期的
C.以他种兽药冒充此种兽药的　D.兽药所含成分的种类与兽药国家标准不符合的
E.兽药所含成分的名称与兽药国家标准不符合的

17.兽药经营企业应当建立质量管理档案,该档案的法定内容不包括( )

A.动物诊疗病历档案　B.人员档案　C.设备设施档案
D.供应商质量评估档案　E.进货及销售凭证

18.农业部第278号公告规定,用于治疗鱼类疾病的氟苯尼考粉的休药期为( )

A.100度日　B.200度日　C.275度日
D.375度日　E.500度日

19.属于食品动物禁用的兽药是( )

A.硫酸链霉素　B.硫酸卡那霉素　C.土霉素
D.氯霉素　E.青霉素

20.动物诊疗机构的病历档案保存期限不得少于( )

A.1年　B.2年　C.3年
D.5年　E.10年

21.动物细胞的遗传信息主要储存于( )

A.内质网　B.高尔基复合体　C.溶酶体
D.细胞核　E.过氧化物酶体

22.牛肩关节的特点是( )

A.有十字韧带　B.有悬韧带　C.有副韧带
D.无副韧带　E.无关节囊

23.组成髂肋肌沟的肌肉是( )

A.半棘肌与髂肋肌　B.头颈最长肌与髂肋肌　C.髂肋肌与夹肌
D.背腰最长肌与髂肋肌　E.髂肋肌与颈多裂肌

24. 皮下注射是指药物注入(　　)
A. 表皮内
B. 真皮乳头肌
C. 真皮网状层
D. 表皮与真皮之间
E. 浅筋膜

25. 家畜的肺分为左肺和右肺，其中右肺的特点是(　　)
A. 较小
B. 较大
C. 较圆
D. 较钝
E. 较尖

26. 形成蛋白尿时，蛋白质首先通过的肾结构是(　　)
A. 近端小管
B. 肾小管细段
C. 远端小管
D. 肾结合小管
E. 滤过膜

27. 副性腺只有前列腺的雄性家畜是(　　)
A. 马
B. 牛
C. 羊
D. 猪
E. 犬

28. 成熟卵泡破裂，释放出其中的卵细胞、卵泡液和一部分卵泡细胞的过程称为(　　)
A. 受精
B. 卵裂
C. 囊、胚形成
D. 排卵
E. 桑葚胚形成

29. 子宫角呈弯羊角状、子宫体较短的动物是(　　)
A. 马
B. 猪
C. 牛
D. 犬
E. 猫

30. 家畜心脏的正常形态是(　　)
A. 圆形
B. 扁圆形
C. 椭圆形
D. 圆柱形
E. 倒圆锥形

31. 心脏的传导系统包括窦房结、房室结、房室束和(　　)
A. 神经纤维
B. 神经原纤维
C. 肌原纤维
D. 胶原纤维
E. 浦金野氏纤维

32. 猫前肢采血的静脉是(　　)
A. 腋静脉
B. 头静脉
C. 臂静脉
D. 隐静脉
E. 正中静脉

33. 脊硬膜和椎管之间的腔隙是(　　)
A. 硬膜外腔
B. 脊髓中央管
C. 硬膜下腔
D. 蛛网膜下腔
E. 蛛网膜内腔

34. 位于眼球壁中层，具有调节视力作用的结构是(　　)
A. 虹膜
B. 睫状体
C. 角膜
D. 脉络膜
E. 巩膜

35. 具有内皮绒毛膜胎盘(环状胎盘)的动物是(　　)
A. 马
B. 牛
C. 羊
D. 猪
E. 犬

36. 用盐析法可将血浆蛋白分为(　　)
A. 白蛋白、球蛋白和纤维蛋白
B. 白蛋白、球蛋白和纤维蛋白原
C. 白蛋白、血红蛋白和纤维蛋白原
D. 白蛋白、血红蛋白和纤维蛋白
E. 血红蛋白、球蛋白和纤维蛋白原

37. 颈动脉体和主动脉体化学感受器可以感受的刺激是(　　)
A. 白蛋白含量变化
B. 氢离子浓度变化
C. 钠离子浓度变化
D. 钙离子浓度变化
E. 钾离子浓度变化

38. 吸气时胸膜腔内的压力变化是( )
A. 负压变化 B. 负压减小 C. 负压增大
D. 压力等于大气压 E. 压力大于大气压

39. 寒冷环境下,参与维持动物机体体温稳定的是( )
A. 冷敏神经元发放冲动频率减少 B. 深部血管舒张 C. 体表血管舒张
D. 甲状腺激素分泌减少 E. 骨骼肌战栗产热

40. 属于胆碱能受体的是( )
A. M受体和N受体 B. M受体和β受体 C. α受体和β受体
D. M受体和α受体 E. N受体和α受体

41. 细胞分泌的激素进入细胞间液,通过扩散到达靶细胞,发挥调节作用,这种信息传递方式是( )
A. 内分泌 B. 外分泌 C. 旁分泌
D. 自分泌 E. 神经内分泌

42. 下丘脑大细胞神经元分泌的主要激素是( )
A. 生长抑素 B. 催产素 C. 促性腺激素释放激素
D. 促黑激素释放抑制因子 E. 催乳素

43. 前列腺素E的生理功能之一是( )
A. 抑制精子的成熟 B. 抑制卵子的成熟 C. 松弛血管平滑肌
D. 松弛胃肠道平滑肌 E. 促进胃酸分泌

44. 属于自发性排卵的动物是( )
A. 猫 B. 兔 C. 骆驼
D. 猪 E. 水貂

45. 含支链的必需氨基酸是( )
A. 蛋氨酸 B. 亮氨酸 C. 苏氨酸
D. 赖氨酸 E. 色氨酸

46. 离子利用ATP逆浓度梯度过膜转运的方式是( )
A. 被动转运 B. 促进扩散 C. 内吞作用
D. 主动转运 E. 胞吐作用

47. 动物发生急性胰腺炎时,血清中活性显著升高并具有诊断意义的是( )
A. 丙氨酸转移酶 B. 天冬氨酸转移酶 C. 碱性磷酸酶
D. 淀粉酶 E. 肌酸激酶

48. 三羧酸循环中可以通过转氨形成氨基酸的酮酸是( )
A. 延胡索酸 B. 柠檬酸 C. 苹果酸
D. 异柠檬酸 E. 草酰乙酸

49. 可以在醌式结构和酚式结构之间互变的递氢体是( )
A. NAD^+ B. FMN C. FAD
D. CoA E. CoQ

50. 血液中转运内源性甘油三酯的脂蛋白是( )
A. 乳糜微粒 B. 极低密度脂蛋白 C. 低密度脂蛋白
D. 高密度脂蛋白 E. 游离脂肪酸结合蛋白

51. 动物氨基酸代谢中产生游离氨的反应是( )
A. 脱羧 B. 异构 C. 缩合
D. 转氨 E. 脱氨

52.胞嘧啶核苷三磷酸(CTP)除了用于核酸合成外,还参与(　　)
A.磷脂合成　B.糖原合成　C.蛋白质合成
D.脂肪合成　E.胆固醇合成

53.血红蛋白分子中包含的金属离子是(　　)
A.镁离子　B.铁离子　C.锌离子
D.锰离子　E.铜离子

54.结缔组织基质中的主要糖成分是(　　)
A.糖胺聚糖　B.壳多糖　C.葡萄糖
D.乳糖　E.糖原

55.不属于化学性致病因素的是(　　)
A.强酸、强碱　B.蛇毒　C.芥子气
D.紫外线　E.有机磷农药

56.动物发生转移性钙化时,出现(　　)
A.血磷不变　B.血钙不变　C.血钙升高
D.血钙降低　E.血磷降低

57.从静脉注入空气所形成的空气性栓子主要栓塞的器官是(　　)
A.大脑　B.肺脏　C.肾脏
D.肝脏　E.脾脏

58.休克早期机体微循环变化的特征是(　　)
A.缺血　B.淤血　C.凝血
D.出血　E.充血

59.动物发生全身性萎缩时,最早萎缩的组织或器官是(　　)
A.心脏　B.肝脏　C.肾脏
D.脂肪　E.垂体

60.高渗性脱水的特点是(　　)
A.细胞外液容量减少,渗透压降低　B.细胞外液容量增加,渗透压降低
C.细胞外液容量减少,渗透压升高　D.细胞外液容量增加,渗透压升高
E.细胞外液容量减少,细胞内液容量增加

61.上呼吸道狭窄可以引起(　　)
A.血液性缺氧　B.低张性缺氧　C.缺血性缺氧
D.瘀血性缺氧　E.组织性缺氧

62.在应激原作用下,细胞表达明显增加的蛋白是(　　)
A.角蛋白　B.热休克蛋白　C.纤维蛋白
D.白蛋白　E.胶原蛋白

63.疏松结缔组织内发生的弥漫性化脓性炎称为(　　)
A.纤维素性炎　B.蜂窝织炎　C.浆液性炎
D.出血性炎　E.变质性炎

64.鳞状细胞癌的癌细胞来源于(　　)
A.上皮组织　B.神经组织　C.脂肪组织
D.纤维组织　E.肌肉组织

65.原发性肾小球肾炎的发病机制是(　　)
A.内源性毒物损伤　B.外源性毒物损伤　C.应激反应
D.缺血损伤　E.变态反应

66. 进行牛的尸体剖检时通常采用(　　)
A. 左侧卧位　　B. 背卧位　　C. 右侧卧位
D. 腹卧位　　E. 吊挂式

67. 药物在畜禽组织中的浓度高于血浆浓度时显示(　　)
A. 药时曲线下面积　　B. 表现分布容积大　　C. 峰浓度高
D. 生物利用度大　　E. 消除半衰期长

68. 在我国,目前可以用作猪促生长剂的药物是(　　)
A. 雌二醇　　B. 沙丁胺醇　　C. 碘化酪蛋白
D. 喹乙醇　　E. 地西泮

69. 用于犬手术皮肤消毒的乙醇最佳浓度是(　　)
A. 95%　　B. 85%　　C. 75%
D. 65%　　E. 55%

70. 东莨菪碱的药理作用机制是(　　)
A. 阻断M受体　　B. 兴奋M受体　　C. 阻断N受体
D. 兴奋N受体　　E. 阻断α受体

71. 对犬进行诱导麻醉时,首选的药物是(　　)
A. 硫喷妥钠　　B. 戊巴比妥钠　　C. 氯胺酮
D. 异氟烷　　E. 水合氯醛

72. 具有较强解热作用的药物是(　　)
A. 替泊沙林　　B. 安乃近　　C. 保泰松
D. 氢化可的松　　E. 地塞米松

73. 兽医临床上氨茶碱主要用于(　　)
A. 平喘　　B. 抗过敏　　C. 导泻
D. 镇痛　　E. 抗炎

74. 强心苷类药物不具有的药理作用是(　　)
A. 正性肌力　　B. 负性心率　　C. 收缩血管
D. 继发性利尿　　E. 心肌耗氧减少

75. 用于治疗犬干眼病的药物是(　　)
A. 维生素A　　B. 维生素D　　C. 维生素K
D. 维生素C　　E. 维生素E

76. 可以用乙酰胺解救的动物中毒病是(　　)
A. 有机氟中毒　　B. 亚硝酸盐中毒　　C. 有机磷中毒
D. 有机砷中毒　　E. 氰化物中毒

[B1型题]

答题说明

以下提供若干组考题,每组考题共用在考题前列出的A、B、C、D、E五个备选答案。请从中选择一个与问题关系最密切的答案,并在答题卡上将相应题号的相应字母所属的方框涂黑。某个备选答案可能被选择一次、多次或不被选择。

(77～79题共用备选答案)
A. 马　　B. 牛　　C. 猪
D. 犬　　E. 兔

77.盲肠呈逗点状的动物是(　　)
78.盲肠呈螺旋状弯曲的动物是(　　)
79.回肠与盲肠交界处有圆小囊的动物是(　　)
(80～81题共用备选答案)
A.睾丸　　B.卵巢　　C.肾
D.输精管　　E.膀胱
80.与家畜相比,家禽缺失的泌尿器官是(　　)
81.鸡仅左侧正常发育的生殖器官是(　　)
(82～83题共用被选答案)
A.物质和气体交换　　B.淋巴液回流　　C.参与体温调节
D.感受刺激　　E.控制微循环血流量
82.毛细血管前括约肌的主要功能是(　　)
83.真毛细血管的主要生理功能是(　　)
(84～85题共用备选答案)
A.糖酵解途径　　B.2,3-二磷酸甘油酸支路　　C.柠檬酸循环
D.糖醛酸循环　　E.磷酸戊糖途径
84.为哺乳动物红细胞生理活动提供所需能量的主要途径是(　　)
85.与调节血红蛋白和氧的亲和力有密切联系的途径是(　　)
(86～87题共用备选答案)
A.气球样变　　B.水泡变性　　C.颗粒变性
D.脂肪变性　　E.透明变性
86.病死犬,死前出现蛋白尿,肾脏组织病理学观察可见肾小管上皮细胞内有大小不一、均质红染的滴状物,此病变为(　　)
87.病死犬,肾脏组织病理学观察可见肾小管上皮细胞内有大小不一的空泡,油红染色呈橘红色,此病变为(　　)
(88～89题共用备选答案)
A.蓄脓　　B.脓性卡他　　C.脓肿
D.蜂窝织炎　　E.坏疽
88.发生在组织内的局限性化脓性炎是(　　)
89.发生在黏膜表面的化脓性炎是(　　)
(90～91题共用备选答案)
A.泰万菌素　　B.苯唑西林　　C.黏菌素
D.氨苄青霉素　　E.灰黄霉素
90.治疗耐青霉素金黄色葡萄球菌引起的奶牛乳腺炎时,用于乳房注入的药物是(　　)
91.可用于治疗犊牛、马属动物皮肤真菌病的药物是(　　)
(92～93题共用备选答案)
A.马拉硫磷　　B.非泼罗尼　　C.氯丙嗪
D.常山酮　　E.三氮脒
92.防治鸡群球虫感染的药物是(　　)
93.治疗放牧黄牛牛皮蝇蛆感染的药物是(　　)

[A2 型题]

答 题 说 明

每一道考题是以一个小案例出现的,其下面都有A、B、C、D、E五个备选答案。请从中选择一个最佳答案,并在答题卡上将相应题号的相应字母所属的方框涂黑。

94.某病牛,颜面肿胀、隆起,叩诊浊音。低头或摇头时,鼻孔流出脓性鼻液。该病最常发生的部位是(　　)

A.额窦　　B.上颌窦　　C.蝶窦

D.筛窦　　E.下颌窦

95.牛因创伤失血,导致尿量减少,经测定动脉血压降至正常值的70%。其尿量减少的机制是(　　)

A.肾小球毛细血管血压下降　　B.囊内压下降　　C.血浆胶体渗透压下降

D.血浆晶体渗透压下降　　E.滤过膜通透性下降

96.病鸡行动迟缓,剖检见心包膜、肝和肾被膜及输尿管浆膜上有大量石灰样物质沉积,该沉积物是(　　)

A.磷酸盐　　B.碳酸盐　　C.尿酸盐

D.草酸盐　　E.硫酸盐

97.5日龄仔猪,出现血痢,疑为厌氧菌感染。防治该病应选择的药物是(　　)

A.酮康唑　　B.左旋咪唑　　C.磺胺对甲氧嘧啶

D.甲硝唑　　E.喹乙醇

[A3/A4 型题]

答 题 说 明

以下提供若干个案例,每个案例下设若干个考题。请根据案例所提供的信息,在每一道考试题下面的A、B、C、D、E五个备选答案中选择一个最佳答案,并在答题卡上将相应题号的相应字母所属的方框涂黑。

(98～100题共用题干)

家兔,出现神经症状,血液学检查见单核细胞数量明显增多,剖检见肝脏表面有坏死灶,脑内有细小化脓灶。脑组织切片检查见血管套现象。

98.该病原可能是(　　)

A.巴氏杆菌　　B.李氏杆菌　　C.布氏杆菌

D.大肠杆菌　　E.链球菌

99.为确诊,须进一步检查的项目是(　　)

A.血常规检查　　B.尿常规检查　　C.抗体检查

D.细胞培养　　E.病原分离鉴定

100.病兔的脑炎病灶中,形成血管套的主要炎性细胞是(　　)

A.嗜酸性粒细胞　　B.中性粒细胞

C.单核细胞　　D.淋巴细胞

E.浆细胞

2015年·基础科目·答案与解析

预防科目

[A1型题]

答题说明

每一道考试题下面有A、B、C、D、E五个备选答案,请从中选择一个最佳答案,并在答题卡上将相应题号的相应字母所属的方框涂黑。

101. 细菌在固体培养基上生长形成的菌落连成一片,称为( )
A. 菌丝 B. 菌膜 C. 菌苔
D. 菌团 E. 菌胶团

102. 革兰氏阳性菌细胞壁特有的组分是( )
A. 蛋白质 B. 脂质 C. 脂多糖
D. 磷壁酸 E. 肽聚糖

103. 与细菌黏附细胞有关,只能在电子显微镜下观察到的结构是( )
A. 普通菌毛 B. 性菌毛 C. 鞭毛
D. 荚膜 E. 芽孢

104. 必须在无氧条件下才能生长繁殖的细菌是( )
A. 大肠杆菌 B. 炭疽芽孢杆菌 C. 破伤风梭菌
D. 伤寒沙门氏菌 E. 金黄色葡萄球菌

105. 有助于病原菌在动物组织中扩散的细菌产物是( )
A. 内毒素 B. 肠毒素 C. 细菌素
D. 卵磷脂酶 E. 色素

106. 与内毒素相比,细菌外毒素具有的特性是( )
A. 化学成分是脂多糖 B. 耐热 C. 毒性弱
D. 免疫原性弱 E. 免疫原性强

107. 可以用于检测细菌遗传物质的方法是( )
A. 涂片镜检 B. 分离培养 C. 生化试验
D. 聚合酶链式反应 E. 免疫转印

108. 实验室空气消毒常用的方法是( )
A. 紫外线照射 B. α射线照射 C. β射线照射
D. γ射线照射 E. X射线照射

109. 禽霍乱的病原是( )
A. 多杀性巴氏杆菌 B. 大肠杆菌 C. 沙门氏菌
D. 鸡毒支原体 E. 衣原体

110. 与病毒囊膜特性或功能无关的是( )
A. 保护病毒核酸 B. 介导病毒吸附易感细胞 C. 对脂溶剂敏感
D. 抗原性 E. 为病毒复制提供遗传信息

111. 必须用活细胞才能培养的微生物是( )
A. 霉菌 B. 放线菌 C. 病毒
D. 支原体 E. 酵母菌

112. 用空斑试验进行病毒定量时,应选用( )
A. 鸡胚 B. 细胞 C. 实验动物
D. 宿主动物 E. 合成培养基

113. 产蛋下降综合征病毒属于(　　)

A. 疱疹病毒科　　B. 腺病毒科　　C. 冠状病毒科
D. 动脉炎病毒科　　E. 反转录病毒科

114. 与牛瘟病毒存在明显交叉抗原性的病毒是(　　)

A. 伪狂犬病毒　　B. 牛病毒性腹泻病毒　　C. 牛暂时热病毒
D. 小反刍兽疫病毒　　E. 口蹄疫病毒

115. 引起机体发热反应的热源质属于(　　)

A. 单糖　　B. 核酸　　C. 多糖
D. 氨基酸　　E. 脂多糖

116. 在消化道黏膜免疫中发挥主要作用的抗体类型是(　　)

A. IgG　　B. IgM　　C. IgA
D. IgE　　E. IgD

117. 参与特异性细胞免疫应答的主要效应细胞是(　　)

A. 辅助性 T 细胞和浆细胞
B. 抑制性 T 细胞和浆细胞
C. 自然杀伤细胞和辅助性 T 细胞
D. 自然杀伤细胞和抑制性 T 细胞
E. 细胞毒性 T 细胞和迟发型变态反应 T 细胞

118. 因亲代血型抗原差异较大,而易出现新生畜溶血性贫血的动物是(　　)

A. 马　　B. 驴　　C. 骡
D. 猪　　E. 牛

119. 可以用于人工被动免疫的物质是(　　)

A. 内毒素　　B. 外毒素　　C. 抗生素
D. 类毒素　　E. 抗毒素

120. 预防鸡马立克氏病的火鸡疱疹病毒疫苗属于(　　)

A. 灭活疫苗　　B. 核酸疫苗　　C. 异源疫苗
D. 亚单位疫苗　　E. 基因工程重组活载体疫苗

121. 琼脂扩散试验中,需用 8%～10% 氯化钠溶液稀释血清的待检动物是(　　)

A. 猪　　B. 马　　C. 牛
D. 羊　　E. 禽

122. 属于标记抗体技术的是(　　)

A. 琼脂扩散试验　　B. 免疫电泳试验　　C. 玻片凝集试验
D. 酶联免疫吸附试验　　E. 补体结合试验

123. 当前,我国列为一类动物疫病的是(　　)

A. 绵羊痘和山羊痘　　B. 布鲁氏菌病　　C. 牛流行热
D. 牛病毒性腹泻-黏膜病　　E. 牛传染性鼻炎

124. 不属于动物传染病实验室诊断方法的是(　　)

A. 病理组织学诊断　　B. 微生物学诊断　　C. 免疫学诊断
D. 分子生物学诊断　　E. 流行病学调查

125. 属于季铵盐类阳离子表面活性消毒剂的是(　　)

A. 福尔马林　　B. 过氧乙酸　　C. 新洁尔灭
D. 来苏儿　　E. 菌毒敌

126.对炭疽杆菌最易感的动物是(　　)

A.猪　　B.牛　　C.犬

D.鸡　　E.貂

127.应用鼻疽菌素变态反应检疫马鼻疽,常用的方法是(　　)

A.耳部皮下注射法　　B.眼睑皮内注射法　　C.点眼法

D.颈部皮内注射法　　E.尾根注射法

128.牛副结核病引起肠系膜淋巴结的主要病理变化是(　　)

A.充血　　B.出血　　C.瘀血

D.肿大　　E.萎缩

129.目前防止非洲猪瘟传入我国的最关键措施是(　　)

A.开展流行病学调查　　B.控制边境虫媒传播　　C.严格入境检疫

D.易感猪接种疫苗　　E.易感猪接种高免血清

130.接种猪水泡病病料后,可以致死的实验动物是(　　)

A.1～2日龄小鼠　　B.7～9日龄小鼠　　C.2周龄小鼠

D.2周龄家兔　　E.2周龄雏鸡

131.猪群发生猪传染性胃肠炎,病死率最高的是(　　)

A.10日龄以内仔猪　　B.5周龄猪　　C.育肥猪

D.初产母猪　　E.经产母猪

132.猪丹毒传播途径不包括(　　)

A.饲料传播　　B.饮水传播　　C.伤口传播

D.土壤传播　　E.胎盘传播

133.具有较明显季节性和周期性流行特点的牛传染病是(　　)

A.牛出血性败血病　　B.牛流行热　　C.牛传染性鼻气管炎

D.结核病　　E.布鲁氏菌病

134.用SPF鸡胚分离新城疫病毒时,病料接种的部位是(　　)

A.卵黄囊　　B.尿囊膜　　C.尿囊腔

D.羊膜　　E.羊膜腔

135.鸡传染性喉气管炎病鸡的气管和喉头黏膜上皮细胞内可见(　　)

A.胞浆内嗜酸性包涵体　　B.胞浆内嗜碱性包涵体　　C.胞核内嗜酸性包涵体

D.胞核内嗜碱性包涵体　　E.胞浆内和胞核内嗜碱性包涵体

136.鸭浆膜炎的特征性病变是(　　)

A.食道和泄殖腔黏膜出血　　B.心包、气囊和肝脏表面纤维素性渗出炎症

C.出血性、坏死性肠炎　　D.气管、支气管黏膜卡他性炎症

E.脾脏和肾脏肿大

137.对犬瘟热流行病学的正确叙述是(　　)

A.不能经眼结膜传染　　B.不能经交配传染　　C.熊猫不易感

D.水貂易感　　E.夏季较为多发

138.急性型水貂阿留申病,患貂死前常见的症状是(　　)

A.抽搐、痉挛　　B.严重腹泻　　C.高热稽留

D.贫血　　E.消瘦

139.家蚕质型多角体病的典型病理变化是(　　)

A.血液浑浊　　B.前肠发白　　C.中肠发白

D.后肠发白　　E.脂肪体崩解

140. 蜜蜂美洲幼虫腐臭病发生的季节是( )
A. 春季 B. 夏季 C. 秋季
D. 冬季 E. 任何季节

141. 寄生虫成虫寄生的动物称为( )
A. 终末宿主 B. 中间宿主 C. 补充宿主
D. 贮藏宿主 E. 保虫宿主

142. 寄生虫的间接发育型是指寄生虫在发育过程中需要( )
A. 中间宿主 B. 贮藏宿主 C. 转运宿主
D. 保虫宿主 E. 带虫宿主

143. 可以用幼虫培养法鉴定种类的寄生虫是( )
A. 蜱 B. 昆虫 C. 线虫
D. 棘头虫 E. 绦虫

144. 驱虫药的选择原则不包括( )
A. 高效 B. 低毒 C. 广谱
D. 使用方便 E. 对成虫和幼虫均有效

145. 华支睾吸虫感染终末宿主的发育阶段是( )
A. 毛蚴 B. 胞蚴 C. 雷蚴
D. 尾蚴 E. 囊蚴

146. 疥螨在动物体内的主要寄生部位是( )
A. 毛发 B. 皮肤表面 C. 表皮内
D. 真皮内 E. 皮下组织

147. 在环形泰勒虫发育的“石榴体”阶段,虫体见于牛羊的( )
A. 红细胞 B. 嗜酸性粒细胞 C. 淋巴细胞
D. 中性粒细胞 E. 嗜碱性粒细胞

148. 胎生网尾线虫成虫在牛体内寄生的器官是( )
A. 肝脏 B. 心脏 C. 肺脏
D. 小肠 E. 大肠

149. 马胃线虫的中间宿主是( )
A. 蚊 B. 虻 C. 虱
D. 蝇 E. 蜱

150. 鸡皮刺螨的发育阶段不包括( )
A. 虫卵 B. 幼虫 C. 若虫
D. 蛹 E. 成虫

151. 犬巴贝斯虫的传播媒介是( )
A. 蝇 B. 蚊 C. 蜱
D. 虱 E. 蟑螂

152. 犬猫钩虫病的病原不包括( )
A. 犬钩口线虫 B. 巴西钩口线虫 C. 狭首弯口线虫
D. 美洲板口线虫 E. 长尖球首线虫

153. 犬恶丝虫的幼虫是( )
A. 毛蚴 B. 裂头蚴 C. 六钩蚴
D. 微丝蚴 E. 棘球蚴

154. 临床上常见的兔球虫病类型是( )
A. 肾型
B. 盲肠型
C. 小肠型
D. 肝型
E. 混合型

155. 可以用于防治狄斯蜂螨病的药物是( )
A. 乙醇
B. 甲醇
C. 甲酸
D. 甲醛
E. 氨水

156. 滴滴涕在畜禽体内蓄积的主要部位是( )
A. 皮肤
B. 脂肪
C. 肌肉
D. 肝脏
E. 肾脏

157. 人类食物中毒的主要特点不包括( )
A. 有病因食物
B. 呈爆发性
C. 有传染性
D. 潜伏期短
E. 有类似症状

158. 属于人源性人畜共患病的是( )
A. 狂犬病
B. 戊型肝炎
C. 结核病
D. 炭疽
E. 森林脑炎

159. 对高致病性禽流感病鸡扑杀后,应做的处理措施是( )
A. 高温处理
B. 化制处理
C. 销毁处理
D. 煮沸处理
E. 化学消毒

160. 动物诊疗场所选址,距离动物交易场所应不少于( )
A. 100 m
B. 200 m
C. 500 m
D. 1 000 m
E. 3 000 m

161. 生鲜牛乳中来源于病畜的致病菌主要是( )
A. 气肿疽梭菌
B. 牛嗜血杆菌
C. 金黄色葡萄球菌
D. 枯草杆菌
E. 腐败梭菌

[B1 型题]

答题说明

以下提供若干组考题,每组考题共用在考题前列出的A、B、C、D、E五个备选答案。请从中选择一个与问题关系最密切的答案,并在答题卡上将相应题号的相应字母所属的方框涂黑。某个备选答案可能被选择一次、多次或不被选择。

(162～164题共用备选答案)
A. 猪链球菌
B. 布鲁氏菌
C. 副猪嗜血杆菌
D. 金黄色葡萄球菌
E. 多杀性巴氏杆菌

162. 成年种公猪,不定期发热,睾丸肿大,后肢麻痹,跛行。关节液涂片,柯兹洛夫斯基染色和革兰氏染色均见红色球杆菌。该病最可能的病原是( )

163. 2月龄猪,关节肿胀,跛行。关节液涂片,革兰氏染色见蓝紫色、短链状排列的细菌。该病最可能的病原是( )

164. 2月龄猪,被毛粗乱,消瘦,关节肿胀。关节液涂片,瑞氏染色见两极浓染的短杆菌;体外培养时需供给X因子和V因子。该病最可能的病原是( )

(165～167题共用备选答案)
A. 猪繁殖与呼吸综合征病毒
B. 猪瘟病毒
C. 日本脑炎病毒
D. 猪水疱病病毒
E. 猪圆环病毒2型

165. 怀孕母猪流产,体温 41℃,耳部发绀。产出仔猪呼吸困难,剖检见间质性肺炎,肺门淋巴结肿大、出血,未见其他病变。该病最可能的病原是( )

166. 某保育猪群,生长整齐度差,少数仔猪消瘦,皮肤苍白,眼睑水肿,腹泻,黄疸。剖检见间质性肺炎,淋巴结肿大,肾脏表面有白斑。该病最可能的病原是( )

167. 3 月龄猪,体温 41℃,全身皮肤有出血点,死亡迅速。剖检见喉头有出血点,扁桃体有坏死灶,脾脏边缘有出血性梗死灶,肾脏见大小不一的出血点。该病最可能的病原是( )

(168～170 题共用备选答案)

A. IgG　　B. IgM　　C. IgA
D. IgD　　E. IgE

168. 10 日龄雏鸡接种传染性法氏囊病疫苗,最先产生的抗体的免疫球蛋白类型是( )

169. 猪传染性胃肠炎疫苗免疫妊娠母猪,新生仔猪吸吮初乳获得的抗体的免疫球蛋白类型是( )

170. 新城疫灭活疫苗再次免疫蛋鸡群,14 d 后产生的血清抗体的免疫球蛋白类型是( )

(171～173 题共用备选答案)

A. 羔羊大肠杆菌病　　B. 羊猝疽　　C. 羊肠毒血症
D. 羔羊痢疾　　E. 羊李氏杆菌病

171. 某羊场 2 月龄山羊发病,体温 42℃,精神委顿,结膜充血,随后出现明显的神经症状。剖检见心包和胸腔积液,内含纤维蛋白,用庆大霉素治疗有效。该病最可能的诊断是( )

172. 某羊场 5 只 1～2 岁绵羊发病,卧地,腹胀,痉挛,眼球突出,发病数小时内死亡。剖检见十二指肠和空肠黏膜严重充血、糜烂,死后 8 h 剖检,肌肉切面有气性裂孔,流出带气泡的血样液体,有酸腐味。该病最可能的诊断是( )

173. 某羊场 4 月龄绵羊发病,体温 41℃,流泪,流涎,吞咽困难。部分羊做转圈运动,颈项强硬。血液涂片镜检发现呈 V 字形排列的革兰氏阳性小杆菌。该病最可能的诊断是( )

(174～176 题共用备选答案)

A. 球首线虫　　B. 类圆线虫　　C. 疥螨
D. 痒螨　　E. 蠕形螨

174. 某猪场,仔猪皮肤局部出现红斑、丘疹、痒感,两周后腹泻。粪便检查见多量卵圆形虫卵,内含折刀样幼虫。该病最可能的病原是( )

175. 某猪场,母猪头部、体侧剧痒,脱毛,结痂,龟裂。刮取皮肤病料镜检,见多量龟形虫体,有 4 对足,后 2 对不伸出体缘外侧。该病最可能的病原是( )

176. 某牛场,肉牛颈、肩部皮肤奇痒,脱毛,结痂,增厚。刮取皮肤病料镜检,见多量长圆形虫体,4 对足均伸出体缘外侧。该病最可能的病原是( )

(177～179 题共用备选答案)

A. 氟中毒　　B. 镉中毒　　C. 汞中毒
D. 铅中毒　　E. 砷中毒

177. 某冶炼厂周边部分居民长期食用当地出产的畜产品后,出现骨质疏松、骨质软化、骨骼疼痛、容易骨折等症状,有些患者肾绞痛、高血压、贫血。该病最可能的诊断是( )

178. 某地居民长期饮用井水,出现食欲不振、多发性神经炎、脱发,皮肤色素沉着和高度角化等症状,经医院检查患者血和尿中某种元素含量很高。该病最可能的诊断是( )

179. 某矿区很多居民牙齿的釉质失去正常光泽,出现黄褐色条纹,形成凹痕,硬度减弱,质脆易碎或断裂,常早期脱落。患者骨骼变形,容易骨折,行走困难,跛行。该病最可能的诊断是( )

[A2 型题]

答题说明

每一道考题是以一个小案例出现的,其下面都有 A、B、C、D、E 五个备选答案。请从中选择一个最佳答案,并在答题卡上将相应题号的相应字母所属的方框涂黑。

180.8 日龄雏鸡,排稀薄、糊状粪便。病料接种麦康凯琼脂,长出无色透明的小菌落,菌落涂片,革兰氏染色镜检,见红色杆菌。该病最可能的病原是( )

A. 大肠杆菌　B. 沙门氏菌　C. 巴氏杆菌
D. 李氏杆菌　E. 布鲁氏菌

181.2 月龄兔,流黏脓性鼻液。鼻液接种麦康凯琼脂,长出蓝灰色菌落,周围有狭窄的红色环,培养基呈琥珀色,菌落涂片,革兰氏染色镜检见红色杆菌。该病最可能的病原是( )

A. 支气管败血波氏杆菌　B. 多杀性巴氏杆菌　C. 产单核细胞李氏杆菌
D. 大肠杆菌　E. 沙门氏菌

182.3 月龄鸡,呼吸困难,鸡冠、脚鳞出血,肛门拭子经抗生素处理后接种鸡胚,尿囊液有血凝性。为确定该病原是否为高致病力毒株,OIE 规定的试验是( )

A. 雏鸡致病力试验　B. 鸡胚致病力试验　C. 细胞感染试验
D. 空斑试验　E. 唾液酶水解试验

183.1 周龄鸭,全身抽搐,角弓反张,死亡。剖检见肝脏肿大、出血,病料接种 9 日龄鸡胚,3 d 后鸡胚死亡、胚液发绿。该病最可能的病原是( )

A. 禽流感病毒　B. 鸭瘟病毒　C. 番鸭细小病毒
D. 新城疫病毒　E. 鸭肝炎病毒

184.某 1000 只肉鸡群,4 周内发病 500 只,死亡 300 只。该病的病死率是( )

A. 20%　B. 30%　C. 40%
D. 50%　E. 60%

185.犬,3 岁,精神沉郁,1 周后逐渐对声音和光线刺激敏感,狂躁不安,攻击主人。病理组织学检查,见大脑海马角神经细胞基质内出现内基小体。该病最可能的诊断是( )

A. 伪狂犬病　B. 狂犬病　C. 犬瘟热
D. 犬细小病毒病　E. 犬传染性肝炎

186.某种猪场部分母猪体温高达 41℃,呈稽留热,四肢皮肤有出血点。剖检见全身淋巴结肿大,切面边缘出血性梗死,肾脏表面有大小不一的出血点。该场母猪还可能出现的临床症状是( )

A. 繁殖障碍　B. 水样腹泻　C. 瘙痒
D. 皮炎　E. 黄疸

187.2 月初,某肉牛场部分牛发病,体温高达 41℃,鼻黏膜充血,见浅表溃疡,流出多量黏脓性鼻液,呼吸困难,呼气中有臭味,鼻镜部充血发红。该牛场病死率最高的牛的年龄段是( )

A. 2 月龄内　B. 3~6 月龄　C. 7~12 月龄
D. 1~2 岁　E. 3~5 岁

188.在 3 d 内,某 230 头牛群中有 18 头牛发病。病初体温升高,达 41~42℃,主要表现为精神沉郁,食欲废绝,呼吸困难,流浆液性鼻液,舌肿大发绀,咽喉及下颌水肿,抗生素治疗有一定效果。该病最可能的诊断是( )

A. 牛病毒性腹泻-黏膜病　B. 牛传染性胸膜肺炎　C. 牛流行热
D. 牛传染性鼻气管炎　E. 牛出血性败血病

189.某 6 周龄肉鸡群中部分鸡出现跛行,卧地懒动,跗关节肿胀,关节囊及腱鞘水肿,关节腔内有浅黄色

渗出物。该病最可能的诊断是(　　)

A. 鸡传染性支气管炎　　B. 鸡病毒性关节炎　　C. 禽出败
D. 鸡传染性法氏囊病　　E. 鸡新城疫

190. 某猪群食欲废绝,高热稽留,呼吸困难,体表淋巴结肿大,皮肤发绀,怀孕母猪出现流产、死胎。取病猪腹水,镜检可见香蕉形虫体。该病病原最可能是(　　)

A. 结肠小袋虫　　B. 蒂氏艾美耳球虫　　C. 猪等孢球虫
D. 刚地弓形虫　　E. 粗糙艾美耳球虫

191. 秋季,某放牧羊群部分羊出现消瘦、可视黏膜苍白、颌下水肿等症状,粪便检查可见黄褐色有卵盖的虫卵。该病最可能的诊断是(　　)

A. 歧腔吸虫病　　B. 棘球蚴病　　C. 莫尼茨绦虫病
D. 球虫病　　E. 血矛线虫病

192. 某生猪定点屠宰厂,宰后检验时,横纹肌内发现椭圆形、黄豆大小、半透明的包囊,囊内充满液体,囊膜内有一粟粒大的乳白色结节。该病病原最可能是(　　)

A. 猪肉孢子虫　　B. 旋毛虫　　C. 猪囊尾蚴
D. 棘球蚴　　E. 细颈囊尾蚴

193. 冬季,某羊群部分羊腹泻,消瘦,贫血,最后因恶病质死亡。剖检可见胰管内有棕红色、长卵圆形、较厚、口吸盘大于腹吸盘的扁平虫体。该病病原最可能是(　　)

A. 分体吸虫　　B. 阔盘吸虫　　C. 片形吸虫
D. 前殖吸虫　　E. 东毕吸虫

194. 遭遇洪灾后,某牛场 1 头牛体温高达 42℃,全身抽搐,可视黏膜发绀,5 h 后死亡,口腔、鼻孔等天然孔流血且血液凝固不全。对该病牛应采取的处理方法是(　　)

A. 掩埋　　B. 化制　　C. 焚烧
D. 蒸煮　　E. 药物消毒

[A3/A4 型题]

> 答 题 说 明
>
> 以下提供若干个案例,每个案例下设若干个考题。请根据案例所提供的信息,在每一道考试题下面的 A、B、C、D、E 五个备选答案中选择一个最佳答案,并在答题卡上将相应题号的相应字母所属的方框涂黑。

(195～197 题共用题干)

某群山羊突然发病,高热达 41℃,呼吸困难,口鼻流黏性分泌物,口腔黏膜先红肿后破溃,腹泻,拉带血水样稀便,病死率达 50%。剖检见皱胃黏膜有腐烂病灶,结肠和直肠结合处有条纹状出血。

195. 该病最可能的诊断是(　　)

A. 小反刍兽疫　　B. 口蹄疫　　C. 羊肠毒血症
D. 山羊痘　　E. 羊快疫

196. 引起该病的病原是(　　)

A. 细菌　　B. 病毒　　C. 立克次体
D. 衣原体　　E. 支原体

197. 对该发病羊群首先应采取的措施是(　　)

A. 对症治疗　　B. 扑杀并销毁　　C. 抗生素治疗
D. 紧急接种疫苗　　E. 注射高免血清

(198～200题共用题干)

南方某放牧牛群部分牛食欲减退，精神不振，腹泻，血便，严重贫血，衰竭死亡。剖检见肝脏肿大，有多量虫卵结节。

198.该病最可能的病原是(　　)

A.肝片形吸虫　　B.大片形吸虫　　C.腔阔盘吸虫

D.矛形歧腔吸虫　　E.日本分体吸虫

199.确诊该病常用的粪检方法是(　　)

A.肉眼观察法　　B.直接涂片法　　C.虫卵漂浮法

D.毛蚴孵化法　　E.幼虫分离法

200.死后剖检最可能检出成虫的部位是(　　)

A.肺脏　　B.胰脏　　C.肾脏

D.颈静脉　　E.肠系膜静脉

2015年·预防科目·答案与解析

考生姓名：　　　　　　　　　　　　　　准考证号：

2015 年全国执业兽医资格考试试卷

(兽医全科类)下午卷

(临床综合)

注 意 事 项

一、请按照要求，用蓝黑色或者黑色签字笔在答题卡上填写姓名、身份证号码、考点、考试地点、考场号、准考证号等信息，并用铅笔涂好准考证号。

二、试卷分为 2 部分，临床科目 100 小题，综合科目 100 小题，共 200 小题，考试时间为 150 分钟。各部分不单独计时，请考生自己合理分配时间。

三、监考人员宣布考试开始时，方可答题；宣布考试结束时，应立即停止答题。答题卡、题本一律反扣在桌面上，待监考人员确认数量无误，允许离开时，考生方可离开考场。如果考生违反了以上任何一项要求，都将影响考试成绩。

四、答案必须填涂在答题卡上，书写在试题本上的答案一律无效。

五、答题卡严禁折叠。

六、答题卡的正确填涂方式为：■，用其他符号填涂答案者不计分。

七、如要改动答案，必须先用橡皮擦去原来选定的答案，然后再按上面的规定重新作答。

临床科目

[A1 型题]

答题说明

每一道考试题下面有 A、B、C、D、E 五个备选答案,请从中选择一个最佳答案,并在答题卡上将相应题号的相应字母所属的方框涂黑。

1. 浅表淋巴结急性肿胀时,触诊无(　　)
A. 温热　B. 坚实感　C. 波动感
D. 活动性　E. 疼痛反应

2. 引起心外杂音的是(　　)
A. 心瓣膜肥厚　B. 纤维素性心包炎　C. 严重贫血
D. 心瓣膜闭锁不全　E. 心瓣膜狭窄

3. 不宜用听诊检查的疾病是(　　)
A. 喉炎　B. 肺炎　C. 咽炎
D. 肠炎　E. 胃炎

4. 奶牛乳腺炎常用的检查方法不包括(　　)
A. 视诊　B. 触诊　C. 乳房穿刺
D. 乳汁化学分析　E. 乳汁显微镜检查

5. 交叉配血试验时,主侧与供血者红细胞配合的是受血者的(　　)
A. 红细胞　B. 血清　C. 血细胞
D. 全血　E. 血小板

6. 心肌损伤时,活性升高的血清酶是(　　)
A. 脂肪酶　B. α-淀粉酶　C. 碱性磷酸酶
D. 丙氨酸氨基转移酶　E. 肌酸激酶

7. 正常尿液浑浊的动物是(　　)
A. 马　B. 牛　C. 犬
D. 猪　E. 羊

8. 犬胸部腹背位 X 线片上,以“时钟表面”定位心脏,1～2 点处及 9～11 点处依次是(　　)
A. 肺动脉段、右心房　B. 肺动脉段、左心室　C. 肺动脉段、右心室
D. 肺动脉段、左心房　E. 左心房、右心室

9. 在单声束取样获得灰度声像图的基础上,外加慢扫描时间基线,形成“距离-时间”曲线的超声诊断类型是(　　)
A. A 型　B. B 型　C. 多普勒彩色流体声像图
D. D 型　E. M 型

10. 成年大型犬肾脏超声检查部位在(　　)
A. 第 8 肋间下部　B. 第 10 肋间下部　C. 第 10 肋间上部
D. 第 12 肋间上部　E. 第 12 肋间下部

11. 心电图中 QRS 波群主要反映(　　)
A. 心房肌去极化　B. 心房肌复极化　C. 心室肌去极化
D. 心室肌复极化　E. 房室结激动

12. 淋巴回流受阻易导致( )
A. 出血 B. 淤血 C. 水肿
D. 脱水 E. 贫血
13. 犬静脉穿刺最常用的血管是( )
A. 耳静脉 B. 后腔静脉 C. 前腔静脉
D. 桡外侧静脉 E. 尾静脉
14. 原发性前胃迟缓最常见的病因是( )
A. 病毒感染 B. 细菌感染 C. 寄生虫感染
D. 饲养管理不当 E. 中毒
15. 犬尿液检查尿蛋白阳性,并有红细胞管型,该病最可能的诊断是( )
A. 肾病 B. 肾炎 C. 膀胱炎
D. 尿道炎 E. 尿石症
16. 中暑是( )
A. 脑炎和脑室积水的统称 B. 脑炎和脊髓炎的统称 C. 日射病和热射病的统称
D. 脑室积水和癫痫的统称 E. 癫痫和膈痉挛的统称
17. 蛋鸡脂肪肝综合征时,血清生化检查可能升高的指标是( )
A. 尿素氮 B. 淀粉酶 C. 葡萄糖
D. 胆固醇 E. 总蛋白
18. 马患纤维性骨营养不良时,血清中可能升高的激素是( )
A. 甲状腺素 B. 甲状旁腺素 C. 肾上腺素
D. 促肾上腺皮质激素 E. 皮质醇
19. 牛倒地不起综合征通常不出现( )
A. 低钙血症 B. 低钾血症 C. 低钠血症
D. 低镁血症 E. 低磷酸盐血症
20. 在维持动物暗适应能力方面有重要作用的维生素是( )
A. 维生素 A B. 维生素 B_1 C. 维生素 B_2
D. 维生素 E E. 维生素 K
21. 羔羊硒缺乏症的特征性变化是( )
A. 脱毛 B. 肌营养不良 C. 渗出性素质
D. 胰腺变性 E. 小脑软化
22. 临床上可以作为一般解毒剂的维生素是( )
A. 维生素 A B. 维生素 B_1 C. 维生素 D
D. 维生素 C E. 维生素 E
23. 对黄曲霉毒素最敏感的是( )
A. 雏鸭 B. 仔猪 C. 马驹
D. 犊牛 E. 羔羊
24. 猪食盐中毒出现神经症状时,治疗应( )
A. 禁止饮水 B. 大量灌水 C. 少量多次饮水
D. 少量服用生理盐水 E. 自由饮水
25. 敌鼠钠盐中毒的有效解毒药是( )
A. 维生素 D B. 维生素 A C. 维生素 E
D. 维生素 K E. 维生素 C

26. 猪应激综合征导致肌肉呈现( )
A. 苍白、松软、汁液渗出
B. 苍白、坚硬、汁液渗出
C. 暗黑色、松软、汁液渗出
D. 苍白、坚硬、干燥
E. 暗黑色、松软、干燥

27. 脓肿摘除法适用于治疗( )
A. 臀部大脓肿
B. 肩部大脓肿
C. 关节蓄脓
D. 体表浅在小脓肿
E. 上颌窦蓄脓

28. 创壁较整齐的创伤是( )
A. 缚创
B. 压创
C. 挫创
D. 切创
E. 复合创

29. 血肿早期的临诊特点是( )
A. 肿胀缓慢
B. 波动感明显
C. 局部无热痛
D. 界限不明显
E. 穿刺液呈淡黄色

30. 犬阴茎肿瘤手术治疗后,常配合注射的植物类抗癌药物是( )
A. 马利兰
B. 环磷酰胺
C. 氨甲蝶呤
D. 长春新碱
E. 6-巯基嘌呤

31. 治疗急性风湿病时,除应用解热镇痛药外,首选的抗菌药是( )
A. 链霉素
B. 青霉素
C. 甲硝唑
D. 利福平
E. 卡那霉素

32. 兽医临床上常用的洗眼液是( )
A. 2%煤酚皂
B. 2%过氧乙酸
C. 2%苯扎溴铵
D. 2%硼酸
E. 2%高锰酸钾

33. 牛鼻液中混有饲草时,可能患有的疾病是( )
A. 上臼齿齿瘘
B. 额窦炎
C. 鼻泪管阻塞
D. 齿槽骨膜炎
E. 鼻窦瘘

34. 胸壁透创的主要并发症是( )
A. 肺充血
B. 肺水肿
C. 肺炎
D. 肺泡气肿
E. 气胸

35. 直肠脱的常见诱因是( )
A. 肝炎、胰腺炎
B. 胃扩张、胃穿孔
C. 胃炎、胃溃疡
D. 便秘、腹泻
E. 腹膜炎、胸膜炎

36. 马支跛的运步特征是( )
A. 前方短步
B. 后方短步
C. 运步缓慢
D. 抬腿困难
E. 黏着步样

37. 持手术剪的正确姿势是( )
A. 拇指和无名指分别插入剪柄的两个环中
B. 拇指和中指分别插入剪柄的两个环中
C. 拇指和小指分别插入剪柄的两个环中
D. 拇指和食指分别插入剪柄的两个环中
E. 拇指插入剪柄一环,无名指和小指插入另一环中

38. 用20%盐酸普鲁卡因进行硬膜外麻醉的适宜剂量是( )
A. 10～15 mL
B. 20～30 mL
C. 35～40 mL
D. 45～50 mL
E. 55～60 mL

39. 全身麻醉前使用阿托品的目的是( )
A. 减轻疼痛 B. 消除恐惧 C. 松弛肌肉
D. 减少唾液分泌 E. 减少麻药用量
40. 采用库兴氏缝合法缝合胃、肠时,缝针要穿过( )
A. 黏膜 B. 浆膜肌层 C. 浆膜层
D. 肌层 E. 黏膜下层
41. 母犬膀胱手术常用的腹壁切口是( )
A. 耻前腹中线切口 B. 肋弓后斜切口 C. 脐前腹中线切口
D. 肷部前切口 E. 脐前中线旁切口
42. 兽医临床上孕酮常用于( )
A. 治疗慢性子宫内膜炎 B. 治疗胎衣不下 C. 治疗卵巢功能不全
D. 诱导分娩 E. 保胎
43. 家畜精子获能的最主要部位是( )
A. 子宫角 B. 子宫体 C. 子宫颈
D. 输卵管 E. 宫管结合部
44. 马妊娠3个月时阴道出现的主要变化是( )
A. 分泌物增多 B. 分泌物稀薄 C. 黏膜苍白
D. 黏膜潮红 E. 黏膜水肿
45. 牛分娩时正常的胎位是( )
A. 横向 B. 竖向 C. 侧位
D. 上位 E. 下位
46. 胎衣不下发生率较高的动物是( )
A. 马 B. 山羊 C. 猪
D. 奶牛 E. 犬
47. 临床上,子宫蓄脓发病率较高的动物是( )
A. 绵羊 B. 兔 C. 犬
D. 猪 E. 马
48. 引起奶牛乳腺炎最常见的病原微生物是( )
A. 结核杆菌 B. 葡萄球菌 C. 绿脓杆菌
D. 沙门氏菌 E. 布鲁氏菌
49. 五脏之中,开窍于目的脏是( )
A. 心 B. 肝 C. 脾
D. 肺 E. 肾
50. 六腑之中,主受盛化物和分别清浊的腑是( )
A. 胆 B. 胃 C. 小肠
D. 大肠 E. 膀胱
51. 中药四气除了寒、温、热外,还有( )
A. 升 B. 降 C. 苦
D. 辛 E. 凉
52. 在治疗外感风寒表实证的方剂中,与麻黄相须为用,增强疗效的药物是( )
A. 荆芥 B. 防风 C. 独活
D. 桂枝 E. 羌活

53. 白虎汤的药物组成为(　　)

A. 石膏、生地、甘草、粳米　　B. 石膏、麦冬、甘草、粳米

C. 石膏、连翘、玄参、甘草　　D. 石膏、知母、甘草、粳米

E. 石膏、黄连、甘草、粳米

54. 具有消食和中、回乳作用的药物是(　　)

A. 神曲　　B. 山楂　　C. 麦芽

D. 鸡内金　　E. 莱菔子

55. 用于治疗热痰咳嗽的药物是(　　)

A. 羌活　　B. 贝母　　C. 川芎

D. 桃仁　　E. 木香

56. 四逆汤的组成药物是(　　)

A. 熟附子、干姜、吴茱萸　　B. 熟附子、干姜、小茴香　　C. 熟附子、肉桂、炙甘草

D. 熟附子、党参、炙甘草　　E. 熟附子、干姜、炙甘草

57. 主治料伤五攒痛的方剂是(　　)

A. 四物汤　　B. 生化汤　　C. 红花散

D. 茴香散　　E. 橘皮散

58. 具有补中益气、清热解毒、润肺止咳、缓和药性作用的药物是(　　)

A. 党参　　B. 黄芪　　C. 甘草

D. 山药　　E. 白术

59. 具有平肝息风作用的药物是(　　)

A. 天麻　　B. 杜仲　　C. 山药

D. 麻黄　　E. 桑叶

[B1 型题]

答 题 说 明

以下提供若干组考题,每组考题共用在考题前列出的 A、B、C、D、E 五个备选答案。请从中选择一个与问题关系最密切的答案,并在答题卡上将相应题号的相应字母所属的方框涂黑。某个备选答案可能被选择一次、多次或不被选择。

(60～61 题共用备选答案)

A. 血尿　　B. 卟啉尿　　C. 肌红蛋白尿

D. 血红蛋白尿　　E. 药物性红尿

60. 马,5 岁,长期饲喂富含碳水化合物的饲料,在一次剧烈运动后,大量出汗,出现步态强拘,进而卧地不起,呈犬坐姿势,尿液呈深棕色。该病例红尿的性质是(　　)

61. 牛,突然出现尿频,尿量少,尿液呈暗红色,可视黏膜苍白,黄染;血液稀薄呈樱桃红色,血凝延迟,血磷低于正常水平。该病例红尿的性质是(　　)

(62～63 题共用备选答案)

A. 虎斑心　　B. 绒毛心　　C. 盔甲心

D. 桑葚心　　E. 菜花心

62. 哺乳仔猪,表现呆滞,体温升高,口腔黏膜有小水泡,剖检见心脏稍扩张,散在分布灰黄色和暗红色条纹状病灶,沿心冠部横切,有灰黄色条纹围绕心脏环层状排列,该病的心脏病变为(　　)

63.2月龄猪群,生长迅速,部分猪发病,听诊心率加快,心律不齐,有的突然死亡,血硒含量在0.04 μg/mL左右,该病的心脏病变为(　　)

(64~65题共用备选答案)

A.后方脱位　　B.内方脱位　　C.前方脱位
D.下方脱位　　E.上外方脱位

64.水牛,耕田时右后肢不慎踏入壕沟,站立时右后肢外展,不能负重,运步拖拽行走,大转子向上方突出,患肢外展受限,内收容易,该牛髋关节可能患(　　)

65.奶牛,2岁,刚从外地购回,下汽车时后肢踏空,不能负重,检查见患肢比后肢长,臂部皮肤紧张,股二头肌前凹陷,该牛髋关节可能患(　　)

(66~68题共用备选答案)

A.蹄裂　　B.蹄白线裂　　C.蹄叶炎
D.蹄叉腐烂　　E.蹄冠蜂窝组织炎

66.马,4岁,体温40.1℃,两后肢蹄角与皮肤交界处出现圆枕形肿胀,触诊有热痛,支跛,该病最可能的诊断是(　　)

67.马,5岁,精神沉郁,体温40℃,不愿站立和运动,驻立时,两前肢前伸,两后肢伸至腹下,以蹄踵着地,叩诊蹄壁敏感,该病最可能的诊断是(　　)

68.马,4岁,广蹄,装蹄时举肢检查,蹄底与蹄壁之间出现深的凹陷,内充满粪土,未见跛行,该病最可能的诊断是(　　)

(69~70题共用备选答案)

A.奶牛　　B.山羊　　C.马
D.犬　　E.猫

69.某动物,4岁,于4月6日出现发情,持续12 d发情结束;于11月20日第二次出现发情,持续13 d结束。具有该发情特点的动物是(　　)

70.某动物,6岁,4~11月出现6次发情,均未配种;12月至次年3月未发情,具有该发情特点的动物是(　　)

(71~72题共用备选答案)

A.肺气虚　　B.肺阴虚　　C.痰饮阻肺
D.风热犯肺　　E.肺热咳喘

71.牛,精神沉郁,咳嗽,气喘,鼻液量多,色白而黏稠,苔白腻,脉滑。该病可辨证为(　　)

72.牛,耳鼻温热,咳嗽,咽喉肿痛,鼻流黄涕,口干色红,舌苔薄白,脉浮数。该病可辨证为(　　)

[A2型题]

答题说明

每一道考题是以一个小案例出现的,其下面都有A、B、C、D、E五个备选答案。请从中选择一个最佳答案,并在答题卡上将相应题号的相应字母所属的方框涂黑。

73.犬,13岁,饮食欲正常,最近发现,在门半闭时不能自行出入,初步检查四肢未见异常。进一步诊断需要检查的是(　　)

A.三叉神经　　B.面神经　　C.迷走神经
D.视神经　　E.听神经

74. 犬，股骨骨折，3月后复诊，X线检查显示原骨折线增宽，骨断端光滑，骨髓腔闭合，骨密度增高，提示该骨折(　　)

A. 愈合　B. 二次骨折　C. 不愈合
D. 愈合延迟　E. 骨质增生

75. 德国牧羊犬，8岁，雄性，近1周精神沉郁，食欲减退，频尿，排尿困难，血常规检查白细胞总数升高，尿液检查出现多量白细胞。可以排除的疾病是(　　)

A. 尿道炎　B. 尿石症　C. 肾病
D. 肾炎　E. 膀胱炎

76. 奶牛，4岁，产犊1周后发病，不愿吃精料，病畜粪干，后腹泻，泌乳量下降，乳汁易起泡沫，尿液和呼出气伴有烂苹果味。该病最可能的诊断是(　　)

A. 前胃迟缓　B. 生产瘫痪　C. 瘤胃酸中毒
D. 酮病　E. 骨软症

77. 犬，从桌面上坠地，1 h后，左膝关节处弥漫性肿大，有热痛。驻立姿势无明显异常，运动时轻度混合跛行，该病最可能的诊断是(　　)

A. 股骨远端骨折　B. 髌骨脱位　C. 关节炎
D. 关节挫伤　E. 髌骨骨折

78. 小型杂种犬，6岁，一直未孕，左下腹股沟部突发一局限性肿胀，经B超检查可见单个运动可变的囊状低回声暗区，该肿胀物的内容物可能是(　　)

A. 卵巢　B. 子宫　C. 结肠
D. 网膜　E. 脾脏

79. 雄犬，7岁，3 d未见排尿，精神沉郁，腹部膨大，B超可见腹腔脏器间呈低回声暗区，该病最可能是(　　)

A. 前列腺囊肿　B. 前列腺脓肿　C. 膀胱破裂
D. 膀胱结石　E. 膀胱炎

80. 犬，6月龄，头部出现圆形脱毛区，脱毛区逐渐扩大，患部伍氏灯检查，有强荧光，治疗药物是(　　)

A. 氧氟沙星　B. 伊维菌素　C. 特比萘芬
D. 黏杆菌素　E. 红霉素

81. 奶牛，4岁，配种后35 d，确诊已妊娠，临床未见明显异常，配种后65 d时，该牛再次发情，直肠检查发现原先的怀孕特征消失，再次配种前，对该牛常用的处理措施是(　　)

A. 生理盐水冲洗子宫　B. 注射催产素　C. 注射孕酮
D. 注射氯前列烯醇　E. 注射人绒毛膜促性腺激素

82. 经产奶牛，6岁，产后6个月未出现发情，直肠检查发现两侧卵巢大小、形态、质地未见明显变化，该牛可能发生的疾病是(　　)

A. 卵泡囊肿　B. 黄体囊肿　C. 排卵延迟
D. 持久黄体　E. 卵巢机能减退

83. 母犬，怀孕期间为了保胎，误用了较大剂量的雌激素，分娩后产下畸形胎儿。剖检胎儿见其卵巢正常，但又发现小阴茎和前列腺。该胎儿最可能的诊断是(　　)

A. XO综合征　B. XX真两性畸形　C. XX雄性综合征
D. 雌性假两性畸形　E. 雄性假两性畸形

84. 马，粪便不通，腹痛起卧，回头观腹，食欲废绝，口腔酸臭，口色赤红，舌苔黄厚，脉沉实有力。该病可辨证为(　　)

A. 大肠湿热　B. 大肠冷泻　C. 大肠液亏
D. 食积大肠　E. 脾虚不运

85.马,突然发病,证见发热,呼吸喘促,鼻流黄涕,食欲废绝,口渴喜饮,粪便干燥,尿短赤,口色红,苔薄黄,脉洪数。治疗该症宜选用的方剂是( )

A.麻黄汤 B.桂枝汤 C.麻杏石甘汤
D.清燥救肺汤 E.百合固金汤

[A3/A4型题]

答题说明
以下提供若干个案例,每个案例下设若干个考题。请根据案例所提供的信息,在每一道考试题下面的A、B、C、D、E五个备选答案中选择一个最佳答案,并在答题卡上将相应题号的相应字母所属的方框涂黑。

(86~88题共用题干)

马,站立时肩关节过度伸展,肘关节下沉,腕关节呈钝角,球节呈掌屈状态,肌肉无力,皮肤对疼痛刺激反射减弱。

86.该病最可能的诊断是( )

A.肌肉风湿 B.肩关节脱位 C.肘关节脱位
D.桡神经麻痹 E.臂三头肌断裂

87.为促进机能恢复,提高肌肉张力,可以采用的治疗措施是( )

A.按摩+涂擦鱼石脂软膏 B.按摩+醋酸铅冷敷 C.抗风湿
D.抗炎 E.冷疗

88.为防止瘢痕形成和组织粘连,可以局部注射( )

A.链激酶 B.尿激酶 C.辅酶A
D.ATP E.酯酶

(89~91题共用题干)

奶牛,采食黑斑病甘薯后,突然发病,体温38.5℃,呼吸极度困难,迅速呈现张口、伸颈呼吸,病牛伸舌,流涎,惊恐不安,脉搏快而弱,听诊肺泡呼吸音减弱,可听到碎裂性啰音。

89.该病最可能的诊断是( )

A.支气管炎 B.肺充血 C.大叶性肺炎
D.小叶性肺炎 E.间质性肺气肿

90.叩诊病牛胸区呈现的叩诊音是( )

A.过清音 B.半浊音 C.大片浊音
D.灶状浊音 E.水平浊音

91.进一步检查,病牛颈部和肩部皮下可能出现的病变是( )

A.气肿 B.水肿 C.血肿
D.脓肿 E.淋巴外渗

(92~94题共用题干)

某动物,难产,经人工助产后,母畜发生右后肢外展,运步缓慢,步态僵硬,X线检查未见骨和关节异常,全身症状不明显。

92.该病最可能的诊断是( )

A.坐骨神经麻痹 B.闭孔神经麻痹 C.股二头肌转位
D.骨神经麻痹 E.椎间盘脱出

93. 该病多发的动物是(　　)
A. 奶牛　　B. 马　　C. 羊
D. 猪　　E. 犬

94.【假设信息】如两侧均发生损伤,则该动物呈(　　)
A. 站立姿势　　B. 侧卧姿势　　C. 蛙坐姿势
D. 后方短部　　E. 前方短步

(95～97 题共用题干)

高产奶牛,已产 3 胎,此次分娩后 2 d,出现精神沉郁,食欲废绝,卧地不起,体温 37℃。眼睑反射微弱,头弯向胸部一侧等。

95. 该病最可能的诊断是(　　)
A. 产后截瘫　　B. 生产瘫痪　　C. 胎衣不下
D. 股骨骨折　　E. 产后感染

96. 治疗该病有效的方法是(　　)
A. 子宫冲洗　　B. 坐骨神经封闭　　C. 抗菌消炎
D. 乳房送风　　E. 静脉补糖

97.【假设信息】如进一步确诊该病,可以采用的方法是(　　)
A. 直肠检查　　B. 阴道检查　　C. 血常规检查
D. 血液生化检查　　E. 心电图检查

(98～100 题共用题干)

牛,3 岁,体温升高,呼吸浅表急速,腹式呼吸;听诊心音减弱,胸部有摩擦音,叩诊胸部有疼痛表现,水平浊音。

98. 对该病进行确诊,需采用的穿刺方式是(　　)
A. 腹腔穿刺　　B. 胸腔穿刺　　C. 瘤胃穿刺
D. 瓣胃穿刺　　E. 心包穿刺

99. 穿刺液中含量最高的细胞是(　　)
A. 中性粒细胞　　B. 嗜酸性粒细胞
C. 嗜碱性粒细胞　　D. 淋巴细胞
E. 单核细胞

100. 该病最可能的诊断是(　　)
A. 胸膜炎　　B. 腹膜炎　　C. 瘤胃臌气
D. 瓣胃阻塞　　E. 心包炎

2015 年·临床科目·答案与解析

综 合 应 用

[A3/A4 型题]

> 答 题 说 明
>
> 以下提供若干个案例,每个案例下设若干个考题。请根据案例所提供的信息,在每一道考试题下面的 A、B、C、D、E 五个备选答案中选择一个最佳答案,并在答题卡上将相应题号的相应字母所属的方框涂黑。

(101～102 题共用题干)

某养殖户购买 40 头 30 kg 的猪,两天后出现呼吸困难,体温升高,厌食,陆续发病达 20 头,4 d 后死亡 2 头,5 d 后邻近 6 头 80 kg 大猪也发病,剖检见肺充血、肿大,有淡红色渗出物,肺和胸膜粘连。病原分离培养严格依赖烟酰胺腺嘌呤核苷酸(NAD)。

101. 该病最可能的诊断是(　　)

A. 猪瘟　　B. 猪肺疫　　C. 猪链球菌病

D. 猪传染性胸膜肺炎　　E. 猪水肿病

102. 目前我国预防该病所用的疫苗是(　　)

A. 活载体疫苗　　B. 基因缺失疫苗　　C. 核酸疫苗

D. 弱毒疫苗　　E. 多价灭活疫苗

(103～105题共用题干)

7月,南方500头母猪群,卫生状况较差,近一周内不同胎次母猪在妊娠后期发生流产,产死胎、木乃伊胎和弱仔;公猪体温高达41～42℃,随后出现一侧或两侧睾丸肿大,嗜睡等症状。剖检流产胎儿,见大脑和小脑发育不全,液化性坏死。

103. 该病最可能的诊断是(　　)

A. 伪狂犬病　　B. 布鲁氏菌病　　C. 猪乙型脑炎

D. 猪细小病毒病　　E. 猪链球菌病

104. 该病常用的免疫学诊断方法是(　　)

A. 中和试验　　B. 血凝与血凝抑制试验　　C. Ascoli反应

D. 变态反应　　E. 试管凝集试验

105. 目前我国预防该病的主要措施是(　　)

A. 接种弱毒疫苗　　B. 接种灭活疫苗　　C. 注射高免血清

D. 隔离治疗病猪　　E. 猪舍喷雾消毒

(106～108题共用题干)

病死猪,剖检可见可视黏膜发绀,颌下淋巴结明显肿胀,外观灰白色,质地柔软,肺脏、肝脏及肾脏表面有大小不一的灰白色柔软隆起,切开病灶,见有灰黄色浑浊凝乳状液体流出。

106. 组织病理学观察,主要炎性细胞是(　　)

A. 淋巴细胞　　B. 浆细胞　　C. 中性粒细胞

D. 嗜酸性粒细胞　　E. 嗜碱性粒细胞

107. 上述病灶局部的炎症反应为(　　)

A. 变质性炎　　B. 渗出性炎　　C. 增生性炎

D. 化脓性炎　　E. 出血性炎

108. 确诊病因的诊断方法是(　　)

A. 细菌分离培养　　B. 病毒分离培养　　C. 寄生虫观察

D. 饲料毒物分析　　E. 肿瘤组织学鉴定

(109～111题共用题干)

冬季,某100日龄猪群,生长缓慢,打喷嚏,流浆液性鼻液,剧烈咳嗽时鼻孔流出多量血液,部分病猪颜面变形,有泪斑。

109. 该病最可能的病原是(　　)

A. 肺炎支原体　　B. 链球菌　　C. 产毒多杀性巴氏杆菌

D. 胸膜肺炎放线杆菌　　E. 副猪嗜血杆菌

110. 对该病具有示病意义的病变是(　　)

A. 鼻黏膜溃疡　　B. 鼻甲骨萎缩　　C. 肺脏肉变

D. 肺脏脓肿　　E. 间质性肺炎

111.【假设信息】如部分病猪剖检后,发现两侧肺心叶和尖叶出现肉样实变,该猪群并发或继发的疾病是( )

A. 副猪嗜血杆菌病　B. 猪肺疫　C. 猪支原体肺炎
D. 猪肺线虫病　E. 传染性胸膜肺炎

(112～114题共用题干)

某猪场70日龄猪群,个别猪突然死亡,随后部分猪发病,精神沉郁,食欲下降,下痢,粪便色黄稀软或水样,严重的含有血液和黏液。病猪迅速消瘦,起立无力,极度衰弱,最后死亡。剖检见大肠黏膜肿胀增厚,覆盖黏液和带血块的纤维素,其他脏器未见病变。

112. 该病最可能的诊断是( )

A. 猪红痢　B. 猪流行性腹泻　C. 猪痢疾
D. 猪轮状病毒病　E. 猪瘟

113. 用肠黏膜涂片,染色镜检,最可能观察到的病原体形态是( )

A. 螺旋形　B. 短链状　C. 球形
D. 梭形　E. 两极着色球杆状

114. 预防该病可选用的药物是( )

A. 乙酰甲喹　B. 灰黄霉素　C. 三氮脒
D. 两性霉素B　E. 马杜米星

(115～117题共用题干)

冬季,某500头保育猪群,出现体温升高,被毛粗乱。部分猪喜卧,不愿运动,强行驱赶可见跛行,仔细检查发现后肢关节肿大。部分猪出现心包炎和腹膜炎,死亡率约3%。将关节液接种TSA培养基,病原生长严格依赖NAD。

115. 该病最可能的诊断是( )

A. 猪链球菌病　B. 副猪嗜血杆菌病　C. 猪滑液囊支原体感染
D. 猪丹毒　E. 结核病

116. 我国现阶段预防该病的疫苗是( )

A. 多价灭活疫苗　B. 弱毒疫苗　C. 亚单位疫苗
D. DNA疫苗　E. 基因缺失疫苗

117.【假设信息】如将关节液接种含脱纤绵羊血培养基,长出的菌落周围有溶血环,该病最可能的诊断是( )

A. 猪链球菌病　B. 副猪嗜血杆菌病　C. 猪滑液囊支原体感染
D. 猪丹毒　E. 结核病

(118～120题共用题干)

某猪场部分育成猪在饲喂一种新的添加剂后,食欲减少,呕吐,粪及呕吐物中含绿色至蓝色黏液,呼吸增快,脉搏频数,有的病猪在几天后死亡。在日粮中添加钼酸铵,病猪逐渐好转。

118. 该病最可能的诊断是( )

A. 铜中毒　B. 硒中毒　C. 锌中毒
D. 铁中毒　E. 汞中毒

119. 粪及呕吐物中含绿色至蓝色黏液的原因是( )

A. 直肠出血　B. 添加剂颜色　C. 十二指肠出血
D. 盲肠出血　E. 结肠出血

120. 呼吸增快、脉搏频数的原因是( )

A. 红细胞变性　B. 心衰　C. 肺损伤
D. 支气管损伤　E. 组织利用氧障碍

(121～122题共用题干)

某鸡场1 500只240日龄罗曼蛋鸡发病,产蛋率下降。少数鸡精神沉郁,每隔2～3 d有个别鸡死亡,病死鸡皮下脂肪多,腹腔内有大量脂肪沉积,充满血样液体,肝肿大,包膜破裂、质地松软易碎、有油腻感。

121.预防该病宜选用的方法是(　　)

A.紧急接种疫苗　B.限制饲料矿物质水平　C.限制饲料蛋白水平
D.限制饲料能量水平　E.限制饲料维生素水平

122.该病最有效的治疗药物是(　　)

A.毛果芸香碱　B.小苏打　C.生物碱
D.氯化胆碱　E.氨茶碱

(123～125题共用题干)

某25日龄鸭群,精神沉郁,严重下痢,眼、鼻分泌物增多,呼吸困难,濒死期神经症状明显,角弓反张,病程1～3 d,发病率40%,病死率70%。剖检见心包、肝和气囊表面有大量纤维素性渗出物,其他脏器无眼观病变。

123.该病最可能的诊断是(　　)

A.鸭巴氏杆菌病　B.鸭浆膜炎　C.鸭病毒性肠炎
D.鸭病毒性肝炎　E.大肠杆菌病

124.确诊该病应首先进行的是(　　)

A.鸡胚接种　B.细菌分离培养　C.试管凝集试验
D.ELISA　E.血凝试验和血凝抑制试验

125.防治该病应选用的药物是(　　)

A.抗生素　B.高免血清　C.干扰素
D.转移因子　E.卵黄抗体

(126～128题共用题干)

某32周龄产蛋鸡群,产蛋率下降25%,畸形蛋、软壳蛋增多,蛋壳颜色变浅,剖检见鸡的呼吸道黏液增多,卵泡充血,输卵管有炎症。

126.采集病料后,应首先进行的实验室检查是(　　)

A.鸡胚接种　B.小鼠接种　C.凝集试验
D.琼扩试验　E.细菌分离

127.【假设信息】如该病的病原无血凝性,则最可能的诊断为(　　)

A.非典型新城疫　B.传染性支气管炎　C.传染性喉气管炎
D.H9亚型禽流感　E.产蛋下降综合征

128.【假设信息】如该病病原无血凝性且发生在蛋鸡的育雏和育成阶段,则常常出现的病变为(　　)

A.肾脏肿大　B.肌肉出血　C.法氏囊肿大
D.肝脏坏死　E.关节炎症

(129～131题共用题干)

秋季,某养殖户树林下放养的1 500只3月龄草鸡生长不良,腹泻、下痢、消瘦,贫血。近几天,每天死亡十多只。磺胺氯吡嗪钠可溶性粉经饮水给药5 d,未见效。

129.首先可以排除的疾病是(　　)

A.组织滴虫病　B.鸡蛔虫病　C.鸡绦虫病
D.鸡球虫病　E.前殖吸虫病

130.【假设信息】如病死鸡肠黏膜水肿、出血,有大量粟粒大小的结节,则该病的初步诊断是( )
A. 组织滴虫病 B. 鸡绦虫病 C. 毛细线虫病
D. 鸡球虫病 E. 鸡蛔虫病

131.【假设信息】如肠道有粟粒大小的结节,进一步检查应采用的方法是( )
A. 粪检虫卵 B. 取结节压片镜检 C. 分离细菌
D. 接种鸡胚 E. 间接血凝试验

(132～134题共用题干)

某鸡场15日龄海兰褐雏鸡,排白色糨糊状粪便。剖检见肝脏肿大,表面有大小不等的灰白色坏死点,肝脏病料接种麦康凯培养基,有菌落生长。

132.此病最可能的诊断是( )
A. 禽霍乱 B. 雏鸡白痢 C. 大肠杆菌病
D. 鸡传染性鼻炎 E. 鸡毒支原体感染

133.该鸡群感染的病原可能是( )
A. 埃希氏菌 B. 沙门氏菌 C. 巴氏杆菌
D. 副鸡嗜血杆菌 E. 鸡毒支原体

134.祖代鸡场对该病的控制措施是( )
A. 鸡群消毒 B. 抗生素治疗 C. 加强饲养管理
D. 高免血清治疗 E. 净化

(135～137题共用题干)

某场1 500只150日龄蛋鸡群突然发生腹泻,排绿色或黄绿色粪便,发病率50%,病死率70%。剖检见肠道出血,腺胃黏膜水肿、乳头出血。

135.确诊该病的快速诊断方法为( )
A. 细菌培养 B. 血凝与血凝抑制试验 C. 病毒中和试验
D. 涂片染色镜检 E. 粪便虫卵检查

136.该鸡群所发生的疾病最需要的鉴别诊断是( )
A. 禽流感与禽霍乱 B. 禽霍乱与新城疫 C. 新城疫与禽流感
D. 禽伤寒与新城疫 E. 禽流感与禽伤寒

137.【假设信息】如该鸡群已接种过3次H5亚型禽流感疫苗,已排除发生禽流感的可能性。防控该病的有效措施是( )
A. 扑杀 B. 抗菌 C. 注射卵黄抗体
D. 疫苗紧急接种 E. 注射干扰素

(138～140题共用题干)

夏季,4周龄鹅群,精神不振,消化不良,下痢,排出白色稀薄粪便,有时出现神经症状。粪便检查见有大量虫卵,部分含有六钩蚴,部分含有多个卵细胞。

138.剖检发现肠腔内有多条长约10 cm,形似矛头、扁平、带状、分节的虫体。该寄生虫最可能是( )
A. 赖利绦虫 B. 皱褶绦虫 C. 剑带绦虫
D. 迭宫绦虫 E. 莫尼茨绦虫

139.剖检在肌胃角质膜下发现大量长1～2 cm,线状、淡红色、体表有横纹的虫体,该寄生虫最可能是( )
A. 裂口线虫 B. 四棱线虫 C. 锐形线虫
D. 鸡蛔虫 E. 异刺线虫

140.治疗该发病鹅群应选用的药物是(　　)

A.阿苯达唑　　B.左旋咪唑　　C.吡喹酮

D.莫能菌素　　E.硝氯酚

(141～143题共用题干)

牛,夏季吸血昆虫活动频繁时,大群发病。病牛发热,流泪,流鼻液,流涎,流产,呼吸迫促。部分病牛全身肌肉和四肢关节肿痛跛行,步态僵硬。该病传播快,发病率高,病死率低,多数病牛在发病2～5 d后自愈。据调查,该病在当地流行周期为3～5年。

141.该病最可能的诊断是(　　)

A.牛流行热　　B.牛传染性鼻气管炎　　C.恶性卡他热

D.牛副流感　　E.牛病毒性腹泻-黏膜病

142.动物接种试验,应选择的实验动物是(　　)

A.乳兔　　B.乳豚鼠　　C.乳仓鼠

D.乳大鼠　　E.乳猪

143.治疗本病禁用的给药方法是(　　)

A.肌内注射　　B.静脉注射　　C.皮下注射

D.口服　　E.雾化吸入

(144～146题共用题干)

水牛,严重持续腹泻,粪便水样,混有气泡,渐进性消瘦;皮肤发红,被毛粗糙、竖立、褪色,眼周围最为明显。

144.该病最可能的诊断是(　　)

A.铅中毒　　B.钼中毒　　C.砷中毒

D.汞中毒　　E.氟中毒

145.慢性病例易发生的症状是(　　)

A.水肿　　B.骨折　　C.痉挛

D.黄疸　　E.转圈运动

146.病区放牧牛群预防本病可以采用的方法是(　　)

A.补饲高碳水化合物饲料　　B.补饲高蛋白饲料　　C.补饲高脂肪饲料

D.补饲高钙饲料　　E.补饲含铜饲料

(147～149题共用题干)

牛,食欲减退,泌乳量减少,反刍缓慢,呈周期性瘤胃鼓气,拱背站立,肘外展,心区肌肉震颤,呆立而不愿移动,运步缓慢。

147.缓解该病症状的方法是(　　)

A.强迫卧地　　B.驱赶下坡　　C.按摩腹部

D.上坡姿势　　E.触诊按压腰部

148.白细胞分类计数,可见的指标变化是(　　)

A.嗜酸性粒细胞增加　　B.嗜碱性粒细胞增加　　C.中性粒细胞增加

D.单核细胞增加　　E.淋巴细胞增加

149.进一步发展,该病牛最易发生(　　)

A.创伤性心包炎　　B.瓣胃阻塞　　C.真胃变位

D.瘤胃臌气　　E.肠扭转

(150～152题共用题干)

多头犊牛突发羞明,流泪,眼睑痉挛,局部增温,1～2日内角膜中央出现微黄色浑浊,继而出现圆形溃疡,周边有新生血管形成。

150.该病的病原为(　　)

A.大肠杆菌　　B.葡萄球菌　　C.巴氏杆菌
D.绿脓杆菌　　E.莫拉杆菌

151.该病的特征性病变是(　　)

A.黏液脓性分泌物　　B.椭圆形角膜溃疡　　C.形成圆锥形角膜
D.致密瘢痕组织　　E.鼻镜发红

152.预防本病的有效方法之一是(　　)

A.灭蚤　　B.灭蚊　　C.灭蝇
D.灭虱　　E.灭蜱

(153～154题共用题干)

奶牛,已妊娠285 d,表现不安,后肢踢腹,脉搏96次/min。阴道检查发现阴道腔深部狭窄,阴道壁的前端呈顺时针螺旋状旋转,宫颈口开张不明显。

153.该病首选的治疗方案是(　　)

A.右侧卧保定,然后迅速仰翻为左侧卧
B.左侧卧保定,然后迅速仰翻为右侧卧
C.仰卧保定,左右侧呈45°角晃动10 min
D.仰卧保定,左右侧呈60°角晃动10 min
E.仰卧保定,然后迅速翻转为右侧卧

154.【假设信息】如果经过几次翻转处理无效,选择手术矫正,适宜的切口部位是(　　)

A.腹白线右侧切口　　B.腹白线左侧切口　　C.右侧肋弓下斜切口
D.左肷部中下切口　　E.右肷部中切口

(155～157题共用题干)

山羊,40只,采食大量高粱苗后在小溪饮水,约15 min后,陆续出现兴奋不安、呼吸困难、流涎、心跳快而弱、精神高度沉郁、行走困难、可视黏膜鲜红、瞳孔散大等症状,半小时内死亡25只。

155.该病的直接致病机理是(　　)

A.血红蛋白变性　　B.血细胞溶解　　C.肺淤血
D.急性心衰　　E.抑制细胞色素氧化酶

156.治疗该病的特效药物是(　　)

A.亚甲蓝　　B.阿托品　　C.乙酰胺
D.亚硝酸盐　　E.亚硒酸钠

157.该病羊血液含氧量可能会出现的变化是(　　)

A.动脉血低于静脉血　　B.动脉等于静脉血　　C.动脉血高于静脉血
D.动脉血缺氧　　E.静脉血缺氧

(158～160题共用题干)

绵羊,体温42℃,结膜潮红,流脓性鼻液。第三天在眼周围、唇、鼻、四肢、尾内侧及阴唇、乳房等处出现红斑,继而形成丘疹,并逐渐扩大,变成灰白色隆起的结节,剖检见前胃和真胃黏膜上有大小不等的结节、糜烂、溃疡。

158.该病原感染动物的主要途径(　　)

A.饲料　　B.饮水　　C.飞沫
D.交配　　E.粪便

159.病变组织切片,具有诊断意义的是在感染细胞胞浆内发现(　　)

A.凋亡小体　　B.原生小体　　C.噬菌体
D.黑素小体　　E.内基小体

160. 预防该病的疫苗接种方法是(　　)

A. 喷雾　　B. 饮水　　C. 拌料

D. 皮内注射　　E. 肌内注射

(161～163题共用题干)

奶牛,3岁,精神沉郁,反刍,嗳气减少,前胃迟缓,产奶量下降,体温升高,呼吸困难,呈明显腹式呼吸。叩诊胸部敏感,咳嗽。左侧胸下部听诊呼吸音微弱,有拍水音。

161. 对该病的初步诊断是(　　)

A. 胸膜炎　　B. 气胸　　C. 膈疝

D. 心包炎　　E. 膈肌痉挛

162. 叩诊左侧胸部可能出现(　　)

A. 破壶音　　B. 金属音　　C. 水平浊音

D. 大面积浊音区　　E. 局灶性浊音区

163. 治疗本病,静脉注射的适宜药物是(　　)

A. 维生素 B_{12}　　B. 碳酸氢钠　　C. 硫酸镁

D. 洋地黄　　E. 磺胺嘧啶钠

(164～165题共用题干)

牛,突然发病,证见发热,不食,腹胀腹痛,排粪减少,粪便干硬,尿短赤,口津干燥,口色深红,舌苔黄厚,脉沉实有力。

164. 该病可辨证为(　　)

A. 热结肠道　　B. 邪热入肺　　C. 热伤营阴

D. 热入心包　　E. 热动肝风

165. 该病证的治法为(　　)

A. 清心开窍　　B. 清肺化痰,止咳平喘　　C. 清营解毒,透热养阴

D. 攻下通便,滋阴清热　　E. 滋阴清热,平肝息风

(166～168题共用题干)

猎犬,10岁,常规驱虫免疫,打猎后突发呼吸困难,肺部叩诊呈广泛性过清音,叩诊界后移。

166. 该病最可能的诊断是(　　)

A. 肺泡气肿　　B. 支气管肺炎　　C. 大叶性肺炎

D. 支气管炎　　E. 肺水肿

167. 治疗该病首选的药物是(　　)

A. 阿托品　　B. 抗生素　　C. 肾上腺素

D. 皮质醇　　E. 安钠咖

168. 治疗该病首选药物的最佳给药途径是(　　)

A. 雾化吸入　　B. 皮内注射　　C. 肌内注射

D. 静脉注射　　E. 腹腔注射

(169～170题共用题干)

中华田园犬,雄性,2岁,昨晚外出未归,今晨发现患犬精神沉郁,呼吸急促,体温39℃,左胸侧壁中下部有创口,被血块、泥土及被毛所污染,创围略肿胀,按压有捻发音,胸侧位X线检查,肺野透明度增加,心脏前缘、心尖部轮廓上抬。

169. 该病最可能的诊断是(　　)

A. 气胸　　B. 血胸　　C. 脓胸

D. 胸腔积液　　E. 肺炎

170. 患犬胸壁创属于(　　)

A. 新鲜无菌创　　B. 新鲜污染创　　C. 感染创
D. 陈旧污染创　　E. 肉芽创

(171～173 题共用题干)

犬,6 岁,发情后 7 周,未配种,近期喝水增多,体温升高,腹围大,血液白细胞数增多。

171. 该病最可能的诊断是(　　)

A. 子宫积水　　B. 子宫蓄脓　　C. 子宫颈炎
D. 假孕　　E. 胃肠鼓气

172. 该病最可能的发病诱因是(　　)

A. 类固醇药物使用不当　　B. 长期补充钙制剂　　C. 维生素 D 缺乏
D. 缺乏运动　　E. 维生素 E 缺乏

173. 根治该病的最佳方案是(　　)

A. 注射雌激素、催产素　　B. 注射前列腺素　　C. 注射孕酮
D. 实施卵巢、子宫切除术　　E. 静脉补液、注射抗生素

(174～175 题共用题干)

幼犬,证见食少,消瘦,被毛粗乱,乏力喜卧,粪便稀软,粪中常有未完全消化的食物,口色淡黄,舌苔薄白,脉虚无力。

174. 本病可辨证为(　　)

A. 寒湿困脾　　B. 胃阴虚　　C. 脾虚不运
D. 食积大肠　　E. 胃热不食

175. 本病的治则是(　　)

A. 温中化湿　　B. 通便攻下　　C. 滋阴养胃
D. 清热泻火　　E. 益气健脾

(176～178 题共用题干)

家猫,雌性,未免疫。近日喜躲阴暗处,并发出刺耳的粗厉叫声。受刺激后狂暴,曾凶猛攻击主人和其他动物。患猫大量流涎,病后期下颌、尾巴下垂。

176. 该病可初步诊断为(　　)

A. 口炎　　B. 齿龈炎　　C. 唾液腺炎
D. 咽炎　　E. 狂犬病

177.【假设信息】如患猫衰竭死亡,细胞胞浆内出现内基小体的组织是(　　)

A. 脑　　B. 心　　C. 肝
D. 脾　　E. 肺

178. 该患猫感染的病原属于(　　)

A. 病毒　　B. 细菌　　C. 支原体
D. 衣原体　　E. 原虫

(179～181 题共用题干)

罗威纳犬,雌性,2 岁,36 kg,激烈训练后,突然出现精神沉郁,呆立,弓腰,干呕,呻吟,口吐白沫,卧地不起,呼吸急促,可视黏膜苍白,腹围迅速增大,腹部叩诊呈鼓音。

179. 该病最可能诊断是(　　)

A. 急性胃炎　　B. 急性腹膜炎　　C. 肠便秘
D. 胃扩张-扭转综合征　　E. 肠变位

180. 对患犬首先应采取的治疗措施是( )
A. 洗胃 B. 催吐 C. 输血
D. 镇静 E. 穿刺放气

181. 确诊该病的首选检查方法是( )
A. 血常规检查 B. 血液生化检查 C. 血气分析
D. X线检查 E. B超检查

(182～184题共用题干)

贵宾犬,雌性,8月龄,3.84 kg,昨日偷吃了剩菜,现精神差,无食欲,小便呈红色,检查口腔黏膜苍白。血常规检查,白细胞数 14.2×10^{9},红细胞数 2.9×10^{12},血红蛋白 56 g/L。

182. 该病最可能的诊断是( )
A. 食物过敏 B. 洋葱中毒 C. 维生素K缺乏
D. 尿道感染 E. 生殖道感染

183. 尿常规检查,最可能发生异常的指标是( )
A. 白细胞 B. 红细胞 C. 血红蛋白
D. 亚硝酸盐 E. 葡萄糖

184. 对该病犬的治疗,不宜采用的方法是( )
A. 抗氧化 B. 利尿 C. 输血
D. 输液 E. 催吐

(185～187题共用题干)

德国牧羊犬,3月龄,雌性,5 kg,未进行免疫。突然发病,体温39.8℃,抗菌药物治疗未见好转。临床检查,患犬精神极度沉郁,眼窝凹陷,可视黏膜苍白,皮肤弹性降低,呕吐,腹部蜷缩,触诊敏感,排番茄酱样稀便,有腥臭味。

185. 该病可初步诊断为( )
A. 犬细小病毒病 B. 犬轮状病毒病 C. 犬冠状病毒病
D. 犬大肠杆菌病 E. 犬沙门氏菌病

186. 血常规检查,该病犬最常出现的指标变化是( )
A. 红细胞总数减少 B. 中性粒细胞增加 C. 白细胞总数减少
D. 血小板减少 E. 血小板增加

187. 导致患犬脱水、贫血的主要原因是( )
A. 小肠绒毛受损 B. 毒血症 C. 肝损伤
D. 肾损伤 E. 脑损伤

(188～190题共用题干)

中华田园犬,雄性,3岁,15 kg,免疫史不详,5日前外出时,左侧股部被刺伤,患犬牙关紧闭,吞咽困难,流涎,头颈伸直,背腰僵硬,四肢强直,状如木马。

188. 该病最可能的诊断是( )
A. 犬瘟热 B. 狂犬病 C. 破伤风
D. 风湿病 E. 脑炎

189. 局部伤口的正确处理方法是( )
A. 扩创清创,缝合包扎 B. 扩创清创,过氧化氢冲洗
C. 扩创清创,新洁尔灭冲洗 D. 修整创面,缝合包扎
E. 修整创面,新洁尔灭冲洗

190. 患犬的综合防治措施不包括( )

A. 加强护理　B. 中和毒素　C. 解痉镇静
D. 注射疫苗　E. 注射抗生素

(191～194 题共用题干)

某兔场,4 月龄兔突然出现食欲减退,精神沉郁,被毛无光泽,喜卧不喜动,严重腹泻等症状,个别兔腹围增大,肝区触诊敏感,粪便检查发现大量卵囊。

191. 该兔群最可能的诊断是( )

A. 肝片吸虫病　B. 弓形虫病　C. 球虫病
D. 隐孢子虫病　E. 住肉孢子虫病

192. 剖检病死兔,病变可能主要见于肝脏与( )

A. 肠道　B. 肾脏　C. 胰脏
D. 心脏　E. 肌肉

193. 病兔肝脏的特征性病理变化是( )

A. 大量结节性病灶,沿胆小管分布　B. 圆形坏死性病灶,散在分布
C. 肝脏肿大出血,肝实质内有孔道　D. 肝瘀血、肿大,表面有灰白色条纹
E. 化脓性胆管炎或肝脓肿,胆囊肿大

194. 治疗该病宜选用的药物是( )

A. 青霉素　B. 盐霉素　C. 莫能菌素
D. 马杜拉霉素　E. 磺胺二甲氧嘧啶

(195～197 题共用题干)

成年蜂发病,剖检见肠道失去弹性、易破裂,颜色由蜜黄色变为灰白色,肠道外表环纹消失。

195. 检查病原应采集病料的部位是( )

A. 食道　B. 中肠　C. 后肠
D. 马氏管　E. 血淋巴

196. 该病的病原是( )

A. 蜜蜂微孢子虫　B. 蜜蜂马氏管变形虫　C. 大蜂螨
D. 小蜂螨　E. 狄斯蜂螨

197. 治疗该病的药物是( )

A. 土霉素　B. 青霉素　C. 链霉素
D. 烟曲霉素　E. 灰黄霉素

(198～200 题共用题干)

病马,证见粪便不通,肚腹胀满,回头观腹,不时起卧,食欲废绝,嗳气酸臭,口色赤红,舌苔黄厚,脉沉有力。

198. 该病可辨证为( )

A. 大肠湿热　B. 大肠冷痛　C. 肝脾不和
D. 食积大肠　E. 脾虚不运

199. 该病的治则是( )

A. 清热利湿,行气止痛　B. 通便攻下,行气止痛
C. 疏肝健脾,行气止痛　D. 温中散寒,行气止痛
E. 益气健脾,行气止痛

200. 本病可以选用的基础方剂是( )

A. 大承气汤　B. 白头翁汤　C. 曲蘗散
D. 四君子汤　E. 桂心散

2015 年 · 综合应用 · 答案与解析

考生姓名：　　　　　　　　　　　　　　　　　准考证号：

2016年全国执业兽医资格考试试卷

(兽医全科类)上午卷

（基础预防）

注 意 事 项

一、请按照要求，用蓝黑色或者黑色签字笔在答题卡上填写姓名、身份证号码、考点、考试地点、考场号、准考证号等信息，并用铅笔涂好准考证号。

二、试卷分为2部分，基础科目100小题，预防科目100小题，共200小题，考试时间为150分钟。各部分不单独计时，请考生自己合理分配时间。

三、监考人员宣布考试开始时，方可答题；宣布考试结束时，应立即停止答题。答题卡、题本一律反扣在桌面上，待监考人员确认数量无误，允许离开时，考生方可离开考场。如果考生违反了以上任何一项要求，都将影响考试成绩。

四、答案必须填涂在答题卡上，书写在试题本上的答案一律无效。

五、答题卡严禁折叠。

六、答题卡的正确填涂方式为：[redacted]，用其他符号填涂答案者不计分。

七、如要改动答案，必须先用橡皮擦去原来选定的答案，然后再按上面的规定重新作答。

基 础 科 目

[A1 型题]

答 题 说 明

每一道考试题下面有 A、B、C、D、E 五个备选答案,请从中选择一个最佳答案,并在答题卡上将相应题号的相应字母所属的方框涂黑。

1.按照《中华人民共和国动物防疫法》规定,下列表述不正确的是(　　)

A.官方兽医不得从事与动物防疫有关的经营性活动

B.官方兽医进行监督检查时不得收取任何费用

C.官方兽医有权查阅养殖档案

D.动物饲养场为防止带来疫病隐患,有权拒绝官方兽医进入饲养圈舍检查

E.禁止伪造检疫证明

2.对染疫动物及其同群动物的处理,下列不正确的表述是(　　)

A.一类动物疫病染疫动物必须扑杀

B.一类动物疫病染疫动物的同群动物必须扑杀

C.二类动物疫病呈一般流行性时,根据需要扑杀染疫动物

D.二类动物疫病呈暴发流行性时,染疫动物必须扑杀

E.二类动物疫病呈暴发流行性时,染疫动物的同群动物不扑杀

3.某集团公司下属种猪养殖公司发生高致病性猪蓝耳病,该公司不符合《中华人民共和国动物防疫法》动物疫情报告规定的行为是(　　)

A.向当地动物疫病预防控制机构报告

B.向当地兽医主管部门报告

C.只向该集团公司报告

D.向当地动物卫生监督机构报告

E.向当地兽医主管部门派驻该养殖公司所在地乡镇的兽医机构报告

4.按照《中华人民共和国动物检疫法》"保障措施"的规定,下列表述不正确的是(　　)

A.县级人民政府对强制免疫应激死亡的动物给予补偿

B.县级人民政府储备动物疫病应急处置所需物资

C.县级人民政府对在动物疫病控制过程中强制扑杀的动物给予补偿

D.县级人民政府无需将动物防疫纳入本级国民经济和社会发展年度计划

E.县级人民政府将强制免疫所用疫苗的采购资金纳入财政预算

5.必须重新申请办理"动物防疫条件合格证"的情形是(　　)

A.变更单位名称　　B.变更场址　　C.变更负责人

D.变更聘用的执业兽医　　E.增高场区周围的围墙

6.下列不符合屠宰检疫规定的表述是(　　)

A.屠宰企业应当提供与屠宰规模相适应的官方兽医驻场检疫室

B.屠宰未附有"动物检疫合格证明"的动物

C.拒绝未佩戴农业部规定禽兽标识的动物入场

D.屠宰场出场的动物产品附有"动物检疫合格证明"

E.对检疫不合格的动物产品,在官方兽医的监督下按规定处理

7. 下列关于执业兽医表述不正确的是(　　)
A. 执业兽医应当定期参加兽医专业知识的教育培训
B. 执业兽医包括执业兽医师和执业助理兽医师
C. 从事宠物美容的人员属于执业兽医
D. 国家鼓励成立兽医行业协会
E. 保障执业兽医的合法权益是《执业兽医管理办法》的立法目的之一

8. 报考执业兽医考试的学历要求是(　　)
A. 兽医专业中专以上　B. 兽医专业大学专科以上　C. 兽医专业大学本科以上
D. 兽医硕士研究生以上　E. 兽医博士研究生以上

9. 负责动物诊疗机构监督执法工作的是(　　)
A. 中国动物疾病预防控制中心
B. 县级以上地方人民政府
C. 县级以上地方人民政府设立的动物卫生监督机构
D. 县级以上地方人民政府建立的动物疾病预防控制机构
E. 中国兽医协会

10. 依法可以回收、注销动物诊疗许可证的情形不包括(　　)
A. 出借动物诊疗许可证　B. 出租动物诊疗许可证
C. 动物诊疗机构违反动物防疫法的规定,造成动物疫病扩散
D. 出让动物诊疗许可证　E. 连续停业2年以上

11. 依据《重大动物疫情应急条例》,下列对疫区内易感动物采取的措施不正确的是(　　)
A. 监测　B. 禁止调出　C. 立即扑杀
D. 实行圈养或者在指定地点放养　E. 实施紧急免疫接种

12. 依据《一、二、三类动物疫病病种名录》,下列不属于三类动物疫病的是(　　)
A. 丝虫病　B. 牛流行热　C. 绵羊疥螨
D. 猪囊尾蚴病　E. 禽结核病

13.《人畜共患传染病名录》中不包括(　　)
A. 炭疽杆菌　B. 狂犬病　C. 猪乙型脑炎
D. 猪弓形虫　E. 高致病性猪蓝耳病

14. 某兽药企业擅自销售被查封的兽药,对该违法行为应当给予的行政处罚是(　　)
A. 吊销兽药经营许可证　B. 没收被查封的兽药
C. 没收销售被查封兽药的违法所得　D. 停止所有销售活动
E. 警告并处以一定数额的罚款

15. 根据《兽药经营质量管理规范》,兽药经营企业的经营场所和仓库应当具有的设施、设备不包括(　　)
A. 与经营兽药相适应的货架　B. 具有布局合理的动物诊疗室　C. 通风设施、设备
D. 防污染设施、设备　E. 照明设施、设备

16. 不属于兽用原料药标签必须注明的内容是(　　)
A. 兽药名称　B. 兽用标识　C. 生产批号
D. 有效期　E. 生产企业信息

17. 禁止在畜禽饲料中使用的是(　　)
A. 盐酸克伦特罗　B. 土霉素钙　C. 牛至油预混剂
D. 吉他霉素预混剂　E. 盐霉素钠预混剂

18. 可以用于预防鸡球虫病的饲料药物添加剂是(　　)
A. 喹乙醇预混剂　B. 甲基盐霉素预混剂　C. 杆菌肽锌预混剂
D. 复方硝基酚钠预混剂　E. 土霉素钙

19. 用于抗过敏的兽用处方药是(　　)
A. 盐酸异丙嗪注射液　B. 盐酸异丙嗪片　C. 盐酸氯丙嗪片
D. 盐酸氯丙嗪注射液　E. 盐酸林可霉素注射液

20. 解毒药中，不属于兽用处方药的是(　　)
A. 氯解磷定注射液　B. 二巯丙磺钠注射液　C. 二巯丙醇注射液
D. 亚甲蓝注射液　E. 亚硝酸钠注射液

21. 动物机体的遗传信息主要贮存于(　　)
A. 细胞膜　B. 细胞质　C. 溶酶体
D. 细胞核　E. 中心体

22. 马胸骨的形态特点是(　　)
A. 胸骨体上压下扁，有胸骨嵴　B. 胸骨体上压下扁，无胸骨嵴
C. 胸骨体前部左右压扁，后部上下压扁，有胸骨嵴
D. 胸骨体前部上下压扁，后部左右压扁
E. 胸骨体左右压扁，无胸骨嵴

23. 构成牛肘关节的骨骼是(　　)
A. 肱骨和前臂骨　B. 肱骨和肩胛骨　C. 前臂骨、腕骨和掌骨
D. 掌骨、近指节骨和近籽骨　E. 前臂骨和腕骨

24. 牛腓肠肌腱、趾浅屈肌腱、臀股二头肌腱和半腱肌腱合成一粗而坚硬的腱索称(　　)
A. 跟(总)腱　B. 中心腱　C. 悬韧带
D. 侧韧带　E. 趾前腱

25. 奶牛乳房每个乳头的乳头管数是(　　)
A. 5 条　B. 4 条　C. 3 条
D. 2 条　E. 1 条

26. 肺是气体(　　)
A. 进入的器官　B. 排出的器官　C. 存储的器官
D. 冷却的器官　E. 交换的器官

27. 牛肾的类型为(　　)
A. 复肾　B. 有沟多乳头肾　C. 光滑多乳头肾
D. 光滑单乳头肾　E. 有沟单乳头肾

28. 雄性幼龄家畜去势后，其副性腺(　　)
A. 发育良好　B. 发育不良　C. 功能亢进
D. 退化消失　E. 更加发达

29. 位于房间膈右心房侧内心膜下，呈结节状，属于心传导系统的结构是(　　)
A. 窦房结　B. 房室结　C. 静脉间结节
D. 房室束　E. 浦金野纤维

30. 位于口咽部侧壁的扁桃体称为(　　)
A. 舌扁桃体　B. 腭扁桃体　C. 腭帆扁桃体
D. 咽扁桃体　E. 盲肠扁桃体

31. 牛髂下腹神经来自(　　)
A. 最后胸神经　　B. 第1腰神经　　C. 第2腰神经
D. 第3腰神经　　E. 第4腰神经

32. 内分泌腺的结构特点之一是没有(　　)
A. 动脉　　B. 淋巴管　　C. 神经
D. 导管　　E. 静脉

33. 眼球折光系统不包括(　　)
A. 角膜　　B. 眼房水　　C. 晶状体
D. 视网膜　　E. 玻璃体

34. 鸡的盲肠扁桃体位于(　　)
A. 回盲韧带　　B. 盲肠体　　C. 盲肠尖
D. 盲肠基部　　E. 盲肠体和尖

35. 受精的生物学意义不包括(　　)
A. 标志着新生命的开始　　B. 染色体的数目复原　　C. 传递双亲的遗传基因
D. 决定性别　　E. 染色体的数目减半

36. 不具有体液调节功能的物质是(　　)
A. 二氧化碳　　B. 氢离子　　C. 血管升压素
D. 双香豆素　　E. 胃泌素

37. 细胞兴奋后，其兴奋性变化的顺序依次为(　　)
A. 绝对不应期、相对不应期、超常期、低常期　　B. 相对不应期、绝对不应期、超常期、低常期
C. 绝对不应期、相对不应期、低常期、超常期　　D. 相对不应期、绝对不应期、低常期、超常期
E. 绝对不应期、低常期、相对不应期、超常期

38. 构成血浆晶体渗透压的主要离子是(　　)
A. Na离子和Cl离子　　B. K离子和Cl离子　　C. Na离子和HCO_3离子
D. K离子和H_2PO_4离子　　E. 钙离子和H_2PO_4离子

39. 提供肺泡与血液间气体扩散的方向主要取决于(　　)
A. 气体的分压差　　B. 气体的分子量　　C. 呼吸运动
D. 气体与血红蛋白亲和力　　E. 呼吸膜通透性

40. 瘤胃发酵产生的气体大部分(　　)
A. 经呼吸道排出　　B. 被微生物利用　　C. 经嗳气排出
D. 经直肠排出　　E. 被胃肠道吸收

41. 影响肾小球滤过膜通透性的因素不包括(　　)
A. 肾小球毛细血管内皮细胞肿胀　　B. 肾小球毛细血管内皮下基膜增厚
C. 肾小球毛细血管管腔狭窄　　D. 囊内皮孔隙加大
E. 肾小球旁细胞分泌增加

42. 抑制排乳反射的外周因素是(　　)
A. 神经垂体释放催产素　　B. 下丘脑-垂体束兴奋
C. 乳导管平滑肌细胞紧张性降低　　D. 交感神经末梢释放去甲肾上腺素减少
E. 肾上腺髓质释放肾上腺素

43. 蛋白质紫外吸收的最大波长是(　　)
A. 220 mm　　B. 230 mm　　C. 240 mm
D. 260 mm　　E. 280 mm

44. 冷水鱼类的细胞膜富含不饱和脂肪酸,因此具有( )
A. 更优良的通透性 B. 更多样的运动形态 C. 更低的相变温度
D. 更好的膜结合性能 E. 更稳定的双层结构

45. 动物长时间剧烈运动后,补充血糖的主要途径是( )
A. 葡萄糖异生 B. 肝糖原分解 C. 肌糖原分解
D. 脂肪酸氧化 E. 糖酵解

46. 三羧酸循环中,发生底物水平磷酸化的反应为( )
A. 草酰乙酸与乙酰辅酶A的缩合 B. 琥珀酰辅酶A转变成琥珀酸 C. 琥珀酸脱氢
D. 延胡索酸脱氢 E. 苹果酸脱氢

47. 动物血浆低密度蛋白中富含( )
A. 蛋白质 B. 胆固醇酯 C. 不饱和脂肪酸
D. 卵磷脂 E. 甘油三酯

48. 可以用作DNA合成原料的核苷酸是( )
A. dTTP B. dCDP C. dUTP
D. dGDP E. dITP

49. 影响水在细胞内、外扩散的主要因素是( )
A. 缓冲力 B. 扩散力 C. 静水压
D. 晶体渗透压 E. 胶体渗透压

50. 坏死组织由新生肉芽组织吸收、取代的过程称为( )
A. 疤痕 B. 机化 C. 包囊形成
D. 钙化 E. 吸收

51. 转移性钙化病灶常见于( )
A. 心脏 B. 肝脏 C. 大脑
D. 脾脏 E. 肺脏

52. 在普鲁士蓝染色的组织切片中,含铁血黄素颗粒呈( )
A. 黄色 B. 红色 C. 蓝色
D. 绿色 E. 紫色

53. 在下列疾病中,鸡痛风常见于( )
A. 鸡肾型传染性支气管炎 B. 鸡新城疫 C. 鸡流感
D. 雏鸡脑软化 E. 鸡传染性脑脊髓炎

54. 血液弥漫性分布于组织间隙,使出血组织呈现大片暗红色的病变称为( )
A. 出血性素质 B. 溢血 C. 点状出血
D. 出血性浸润 E. 斑状出血

55. 在休克发展的微循环凝血期,其微循环的特点是( )
A. 灌而少流 B. 灌而不流 C. 灌大于流
D. 灌少于流 E. 不灌不流

56. 肉芽组织是指新生幼稚的( )
A. 上皮组织 B. 网状组织 C. 纤维结缔组织
D. 肌组织 E. 软骨组织

57. 下列引起血液性缺氧的病因是( )
A. 呼吸道狭窄 B. 心力衰竭 C. 氰化物中毒
D. 脉动脉栓塞 E. 亚硝酸盐中毒

58. 牛结核病引起的发热类型是(　　)

A. 稽留热　　B. 弛张热　　C. 回归热
D. 不规则热　　E. 波状热

59. 机体发生应激反应时,体内(　　)

A. C-反应蛋白减少　　B. 血清淀粉样蛋白减少　　C. 结合珠蛋白减少
D. 运铁蛋白增加　　E. 热休克蛋白增加

60. 脓液中的脓球是指变性坏死的(　　)

A. 浆细胞　　B. 淋巴细胞　　C. 嗜酸性粒细胞
D. 单核细胞　　E. 中性粒细胞

61. 关于败血症对机体的影响,表述错误的是(　　)

A. 心功能无异常　　B. 凝血功能异常　　C. 休克
D. 全身组织出血　　E. 尸僵不全

62. 反映药物进入全身循环的速度和程度的药动学参数是(　　)

A. 药时曲线下面积　　B. 表观分布容积　　C. 生物利用度
D. 峰浓度　　E. 达峰时间

63. 黏菌素的抗菌谱主要是(　　)

A. 革兰氏阳性菌和阴性菌　　B. 革兰氏阳性菌　　C. 革兰氏阴性菌
D. 支原体　　E. 衣原体

64. 治疗蹄叉腐烂时,局部用药起防腐、溶解角质、止痒、刺激肉芽生长的药物是(　　)

A. 酮康唑软膏　　B. 氨苯磺胺粉　　C. 碘酊
D. 碘甘油　　E. 松馏油

65. 阿托品的药理作用不包括(　　)

A. 松弛平滑肌　　B. 抑制腺体分泌　　C. 中枢兴奋
D. 扩张外周血管　　E. 抑制胆碱酯酶活性

66. 治疗牛的后躯麻痹时,应选用的中枢兴奋药是(　　)

A. 咖啡因　　B. 戊四氮　　C. 士的宁
D. 尼可刹米　　E. 安钠咖

67. 地塞米松的药理作用不包括(　　)

A. 抗毒素　　B. 抗菌　　C. 抗过敏
D. 抗休克　　E. 抗炎

68. 动物支气管炎感染初期,对症治疗应选择具有祛痰作用的药物是(　　)

A. 麻黄碱　　B. 可待因　　C. 氨茶碱
D. 氯化铵　　E. 异丙肾上腺素

69. 用于治疗动物慢性心功能不全的慢作用强心苷类药物是(　　)

A. 洋地黄毒苷　　B. 咖啡因　　C. 地高辛
D. 氯化铵　　E. 毒毛花苷 K

70. 用于防治动物骨软症的药物是(　　)

A. 维生素 A　　B. 维生素 D　　C. 维生素 K
D. 维生素 C　　E. 维生素 E

71. 乙酰胺的解毒机理是阻止氟乙酰胺转化成(　　)

A. 乙酸　　B. 乙酰胺　　C. 氟乙酸
D. 氟乙酸钠　　E. 氟离子

[B1 型题]

答题说明

以下提供若干组考题,每组考题共用在考题前列出的A、B、C、D、E五个备选答案。请从中选择一个与问题关系最密切的答案,并在答题卡上将相应题号的相应字母所属的方框涂黑。某个备选答案可能被选择一次、多次或不被选择。

(72～74题共用备选答案)

A. 十二指肠　　B. 空肠　　C. 回肠

D. 盲肠　　E. 结肠

72. 羊肠的黏膜下层有腺体的肠段是(　　)

73. 牛小肠中最长,弯曲最多的一段是(　　)

74. 马大肠有一段形态特殊,盘曲成双层马蹄铁形的是(　　)

(75～77题共用备选答案)

A. 外周阻力大小　　B. 循环血量多少　　C. 动脉管壁弹性大小

D. 心肌传导速度快慢　　E. 每搏输出量多少

75. 舒张压主要反映(　　)

76. 脉搏压主要反映(　　)

77. 收缩压主要反映(　　)

(78～80题共用备选答案)

A. 脂肪酸　　B. 氨　　C. 酮体

D. α-酮戊二酸　　E. γ-氨基丁酸

78. 代谢物中,对大脑有毒性,甚至可以引起功能障碍的是(　　)

79. 代谢过程中,可被大脑直接利用的能源分子是(　　)

80. 在大脑代谢产物中,可以作为神经递质的是(　　)

(81～83题共用备选答案)

A. 浆液性淋巴结炎　　B. 出血性淋巴结炎　　C. 化脓性淋巴结炎

D. 坏死性淋巴结炎　　E. 增生性淋巴结炎

81. 牛放线菌病下颌淋巴结的病变是(　　)

82. 急性猪瘟患猪淋巴结的主要病变是(　　)

83. 副结核病患牛淋巴结的主要病变是(　　)

(84～86题共用备选答案)

A. 磺胺二甲嘧啶　　B. 磺胺噁唑啉　　C. 地美硝唑

D. 青霉素　　E. 头孢噻呋

84. 常与甲氧苄啶合用治疗猪链球菌病的药物是(　　)

85. 常与二甲氧苄啶合用治疗兔球虫病的药物是(　　)

86. 用于治疗禽组织滴虫病的药物是(　　)

[A2 型题]

答题说明

每一道考题是以一个小案例出现的,其下面都有A、B、C、D、E五个备选答案。请从中选择一个最佳答案,并在答题卡上将相应题号的相应字母所属的方框涂黑。

87. 患羊临床表现为共济失调,向一侧转圈运动,视力减退,触诊发现头部皮肤隆起,头骨变薄变软,经颅

腔穿刺检查确诊为羊脑多头蚴病,手术穿刺的部位是(　　)

A. 枕骨　　B. 额骨　　C. 顶骨

D. 颞骨　　E. 蝶骨

88. 母犬发情后,屡配不孕,临床检查发现患犬腹围略增大,阴门红肿,阴道黏膜潮红,从阴门不时流出脓性分泌物,呈奶酪样,恶臭难闻。该病的原发病变部位最有可能在(　　)

A. 卵巢　　B. 输卵管　　C. 子宫

D. 阴道　　E. 阴门

89. 猪,采食烂青菜后,表现站立不稳,呼吸困难,脉搏细弱,全身发绀,其可能的发病机制是(　　)

A. 血红蛋白 Fe^{3+} 还原为 Fe^{2+}　　B. 血红蛋白 Fe^{2+} 氧化为 Fe^{3+}

C. 血液 pH 降低,使氧解离曲线左移

D. 血液 p_{CO_2} 增高,使氧离曲线左移

E. CO_2 与血红蛋白结合率降低

90. 一群雏鸡,生产停滞,腿无力,常以飞节着地,呈蹲状休息,骨骼变软膨胀,喙与爪变软,易弯曲。该鸡群日粮中可能缺乏的维生素是(　　)

A. 维生素 A　　B. 维生素 B　　C. 维生素 C

D. 维生素 D　　E. 维生素 E

91. 犬,5岁,突发肌肉震颤,很快转为四肢无力,肌腱反射消失,且心律不齐,呼吸困难,血钾明显升高。引起该病的原因是(　　)

A. 胰岛素分泌过多　　B. 醛固酮分泌不足　　C. 生长激素分泌不足

D. 甲状腺激素分泌不足　　E. 前列腺素分泌过多

92. 某猪场仔猪出现发热,精神沉郁,食欲废绝,黏膜发绀,呼吸困难,四肢下端水肿,剖检见心肌有坏死灶。如进行血清生化检查,则病猪的血清酶最可能发生变化的是(　　)

A. 乳酸脱氢酶　　B. 碱性磷酸酶　　C. 丙氨酸氨基转移酶

D. 淀粉酶　　E. γ-谷氨酰胺转移酶

93. 猫,10岁,近来多饮、多尿、多食且体重减轻,尿有明显的烂苹果气味,其血液生化检查显示血糖和酮体升高,此时机体最活跃的代谢途径是(　　)

A. 葡萄糖有氧氧化　　B. 脂肪酸氧化分解　　C. 糖原合成

D. 核酸复制　　E. 蛋白质水解

94. 解剖病死羊,将其肿胀增厚的皮肤制成组织切片,HE染色后镜检,见皮下组织中有大量均质红染物。该均质物质的主要成分为(　　)

A. 糖　　B. 脂质　　C. 蛋白质

D. 核酸　　E. 核苷酸

95. 一病死猪,剖检见肺表面有大小不一的灰白色隆起,切开病灶可见灰黄色浑浊的凝乳状物流出。该病灶属于(　　)

A. 变质性炎　　B. 浆液性炎　　C. 出血性炎

D. 化脓性炎　　E. 增生性炎

96. 育肥猪,出现咳嗽、打喷嚏、腹式呼吸等症状,病猪消瘦,X线检查可见肺部有云絮状阴影,剖检病死猪,可见肺心叶、尖叶上胰样病灶。治疗该病应选用的药物是(　　)

A. 青霉素　　B. 甲硝唑　　C. 头孢喹肟

D. 泰乐霉素　　E. 黏菌素

97. **育肥猪出现消瘦,异嗜,有的成为僵猪。剖检可见小肠内有大量淡黄色、圆柱状,体长为15～30 cm的虫体,有的虫体尾端弯曲呈钩状。治疗该病应选用的药物是(　　)**

A. 氯羟吡啶　　B. 三氮脒　　C. 吡喹酮
D. 伊维菌素　　E. 戊氰菊酯

[A3/A4 型题]

答题说明

以下提供若干个案例,每个案例下设若干个考题。请根据案例所提供的信息,在每一道考试题下面的A、B、C、D、E五个备选答案中选择一个最佳答案,并在答题卡上将相应题号的相应字母所属的方框涂黑。

(98～100题共用题干)

剖检病死猪,可见心脏三尖瓣上附着淡黄色、干燥、坚实、表面粗糙的灰白色菜花状赘生物。

98. **引起该病变的主要病原是(　　)**

A. 毒力较弱的病毒　　B. 毒力较强的病毒　　C. 毒力较弱的细菌
D. 毒力较强的细菌　　E. 寄生虫

99. **组织切片检查,渗出的主要炎性细胞是(　　)**

A. 淋巴细胞　　B. 中性粒细胞
C. 嗜酸性细胞　　D. 嗜碱性细胞
E. 上皮细胞

100. **该赘生物脱落形成栓子,最可能栓塞的器官是(　　)**

A. 肝　　B. 脾　　C. 肺
D. 脑　　E. 肾

2016年·基础科目·答案与解析

预 防 科 目

[A1 型题]

答题说明

每一道考试题下面有A、B、C、D、E五个备选答案,请从中选择一个最佳答案,并在答题卡上将相应题号的相应字母所属的方框涂黑。

101. **可以在细菌间传递遗传物质的结构是(　　)**

A. 鞭毛　　B. 普通菌毛　　C. 性菌毛
D. 荚膜　　D. 芽孢

102. **结核分枝杆菌抗酸染色阳性是由于细胞壁中含有大量的(　　)**

A. 蛋白质　　B. 糖蛋白　　C. 蜡质
D. 肽聚糖　　E. 多糖

103. **液体培养基常用于(　　)**

A. 细菌纯化　　B. 增菌培养　　C. 运动力检测
D. 菌毛检查　　E. 荚膜检查

104. **鉴定沙门氏菌血清型可以选用(　　)**

A. 涂片染色镜检　　B. 凝集试验　　C. 生化试验
D. 鉴别培养基培养　　E. 中和试验

105. 动物手术室空气消毒常用的方法是(　　)

A. 电离辐射　　B. 紫外线　　C. 滤过除菌

D. 甲醛熏蒸　　E. 消毒药水喷洒

106. 噬菌体在分类上归属于(　　)

A. 套式病毒目　　B. 单负股病毒目　　C. 疱疹病毒目

D. 微 RNA 病毒目　　E. 尾病毒目

107. 不适于培养病毒的是(　　)

A. 鸡胚　　B. 易感动物　　C. 传代细胞

D. 二倍体细胞　　E. 肉汤培养基

108. 鉴定病毒血清型常用的方法是(　　)

A. 耐酸实验　　B. 脂溶剂敏感试验　　C. 胰蛋白酶敏感试验

D. 中和试验　　E. 耐热试验

109. 测定病毒 $TCID_{50}$ 时,需要观察(　　)

A. 细胞病变　　B. 病毒血凝性　　C. 凋亡小体

D. 包涵体　　E. 合胞体

110. 用抗体检测转移至滤膜上病毒蛋白的方法是(　　)

A. 免疫转印技术　　B. 免疫荧光抗体技术　　C. 对流免疫电泳

D. 酶联免疫吸附试验　　E. 血凝抑制试验

111. 鸭瘟病毒在分类上属于(　　)

A. 痘病毒科　　B. 疱疹病毒科　　C. 腺病毒科

D. 细小病毒科　　E. 副黏病毒科

112. 产蛋下降综合征病毒在分类上属于(　　)

A. 腺病毒科　　B. 副黏病毒科　　C. 正黏病毒科

D. 疱疹病毒科　　E. 冠状病毒科

113. 属于完全抗原的物质是(　　)

A. 寡核苷酸　　B. 青霉素　　C. 血清蛋白

D. 磺胺药　　E. 肺炎链球菌荚膜多糖

114. 初次体液免疫应答过程中最早产生的抗体是(　　)

A. IgG　　B. IgM　　C. IgA

D. IgE　　E. IgD

115. IFN-γ 的主要生物学效应是(　　)

A. 免疫调节　　B. 抗菌　　C. 抗病毒

D. 刺激造血　　E. 促进肥大细胞增生

116. 速发型过敏反应的抗体类型是(　　)

A. IgG　　B. IgM　　C. IgA

D. IgE　　E. IgD

117. 先天性免疫具有的特点是(　　)

A. 特异性　　B. 遗传性　　C. 高效性

D. 一定的免疫期　　E. 记忆性

118. 机体自然感染病毒后产生的免疫力属于(　　)

A. 天然被动免疫　　B. 天然主动免疫　　C. 人工主动免疫

D. 人工被动免疫　　E. 自身免疫

119. 可以用于人工主动免疫的物质是(　　)
A. 抗毒素　B. 类毒素　C. 内毒素
D. 卵黄抗体　E. 康复动物血清

120. 与弱毒疫苗相比,灭活疫苗的特点是(　　)
A. 难保存　B. 接种量小　C. 体内可繁殖
D. 使用安全　E. 仅产生细胞免疫

121. 既能检测抗原又可检测抗体的免疫学技术是(　　)
A. 血凝试验　B. 溶血试验　C. 空斑减少试验
D. 脂溶剂敏感试验　E. 酶联免疫吸附试验

122. 某种疫病在某个畜禽群体或一定地区范围内,短时间内突然出现很多病例的流行方式称为(　　)
A. 散发性流行　B. 地方流行性　C. 流行性
D. 爆发性　E. 大流行

123. 动物流行病学调查不包括(　　)
A. 动物品种的选育　B. 动物发病的时间　C. 动物发病的地点
D. 动物发病的数量　E. 发病动物种类

124. 动物疫病诊断时不宜采集(　　)
A. 新鲜病料　B. 症状明显病例的病料　C. 濒死动物的病料
D. 经过治疗的动物病料　E. 未经治疗的动物病料

125. 诊断马鼻疽,应特别注意鉴别的疫病是(　　)
A. 马传染性贫血　B. 李氏杆菌病　C. 副结核病
D. 布鲁氏杆菌病　E. 马腺疫

126. 日常防止非洲猪瘟传入我国最主要的措施是(　　)
A. 免疫　B. 封锁　C. 检疫
D. 消毒　E. 隔离

127. 猪繁殖与呼吸道综合征的病原为(　　)
A. 真菌　B. 病毒　C. 支原体
D. 衣原体　E. 螺旋体

128. 对猪流行性腹泻最有效的防控措施为(　　)
A. 隔离　B. 封锁　C. 免疫接种
D. 加强饲养管理　E. 检疫

129. 根除牛传染性鼻气管炎的有效方法是(　　)
A. 治疗　B. 隔离　C. 扑杀阳性牛
D. 免疫接种　E. 消毒

130. 牛流行热的病原是(　　)
A. 真菌　B. 病毒　C. 支原体
D. 衣原体　E. 螺旋体

131. 牛病毒性腹泻/黏膜病母牛产下的犊牛可能出现(　　)
A. 大脑发育不全　B. 小脑发育不全　C. 肝脏发育不全
D. 肺脏发育不全　E. 心脏发育不全

132. 马传染性贫血的特征性病变为(　　)
A. 全身败血症变化　B. 大叶性肺炎　C. 肝脏脂肪变性
D. 脾脏梗死　E. 淋巴结轻度水肿

133. 分离新城疫病毒所用SPF鸡胚的日龄通常为(　　)
A. 2～4日龄　B. 5～7日龄　C. 9～11日龄
D. 13～15日龄　E. 16～18日龄

134. 预防鸡传染性喉气管炎常用的疫苗为(　　)
A. 弱毒疫苗　B. 灭活疫苗　C. 核酸疫苗
D. 合成肽疫苗　E. 基因缺失苗

135. 发生传染性法氏囊病2～3 d,病鸡含毒量最高的器官是(　　)
A. 肝　B. 腺胃　C. 肾
D. 肌胃　E. 法氏囊

136. 马立克氏病关键的防控措施是(　　)
A. 添加抗菌药物　B. 疫苗接种　C. 使用益生素
D. 添加抗病毒药物　E. 肌注高免血清

137. 早期治疗犬瘟热效果较好的方法是(　　)
A. 口服抗菌药　B. 口服抗病毒药　C. 肌注抗生素
D. 静脉注射5% Na_2HCO_3　E. 使用高免血清

138. 在鸭坦布苏病毒病流行地区,应采取的防控措施是(　　)
A. 消毒　B. 封锁　C. 清洁饮水
D. 疫苗接种　E. 药物预防

139. 预防水貂病毒性肠炎的最有效措施是(　　)
A. 疫苗接种　B. 中草药拌料　C. 注射干扰素
D. 注射高免血清　E. 应用抗病毒药

140. 感染美洲幼虫腐臭病的蜜蜂幼虫表现症状的平均日龄是(　　)
A. 3 d　B. 6 d　C. 9 d
D. 12 d　E. 25 d

141. 蜜蜂白垩病的病原是(　)
A. 真菌　B. 病毒　C. 支原体
D. 衣原体　E. 螺旋体

142. 成年绵羊感染弓形虫后主要的临床表现是(　　)
A. 贫血　B. 流产　C. 便秘
D. 腹泻　E. 肌肉强直

143. 生猪屠宰后检查旋毛虫的方法是(　　)
A. 水洗沉淀法　B. 饱和盐水漂浮法　C. 血液涂片法
D. 肌肉消化法　E. 皮屑检测法

144. 虻是伊氏锥虫的(　　)
A. 中间宿主　B. 终末宿主　C. 带虫宿主
D. 传播媒介　E. 补充宿主

145. 隐孢子虫孢子生殖的部位是(　　)
A. 黏膜上皮细胞　B. 体外　C. 皮下组织
D. 横纹肌细胞　E. 肝细胞

146. 寄生于绵羊盲肠,形似鞭子的线虫是(　　)
A. 血矛线虫　B. 仰口线虫　C. 食道口线虫
D. 网胃线虫　E. 毛首线虫

147. 姜片吸虫寄生于终末宿主的部位是(　　)
A. 肝脏　B. 胰脏　C. 小肠
D. 结肠　E. 肺脏

148. 仔猪结肠小袋虫病的主要临床症状是(　　)
A. 便秘　B. 水肿　C. 咳嗽
D. 血尿　E. 腹泻

149. 检查环形泰勒虫,应采集的样品是(　　)
A. 粪便　B. 尿液　C. 淋巴穿刺物
D. 咳出液　E. 皮屑

150. 莫尼茨绦虫的中间宿主是(　　)
A. 蚂蚁　B. 陆地螺　C. 地螨
D. 钉螺　E. 椎实螺

151. 牛感染皮蝇蛆的途径是(　　)
A. 食入虫卵　B. 食入幼虫　C. 第一期幼虫钻入皮肤毛囊
D. 第三期幼虫钻入毛囊　E. 幼虫经鼻腔钻入

152. 治疗马裸头绦虫病的药物是(　　)
A. 伊维菌素　B. 左旋咪唑　C. 莫能菌素
D. 噻苯达唑　E. 氯硝柳胺

153. 火鸡组织滴虫病的病变主要见于(　　)
A. 肌胃和腺胃　B. 小肠和大肠　C. 肺脏和肾脏
D. 盲肠和肝脏　E. 心脏和脾脏

154. 目前鸡赖利绦虫病的确诊方法是(　　)
A. 血液涂片检查　B. 粪便检查　C. 皮屑检查
D. 抗原检测　E. 抗体检测

155. 能够通过胎盘传播的蛔虫是(　　)
A. 猪蛔虫　B. 禽蛔虫　C. 马副蛔虫
D. 狮弓首蛔虫　E. 犬弓首蛔虫

156. 家蚕疾病中,属于法定检疫对象的是(　　)
A. 核型多角体病　B. 质型多角体病　C. 病毒性软化病
D. 浓核病　E. 微粒子病

157. 下列属于天然雌激素的是(　　)
A. 己烷雌酚　B. 二甲基己烯雌酚　C. 雌二醇
D. 乙炔基雌二醇　E. 炔雌醚

158. 评价食品被粪便污染的指标是(　　)
A. 大肠菌群　B. 沙门氏菌　C. 志贺氏菌
D. 空肠弯曲菌　E. 菌落总数

159. 按病原体储存宿主的性质分类,属于动物源性人兽共患病的是(　　)
A. 旋毛虫病　B. 戊型肝炎　C. 结核病
D. 炭疽　E. 猪囊尾蚴病

160. 动物诊疗机构医护人员接触传染病畜分泌物后,必须立即洗手的情形是(　　)
A. 脱去工作服后　B. 脱去工作帽后　C. 摘取口罩后
D. 摘取眼镜后　E. 摘除手套后

161. 有防腐作用的牛乳掺假物是( )
A. 尿素
B. 食盐
C. 蔗糖
D. 豆浆
E. 过氧化氢

[B1 型题]

答题说明

以下提供若干组考题,每组考题共用在考题前列出的 A、B、C、D、E 五个备选答案。请从中选择一个与问题关系最密切的答案,并在答题卡上将相应题号的相应字母所属的方框涂黑。某个备选答案可能被选择一次、多次或不被选择。

(162~164 题共用备选答案)
A. 细胞毒性 T 细胞
B. 红细胞
C. 巨噬细胞
D. B 细胞
E. NK 细胞

162. 特异性细胞免疫的主要效应细胞是( )
163. 在先天性免疫应答中,能直接杀伤病毒感染细胞的免疫细胞是( )
164. 在先天性免疫和获得性免疫中均担负重要功能的免疫细胞是( )

(165~167 题共用备选答案)
A. 大肠杆菌
B. 沙门氏菌
C. 布鲁氏菌
D. 产气荚膜梭菌
E. 猪丹毒杆菌

165. 断奶仔猪腹泻,取病料接种 SS 琼脂,生长出无色菌落,涂片镜检,可见革兰氏阴性中等大小球杆菌,该病最可能的病原菌是( )
166. 断奶仔猪腹泻,头面水肿,共济失调,取病料接种麦康凯培养基,生长出红色菌落,菌落涂片染色、镜检,可见革兰氏阴性中等大小球杆菌,该病可能的病原菌是( )
167. 3 日龄仔猪排血样稀粪,取病料接种血琼脂,长出的菌落周围出现双层溶血环,菌落涂片,革兰氏染色镜检见蓝紫色杆菌,该病可能的病原菌是( )

(168~170 题共用备选答案)
A. 产蛋下降综合征病毒
B. 禽呼肠孤病毒
C. 传染性法氏囊病毒
D. 禽流感病毒
E. 传染性支气管炎病毒

168. 蛋鸡群产蛋量突然下降,畸形蛋、软壳蛋增多,无其他临床症状,从泄殖腔采样接种鸡胚,分离到的病毒具有凝血性,对脂溶剂不敏感,该病最可能的病原是( )
169. 蛋鸡产蛋量大幅度下降,鸡冠发绀,口流黏液,排黄绿色稀便,取病料接种鸡胚,收获的尿囊液具有凝血活性,该病最可能的病原是( )
170. 蛋鸡群产蛋量下降,病鸡气喘,微咳,剖检见输卵管发育受阻,取病料接种鸡胚,胚体蜷缩矮小,尿囊液无血凝性,该病最可能的病原是( )

(171~173 题共用备选答案)
A. 肠黏膜急性卡他炎,十二指肠最严重
B. 胃壁及肠黏膜水肿
C. 皮炎
D. 胃黏膜脱落,小肠前段充血、出血
E. 支气管炎

171. 3 日龄仔猪群相继发病,排黄色稀粪,内含凝乳小片,取肠内容物用麦康凯培养基做细菌分离,长出红色菌落,该病常见的病理变化是( )
172. 断奶仔猪突然发病,头部明显水肿,阵发性抽搐,卧倒,四肢成划水状,很快死亡,取肠系膜淋巴结接种麦康凯培养基,长出红色菌落,该病最常见的病理变化是( )

173.2周龄羔羊体温高达41.5℃,呼吸浅表,下痢粪便由黄变灰,带气泡和血液,取肠内容物接种麦康凯培养基,长出红色菌落,该病常见的病理变化是( )

(174~176题共用备选答案)

A. 单核细胞升高　B. 嗜酸性粒细胞降低　C. 嗜酸性粒细胞升高
D. 嗜碱性粒细胞降低　E. 嗜碱性粒细胞升高

174. 某群成年羊运动失调,或圆圈运动,或低头抵墙不动,或角弓反张,昏迷倒地,采病羊脑脊液涂片,革兰氏染色镜检,见V字形排列的革兰氏阳性小杆菌,血液检查可见( )

175. 断奶仔猪运动失调,有的转圈,有的倒地,四肢划动,后期体温下降到36.5℃以下,很快死亡,采病猪血液,接种葡萄糖琼脂平板,长出中央黑色周围绿色的菌落,血液检查可见( )

176. 某兔场部分成年肉兔精神委顿,口流白沫,不时前冲或转圈,倒地抽搐,2 d左右死亡,采兔脑脊液,接种亚硝酸钠胰蛋白酶胨琼脂平板,长出中央黑色周围绿色的菌落,血液检查可见( )

(177~179题共用备选答案)

A. 阿苯达唑　B. 伊维菌素　C. 吡喹酮
D. 拉沙菌素　E. 三氮脒

177. 犬、眼、唇、耳等无毛处出现界限明显的红斑,毛囊发炎,化脓性皮脂溢出,取患部皮屑镜检,可见细长圆柱状虫体,体前段有4对足,粗短,口器小,治疗该病宜选用的药物是( )

178. 犬,头部、颈、肩部等部位出现红斑,奇痒,脱毛,取患部皮屑镜检,可见近圆形虫体,有足4对,前2对足伸出体缘,后2对足不伸出体缘,治疗该病宜选用的药物是( )

179. 某犬,以前足挠耳,耳部有渗出液,外耳道内有棕黑色耳垢,取耳垢镜检,可见呈长椭圆环虫体,有足4对,均伸出体缘,治疗该病宜选用的药物是( )

(180~182题共用备选答案)

A. 甲醛　B. 尿素　C. 三聚氯胺
D. 多环芳烃　E. 苏丹红

180. 为提高乳品蛋白质检测含量,一些不法分子在牛乳中加入的掺假物最有可能是( )

181. 为增加鸭蛋蛋黄的橙黄或橙红色泽,一些养殖户在禽饲料中非法添加的掺假物最可能是( )

182. 为了防止牛乳的腐败变酸,有的奶牛养殖户在乳中掺入的掺假物最可能是( )

[A2型题]

答题说明
每一道考题是以一个小案例出现的,其下面都有A、B、C、D、E五个备选答案。请从中选择一个最佳答案,并在答题卡上将相应题号的相应字母所属的方框涂黑。

183. 猪,26周龄,排黄绿色稀便,口流泡沫状黏液,2 d后剖检肝脏有针尖大小灰白色坏死点,肝脏涂片,亚甲蓝染色呈两极着染的细菌,该病最可能的病原是( )

A. 链球菌　B. 大肠杆菌　C. 沙门氏菌
D. 巴氏杆菌　E. 波氏杆菌

184.5日龄羔羊腹泻,粪便带血,剖检可见小肠黏膜充血,溃疡,回肠呈现红色外观。采集病料接种普通琼脂,厌氧培养,长出的菌落接种庖肉培养基,产生大量气体,该病最可能的病原是( )

A. 沙门氏菌　B. 产气荚膜梭菌　C. 巴氏杆菌
D. 李氏杆菌　E. 炭疽杆菌

185.犊牛,顽固性腹泻,日渐消瘦,死亡,剖检可见肠黏膜有大小不等的结节,结节组织学检查,可见大量巨噬细胞和淋巴细胞浸润,该病原最可能是(　　)

A.炭疽杆菌　B.大肠杆菌　C.多杀性巴氏杆菌

D.牛支原体　E.牛分枝杆菌

186.2岁山羊高热,咳嗽,呼吸困难,剖检肺脏与胸膜粘连,病料涂片,吉姆萨染色镜检,可见丝状支原体,病料接种于马丁琼脂培养基,7 d长出“荷包蛋”状菌落,该病最可能的病原是(　　)

A.链球菌　B.支原体　C.巴氏杆菌

D.产气荚膜杆菌　E.李氏杆菌

187.3月龄犬,体温升高,双相热,眼鼻流脓性分泌物并伴有癫痫症状,取病料接种MDCK细胞,盲传3代后,细胞出现合胞体病变,该病最可能的病原是(　　)

A.犬瘟热病毒　B.犬副流感病毒　C.犬细小病毒

D.犬传染性肝炎病毒　E.犬冠状病毒

188.2日龄仔猪群突然发病,拉带血稀便,内含组织碎片,发生急性死亡,该病最可能的诊断是(　　)

A.仔猪黄痢　B.仔猪白痢　C.仔猪水肿病

D.猪痢疾　E.仔猪红痢

189.某产蛋鸡群中部分鸡呼吸困难,剧烈腹泻,剖检可见肝脏表面广泛分布针尖大小灰白色坏死点,该病最可能的诊断是(　　)

A.鸡白痢　B.禽霍乱　C.禽流感

D.新城疫　E.马立克氏病

190.3月龄猪群中部分猪厌食,不喜运动,后驱麻痹,结膜发炎,衰竭死亡,组织病理学变化为胸腺萎缩,外周淋巴器官中严重缺乏淋巴细胞,该病最可能的诊断是(　　)

A.急性猪瘟　B.慢性猪瘟　C.迟发型猪瘟

D.急性猪丹毒　E.慢性猪丹毒

191.8周龄猪群下痢,排黄色水样粪便,1～2 d后粪便带大量血液和黏液,含坏死组织碎片,病猪逐渐消瘦死亡,病程为1周,该病最可能的病原是(　　)

A.立克次氏体　B.衣原体　C.支原体

D.钩端螺旋体　E.猪痢疾短螺旋体

192.某绵羊消瘦,贫血,腹泻,粪检可见大量椭圆形,卵壳薄,无卵盖,内含多个卵细胞的虫卵,鉴定该羊群感染的寄生虫种类的方法是(　　)

A.毛蚴孵化法　B.虫卵沉淀法　C.幼虫培养法

D.虫卵计数法　E.虫卵漂浮法

193.育肥猪群生长发育不良,食欲减退,反复腹泻,剖检结肠壁有大量黄豆大结节,该病原可能是(　　)

A.猪蛔虫　B.毛尾线虫　C.球首线虫

D.食道口线虫　E.类圆线虫

194.某放牧羊群入夏后,体温升高,体表淋巴结肿大,结膜充血或出血,血涂片染色镜检,可见多量红细胞内有环形虫体,淋巴结穿刺物见“石榴体”。该病应选用的药物是(　　)

A.三氮脒　B.磺胺嘧啶　C.吡喹酮

D.伊维菌素　E.丙硫咪唑

195.夏初,雏鸭群生长发育受阻,腹泻,剖检可见出血性肠炎,粪检可见大量卵囊,卵囊孢子化后,内含4个子孢子囊,每个孢子囊内有4个子孢子。预防该病宜选用药物是(　　)

A.青霉素　B.庆大霉素　C.泰乐菌素

D.伊维菌素　E.莫能菌素

196. **某小饭店发生 7 人食物中毒，临床诊断和病原分离鉴定，确诊为小肠结肠炎耶尔森氏菌食物中毒，该菌食物中毒的腹痛特征是(　　)**

A. 左上腹部疼痛　　B. 左下腹部疼痛　　C. 右上腹部疼痛
D. 右下腹部疼痛　　E. 左、右上腹部疼痛

197. **掩埋处理病害动物尸体时，坑底必须铺上一定厚度的生石灰，病害动物尸体上层距离地表应有安全高度，按国家相关规定对生石灰厚度和距地表高度要求分别是(　　)**

A. 1 cm，0.5 m　　B. 1 cm，1 m　　C. 1 cm，1.5 m
D. 1.5 cm，1.5 m　　E. 2 cm，1.5 m 以上

[A3/A4 型题]

答题说明

以下提供若干个案例，每个案例下设若干个考题。请根据案例所提供的信息，在每一道考试题下面的 A、B、C、D、E 五个备选答案中选择一个最佳答案，并在答题卡上将相应题号的相应字母所属的方框涂黑。

(198～200 题共用题干)

10 月龄北京犬，不断用嘴磨蹭地或用爪抓挠面部，检查发现该犬唇部、眼睛周围皮肤发红，脱毛，有红色和脓性疱疹，腹部有黄色痂皮，采集病健交接处病料，镜检，发现多个大小不超过 0.5 mm，呈圆形，头部突出，有 4 对足，后 2 对足不超出体缘的虫体。

198. **该病原最可能是(　　)**

A. 蠕形螨　　B. 蚤　　C. 虱
D. 痒螨　　E. 疥螨

199. **该病原感染本病是通过(　　)**

A. 垂直传播　　B. 空气传播　　C. 蚊蝇叮咬传播
D. 接触传播　　E. 吞食感染性传播

200. **该病治疗的药物是(　　)**

A. 莫能菌素　　B. 伊维菌素　　C. 丙硫咪唑
D. 头孢菌素　　E. 吡喹酮

2016 年 · 预防科目 · 答案与解析

考生姓名：　　　　　　　　　　　　　　　　　　准考证号：

2016年全国执业兽医资格考试试卷

(兽医全科类)下午卷

（临床综合）

注 意 事 项

一、请按照要求，用蓝黑色或者黑色签字笔在答题卡上填写姓名、身份证号码、考点、考试地点、考场号、准考证号等信息，并用铅笔涂好准考证号。

二、试卷分为2部分，临床科目100小题，综合科目100小题，共200小题，考试时间为150分钟。各部分不单独计时，请考生自己合理分配时间。

三、监考人员宣布考试开始时，方可答题；宣布考试结束时，应立即停止答题。答题卡、题本一律反扣在桌面上，待监考人员确认数量无误，允许离开时，考生方可离开考场。如果考生违反了以上任何一项要求，都将影响考试成绩。

四、答案必须填涂在答题卡上，书写在试题本上的答案一律无效。

五、答题卡严禁折叠。

六、答题卡的正确填涂方式为：■，用其他符号填涂答案者不计分。

七、如要改动答案，必须先用橡皮擦去原来选定的答案，然后再按上面的规定重新作答。

临床科目

[A1 型题]

答题说明
每一道考试题下面有A、B、C、D、E五个备选答案,请从中选择一个最佳答案,并在答题卡上将相应题号的相应字母所属的方框涂黑。

1.不适于听诊检查的脏器是(　　)

A. 心脏　B. 肺脏　C. 肠　D. 脾脏　E. 胃

2.可以用于胃导管治疗的疾病是(　　)

A. 食管扩张　B. 食管狭窄　C. 食管憩室　D. 食管阻塞　E. 食管痉挛

3.犬洋葱中毒所引起的贫血属于(　　)

A. 溶血性贫血　B. 失血性贫血　C. 营养性贫血　D. 小细胞低色素性贫血　E. 再生障碍性贫血

4.禽痛风的根本原因是体内蓄积过多的(　　)

A. 血糖　B. 胆固醇　C. 白蛋白　D. 尿酸　E. 甘油三酯

5.死亡后能产生游离胆红素的细胞是(　　)

A. 淋巴细胞　B. 单核细胞　C. 白细胞　D. 红细胞　E. 血小板

6.健康犬灌服钡餐后胃的初始排空时间一般是(　　)

A. 5 min　B. 15 min　C. 30 min　D. 45 min　E. 60 min

7.关节X线片,显示软组织层阴影增厚、密度稍高、组织层次模糊的是(　　)

A. 关节间隙缩小　B. 关节脱位　C. 关节破坏　D. 关节强直　E. 关节肿胀

8.肝性腹水时,声像图可见腹腔内液性暗区,浆膜表面回声可以显示为(　　)

A. 条索状强回声　B. 绒毛状等回声　C. 斑块状强回声　D. 光滑界面回声　E. 结节状强回声

9.窦性心动过速,心电图最明显的变化是(　　)

A. P-Q间期缩短　B. Q-T间期缩短　C. P-T间期缩短　D. P波高耸　E. T波倒置

10.腰部脊髓损伤导致两后肢瘫痪,表现为(　　)

A. 偏瘫　B. 短暂性瘫痪　C. 完全瘫痪　D. 单瘫　E. 截瘫

11.最常用耳夹子保定的是(　　)

A. 马　B. 牛　C. 羊　D. 猪　E. 犬

12.用气管插管输氧时,应在纯氧中加入一定浓度的(　　)

A. 一氧化碳　B. 二氧化碳　C. 空气　D. 氮气　E. 氨气

13. 诊断皱胃溃疡时,可以反复进行(　　)
A. 尿液潜血检查　B. 粪便潜血检查　C. 血清白蛋白检查
D. 血清酶学检查　E. 粪便寄生虫检查

14. 大叶性肺炎患畜典型的热型是(　　)
A. 弛张热　B. 波浪热　C. 回归热
D. 不定型热　E. 稽留热

15. 猫下泌尿道结石最常见的成分是(　　)
A. 磷酸铵镁　B. 尿酸盐　C. 草酸盐
D. 硅酸盐　E. 胱氨酸

16. 重度热射病患畜最常出现的是(　　)
A. 浆液性鼻液　B. 粉红色泡沫状鼻液　C. 脓性鼻液
D. 铁锈色鼻液　E. 黏液性鼻液

17. 高产奶牛饲料磷缺乏时,最可能出现的症状是(　　)
A. 血尿　B. 血红蛋白尿　C. 肌红蛋白尿
D. 卟啉尿　E. 药物性红尿

18. 犬双香豆素中毒时,可以继发(　　)
A. 维生素A缺乏症　B. 维生素B_{12}缺乏症　C. 维生素C缺乏症
D. 维生素D缺乏症　E. 维生素K缺乏症

19. 仔猪铁缺乏症可视黏膜的变化是(　　)
A. 鲜红色　B. 发绀　C. 苍白色
D. 出血　E. 黄染

20. 牛亚急性砷中毒最可能出现的症状是(　　)
A. 血尿　B. 肌红蛋白尿　C. 卟啉尿
D. 糖尿　E. 酮尿

21. 家畜发生磺胺类药物中毒,出现结晶尿时,治疗药物宜选用(　　)
A. 氯化铵　B. 碳酸氢钠　C. 硫代硫酸钠
D. 亚硝酸钠　E. 维生素C

22. 甲状旁腺机能减退时,病畜可能出现(　　)
A. 低钠血钠　B. 低钾血钠　C. 低钙血症
D. 低镁血症　E. 低磷血症

23. 肺脏叩诊音不包括(　　)
A. 清音　B. 过清音　C. 浊音
D. 钢管音　E. 空瓮音

24. 草木樨中毒的机制属于(　　)
A. 竞争拮抗作用　B. 破坏遗传信息　C. 抑制酶活性
D. 致敏作用　E. 阻止氧吸收和利用

25. 关于外科感染的论述不正确的是(　　)
A. 很少为混合感染　B. 大部分由外伤引起
C. 常发生化脓性坏死过程　D. 常伴发明显的全身症状
E. 愈合后局部常形成瘢痕组织

26. 治疗冻伤快速复温要求的水温是(　　)
A. 10～20℃　B. 23～25℃　C. 30～32℃
D. 35～37℃　E. 40～42℃

27. 眼睑外翻常导致(　　)
A. 眼结膜粗糙肥厚　B. 眼角膜出现溃疡　C. 白内障
D. 玻璃体浑浊　E. 视网膜脱落

28. 中耳炎的发病部位是(　　)
A. 垂直外耳道　B. 水平外耳道　C. 骨迷路和膜迷路
D. 鼓室和咽鼓室　E. 耳郭

29. 属于牙齿发育异常的是(　　)
A. 斜齿　B. 过长　C. 波状
D. 滑状　E. 赘生状

30. 腹腔内的组织器官从异常扩大的自然孔道或病理性破裂孔脱至皮下或其他解剖腔所得的疾病称(　　)
A. 疝　B. 肠套叠　C. 瘘
D. 挫伤　E. 坏疽

31. 犬阴囊疝内容物常见的是(　　)
A. 前列腺　B. 十二指肠　C. 膀胱
D. 盲肠　E. 空肠

32. 临床检查可见少量粪便从阴道流出，即可诊断为(　　)
A. 锁肛　B. 阴道破裂　C. 膀胱破裂
D. 直肠破裂　E. 直肠阴道瘘

33. 引起骨骼延迟愈合的原因不包括(　　)
A. 固定不确实　B. 整复固定　C. 局部化脓感染
D. 局部血液循环不良　E. 骨折周围较大水肿

34. 脊髓受伤时，给动物注射水合氯醛的目的是(　　)
A. 镇静　B. 消炎　C. 活血
D. 止血　E. 抗痛

35. 肘头黏液囊炎的临床特点是(　　)
A. 温热敏感　B. 疼痛敏感　C. 跛行敏感
D. 生面团样　E. 穿刺液不黏稠

36. 关节透创与非透创的鉴别方法是(　　)
A. 创口注入生理盐水　B. 创口注入碘酊　C. 创口内探针检查
D. 创口注入1%高锰酸钾溶液　E. 创口对侧关节腔内注入生理盐水

37. 一般可以采取保守疗法的骨折是(　　)
A. 系骨骨折　B. 冠骨骨折　C. 蹄骨翼骨折
D. 掌骨骨折　E. 桡骨骨折

38. 常用反挑式持刀法切开的组织是(　　)
A. 肌膜　B. 皮肤　C. 肌肉
D. 筋膜　E. 腹膜

39. 马副鼻窦手术的主要手术器械是(　　)
A. 圆锯　B. 线锯　C. 摆锯
D. 钢锯　E. 电烙铁

40. 公羊精子数少、活力差，可以选用的治疗药物是(　　)
A. 前列腺素　B. 睾酮　C. 人绒毛膜促性腺激素
D. 生长激素　E. 黄体酮

41. 母牛处于发情期的卵巢特征是(　　)
A. 卵巢较小,表面平坦,有较小卵泡
B. 卵巢较大,表面凸起,有较大卵泡
C. 卵巢较大,表面凸起,有较小卵泡
D. 卵巢大小中等,表面凹陷,有较大卵泡
E. 卵巢大小中等,表面平坦,无卵泡

42. 妊娠早期诊断的临床检查方法不包括(　　)
A. 外部检查
B. 阴道检查
C. 乳房检查
D. 妊娠脉搏触诊
E. 孕酮含量测定

43. 引起子宫痉挛的原因多见于(　　)
A. 母畜肥胖
B. 孕期缺乏运动
C. 分娩前受到惊吓
D. 不正确助产
E. 胎儿死亡

44. 产后脓毒血症的热型是(　　)
A. 双向热
B. 稽留热
C. 间歇热
D. 弛张热
E. 回归热

45. 高产奶牛生产瘫痪的主要原因是(　　)
A. 低血糖
B. 低血钙
C. 难产
D. 后躯神经损伤
E. 高血酮

46. 治疗新生仔畜低糖血症时,补充糖类药物的给药途径不宜选择(　　)
A. 静脉注射
B. 腹腔注射
C. 皮内注射
D. 口服
E. 灌肠

47. 心的主要功能是(　　)
A. 主血脉
B. 主运化
C. 主疏泄
D. 主气
E. 主水

48. 最易伤肺的外邪是(　　)
A. 风
B. 暑
C. 燥
D. 寒
E. 火

49. 方剂中用于治疗兼证或次要症状的药物属于(　　)
A. 君药
B. 臣药
C. 佐药
D. 润和药
E. 引经药

50. 麻黄汤主治(　　)
A. 风寒表实
B. 风寒表虚
C. 肺热咳喘
D. 风热表实
E. 风热表虚

51. 内服清热泻火,外用收敛生肌的药物是(　　)
A. 石膏
B. 雄黄
C. 滑石
D. 牡蛎
E. 白及

52. 润肠通便,利水消肿的药物是(　　)
A. 火麻仁
B. 郁李仁
C. 薏苡仁
D. 砂仁
E. 桃仁

53. 具有降气平喘,消痰行水作用的药物是(　　)
A. 菊花
B. 红花
C. 槐花
D. 金银花
E. 旋覆花

54. 具有理气血,逐寒湿,安胎功效的药物是(　　)
A. 干姜
B. 黄芩
C. 山药
D. 艾叶
E. 砂仁

55. 善治肠风下血的方剂是( )

A. 秦艽散　　B. 十黑汤　　C. 槐花散
D. 归脾汤　　E. 红花散

56. 主治肺肾阴虚，咳嗽痰中带血的方剂是( )

A. 六味地黄丸　　B. 百合固金汤　　C. 巴戟散
D. 清肺散　　E. 止咳散

57. 钩藤的功效除了息风止痉外，还有( )

A. 止痛　　B. 平肝清热　　C. 解毒散结
D. 化痰散结　　E. 退翳膜

[B1 型题]

答题说明

以下提供若干组考题，每组考题共用在考题前列出的A、B、C、D、E五个备选答案。请从中选择一个与问题关系最密切的答案，并在答题卡上将相应题号的相应字母所属的方框涂黑。某个备选答案可能被选择一次、多次或不被选择。

(58～59题共用备选答案)

A. 灰白色　　B. 绿色　　C. 黑色
D. 番茄酱色　　E. 灰黑色

58. 20日龄仔猪，体温41℃，精神沉郁，腹泻4日，实验室检查发现致病性大肠杆菌，其粪便颜色最可能是( )

59. 保育猪，体温41℃，食欲下降，精神沉郁，呕吐并伴有腹泻，呕吐物混有血液，其粪便颜色最可能是( )

(60～61题共用备选答案)

A. 膀胱破裂　　B. 膀胱炎　　C. 膀胱结石
D. 膀胱麻痹　　E. 膀胱憩室

60. 母犬，腹围膨大，尿少，触诊腹部膀胱充盈，用力按压有尿液排出，尿沉渣检查无管型、细胞。该病最可能的诊断是( )

61. 犬，尿频、量少、色红，腹围膨大，触诊膀胱充盈，有压痛感，尿沉渣检查，可见大量多角形扁平细胞，核小呈圆形或椭圆形，以及红细胞，多棱状、棺盖状结晶。该病最可能的诊断是( )

(62～64题共用备选答案)

A. 化学疗法　　B. 抗生素疗法　　C. 营养疗法
D. 手术切除肿块　　E. 去势术

62. 犬肛周皮下出现直径2.5 cm的肿块，已经3年，无明显肿大，肿物局限无转移和扩散，经病理组织学检查为良性肥大细胞瘤，该病最佳的治疗方法是( )

63. 犬左侧睾丸肿胀，右侧萎缩，躯体两侧对称性脱毛，乳头膨大，患犬愿意接触其他公犬，表现雌性化，经组织病理学检查为细胞瘤，该病最佳的治疗方法是( )

64. 犬食欲不振，结膜苍白，体重逐渐下降，全身淋巴结肿胀，扁桃体、肝脏、脾脏均肿大，血液学和病理组织学检查为淋巴瘤，该病最佳的治疗方法是( )

(65～66题共用备选答案)

A. 食道切开术　　B. 肋骨切开术　　C. 心包切开术
D. 气管切开术　　E. 胃切开术

65. 牛,食欲急剧减退,肘外展,拱背站立,起卧谨慎,呼吸浅快,可视黏膜发绀,下颌间隙水肿,颈静脉怒张,心率120次/min,心脏区叩诊浊音区扩大,听诊有拍水音,该病应采取的最佳治疗方法是(　　)

66. 牧羊犬,被车撞伤,左侧肘后胸壁皮肤破损,局部及背部皮下大面积肿胀,触之有捻发音,呼吸急促;X线检查,可见第五肋骨骨折,断端突向胸腔。该病应采取的最佳治疗方法是(　　)

(67～68题共用备选答案)

A. 纵向、倒生、上位　　B. 横向、正生、侧位　　C. 横向、倒生、上位
D. 纵向、正生、侧位　　E. 纵向、倒生、下位

67. 小尾寒羊,5岁,难产。产道检查见胎儿两后肢已进入产道且伸直,胎儿背部靠近母体的下腹壁,分娩时胎儿的胎向、胎位是(　　)

68. 母马分娩,努责强烈,未见胎儿产出。产道检查见两前肢和胎头已进入产道且伸直,胎儿的背部靠近母体的侧腹壁,分娩时胎儿的胎向、胎位是(　　)

(69～70题共用备选答案)

A. 脾俞、胃俞、后三里　　B. 三江、关元俞、迷交感　　C. 蹄头、玉堂、通关
D. 肺俞、大椎、耳尖　　E. 抢风、胸堂、肾堂

69. 马,过食精料后发病,证见站立时腰曲低头,四肢攒于腹下,运步困难,气促喘粗,卧多立少,粪稀带水,有酸臭味,脉象洪大。针灸治疗宜选用的穴位是(　　)

70. 犬,3岁,证见呼吸喘促,粪干燥,尿短赤,口色红燥,脉象洪数。针灸治疗宜选用的穴位是(　　)

[A2型题]

答题说明

每一道考题是以一个小案例出现的,其下面都有A、B、C、D、E五个备选答案。请从中选择一个最佳答案,并在答题卡上将相应题号的相应字母所属的方框涂黑。

71. 仔猪,20日龄,体温41.5℃,呼吸急促,眼结膜发绀,该猪不能排除的疾病是(　　)

A. 贫血　　B. 猪繁殖与呼吸综合征　　C. 低血糖症
D. 白痢　　E. 硒缺乏症

72. 某猪场,部分仔猪生长发育不良,面部变形,打喷嚏,流鼻涕,有时鼻液中混有鲜红色血液、血丝或血凝块,病猪的出血部位最可能在(　　)

A. 鼻　　B. 喉　　C. 气管
D. 支气管　　E. 肺

73. 羊,表现奇痒而不断摩擦,以致被毛折断脱落,实验室诊断朊病毒病呈阳性,该羊的皮肤感觉属于(　　)

A. 浅感觉过敏　　B. 浅感觉减退　　C. 浅感觉异常
D. 深感觉异常　　E. 特殊感觉异常

74. 拉布拉多犬,1岁,体温40.3℃,心率142次/min,呼吸57次/min,食欲不振,心音弱,心缩期杂音,超声检查发现房室瓣口出现多余回波,舒张期回波为粗钝状,血液学检查可见(　　)

A. 中性粒细胞增多,核左移　　B. 中性粒细胞增多,核右移　　C. 中性粒细胞减少
D. 淋巴细胞增多　　E. 嗜酸粒细胞增多

75. 高产奶牛产后7 d,突然发现间歇性痉挛,狂躁,产奶量减少,乳、尿有烂苹果气味。血液生化检验可见(　　)

A. 血糖和血酮升高　　B. 血糖和游离脂肪酸升高　　C. 血酮和游离脂肪酸升高
D. 血钙降低和血糖升高　　E. 血钙升高和血糖降低

76. 育肥猪群,采食霉变饲料后发病,可视黏膜先苍白后黄染,口渴,粪便干硬呈球状,表面覆有黏液和血液,后躯无力,走路不稳,剖检可见广泛性出血及黄染,肝脏肿大,该病猪血常规检查最可能出现的变化是(　　)

A. 白细胞增多,淋巴细胞减少　B. 白细胞增多,淋巴细胞增多
C. 白细胞减少,淋巴细胞减少　D. 白细胞减少,淋巴细胞增多
E. 白细胞减少,中性粒细胞减少

77. 黄牛,右后肢跛行,趾间有一"舌状"突起,伸向地面,表面破溃,恶臭。根治该病的方法是(　　)

A. 清洗后包扎　B. 涂擦腐蚀剂　C. 注射抗生素
D. 注射抗组胺药物　E. 手术切除

78. 猫,5岁,近3个月持续便秘,腹部X线检查,可见结肠积聚大量粪便,保守治疗无效,手术治疗可以选择(　　)

A. 回肠切除　B. 盲肠切除　C. 直肠部分切除
D. 空肠切除　E. 结肠切开

79. 吉娃娃犬,雌性,6岁,多个乳头出现肿块,病理组织学检查有低分化移行上皮细胞,最佳治疗方法为切除肿块,同时还要切除(　　)

A. 卵巢　B. 子宫　C. 卵巢与子宫
D. 腋下与腹股沟淋巴结　E. 肾上腺

80. 金毛犬,雄性,2岁,车祸后左后肢出现严重悬跛,行走呈三脚跳,X线检查可见股骨头脱出于髋臼前方,治疗时拓宽视野,可以采取(　　)

A. 切断臀中肌肌腹　B. 切断臀深肌肌腹　C. 切断臀中肌止腱
D. 切断臀深肌止腱　E. 切断臀中肌肌腹和切断臀深肌止腱

81. 马,5岁,妊娠321 d,体温不高,精神沉郁,食欲废绝,粪球干硬,尿浓色黄,可视黏膜潮红,血液检查可见血浆浑浊,呈暗黄色奶油状,该病最可能的诊断是(　　)

A. 马巴贝斯虫病　B. 溶血性贫血　C. 营养性贫血
D. 酮病　E. 妊娠毒血症

82. 山羊,7岁,产后6 h,出现拱背努责,随着努责流出少量污红色液和组织碎片,治疗该病宜选用的药物是(　　)

A. 雌二醇、土霉素　B. 雌二醇、催产素　C. 孕酮、土霉素
D. 孕酮、雌二醇　E. 前列腺素、孕酮

83. 牛,3岁,产后两个月发情漏配,此后一直未见发情,阴道检查无异常,需要进一步诊断,应采用的检查方法是(　　)

A. 直肠检查　B. 孕酮测定　C. 全身检查
D. 血液生化检查　E. 血常规检查

84. 马,10岁,发病1日精神尚可,证见耳寒鼻冷,四肢发凉,粪便稀薄,口色淡白,口津滑腻,舌苔白,脉迟。该病可辨证为(　　)

A. 虚证　B. 实证　C. 寒证
D. 热证　E. 表证

85. 犬,产后身体一直未恢复。证见皮毛枯槁,懒动,喜卧,心悸,口色淡白,脉细无力。治疗宜选用的基础方剂是(　　)

A. 肾气丸　B. 四物汤　C. 四君子汤
D. 补中益气汤　E. 参苓白术散

[A3/A4 型题]

答题说明

以下提供若干个案例,每个案例下设若干个考题。请根据案例所提供的信息,在每一道考试题下面的A、B、C、D、E五个备选答案中选择一个最佳答案,并在答题卡上将相应题号的相应字母所属的方框涂黑。

(86~88 题共用题干)

母犬,6岁,未绝育,一月来腹部逐渐变大,常有尿意,食欲不振,饮水增加,体温39.1℃,腹部B超检查,发现膀胱不膨隆,腹部内有多个大的液性暗区,有些暗区以管腔壁样的结构分隔。

86. 该病最可能的诊断是( )

A. 怀孕　B. 肠套叠　C. 子宫蓄脓
D. 卵巢囊肿　E. 前列腺肥大

87. 该犬尿液可能呈( )

A. 粉红色　B. 淡黄色　C. 黑红色
D. 淡红色　E. 鲜红色

88. 血常规检查时,最可能的变化是( )

A. 白细胞增加,核左移　B. 白细胞增加,核右移　C. 白细胞减少,核左移
D. 白细胞减少,核右移　E. 中性粒细胞增加,核右移

(89~91 题共用题干)

病牛食欲减退,瘤胃蠕动音减弱,精神沉郁,磨牙,嗳气,粪便减少而带臭味,触诊瘤胃内容物柔软,瘤胃轻度鼓胀,肠音弱,粪干色暗,瘤胃pH小于6,纤毛虫活力下降,数量减少,血浆CO_2结合力降低。

89. 诱发本病最主要的饲养管理因素是( )

A. 突换饲料　B. 突换牛舍　C. 突换饲养员
D. 突换挤奶方式　E. 突换运动场

90. 治疗本病的关键是( )

A. 消炎止痛　B. 利尿解毒　C. 解毒强心
D. 限制饮水　E. 兴奋瘤胃

91. 本病常伴有( )

A. 高磷血症　B. 碱中毒　C. 酸中毒
D. 高钙血症　E. 血尿

(92~94 题共用题干)

犊牛,长期饲喂含棉籽饼饲料,表现视物不清,运动蹒跚,眼球前突,瞳孔散大,对光反射迟钝。

92. 该病最可能的诊断是( )

A. 角膜炎　B. 结膜炎　C. 白内障
D. 青光眼　E. 玻璃体浑浊

93. 患牛眼压可能是( )

A. 降低　B. 正常　C. 升高
D. 忽高忽低　E. 持续降低

94. 本病例的病因最可能是( )

A. 眼外伤　B. 维生素缺乏　C. 近亲繁殖
D. 内分泌紊乱　E. 棉籽饼中毒

(95～97 题共用题干)

金毛猎犬,3 月龄,近日口唇部出现红疹,而后在腋下和股内侧也出现红疹,患部瘙痒感不明显,患部刮皮诊断,未见蠕形螨,真菌检查呈阴性。

95. 该病最可能的诊断是(　　)

A. 脓癣　　B. 疥螨病　　C. 湿疹
D. 马拉色菌症　　E. 幼犬脓皮症

96. 此犬发病的主要病因是(　　)

A. 皮肤角质层薄　　B. 洗澡次数过多　　C. 缺乏维生素 B
D. 皮脂分泌不足　　E. 皮脂分泌过盛

97. 治疗时首选的口服药物是(　　)

A. 氟康唑　　B. 伊维菌素　　C. 地塞米松
D. 复合维生素　　E. 阿莫西林

(98～100 题共用题干)

奶牛,四个乳区乳汁均呈红色,持续 2 d 不见好转;乳房无明显血肿,无全身症状,乳汁于试管静置后,红色部分下沉,上层乳汁无异常变化。

98. 该病最可能的诊断是(　　)

A. 慢性乳腺炎　　B. 血乳　　C. 乳房坏疽
D. 漏乳　　E. 亚临床型乳腺炎

99. 适宜的处置方法是(　　)

A. 注射抗生素　　B. 增加挤乳次数
C. 乳房按摩,热敷　　D. 注射维生素 K
E. 补充多汁饲料

100.【假设信息】如果红色乳汁仅见于一个乳区,且该乳区表面有刺伤,可见乳汁通过创口外渗。该牛可能发生的是(　　)

A. 血乳　　B. 出血性乳腺炎　　C. 乳房轻度创伤
D. 乳房深部创伤　　E. 漏乳

2016 年 · 临床科目 · 答案与解析

综 合 应 用

[A3/A4 型题]

> 答 题 说 明
>
> 以下提供若干个案例,每个案例下设若干个考题。请根据案例所提供的信息,在每一道考试题下面的 A、B、C、D、E 五个备选答案中选择一个最佳答案,并在答题卡上将相应题号的相应字母所属的方框涂黑。

(101～103 题共用题干)

规模养猪场,7 日龄仔猪病初发热,呼吸困难,口吐白沫,继而出现神经症状,转圈运动,倒地后四肢划动,衰竭死亡。

101. 该病最可能的诊断是(　　)

A. 猪传染性胃肠炎　　B. 猪流行性腹泻　　C. 伪狂犬病
D. 大肠杆菌病　　E. 沙门氏菌病

102. 实验室诊断,家兔接种后表现的典型症状是(　　)

A. 肺出血　　B. 肝出血　　C. 肠道出血
D. 注射部位痒　　E. 注射部位皮肤坏死

103. 当前预防该病的疫苗主要是( )

A. 核酸疫苗　B. 合成肽疫苗　C. 类毒素疫苗

D. 基因缺失疫苗　E. 亚单位疫苗

(104～105题共用题干)

7月,南方500头母猪,近一周内,部分妊娠母猪发热,食欲下降,但饮欲增强,出现流产,产死胎、木乃伊胎、弱仔。约30%产房仔猪被毛粗乱和神经症状。

104.【假设信息】如现场剖检,流产胎儿脑出现液化性坏死,该病最可能的诊断是( )

A. 猪乙型脑炎　B. 猪繁殖与呼吸综合征　C. 弓形虫病

D. 伪狂犬病　E. 布鲁氏菌病

105.【假设信息】如现场调查发现,多数仔猪出现后肢无力,呈"八字腿"症状,该病最可能的诊断是( )

A. 玉米赤霉烯酮中毒　B. 黄曲霉毒素中毒　C. 单端孢霉中毒

D. 砷中毒　E. 食盐中毒

(106～108题共用题干)

一病猪体温升高,咳嗽,流黏性鼻液。死后剖检可见肺部病灶形状不规则,呈岛屿状,肺病灶组织切块投入水中,呈半沉浮状。

106. 该病猪肺部的病理变化是( )

A. 肺水肿　B. 肺气肿　C. 支气管肺炎

D. 间质性肺炎　E. 大叶性肺炎

107. 肺部病灶常发生的部位是( )

A. 肺背侧缘　B. 肺腹侧缘　C. 肺纵侧缘

D. 肺心叶、尖叶及膈叶前上缘　E. 肺心叶、尖叶及膈叶前下缘

108. 该病灶的始发部位是( )

A. 细支气管　B. 肺间质淋巴管　C. 肺泡壁

D. 肺小叶间质　E. 支气管周围血管

(109～111题共用题干)

某猪场9～12日龄仔猪突然发病,先呕吐,继而水样腹泻,粪便为黄色、绿色或白色等,有的还有未消化的乳凝块。病仔猪明显脱水、体温升高,应用抗菌药治疗无效,大多数仔猪再次出现症状后,2～7 d内死亡。剖检可见胃内充满乳凝块,胃底黏膜充血、出血,肠内充满水样粪便,肠壁变薄,呈半透明状。

109. 该病最可能的原因是( )

A. 饲料中毒　B. 营养缺乏　C. 寄生虫感染

D. 细菌感染　E. 病毒感染

110. 若需鉴别诊断,最有效的方法是( )

A. 生化检查　B. 血常规检查　C. 饲料检查

D. RT-PCR　E. 琼脂扩散实验

111. 本病发生后,不宜采取的措施是( )

A. 隔离　B. 消毒　C. 供给高蛋白饲料

D. 减少人员流动　E. 供给清洁饮水

(112～114题共用题干)

母猪,3.5岁,体格偏瘦,怀孕114 d时分娩,产出8个胎儿后,努责微弱,40 min后仍不见胎儿产出。B超检查,可见子宫后部有多头活胎。

112.该猪难产最可能的原因是(　　)

A.继发性子宫迟缓　　B.原发性子宫迟缓　　C.子宫痉挛

D.胎儿过大　　E.阴道狭窄

113.首选的助产药是(　　)

A.前列腺素　　B.雌激素　　C.催产素

D.麦角新碱　　E.葡萄糖酸钙

114.首选的助产手术方法是(　　)

A.牵引术　　B.矫正术　　C.截胎术

D.剖宫产术　　E.子宫颈扩张

(115～117题共用题干)

某猪场40日龄仔猪,突然发生精神高度紧张,食欲减少或废绝,眼睑和颈、胸、腹部皮下水肿,步态失调,继而卧地不起,四肢划动呈游水状。有的小猪表现兴奋,反应过敏,口吐白沫,叫声嘶哑,最后全身抽搐而死。剖检见胃壁及肠系膜水肿。

115.该病最可能是(　　)

A.猪链球菌病　　B.猪大肠杆菌病　　C.猪副伤寒

D.副猪嗜血杆菌病　　E.猪丹毒

116.疾病的发病特点是(　　)

A.发病率低,病死率高　　B.发病率高,病死率高　　C.发病率高,病死率低

D.发病率低,病死率低　　E.发病率、病死率中等

117.为防治该病,最应注意补充的微量元素是(　　)

A.锌　　B.锰　　C.铜

D.硒　　E.钼

(118～120题共用题干)

某猪场少数育成猪食欲减少,反复腹泻,脱水,消瘦,营养不良,其他症状不太明显。

118.该病最可能的诊断是(　　)

A.急性胃炎　　B.急性肠炎　　C.慢性胃炎

D.慢性肠炎　　E.胰腺炎

119.如果粪便呈黑绿色或黑红色,病变部位最可能在(　　)

A.直肠　　B.胰腺　　C.十二指肠

D.盲肠　　E.结肠

120.如果进行血气分析,病猪最可能出现的异常是(　　)

A.代谢性酸中毒　　B.代谢性碱中毒　　C.呼吸性酸中毒

D.呼吸性碱中毒　　E.混合性碱中毒

(121～123题共用题干)

8月份,某养殖场2 000只30日龄肉鸡,食欲不振,精神沉郁,羽毛松乱,腹泻,排水样稀粪,鸡冠苍白,病死率20%,剖检可见皮下、肌肉与脏器出血,肌肉与内脏器官上见针尖至粟粒大小的白色结节。

121.该病可以初步诊断为(　　)

A.隐孢子虫病　　B.球虫病　　C.组织滴虫病

D.弓形虫病　　E.住白细胞虫病

122.确诊该病,首先应采取的检查方法是(　　)

A.粪便虫卵检查　　B.取结节压片镜检　　C.盲肠黏膜刮片镜检

D.鸡胚接种　　E.间接血凝实验

123.【假设信息】如剖检还发现病鸡的法氏囊充血、水肿、呈紫黑色,则还应采取的检查方法是(　　)

A. 粪便虫卵检查　B. 取结节压片镜检　C. 盲肠黏膜刮片镜检
D. 鸡胚接种　E. 间接血凝实验

(124～126 题共用题干)

某蛋鸡群,从育雏期开始,死淘率一直偏高,产蛋期病鸡肢体麻痹、不能站立,剖检病死鸡可见肝脏、肾脏、腺胃、卵巢等处有肿瘤结节。病理组织学检查发现,肿瘤组织由大小不一的淋巴细胞组成。

124. 该病最可能的诊断是(　　)

A. 马立克氏病　B. 禽白血病　C. 网状内皮组织增生症
D. 黄曲霉素中毒　E. 骨髓细胞瘤

125. 该病的主要传播途径是(　　)

A. 种蛋　B. 生殖道　C. 消化道
D. 呼吸道　E. 眼结膜

126. 该病的免疫接种时间是(　　)

A. 1 日龄　B. 1 周龄　C. 2 日龄
D. 1 月龄　E. 2 月龄

(127～128 题共用题干)

春季,某养殖场 1 000 只 5 周龄雏鸭由网上转为地面平养后发病,表现精神委顿,食欲减少或废绝,缩头垂翅,多伏卧,不愿走动,拉稀,排黄绿色或血色粪便,2～3 d 后死亡。另有少数鸭出现神经症状和呼吸困难,并发生死亡。用地克珠利进行治疗,鸭群消化道症状减轻,死亡率下降。

127. 该鸭群主要发生的是(　　)

A. 大肠杆菌病　B. 沙门氏杆菌病　C. 鸭浆膜炎
D. 鸭球虫病　E. 鸭绦虫病

128. 该鸭群禁止使用的治疗药物是(　　)

A. 阿苯达唑　B. 青霉素　C. 泰妙菌素
D. 氟苯尼考　E. 地美硝唑

(129～131 题共用题干)

夏末,某养殖场笼养的 10 000 只产蛋鸡,产蛋率突然下降,软壳蛋和畸形蛋增加。有些鸡消瘦,鸡冠苍白。剖检发病鸡,偶见输卵管黏膜水肿,其他脏器无明显病变。

129. 该病最可能的诊断是(　　)

A. 新城疫　B. 禽流感　C. 传染性支气管炎
D. 产蛋下降综合征　E. 笼养蛋鸡疲劳综合征

130. 该病最常用的实验室诊断方法是(　　)

A. 细菌分离培养　B. 粪便虫卵检查　C. 鸡胚接种
D. 平板凝集实验　E. 血凝抑制实验

131.【假设信息】如果用氯羟吡啶治疗后,症状减轻,产蛋率有所回升。该鸡群最可能混合感染了(　　)

A. 异刺线虫　B. 组织滴虫　C. 住白细胞虫
D. 大肠杆菌　E. 副鸡嗜血杆菌

(132～134 题共用题干)

夏末,某养殖户地面圈养的 2 000 只三黄鸡,在 10 周龄后出现精神委顿,食欲不振至废绝,腹泻,排出大量深褐色带黏液的粪便,迅速死亡,一周内死亡率达 15%。

132. 下列疾病中最不可能的是(　　)

A. 前殖吸虫病　B. 鸡球虫病　C. 组织滴虫病
D. 坏死性肠炎　E. 溃疡性肠炎

133.【假设信息】如剖检病死鸡,小肠中段肠管肿胀,黏膜出血、坏死,肠腔内有多量凝血块和脱落的黏膜碎片,该病可以诊断为(　　)

A. 前殖吸虫病　B. 鸡球虫病　C. 组织滴虫病
D. 坏死性肠炎　E. 溃疡性肠炎

134. 确诊该病,首先应采用的检查方法是(　　)

A. 血凝试验　B. 接种小鼠　C. 接种鸡胚
D. 分离细菌　E. 刮取肠黏膜镜检

(135～137题共用题干)

某9月龄种鸡群,产蛋率和种蛋的孵化率偏低,部分鸡消瘦,腹部膨大。剖检见肝脏、肾脏、法氏囊、性腺、脾脏等处有肿瘤样结节。

135. 该病最可能的诊断是(　　)

A. 马立克氏病　B. 禽白血病　C. 禽呼肠孤病毒病
D. 黄曲霉素中毒　E. 包涵体肝炎

136. 实验室诊断,需要检查(　　)

A. 法氏囊中的抗体　B. 蛋清中的抗体　C. 肿瘤组织中的抗体
D. 羽毛囊中的抗原　E. 血清中的抗体

137. 该病的传播媒介是(　　)

A. 种蛋　B. 饲料　C. 饮水
D. 野鸟　E. 鼠类

(138～140题共用题干)

160日龄鸭群,食欲废绝,下痢,产蛋停止,呼吸困难,口鼻分泌物增加,病鸭1～3 d内死亡。剖检可见病死鸭的皮下组织、腹部脂肪和肠系膜上有出血点,肠道弥漫性出血,心包积液,心外膜和心冠脂肪出血,肝脏上有灰白色坏死灶。

138. 该病最可能的诊断是(　　)

A. 鸭病毒性肠炎　B. 高致病性禽流感　C. 巴氏杆菌病
D. 大肠杆菌病　E. 鸭疫里氏杆菌病

139. 进一步诊断,应选用的方法是(　　)

A. 涂片镜检　B. ELISA　C. 中和实验
D. 凝集实验　E. 琼脂扩散

140. 治疗该病最宜选用的药物是(　　)

A. 抗菌药　B. 抗血清　C. 干扰素
D. 转移因子　E. 卵黄抗体

(141～142题共用题干)

奶牛,雌性,3岁,采食大量精料后发病,精神沉郁,食欲废绝,反刍停止,回头顾腹,呻吟,腹围明显增大,呼吸急促,触诊瘤胃上、中、下部均有坚实感,瘤胃蠕动音微弱,排粪减少。

141. 该病最可能的诊断是(　　)

A. 瘤胃臌气　B. 瘤胃积食　C. 前胃迟缓
D. 创伤性网胃炎　E. 瓣胃阻塞

142. 治疗本病应采取的措施是(　　)

A. 抗菌消炎　B. 解痉镇静　C. 瘤胃穿刺放气
D. 瘤胃切开术　E. 灌肠

(143～144题共用题干)

5头黄牛，田间放牧时突然发病，精神沉郁，流涎，磨牙，后肢踢腹，腹泻，骨骼肌震颤，严重者瞳孔缩小，死亡2头。

143. 该病最可能的诊断是(　　)

A. 尿素中毒　　B. 有机磷中毒　　C. 有机氟中毒
D. 抗凝血灭鼠药中毒　　E. 氨中毒

144. 治疗该病的措施是(　　)

A. 灌服食醋、肌内注射苯巴比妥　　B. 肌内注射维生素K1
C. 肌内注射乙酰胺　　D. 肌内注射阿托品和氯解磷定
E. 静脉注射葡萄糖酸钙

(145～147题共用题干)

牛群，采食后陆续出现呕吐，呼吸困难，口吐白沫，站立不稳等症状，检查可见可视黏膜发绀，末梢部位冰冷，体温36.5℃，调查发现，病牛发病前曾饱食久置菜叶。

145. 该病因主要作用于(　　)

A. 单核细胞　　B. 红细胞　　C. 血小板
D. 淋巴细胞　　E. 巨噬细胞

146. 治疗该病的特效药物是(　　)

A. 亚甲蓝　　B. 乙醛　　C. 阿托品
D. 亚硝酸钠　　E. 二巯基丙硫酸钠

147. 用特效药治疗该病时，应采用的给药方式是(　　)

A. 低浓度静脉注射　　B. 高浓度静脉注射　　C. 低浓度肌内注射
D. 高浓度肌内注射　　E. 低浓度口服

(148～150题共用题干)

高产奶牛，第4胎，分娩后2周，食欲略有下降，可视黏膜苍白、黄染。排尿次数增加，但每次排尿量相对较少，尿液颜色逐渐由淡红、红色、暗红色变为棕褐色。

148. 为确定该病的性质，下一步应该检查尿液的项目是(　　)

A. 葡萄糖　　B. 酮体　　C. pH
D. 血红蛋白　　E. 尿酸盐

149. 该病最可能引起(　　)

A. 淤血　　B. 出血　　C. 充血
D. 血栓　　E. 贫血

150. 治疗该病最有效的药物是(　　)

A. 磷制剂　　B. 钙制剂　　C. 硒制剂
D. 镁制剂　　E. 锰制剂

(151～153题共用题干)

300头奶牛群，陆续出现精神沉郁，体温41℃，采食及反刍停止，产奶量下降，流涎增多并呈白色泡沫状。检查发现，病牛齿龈、舌面、唇内面有蚕豆至核桃大的水疱，水疱破裂处有溃疡，有的病牛乳房、蹄部亦出现水疱。病牛死亡5头，其余1周后症状逐渐消失。

151. 该病最可能的病原是(　　)

A. 病菌　　B. 真菌　　C. 病毒
D. 支原体　　E. 衣原体

152. 对该病不易感的动物是(　　)

A. 猪　B. 马　C. 绵羊　D. 山羊　E. 骆驼

153. 发病死亡幼畜常见的特征性病变为(　　)

A. 胃溃疡　B. 关节肿大　C. 脂肪肝　D. 虎斑心　E. 雀斑肾

(154～156题共用题干)

我国南方放牧犊牛群发病，表现精神沉郁，食欲废绝，严重贫血，腹泻，粪便带血，最后死亡，剖检可见门静脉和肠系膜静脉内有多量线状虫体。

154. 该病最可能的诊断是(　　)

A. 肝片吸虫病　B. 歧腔吸虫病　C. 阔盘吸虫病　D. 大片形吸虫病　E. 日本分体吸虫病

155. 该病肝脏的特征性剖检病变是(　　)

A. 充血　B. 出血　C. 肿胀　D. 萎缩　E. 虫卵结节

156. 治疗该病的药物是(　　)

A. 阿维菌素　B. 左旋咪唑　C. 吡喹酮　D. 硫酸喹啉脲　E. 莫能菌素

(157～159题共用题干)

某1 500只山羊群，冬季发病，一周内死亡42只，多为3岁以下妊娠羊，多数病程4～5 d，同场绵羊未见发病。病羊高热，干咳，呼吸困难，流铁锈色鼻液，后期卧地不起，窒息死亡。剖检病变多限于单侧胸腔，肺实变，切面呈大理石样；胸膜和心包膜间相互粘连；胸腔积液量大，色淡黄，遇空气易凝集。

157. 该病最可能的诊断是(　　)

A. 巴氏杆菌病　B. 链球菌病　C. 肺线虫病　D. 山羊传染性胸膜肺炎　E. 小反刍兽疫

158. 该病最可能的病原是(　　)

A. 革兰氏阴性杆菌　B. 革兰氏阳性球菌　C. 支原体　D. 病毒　E. 寄生虫

159. 防治该病有效的措施是(　　)

A. 注射青霉素　B. 注射伊维菌素　C. 注射泰乐菌素　D. 注射庆大霉素　E. 注射弱毒疫苗

(160～162题共用题干)

绵羊，突发腹痛，瘤胃臌气，磨牙，痉挛，于发病后2 h死亡。病死羊尸体腹部迅速膨胀，尸体剖检可见皮下组织胶冻样，真胃底和幽门部可见出血斑、溃疡和坏死；肝脏土黄色，有坏死灶；肠道黏膜充血出血；心脏内、外膜见出血点、斑。

160. 肝脏触片，染色镜检，可能发现(　　)

A. 链球菌　B. 葡萄球菌　C. 梭杆菌　D. 分枝杆菌　E. 弯曲杆菌

161. 不用于本病诊断的方法是(　　)

A. 细菌培养　B. 毒素检测　C. 动物接种试验　D. 涂片染色镜检　E. 尿沉渣检查

162.该病主要的感染途径是(　　)

A.消化道　B.呼吸道　C.泌尿道

D.生殖道　E.皮肤

(163～165题共用题干)

放牧羊群中，一只三岁母羊发病，喜卧，可视黏膜暗紫色，战栗，呼吸困难，继而倒地，口鼻流出血色泡沫，数分钟后死亡，尸体迅速膨胀，尸僵不全，天然孔出血，血凝不良，呈酱油样。

163.该病最可能诊断是(　　)

A.巴氏杆菌病　B.羊猝疽　C.羊快疫

D.羊黑疫　E.炭疽

164.鉴别该病原菌的“串珠实验”中使用的抗生素是(　　)

A.青霉素　B.链霉素　C.土霉素

D.红霉素　E.洁霉素

165.对疑似病例，正确的处理方法是(　　)

A.现场解剖，病理学诊断　B.按照常规采集病料，报送检

C.禁止解剖，应采集血样样本送检　D.隔离病畜，治愈后上报

E.宰杀自用

(166～168题共用题干)

京巴犬，雌性，5月龄，未免疫，近日精神沉郁，食欲不振，呕吐，面部抽搐，大量流涎。临床检查，体温40℃，持续2 d后下降，过2 d又升高，病犬扁桃体红肿，眼结膜高度潮红，眼鼻处有脓性分泌物。

166.该病最可能的诊断是(　　)

A.狂犬病　B.犬瘟热　C.犬细小病毒病

D.犬传染性肝炎　E.犬钩端螺旋体病

167.该病的主要传播途径是(　　)

A.消化道　B.呼吸道　C.生殖道

D.呼吸道和消化道　E.生殖道和消化道

168.该病的病理变化不包括(　　)

A.皮疹　B.卡他性肠炎　C.心肌炎

D.神经炎　E.足垫增厚

(169～171题共用题干)

大丹犬，雄性，2岁，咳嗽，呼吸困难，食欲减退，体温39℃，不愿站立，消瘦，被毛粗糙，眼结膜苍白，听诊呼吸音粗厉，有心杂音。X线检查发现，心脏轮廓增大，右心房、右心室和肺动脉扩张，肺区有几条密度大的阴影。血液检查，红细胞总数及血红蛋白降低。

169.该病最可能的病原是(　　)

A.犬恶丝虫　B.犬巴贝氏虫　C.犬绦虫

D.犬钩虫　E.犬蛔虫

170.目前临床上快速诊断的方法是(　　)

A.抗原检查　B.粪便检查　C.尿液检查

D.血常规检查　E.血液生化检查

171.该病的示病特征是(　　)

A.肺动脉扩张及心杂音　B.肺扩张　C.主动脉狭窄

D.贫血　E.粪潜血

(172～174 题共用题干)

家猫，雌性，未免疫，近日喜躲在暗处，并发出刺耳的粗厉的叫声，受刺激后狂暴，曾凶猛攻击主人和其他动物。患猫大量流涎，下颌、尾巴下垂。

172. 该病初步诊断为(　　)

A. 口炎　　B. 齿龈炎　　C. 唾液腺炎
D. 咽炎　　E. 狂犬病

173.【假设信息】该患猫衰竭死亡，细胞胞浆内常出现内基氏小体的器官是(　　)

A. 脑　　B. 心　　C. 肝
D. 脾　　E. 肺

174. 该患猫大量流涎的原因是(　　)

A. 神经麻痹　　B. 狂躁　　C. 口炎
D. 咽炎　　E. 唾液腺炎

(175～177 题共用题干)

金毛犬，雄性，3 岁，1 岁开始发情，每半年一次，但每次发情时出血时间可延长达 20 多天，外阴潮红、肿胀明显，阴户外翻，自出血一周后，见公犬激动，愿接受公犬爬跨，直至 15 d 后，阴户肿胀逐渐消退，出血量减少。B 超检查，两侧卵巢上有多个直径 1 cm 以上的液性暗区。

175. 该病最可能的诊断是(　　)

A. 卵泡囊肿　　B. 卵巢机能减退　　C. 持久黄体
D. 排卵延迟　　E. 黄体囊肿

176. 治疗该病最常用的药物是(　　)

A. 前列腺素　　B. 马绒毛膜促性腺激素　　C. 促黄体素
D. 促卵泡激素　　E. 雌二醇

177.【假设信息】如在发情出血的第 9 天进行 B 超检查，两侧卵巢上出现多个黄豆大小的液性暗区，为提高受胎率，防止该病的发生，可在配种时配合应用(　　)

A. 促黄体激素释放激素　　B. 前列腺素　　C. 雌二醇
D. 马绒毛膜促性腺激素　　E. 丙酸睾酮

(178～180 题共用题干)

拉布拉多犬，雄性，2 岁，习惯食用煮熟的犬粮，半月前主人发现该犬不愿行走，有跛行现象，行走不平衡，现触诊发现四肢长骨肿胀变形，X 线检查骨密质变薄，牙齿松动。

178. 该病最可能的诊断是(　　)

A. 肥大骨病　　B. 骨软骨病　　C. 纤维性骨营养不良
D. 佝偻病　　E. 异食癖

179. 该病的病因主要是日粮中(　　)

A. 锰过量　　B. 钴过量　　C. 锌过量
D. 铁过量　　E. 磷过量

180. 病情严重时，血液中(　　)

A. 血钙、血磷均降低　　B. 血磷浓度下降　　C. 血钙浓度下降
D. 血钙浓度上升　　E. 血钙、血磷均上升

(181～184 题共用题干)

腊肠犬，雌性，8 岁，不愿挪步，行动困难，不愿让主人抱，精神欠佳，食欲下降，腹围增大，尿失禁，肛门反射迟钝，触诊腰部皮肤紧张，痛叫。

181.该病可能是(　　)
A.脊髓损伤　B.腰椎间盘突出　C.肠梗阻
D.腰部软组织损伤　E.脊椎骨折

182.最适宜的诊断方法是(　　)
A.腹部B超检查　B.腹部X线检查　C.胸腰段X线检查
D.膀胱穿刺　E.尿液检查

183.首先采取的治疗方法是(　　)
A.补液、导尿　B.利尿　C.局部按摩
D.消炎止痛、导尿　E.灌肠

184.根治该病最有效的方法是(　　)
A.电针治疗　B.肠梗阻手术　C.膀胱修复术
D.椎间盘突出物摘除　E.脊椎骨折固定术

(185～187题共用题干)

京巴犬,雄性,11岁,6 kg,近期发现排粪困难,肛门两侧出现明显肿胀。触诊柔软、无热、无痛。

185.该病最有可能的诊断是(　　)
A.肿瘤　B.会阴疝　C.淋巴外渗
D.蜂窝织炎　E.肛门腺炎

186.手术治疗时,首选的麻醉方法是(　　)
A.表面麻醉　B.局部浸润麻醉　C.传导麻醉
D.全麻　E.蛛网膜下腔麻醉

187.首选的维持麻醉药是(　　)
A.普鲁卡因　B.利多卡因　C.丁卡因
D.乙酰丙嗪　E.异氟醚

(188～190题共用题干)

中华田园犬,雄性,3岁,15 kg,免疫史不详,五日前外出时,左侧股部被刺伤,患犬牙关紧闭,吞咽困难,流涎,头颈伸直,背腰僵硬,四肢强直,状如木马。创伤部分离到革兰阳性厌氧梭菌。

188.该病最可能的诊断是(　　)
A.犬瘟热　B.狂犬病　C.破伤风
D.风湿病　E.脑炎

189.局部伤口的正确处理方法是(　　)
A.扩创清创,缝合包扎　B.扩创清创,过氧化氢冲洗　C.扩创清创,新洁尔灭冲洗
D.修复创面,缝合包扎　E.修复创面,新洁尔灭冲洗

190.患犬的综合治疗措施不包括(　　)
A.加强护理　B.中和毒素　C.解痉镇静
D.注射疫苗　E.注射抗体

(191～193题共用题干)

赛马在障碍赛时摔倒,左前肢支跛明显,前臂上弯曲,他动运动有骨摩擦音,患部肿胀,未见皮肤损伤,全身症状不明显。

191.该病最可能诊断为(　　)
A.腕关节脱位　B.肘关节脱位　C.闭合性骨折
D.肩关节脱位　E.骨裂

192. 本病确诊,需要进行( )

A. 超声波检查　　B. 触诊　　C. X线检查

D. 斜板实验　　E. 关节内窥镜

193. 本病适宜的保守疗法是( )

A. 绷带包扎　　B. 石膏夹板绷带　　C. 石膏绷带

D. 酒精热绷带　　E. 复方醋酸铅绷带

(194～196题共用题干)

马,16岁,长期劳役,发病约半年,易疲劳,出汗,可视黏膜发绀,呼气性呼吸困难,沿肋骨弓有一较深的凹线沟,体温正常。

194. 该病最可能的诊断是( )

A. 急性肺泡气肿　　B. 慢性肺泡气肿　　C. 间质性肺气肿

D. 肺充血　　E. 肺水肿

195. 肺部叩诊的变化是( )

A. 叩诊过清音,叩诊界后移　　B. 叩诊浊音,叩诊界后移

C. 叩诊半浊音,叩诊界后移　　D. 叩诊过清音,叩诊界前移

E. 叩诊浊音,叩诊界前移

196. 对本病的治疗,不应该选用( )

A. 氨茶碱　　B. 地塞米松　　C. 新斯的明

D. 阿莫西林　　E. 沙拉沙星

(197～200题共用题干)

马,证见精神沉郁,头低耳耷,毛焦肷吊,腰胯无力,卧多立少,鼻寒耳冷,四肢厥逆,久泻不愈,夜间泻重,腹下及后肢浮肿,口色如绵,脉象徐缓。

197. 该病可辨证为( )

A. 寒泻　　B. 热泻　　C. 伤食泻

D. 脾虚泻　　E. 肾虚泻

198. 该病的治则是( )

A. 温中散寒,利湿止泻　　B. 清热解毒,燥湿止泻　　C. 补肾壮阳,健脾固涩

D. 补脾益气,健脾运湿　　E. 消积导滞,调和脾胃

199. 治疗该病适宜的方剂是( )

A. 猪苓散　　B. 郁金散　　C. 保和丸

D. 参苓白术散　　E. 四神丸

200. 针灸治疗该病合适的穴位是( )

A. 分水　　B. 后三里　　C. 尾根

D. 前三里　　E. 命门

2016年·综合应用·答案与解析

考生姓名：　　　　　　　　　　　　　　准考证号：

2017年全国执业兽医资格考试试卷

(兽医全科类)上午卷

（基础预防）

注意事项

一、请按照要求，用蓝黑色或者黑色签字笔在答题卡上填写姓名、身份证号码、考点、考试地点、考场号、准考证号等信息，并用铅笔涂好准考证号。

二、试卷分为2部分，基础科目100小题，预防科目100小题，共200小题，考试时间为150分钟。各部分不单独计时，请考生自己合理分配时间。

三、监考人员宣布考试开始时，方可答题；宣布考试结束时，应立即停止答题。答题卡、题本一律反扣在桌面上，待监考人员确认数量无误，允许离开时，考生方可离开考场。如果考生违反了以上任何一项要求，都将影响考试成绩。

四、答案必须填涂在答题卡上，书写在试题本上的答案一律无效。

五、答题卡严禁折叠。

六、答题卡的正确填涂方式为：▬，用其他符号填涂答案者不计分。

七、如要改动答案，必须先用橡皮擦去原来选定的答案，然后再按上面的规定重新作答。

基础科目

[A1 型题]

答题说明

每一道考试题下面有A、B、C、D、E五个备选答案,请从中选择一个最佳答案,并在答题卡上将相应题号的相应字母所属的方框涂黑。

1. 下列不属于《中华人民共和国动物防疫法》所称动物疫病的是(　　)

A. 禽霍乱　　B. 白肌病　　C. 禽结核病

D. 鸡新城疫　　E. 鸡白痢

2.《中华人民共和国动物防疫法》规定,对染疫动物及其排泄物、染疫动物产品,应当按照(　　)的规定处理

A. 县级人民政府　　B. 县级以上人民政府环境保护部门

C. 省级人民政府兽医主管部门　　D. 省级人民政府卫生主管部门

E. 国务院兽医主管部门

3. 执业兽医从事动物诊疗活动的法定条件是(　　)

A. 具有兽医相关专业大学专科以上学历

B. 取得执业兽医师资格证书

C. 具有动物诊疗机构的聘用合同

D. 经兽医主管部门注册

E. 具有1年以上临床诊疗实习经历

4.《动物防疫条件审查办法》规定,动物饲养场距离种畜禽场至少(　　)

A. 200 m　　B. 500 m　　C. 1 000 m

D. 2 000 m　　E. 3 000 m

5. 对运输依法应当检疫而未检疫的动物、动物产品,动物卫生监督机构采取的措施不正确的是(　　)

A. 对动物实施补检　　B. 对不具备补检条件的动物产品予以没收销毁

C. 对具备补检条件的动物产品补检　　D. 责令货主将该批动物、动物产品运回输出地

E. 对货主及承运人依法给予行政处罚

6. 申请兽医执业注册应当提交的材料不包括(　　)

A. 医疗机构出具的六个月内健康体检证明

B. 动物诊疗机构聘用证明及其复印件

C. 兽医相关专业大学专科以上学历证书

D. 身份证明原件及其复印件

E. 执业兽医资格证书及其复印件

7. 动物饲养场的执业兽医不符合规定的是(　　)

A. 实施动物疫病强制免疫　　B. 增加消毒频次

C. 按规定报告动物疫情　　D. 邀请动物诊所的执业兽医来场会诊

E. 治疗口蹄疫患畜

8. 不符合动物诊疗规定的是(　　)

A. 取得动物诊疗许可证后从事动物诊疗活动

B. 变更从业地点而未申请换发动物诊疗许可证

C. 按规定处理诊疗废弃物

D. 只有1名执业兽医师的动物诊所拒绝给动物做腹腔手术
E. 制定了完善的兽药处方管理制度

9. 有权批准动物诊疗机构安装、使用具有放射性诊疗设备的管理部门是( )
A. 兽医主管部门 B. 商务主管部门 C. 卫生主管部门
D. 环境保护部门 E. 质量技术监督部门

10. 属于一类动物疫病的是( )
A. 魏氏梭菌病 B. 山羊关节炎-脑炎 C. 梅迪-维斯纳病
D. 肺腺瘤病 E. 痒病

11. 属于人畜共患传染病的是( )
A. 布鲁氏菌病 B. 新城疫 C. 禽霍乱
D. 绵羊疥螨病 E. 小鹅瘟

12. 兽药经营企业销售兽药时,必须向购买者说明的事项不包括( )
A. 功能与主治 B. 用法 C. 用量
D. 生产企业信息 E. 注意事项

13. 兽药经营企业变更主管质量的负责人,应当向原发放"兽药经营许可证"的机关备案。备案的期限为变更后( )
A. 30个工作日 B. 45个工作日 C. 60个工作日
D. 80个工作日 E. 90个工作日

14. 下列对经销兽用安钠咖的表述不正确的是( )
A. 严禁省级总经销单位跨省供应 B. 不得搭售其他兽药 C. 经销单位可以转售
D. 经销单位需严格凭经销使用卡向本辖区内医疗单位供应 E. 严禁供人使用

15. 农业部第278号公告规定,磺胺二甲嘧啶片治疗禽病时的休药期(停药期)为( )
A. 1 d B. 3 d C. 7 d
D. 10 d E. 15 d

16. 严禁在动物饮水中使用的药物不包括( )
A. 盐酸多巴胺 B. 氯丙嗪 C. 硫酸镁
D. 雌二醇 E. 碘化酪蛋白

17. 不属于兽用处方药的是( )
A. 注射用三氮脒 B. 注射用喹嘧胺 C. 地克珠利预混剂
D. 盐酸吖啶黄注射液 E. 地美硝唑预混剂

18. 下列解毒药中不属于兽用处方药的是( )
A. 乙酰胺注射液 B. 硫代硫酸钠注射液 C. 碘解磷定注射液
D. 亚甲蓝注射液 E. 二巯丙磺钠注射液

19. 不属于高致病性病原微生物的是( )
A. 牛瘟病毒 B. 牛海绵状脑病病原 C. 牛恶性卡他热病毒
D. 布鲁氏菌 E. 炭疽芽孢杆菌

20. 关于航空运输动物病原微生物菌(毒)种或者样本及动物病料的表述,正确的是( )
A. 必须作为货物进行运输 B. 必须作为托运行李运输
C. 可以作为托运行李运输 D. 可以随身携带运输
E. 可以作为邮件运输

21. 细胞质中具有合成蛋白质功能的细胞器是( )
A. 中心体 B. 核糖体 C. 高尔基复合体
D. 溶酶体 E. 过氧化物酶体

22. 关于牛髋骨的描述，错误的是(　　)
A. 由髂骨、坐骨和耻骨组成　B. 耻骨和坐骨共同组成闭孔
C. 坐骨后外侧角粗大称坐骨结节　D. 髂骨内侧角称荐结节
E. 髂骨翼外侧角称髂骨结节

23. 寰枕关节的类型属于(　　)
A. 单轴单关节　B. 单轴复关节　C. 双轴关节
D. 多轴单关节　E. 多轴复关节

24. 与臂头肌共同组成家畜颈静脉沟的肌肉是(　　)
A. 肩胛横头肌　B. 肩胛舌骨肌　C. 胸骨甲状肌
D. 胸骨舌状肌　E. 胸头肌

25. 皮肤的结构包括(　　)
A. 表皮、真皮和基底层　B. 表皮、真皮和网状层
C. 表皮、网状层和皮下组织　D. 表皮、真皮和皮下组织
E. 真皮、网状层和皮下组织

26. 牛有 4 个胃，顺序依次为(　　)
A. 瘤胃、瓣胃、皱胃、网胃　B. 网胃、瓣胃、皱胃、瘤胃
C. 瓣胃、瘤胃、皱胃、网胃　D. 皱胃、瓣胃、瘤胃、网胃
E. 瘤胃、网胃、瓣胃、皱胃

27. 盲肠发达、外形似逗号，盲肠尖位于剑状软骨部的家畜是(　　)
A. 马　B. 牛　C. 羊
D. 猪　E. 犬

28. 家畜喉软骨中，最大的是(　　)
A. 甲状软骨　B. 会厌软骨　C. 环状软骨
D. 杓状软骨　E. 剑状软骨

29. 肾组织结构中有肾大盂收集管而无肾盂的家畜是(　　)
A. 牛　B. 马　C. 羊
D. 猪　E. 犬

30. 牛、羊睾丸的长轴呈(　　)
A. 上下垂直位　B. 前后水平位　C. 前上后下斜位
D. 前下后上斜位　E. 横向水平位

31. 临床上经常用来给牛羊采血、输液的大静脉是(　　)
A. 臂头静脉　B. 颈内静脉　C. 颈外静脉
D. 前腔静脉　E. 后腔静脉

32. 淋巴结内的 T 细胞主要位于(　　)
A. 淋巴小结　B. 副皮质区　C. 皮质淋巴窦
D. 髓索　E. 髓质淋巴窦

33. 结膜囊指的是(　　)
A. 上、下眼睑之间的裂隙　B. 上眼睑与角膜之间的裂隙　C. 下眼睑与角膜之间的裂隙
D. 睑结膜与球结膜之间的裂隙　E. 睑结膜与眶筋膜之间的裂隙

34. 鸡消化道的特点之一是(　　)
A. 1 条盲肠　B. 2 条盲肠　C. 3 条盲肠
D. 盲肠消失　E. 盲肠退化

35. 家禽胚胎的卵裂方式属于(　　)

A. 盘状卵裂　　B. 完全卵裂　　C. 水平卵裂
D. 垂直卵裂　　E. 杯状卵裂

36. 感染引起发热的机制是(　　)

A. 非寒颤产热增加　　B. 寒颤产热增加
C. 下丘脑体温调节中枢体温调节点上移
D. 外周热感受器发放冲动增加
E. 中枢热敏神经元发放冲动频率增加

37. 神经-肌肉接头突触前膜囊泡中的神经递质是(　　)

A. 肾上腺素　　B. 去甲肾上腺素　　C. 乙酰胆碱
D. 5-羟色胺　　E. 多巴胺

38. 常用的抗血液凝固的方法是(　　)

A. 血液置于37℃　　B. 出血处接触面粗糙　　C. 补充维生素K
D. 血液中加入肝素　　E. 血液中加入钙离子

39. 心室肌复极化时程较长的主要原因是存在(　　)

A. 复极初期　　B. 去极化期　　C. 平台期
D. 复极末期　　E. 静息期

40. 二氧化碳在血浆中运输的主要化学结合形式是(　　)

A. 碳酸氢铵　　B. 碳酸氢钠　　C. 碳酸氢钾
D. 磷酸氢钾　　E. 磷酸氢钠

41. 外周温度感受器是分布于皮肤、黏膜和内脏的(　　)

A. 腺细胞　　B. 环层小体　　C. 血管内皮细胞
D. 游离神经末梢　　E. 神经元细胞体

42. 临床上将肾上腺素用于强心,其结合的受体是(　　)

A. α-受体　　B. β-受体　　C. M-受体
D. N-受体　　E. H_1-受体

43. 睾丸内能够合成睾酮的细胞是(　　)

A. 精原细胞　　B. 精母细胞　　C. 精细胞
D. 支持细胞　　E. 间质细胞

44. 不属于蛋白质二级结构的形式是(　　)

A. α-折叠　　B. 无规则卷曲　　C. β-转角
D. α-螺旋　　E. 二面角

45. 具有结合 CO_2 功能的辅酶或辅基是(　　)

A. 四氢叶酸　　B. NAD^+　　C. 生物素
D. 钴胺素　　E. FAD

46. 合成糖原所需的"活性葡萄糖"是(　　)

A. 葡萄糖-6-磷酸　　B. 葡萄糖-1-磷酸　　C. UMP-葡萄糖
D. UDP-葡萄糖　　E. 葡萄糖酸

47. 通过"逆向转运",将胆固醇运回肝脏进行代谢的是(　　)

A. 乳糜微粒　　B. 高密度脂蛋白　　C. 极低密度脂蛋白
D. 低密度脂蛋白　　E. 脂肪酸蛋白复合物

48. 对大脑有毒性,浓度升高时可以引起所谓“肝昏迷”的是( )
A. α-酮戊二酸 B. 酮体 C. 丙酮酸
D. 氨 E. 谷氨酰胺

49. 酮酸在经由氨基化转变成相应的氨基酸的过程中提供了( )
A. 羟基 B. 能量 C. 碳架
D. 氨基 E. 氢原子

50. 骨盐主要是指沉积于骨中的( )
A. 氯化钙 B. 草酸钙 C. 碳酸氢盐
D. 柠檬酸钙 E. 羟磷灰石

51. 心脏发生脂肪浸润时,脂肪细胞出现于( )
A. 心内膜内 B. 心肌原纤维内 C. 心肌细胞内
D. 心肌细胞之间 E. 心脏血管内

52. HE 染色切片中,痛风结节呈( )
A. 灰白色 B. 蓝色 C. 黄色
D. 棕色 E. 粉红色

53. 局部皮肤动脉性充血的外观表现是( )
A. 色泽暗红,温度升高 B. 色泽暗红,温度降低 C. 色泽鲜红,温度降低
D. 色泽鲜红,温度升高 E. 色泽鲜红,温度不变

54. 来自门静脉的栓子主要栓塞在( )
A. 心脏 B. 肝脏 C. 脾脏
D. 肺脏 E. 肾脏

55. 球虫寄生肠道导致肠黏膜上皮细胞数量增多的病变是( )
A. 化生 B. 再生 C. 增生
D. 真性肥大 E. 假性肥大

56. 呼吸性酸中毒的主要特点是血浆中( )
A. HCO_3^- 浓度原发性升高 B. HCO_3^- 浓度原发性降低
C. H_2CO_3 浓度原发性升高 D. H_2CO_3 浓度原发性降低
E. H_2CO_3 与 HCO_3^- 浓度均降低

57. CO 中毒性缺氧时,动物的黏膜呈现( )
A. 苍白色 B. 暗红色 C. 樱桃红色
D. 咖啡色 E. 青紫色

58. 渗出性炎症时,炎灶局部最先渗出的蛋白成分是( )
A. 血红蛋白 B. 白蛋白 C. α-球蛋白
D. β-球蛋白 E. γ-球蛋白

59. 一氧化氮参与炎症过程时,主要作用是( )
A. 激活肥大细胞 B. 促进微生物增殖 C. 激活血小板黏着和聚集
D. 扩张血管 E. 保护组织细胞免于损伤

60. 肺结核时,结核杆菌引起肺部损伤的结局不包括( )
A. 机化包围 B. 不完全修复 C. 完全修复
D. 钙化 E. 空洞形成

61. 下列最易发生转移的肿瘤是( )
A. 乳头状瘤 B. 腺瘤 C. 平滑肌瘤
D. 纤维肉瘤 E. 血管瘤

62. 首过效应发生于药物(　　)
A. 肌内注射后　　B. 内服后　　C. 乳房灌注后
D. 静脉注射后　　E. 皮下注射后

63. 对奶牛乳头浸泡消毒时,聚维酮碘合适的浓度是(　　)
A. 0.1%　　B. 1%　　C. 2%
D. 3%　　E. 5%

64. 聚醚类抗球虫药不包括(　　)
A. 莫能菌素　　B. 马杜拉霉素　　C. 地克珠利
D. 甲基盐霉素　　E. 海南霉素

65. 肾上腺素的药理作用不包括(　　)
A. 增加胃肠蠕动　　B. 扩张冠状动脉　　C. 扩张支气管
D. 增强心肌收缩力　　E. 扩张骨骼肌血管

66. 内服无抗惊厥作用、静脉注射有抗惊厥作用的药物是(　　)
A. 地西泮　　B. 苯巴比妥　　C. 硫酸镁
D. 氯丙嗪　　E. 水合氯醛

67. 具有增加肠内容积、软化粪便、加速粪便排泄的药物是(　　)
A. 稀盐酸　　B. 鞣酸蛋白　　C. 鱼石脂
D. 铋制剂　　E. 硫酸钠

68. 动物采血时,血样抗凝应选用的药物是(　　)
A. 酚磺乙胺　　B. 维生素 K　　C. 枸橼酸钠
D. 安络血　　E. 叶酸

69. 下列不宜与呋塞米合用的药物是(　　)
A. 庆大霉素　　B. 青霉素　　C. 地塞米松
D. 氯化钙　　E. 碳酸钙

70. 可以治疗成年动物软骨病的药物是(　　)
A. 氯化钙　　B. 硫酸铜　　C. 氯化镁
D. 亚硒酸钠　　E. 碘化钾

71. 能使血红蛋白的二价铁氧化成三价铁的药物是(　　)
A. 乙酰胺　　B. 硫代硫酸钠　　C. 亚硝酸钠
D. 二巯丙醇　　E. 氯磷定

[B1 型题]

答题说明

以下提供若干组考题,每组考题共用在考题前列出的 A、B、C、D、E 五个备选答案。请从中选择一个与问题关系最密切的答案,并在答题卡上将相应题号的相应字母所属的方框涂黑。某个备选答案可能被选择一次、多次或不被选择。

(72～74 题共用备选答案)
A. 子宫阜　　B. 子宫颈枕　　C. 伪子宫体
D. 子宫颈阴道部　　E. 子宫角间韧带

72. 牛的子宫不具有(　　)

73. 猪的子宫具有(　　)

74. 牛直肠检查时,常用于确定子宫位置的结构是(　　)

(75～77题共用备选答案)

A. 甲状腺激素　　B. 促甲状腺激素　　C. 促甲状腺激素释放激素
D. 生长激素　　E. 生长激素释放激素

75. 幼犬,生长迟缓、反应迟钝且呆滞,与该病证有关的下丘脑激素是(　　)
76. 幼犬,生长迟缓、反应迟钝且呆滞,与该病证有关的腺垂体激素是(　　)
77. 幼犬,生长迟缓、反应灵敏,该病犬分泌不足的腺垂体激素是(　　)

(78～80题共用备选答案)

A. 肌酸激酶　　B. 肌动蛋白　　C. 肌钙蛋白
D. 肌球蛋白　　E. 磷酸化酶

78. 肌肉中具有ATP酶活性的是(　　)
79. 与肌肉能量储备有关的是(　　)
80. 当肌细胞内Ca^{2+}浓度增高时,分子构象改变的首先是(　　)

(81～83题共用备选答案)

A. 浆液性淋巴结炎　　B. 出血性淋巴结炎　　C. 坏死性淋巴结炎
D. 化脓性淋巴结炎　　E. 增生性淋巴结炎

81. 剖检猪瘟病死猪,可见淋巴结肿大,周边呈暗红色或黑红色,切面隆突、湿润,呈"大理石"样外观。此病变是(　　)
82. 剖检一副结核病死牛,可见淋巴结肿大,呈灰白色髓样外观,质地稍硬实。此病变是(　　)
83. 马腺疫病马颌下淋巴结肿胀,有波动,局部皮肤变薄,后自行破溃,流出大量黄白色黏稠液体。此病变是(　　)

(84～86题共用备选答案)

A. 淋巴细胞　　B. 中性粒细胞　　C. 嗜酸性粒细胞
D. 单核细胞　　E. 多核巨细胞

84. 鸡患新城疫时,脑组织中形成血管套的炎性细胞是(　　)
85. 李氏杆菌引起的脑膜脑炎中渗出的主要炎性细胞是(　　)
86. 猪食盐中毒时,脑组织中形成血管套的炎性细胞是(　　)

(87～89题共用备选答案)

A. 林可霉素　　B. 头孢噻呋　　C. 庆大霉素
D. 甲砜霉素　　E. 金霉素

87. 能引起牛特征性脱毛和瘙痒等不良反应的药物是(　　)
88. 与大观霉素合用能产生协同作用的药物是(　　)
89. 长期注射可以引起听力下降的药物是(　　)

[A2型题]

答题说明

每一道考题是以一个小案例出现的,其下面都有A、B、C、D、E五个备选答案。请从中选择一个最佳答案,并在答题卡上将相应题号的相应字母所属的方框涂黑。

90. 一匹病马低头或摇头时,鼻孔流出脓性鼻液,临床检查发现病马颜面侧方肿胀、隆起,叩诊浊音,经诊断为炎症性疾病,该炎症最常发生的部位是(　　)

A. 额窦　　B. 上颌窦　　C. 蝶窦
D. 筛窦　　E. 角窦

91. 4岁犬，下颌下垂，峡部、下颌齿槽和下颌感觉减退，咬肌萎缩，不能咀嚼饲料。初步诊断为脑神经麻痹。该神经是(　　)

A. 迷走神经　　B. 舌咽神经　　C. 面神经

D. 三叉神经　　E. 舌下神经

92. 3岁犬，精神沉郁，食欲减退，黏膜轻度发绀，听诊发现第二心音性质显著改变，其原因是(　　)

A. 肺动脉闭锁不全　　B. 主动脉口闭锁不全　　C. 肺动脉口狭窄

D. 主动脉口狭窄　　E. 左房室口狭窄

93. 一头奶牛临床诊断可见四肢水肿，经化验发现血浆蛋白浓度降低，初诊为营养不良。引起该奶牛水肿的机制是(　　)

A. 血浆 α-球蛋白含量下降　　B. 血浆白蛋白含量下降　　C. 血浆 γ-球蛋白含量下降

D. 血浆晶体渗透压下降　　E. 血浆晶体渗透压上升

94. 犬，肥胖，突发呕吐，腹痛，间有腹泻等症状。血液检查白细胞总数增加，血液淀粉酶活性显著升高。在临床检验时，酶活性分析使用的显色剂是(　　)

A. 淀粉　　B. 溴酚蓝　　C. 糊精

D. 碘　　E. 亚甲蓝

95. 猫误食汞污染的鱼，出现咳嗽、呼出气体恶臭、呼吸困难等中毒症状，还原性药物救治后，患猫体内催化活性得以迅速恢复的酶属于(　　)

A. 巯基酶　　B. 异构酶　　C. 激酶

D. 水解酶　　E. 裂解酶

96. 一头仔猪阉割后不久出现体温升高，伤口红肿，切开伤口见病变组织呈蜂窝样和污秽的棕黑色，手按有捻发音。此伤口局部的病变为(　　)

A. 干性坏疽　　B. 湿性坏疽　　C. 凝固性坏死

D. 液化性坏死　　E. 气性坏疽

97. 一头病死仔猪剖检可见颌下淋巴结和腹股沟淋巴结明显肿胀，呈灰白色，质地柔软，肺、肝和肾等器官表面见有大小不一的灰白色隆起，切开病灶见灰黄色浑浊的凝乳状物流出。确诊该病需进一步检查的项目是(　　)

A. 细菌分离鉴定　　B. 病毒分离鉴定　　C. 寄生虫观察鉴定

D. 饲料毒物分析　　E. 肿瘤鉴定

98. 12岁雄性京巴犬，临床诊断见右前肢腋下有一核桃大的肿物，质地坚硬。组织病理学分析可见肿瘤细胞为梭形，核大而浓染，瘤细胞排列成漩涡状，见大量异型性分裂象，胶原纤维少。此肿瘤诊断为(　　)

A. 鳞状上皮细胞癌　　B. 皮脂腺瘤　　C. 纤维肉瘤

D. 脂肪肉瘤　　E. 骨骼肌肉瘤

99. 某育肥猪群，部分猪出现消瘦、咳嗽、打喷嚏、腹式呼吸等症状，X线检查见肺部有云絮状阴影，剖检病死猪见肺心叶、尖叶上有胰脏样病灶。治疗该病应选用的药物是(　　)

A. 头孢噻呋　　B. 马波沙星

C. 磺胺-6-甲氧嘧啶　　D. 甲氧苄啶

E. 甲硝唑

100. 2岁犬，初步诊断为风湿性关节炎，用对乙酰氨基酚治疗无明显疗效。应改用的治疗药物是(　　)

A. 氟轻松　　B. 保泰松　　C. 氨茶碱

D. 肾上腺素　　E. 去甲肾上腺素

2017年·基础科目·答案与解析

预防科目

[A1 型题]

答题说明

每一道考试题下面有 A、B、C、D、E 五个备选答案,请从中选择一个最佳答案,并在答题卡上将相应题号的相应字母所属的方框涂黑。

101. 细菌经瑞氏染色后的菌体颜色是( )

A. 红色　B. 蓝色　C. 紫色

D. 绿色　E. 黄色

102. 检测细菌运动性的半固体培养基常用的琼脂浓度是( )

A. 0.1%　B. 0.5%　C. 1.0%

D. 1.5%　E. 2%

103. 马属动物消化道中正常菌群数量最少的部位是( )

A. 口腔　B. 食道　C. 胃

D. 空肠　E. 盲肠

104. 可以用于鉴定细菌血清型的方法是( )

A. 生化试验　B. 药物敏感试验　C. 玻片凝集试验

D. 血凝试验　E. 串珠反应试验

105. 血清中加 0.01%硫柳汞的目的是( )

A. 消毒　B. 灭菌　C. 防腐

D. 杀菌　E. 无菌

106. 适用于鸡舍带鸡喷雾消毒的过氧乙酸的浓度是( )

A. 0.3%　B. 3%　C. 5%

D. 10%　E. 20%

107. 在牛乳培养基中生长出现“汹涌发酵”现象的细菌是( )

A. 产气荚膜梭菌　B. 大肠杆菌　C. 沙门氏菌

D. 巴氏杆菌　E. 链球菌

108. 牛传染性胸膜肺炎的病原是( )

A. 李氏杆菌　B. 牛分枝杆菌　C. 布鲁氏菌

D. 巴氏杆菌　E. 丝状支原体

109. 属于慢发病毒感染类型的病原是( )

A. 轮状病毒　B. 细小病毒　C. 朊病毒

D. 冠状病毒　E. 痘病毒

110. 适用于检测病毒蛋白的方法是( )

A. 核酸杂交　B. PCR 技术　C. 免疫转印技术

D. 鸡胚试验　E. 空斑试验

111. PCR 检测病毒,检测的靶标是( )

A. 蛋白质　B. 核酸　C. 磷脂

D. 胆固醇　E. 糖

112. 目前鸭瘟病毒的血清型有( )

A. 5 个　B. 4 个　C. 3 个

D. 2 个　E. 1 个

113. 小鹅瘟的病原分类上属于(　　)
A. 腺病毒科　　B. 细小病毒科　　C. 圆环病毒科
D. 呼肠孤病毒科　　E. 黄病毒科

114. 复制周期中具有反转录过程的病毒是(　　)
A. 蓝舌病病毒　　B. 马传染性贫血病毒　　C. 口蹄疫病毒
D. 伪狂犬病病毒　　E. 猫白细胞减少症病毒

115. 脂多糖佐剂在分类上属于(　　)
A. 铝盐类佐剂　　B. 油乳佐剂　　C. 微生物及其代谢产物佐剂
D. 细胞因子佐剂　　E. 核酸及其类似物佐剂

116. 由5个单分子构成五聚体的免疫球蛋白是(　　)
A. IgG　　B. IgM　　C. IgA
D. IgE　　E. IgD

117. 成纤维细胞分泌的具有直接抗病毒作用的细胞因子是(　　)
A. GM-CSF　　B. G-CSF　　C. IL-6
D. IFN-β　　E. TGF-β

118. 青霉素引起全身性休克的变态反应类型是(　　)
A. 过敏反应型变态反应　　B. 细胞毒型变态反应　　C. 免疫复合物变态反应
D. 接触性型变态反应　　E. 肉芽肿型变态反应

119. 先天性免疫应答具有的特点是(　　)
A. 特异性强　　B. 具有一定的免疫期　　C. 具有免疫记忆
D. 具有遗传性　　E. 在动物个体出生后才逐步建立和形成

120. 机体抵御病毒再感染的主要特异性效应分子是(　　)
A. 补体　　B. 干扰素　　C. 抗体
D. C-反应蛋白　　E. 白细胞介素

121. 预防大肠杆菌感染最好使用(　　)
A. 类毒素　　B. 多联疫苗　　C. 多价疫苗
D. 基因工程活载体疫苗　　E. 提纯的大分子疫苗

122. 参与沉淀反应的抗体是(　　)
A. IgA 和 IgG　　B. IgA 和 IgM　　C. IgM 和 IgG
D. IgE 和 IgG　　E. IgE 和 IgM

123. 补体结合反应中，提供补体的血清常来源于(　　)
A. 豚鼠　　B. 小鼠　　C. 大鼠
D. 鸡　　E. 兔

124. 除了遗传特征外，影响畜群对某种传染病易感性的主要因素是(　　)
A. 病原血清型　　B. 病原毒力　　C. 特异免疫状态
D. 饲养管理状况　　E. 病原数量

125. 不属于动物传染病现场诊断的是(　　)
A. 调查发病情况　　B. 调查患病动物来源　　C. 观察临床症状
D. 病理剖检　　E. 病理组织学检查

126. 决定漂白粉消毒效果的是(　　)
A. 苛性钠　　B. 活性氯　　C. 碳酸钙
D. 磷酸钙　　E. 氧化钙

127.常用于实验室分离高致病性禽流感病毒的是(　　)

A.鸡胚　B.小鼠　C.大鼠　D.豚鼠　E.乳兔

128.致病病原能形成芽孢的疫病是(　　)

A.猪水肿病　B.仔猪副伤寒　C.猪肺疫　D.猪炭疽　E.猪丹毒

129.布鲁氏菌病隐性感染牛群的主要检疫方法是(　　)

A.细菌分离鉴定　B.血清凝集试验　C.变态反应　D.PCR技术　E.核酸杂交

130.慢性马鼻疽的主要诊断方法是(　　)

A.流行病学调查　B.病理学诊断　C.血清学方法　D.PCR技术　E.变态反应

131.与猪流行性腹泻在流行特点、临床症状和病理变化方面相似的疾病是(　　)

A.猪瘟　B.仔猪白痢　C.猪沙门氏菌病　D.猪圆环病毒病　E.猪传染性胃肠炎

132.对牛传染性鼻气管炎的患牛,最好的处置措施是(　　)

A.紧急接种灭活疫苗　B.紧急接种弱毒疫苗　C.注射抗血清　D.注射抗生素　E.扑杀

133.牛病毒性腹泻/黏膜病典型病例发生特征性病变的器官是(　　)

A.瘤胃　B.网胃　C.瓣胃　D.皱胃　E.食道

134.出口家禽不宜使用的新城疫活疫苗是(　　)

A.Ⅰ系苗(Mukteswar株)　B.Ⅱ系苗(B1株)　C.Ⅲ系苗(F株)　D.Ⅳ系苗(LaSota株)　E.V4株疫苗

135.给犬瘟热母源抗体效价不明的幼犬接种犬瘟热疫苗,相对合理的免疫程序是(　　)

A.出生后立即免疫1次即可　B.1周龄首免,2周龄二免　C.2周龄首免,3周龄二免　D.9周龄首免,15周龄二免　E.出生后立即首免,2周后二免

136.兔瘟的主要病理变化是(　　)

A.气管和肺充血出血　B.淋巴结切面呈大理石样　C.脾脏边缘有梗死灶　D.肠道扣状溃疡　E.胰腺充血出血

137.家蚕白僵病的主要传染途径为(　　)

A.食下传染　B.接触传染　C.创伤传染　D.胚胎传染　E.血液传染

138.处置感染美洲幼虫腐臭病的蜜蜂群的错误方法是(　　)

A.病初销毁病脾和病群　B.换用干净的箱和脾　C.饲喂含抗生素的花粉　D.饲喂含抗生素的炼糖　E.使用杀螨药

139.蚊子只有在采食时才与宿主接触,其属于(　　)

A.内寄生虫　B.单宿主寄生虫　C.多宿主寄生虫　D.长久性寄生虫　E.暂时性寄生虫

140.痒螨的感染途径是(　　)

A.经口感染　B.经呼吸道感染　C.接触感染　D.经胎盘感染　E.自身感染

141. 可以用毛蚴孵化法确诊的寄生虫病是(　　)
A. 片形吸虫病　B. 日本分体吸虫病　C. 华支睾吸虫病
D. 捻转血毛线虫病　E. 胎生网尾线虫病

142. 用鸡球虫早熟株研制的疫苗是(　　)
A. 非特异性疫苗　B. 异源性疫苗　C. 致弱疫苗
D. 灭活疫苗　E. 强毒疫苗

143. 利什曼原虫的天然宿主是(　　)
A. 犬　B. 兔　C. 猪
D. 牛　E. 羊

144. 发育过程中缺少蛹期的外寄生虫是(　　)
A. 蜱　B. 蚊　C. 蝇
D. 蚋　E. 蠓

145. 有齿冠尾线虫成虫在猪体内的寄生部位是(　　)
A. 肾脏　B. 肝脏　C. 结肠
D. 脾脏　E. 肺脏

146. 矛形歧腔吸虫病的治疗药物是(　　)
A. 阿苯达唑　B. 氨丙啉　C. 伊维菌素
D. 盐霉素　E. 三氮脒

147. 牛食入被人粪便污染的牧草后可以感染的寄生虫是(　　)
A. 裂头蚴　B. 囊尾蚴　C. 脑多头蚴
D. 细颈囊尾蚴　E. 棘球蚴

148. 治疗马巴贝斯虫病的药物是(　　)
A. 咪唑苯脲　B. 甲硝唑　C. 阿苯达唑
D. 吡喹酮　E. 伊维菌素

149. 孟氏迭宫绦虫的中绦期是(　　)
A. 囊尾蚴　B. 似囊尾蚴　C. 棘球蚴
D. 多头蚴　E. 裂头蚴

150. 蜜蜂感染马氏管变形虫后,体色变黑的部位是(　　)
A. 头部　B. 胸部　C. 腹部前段
D. 腹部中段　E. 腹部末段

151. 破坏生态平衡的人为因素是(　　)
A. 砍伐森林　B. 退耕还林　C. 轮牧
D. 海啸　E. 干旱

152. 食品按照预期用途进行制备、食用时,不会对消费者造成损害称为(　　)
A. 食品污染　B. 食品安全　C. 食品防护
D. 食品营养　E. 食品卫生

153. 动物性食品农药残留的主要来源不包括(　　)
A. 未遵守停药期规定　B. 用药后直接污染　C. 通过食物链富集
D. 从环境中吸收　E. 意外污染

154. 按病原体的种类分类,鹅口疮应为(　　)
A. 病毒病　B. 细菌病　C. 衣原体病
D. 立克次氏体病　E. 真菌病

155. 动物诊疗机构兽医人员在接触病畜污染部位后,在接触清洁部位前应更换的是(　　)

A. 工作服　　B. 工作帽　　C. 工作鞋
D. 口罩　　E. 手套

[B1 型题]

答题说明

以下提供若干组考题,每组考题共用在考题前列出的 A、B、C、D、E 五个备选答案。请从中选择一个与问题关系最密切的答案,并在答题卡上将相应题号的相应字母所属的方框涂黑。某个备选答案可能被选择一次、多次或不被选择。

(156～158 题共用备选答案)

A. 大肠杆菌　　B. 沙门氏菌　　C. 布鲁氏菌
D. 李氏杆菌　　E. 炭疽杆菌

156. 妊娠绵羊卧地,头颈弯向一侧,发病 1 周后流产,血液学检查,单核细胞增多。取病料接种普通琼脂长出露珠样菌落,菌落涂片,革兰氏染色镜检可见 V 形排列的短杆菌。该病最可能的病原是(　　)

157. 妊娠绵羊跛行,怀孕 3 个月后流产。取病料涂片,革兰氏染色和柯兹洛夫斯基染色镜检,均见红色球杆菌。该病最可能的病原是(　　)

158. 妊娠绵羊腹泻 5 d 后流产。取病料接种麦康凯琼脂长出无色菌落,菌落涂片,革兰氏染色镜检可见红色中等大小杆菌。该病最可能的病原是(　　)

(159～161 题共用备选答案)

A. 犬细小病毒　　B. 犬瘟热病毒　　C. 犬传染性肝炎病毒
D. 狂犬病病毒　　E. 伪狂犬病病毒

159. 犬,双相热,眼、鼻流脓性分泌物,3 周后出现抽搐症状。取脓性分泌物接种 Vero 细胞,出现合胞体病变。该病最可能的病原是(　　)

160. 犬,体温 40℃,呕吐,排番茄汁样稀粪。患犬粪便上清过滤除菌后,可以凝集红细胞。该病最可能的病原是(　　)

161. 犬,体温 40℃,黏膜苍白,腹泻,腹围增大,腹腔穿刺排出红色液体,腹水可以凝集人 O 型红细胞。该病最可能的病原是(　　)

(162～164 题共用备选答案)

A. 朊病毒　　B. 蓝舌病病毒　　C. 绵羊痘病毒
D. 伪狂犬病病毒　　E. 小反刍兽疫病毒

162. 山羊,高热稽留,口、鼻流黏液性分泌物。取该分泌物接种 Vero 细胞,6 d 后出现多核巨细胞病变。该病例最可能的病原是(　　)

163. 绵羊,体温 41℃,眼周围、唇、鼻、四肢、乳房等处出现痘疹。取病料电镜观察,可见卵圆形或砖形病毒粒子。该病例最可能的病原是(　　)

164. 绵羊,体温 41℃,口唇肿胀糜烂,舌部青紫色,跛行。取该病羊全血,经裂解后接种鸡胚,分离到的病原能凝集绵羊及人 O 型血细胞。该病例最可能的病原是(　　)

(165～167 题共用备选答案)

A. 口蹄疫　　B. 布鲁氏菌病　　C. 乙型脑炎
D. 细小病毒病　　E. 传染性胸膜肺炎

165. 一年四季均可发生,主要表现为初产怀孕母猪流产、木乃伊胎、死胎等繁殖障碍,该病可能是(　　)

166. 主要发生于夏季有蚊子的季节,主要表现怀孕母猪流产、木乃伊胎、死胎等繁殖障碍,马发病后主要表现脑炎。该病可能是(　　)

167. 规模化猪场部分猪突然发生咳嗽,呼吸困难,体温达41℃以上,急性死亡,死亡率为15%。死前口鼻流出带有血色的液体,剖检见肺与胸壁粘连,肺充血、出血、坏死。该病可能是(　　)

(168～169题共用备选答案)

A. 结核病　　B. 衣原体病　　C. 布鲁氏菌病
D. 李氏杆菌病　　E. 沙门氏杆菌病

168. 经产母牛发情频繁,性欲亢进,体温39.2℃,从阴道流出脓性分泌物,取分泌物进行细菌分离培养,分离菌革兰氏染色阳性,抗酸染色菌体为红色,形态平直或微弯,最可能发生的传染病是(　　)

169. 青年母牛怀孕至4个月,发生流产,体温39.3℃,阴道流出黏液样的灰色分泌物,取流产胎儿的肝和脾直接涂片,革兰氏染色和柯兹洛夫斯基鉴别染色后,镜检见菌体呈红色、球杆状,最可能发生的传染病是(　　)

(170～171题共用备选答案)

A. 吸血蝇类　　B. 微小牛蜱　　C. 蚯蚓与蚱蜢
D. 青海血蜱　　E. 吸血昆虫

170. 家禽组织滴虫病的传播媒介是(　　)

171. 家禽住白细胞虫病的传播媒介是(　　)

(172～174题共用备选答案)

A. 左旋咪唑　　B. 地克珠利　　C. 三氮脒
D. 盐霉素　　E. 喹嘧胺

172. 犊牛食欲不振,腹泻,可视黏膜苍白,颌下水肿,剖检见真胃内有大量细长虫体,雌虫有舌状阴门盖,治疗该病的药物是(　　)

173. 犊牛食欲不振,顽固性腹泻,粪便带血,可视黏膜苍白,颌下水肿,剖检见小肠内有大量虫体,虫体头部向背侧弯曲,治疗该病的药物是(　　)

174. 羊持续性腹泻,粪便带黏液和血液,可视黏膜苍白,颌下水肿,剖检见结肠内有大量虫体,结肠壁形成结节病变,治疗该病的药物是(　　)

(175～177题共用备选答案)

A. 青霉素　　B. 雌激素　　C. 克伦特罗
D. 有机氯农药　　E. 有机磷农药

175. 某男,32岁,四肢无力,头痛头晕,食欲不振,抽搐,肌肉震颤,后期肌肉麻痹。医院诊断为食物中毒,中毒物质在动物脂肪组织中含量最高。最可能的致病物质是(　　)

176. 某男,38岁,食用猪肝后出现头痛头晕,心悸,心律失常,呼吸困难,肌肉震颤和疼痛,医院诊断为食物中毒。最可能的致病物质是(　　)

177. 某女童,5岁,长期食用一奶牛养殖户的牛奶,近期出现乳房发育等早熟症状,医院诊断为食物中毒。最可能的致病物质是(　　)

[A2 型题]

答题说明

每一道考题是以一个小案例出现的,其下面都有 A、B、C、D、E 五个备选答案。请从中选择一个最佳答案,并在答题卡上将相应题号的相应字母所属的方框涂黑。

178. 某母猪群发热,流产,产死胎,部分仔猪耳部皮肤变蓝。同场的保育猪出现发热症状,分离病毒可以使用的细胞是(　　)

A. Vero 细胞　　B. PK-15 细胞　　C. BHK-21 细胞
D. Marc-145 细胞　　E. 鸡胚成纤维细胞

179. 某 23 周龄种鸡群陆续发病,发病率约 5%,死亡率约 1%。鸡群消瘦、虚弱、产蛋率下降。剖检见肝、脾、肾、卵巢和法氏囊均有肿瘤结节。该病可能是(　　)

A. 禽白血病　　B. 禽结核病　　C. 鸡传染性贫血
D. 传染性法氏囊病　　E. 鸡大肠杆菌病

180. 肉鸡羽毛松乱,食欲减退,剖检见肝脏肿大,表面有黄白色纤维蛋白附着,气囊浑浊,心包增厚,病料接种伊红美蓝琼脂长出黑色带金属光泽的菌落,该病原可能是(　　)

A. 链球菌　　B. 葡萄球菌　　C. 大肠杆菌
D. 沙门氏菌　　E. 分枝杆菌

181. 奶牛干咳,渐瘦,贫血,体表淋巴结肿大,取鼻腔分泌物涂片,抗酸染色镜检见成丛排列的红色短杆菌,该病原可能是(　　)

A. 炭疽杆菌　　B. 牛支原体　　C. 产气荚膜梭菌
D. 牛分枝杆菌　　E. 布鲁氏菌

182. 仔猪消瘦,耳端、尾尖及四肢有紫斑,剖检见回盲口有纽扣状溃疡,病料接种 PK-15 细胞无病变,确诊该病原适宜的方法是(　　)

A. 空斑试验　　B. 血凝试验　　C. 荧光抗体试验
D. 病理组织学检查　　E. 鸡胚接种

183. 对狂犬病病犬做病理检查,能在细胞基质内见到嗜酸性包涵体的是(　　)

A. 肌细胞　　B. 肝细胞　　C. 脑神经细胞
D. 脾细胞　　E. 肾细胞

184. 冬季,某猪场引种 1 周后,部分引入母猪体温升高,厌食,流产,腹部和后肢皮肤发紫,并迅速传播至全场,抗生素治疗无效,与疫情密切相关的因素是(　　)

A. 引入带毒种猪　　B. 运输应激　　C. 鼠类活动频繁
D. 寒冷季节　　E. 使用抗生素

185. 7～10 周龄仔猪,被毛粗乱,呼吸困难,生长缓慢,腹股沟淋巴结肿大,剖检见间质性肺炎、淋巴结和肠系膜水肿,该病可能是(　　)

A. 猪水肿病　　B. 猪圆环病毒病　　C. 猪繁殖与呼吸综合征
D. 猪沙门氏菌病　　E. 副猪嗜血杆菌病

186. 绵羊群突然发病,体温 41℃,高温稽留 3 d 以上,口腔糜烂,口、眼、鼻流大量脓性分泌物,咳嗽,水样腹泻带血,发病率达 90%,病死率约 50%,该病可能是(　　)

A. 绵羊痘　　B. 小反刍兽疫　　C. 羊口疮
D. 炭疽　　E. 羊快疫

187. 某4周龄鸡群发病,排白色稀粪,自啄泄殖腔,剖检见法氏囊充血,肿大,囊内积干酪样物,该病还可能出现的主要病变是( )

A. 胸肌出血　B. 胰腺出血　C. 肝脏出血

D. 皮肤出血　E. 心脏出血

188. 90日龄蛋鸡群贫血,消瘦,陆续出现死亡,剖检见心脏、肝脏等器官有大小不等的肿瘤,外周神经粗大,呈灰白色。该病最可能是( )

A. 马立克氏病　B. 新城疫　C. 网状内皮组织增生病

D. 鸡传染性贫血　E. 禽腺病毒感染

189. 春季,某绵羊群渐进性消瘦,高度贫血,颌下、胸腹下水肿,个别衰竭死亡,剖检见胆管增粗,内有红褐色叶状虫体,治疗该病的药物是( )

A. 伊维菌素　B. 三氯苯唑　C. 左旋咪唑

D. 三氮脒　E. 磺胺氯吡嗪

190. 某鸡场部分40日龄鸡,呼吸困难,咳嗽,打喷嚏。粪便用饱和蔗糖溶液漂浮,涂片,高倍镜下见大量卵圆形卵囊,内含4个子孢子。该寄生虫是( )

A. 安氏隐孢子虫　B. 贝氏隐孢子虫　C. 火鸡隐孢子虫

D. 微小隐孢子虫　E. 小鼠隐孢子虫

191. 犬消化不良,下痢,消瘦,贫血,粪便检查见有多量虫卵,形似电灯泡,一端有盖,另一端有一小突起,内含毛蚴。治疗该病的药物是( )

A. 左旋咪唑　B. 阿苯达唑　C. 伊维菌素

D. 三氮脒　E. 盐霉素

192. 某散养鸡群部分鸡食欲不振,下痢,消瘦,剖检见盲肠有大量线状虫体。虫体食道球发达,雄虫交合刺不等长,泄殖腔前有1个圆形吸盘。该病原可能是( )

A. 鸡蛔虫　B. 锐形线虫　C. 异刺线虫

D. 毛细线虫　E. 四棱线虫

193. 屠宰污水检测,分别在两个溶解氧瓶中注满水样,测定其中一瓶的溶解氧(C_1),将另一瓶水样置于20℃温箱中培养5 d后,测定其溶解氧(C_2),C_1减C_2的差值为( )

A. 溶解氧　B. 氧消耗量　C. 5日溶解氧

D. 生化需氧量　E. 化学耗氧量

194. 数头奶牛短促干咳,清晨症状明显,后湿咳,呼吸困难,食欲下降,进行性消瘦,乳房有无热无痛的硬结,该病牛乳汁中可能存在的病原微生物是( )

A. 布鲁氏菌　B. 李氏杆菌　C. 炭疽杆菌

D. 沙门氏菌　E. 牛分枝杆菌

[A3/A4型题]

答题说明
以下提供若干个案例,每个案例下设若干个考题。请根据案例所提供的信息,在每一道考试题下面的A、B、C、D、E五个备选答案中选择一个最佳答案,并在答题卡上将相应题号的相应字母所属的方框涂黑。

(195～197题共用题干)

夏季,南方某绵羊场卫生条件差,吸血昆虫滋生,近日绵羊陆续发病,体温升高,厌食,流涎,口唇发绀,口腔黏膜糜烂、溃疡,鼻腔流出炎性分泌物,部分羊跛行。

195. **分离病原常用的是(　　)**

A. 鸭胚　　B. 鸡胚　　C. 鹅胚

D. 乳兔　　E. 成年家兔

196. **与病羊接触后牛群一般表现为(　　)**

A. 采食困难　　B. 呼吸困难　　C. 神经症状

D. 呕吐腹泻　　E. 隐性感染

197. **对非疫区出现的病原学阳性绵羊,正确的处置办法是(　　)**

A. 隔离　　B. 对症治疗　　C. 高免血清治疗

D. 免疫接种　　E. 扑杀并无害化处理

(198～200题共用题干)

夏季,5周龄散养鸡群食欲不振,腹泻,粪便带血,剖检见小肠中段肠管高度肿胀,肠腔内有大量血凝块,刮取肠黏膜镜检见多量裂殖体。

198. **该病可能是(　　)**

A. 弓形虫病　　B. 隐孢子虫病　　C. 球虫病

D. 住白细胞虫病　　E. 组织滴虫病

199. **引起鸡群感染的是(　　)**

A. 裂殖体　　B. 裂殖子　　C. 配子体

D. 刚排出的卵囊　　E. 孢子化卵囊

200. **预防该病的药物是(　　)**

A. 伊维菌素　　B. 盐霉素　　C. 泰乐菌素

D. 左旋咪唑　　E. 链霉素

2017年·预防科目·答案与解析

考生姓名：　　　　　　　　　　　　　　　准考证号：

2017年全国执业兽医资格考试试卷

(兽医全科类)下午卷

（临床综合）

注意事项

一、请按照要求，用蓝黑色或者黑色签字笔在答题卡上填写姓名、身份证号码、考点、考试地点、考场号、准考证号等信息，并用铅笔涂好准考证号。

二、试卷分为2部分，临床科目100小题，综合科目100小题，共200小题，考试时间为150分钟。各部分不单独计时，请考生自己合理分配时间。

三、监考人员宣布考试开始时，方可答题；宣布考试结束时，应立即停止答题。答题卡、题本一律反扣在桌面上，待监考人员确认数量无误，允许离开时，考生方可离开考场。如果考生违反了以上任何一项要求，都将影响考试成绩。

四、答案必须填涂在答题卡上，书写在试题本上的答案一律无效。

五、答题卡严禁折叠。

六、答题卡的正确填涂方式为：▬，用其他符号填涂答案者不计分。

七、如要改动答案，必须先用橡皮擦去原来选定的答案，然后再按上面的规定重新作答。

临床科目

[A1 型题]

答题说明

每一道考试题下面有A、B、C、D、E五个备选答案，请从中选择一个最佳答案，并在答题卡上将相应题号的相应字母所属的方框涂黑。

1.切入式触诊常用于检查( )

A.心脏　B.肝脏　C.胰脏　D.肺脏　E.卵巢

2.呈现弛张热型的疾病是( )

A.猪瘟　B.炭疽　C.猪丹毒　D.小叶性肺炎　E.大叶性肺炎

3.马心脏二尖瓣口心音最强听取点位于左侧胸廓( )

A.下1/3中央水平线与第4肋间交汇处

B.下1/3中央水平线与第5肋间交汇处

C.下1/3中央水平线与第6肋间交汇处

D.上1/3中央水平线与第5肋间交汇处

E.上1/3中央水平线与第6肋间交汇处

4.马急性肺水肿的鼻液性质是( )

A.浆液脓性　B.黏液脓性　C.脓性腐败性　D.浆液性血性　E.腐败性血性

5.犬细小病毒病不表现( )

A.粪便秘结　B.排粪失禁　C.排粪增加　D.排粪痛苦　E.里急后重

6.运动性共济失调的病因不包括( )

A.脊髓损伤　B.中脑脑桥损伤　C.大脑损伤　D.小脑损伤　E.前庭损伤

7.过敏性疾病白细胞分类计数显示( )

A.中性粒细胞增加　B.中性粒细胞减少　C.嗜酸性粒细胞增加　D.嗜酸性粒细胞减少　E.嗜碱性粒细胞减少

8.骨质软化的X线影像表现为( )

A.骨密度均匀降低，骨小梁模糊变细

B.骨密度均匀降低，骨小梁模糊变粗

C.骨密度均匀降低，密质骨变厚

D.骨密度局部降低，密质骨变厚

E.骨密度局部降低，骨髓腔变窄

9.肝脓肿B超声像图可见( )

A.边缘可见的等回声　B.一个或多个液性暗区　C.多个细小的回声光点　D.絮状光斑　E.散在的光点或光团

10.牛的胸腔穿刺部位是在右侧( )

A.第2肋间　B.第4肋间　C.第6肋间　D.第8肋间　E.第9肋间

11.皮下注射不用于( )

A.局部麻醉给药　B.术前给药　C.预防接种　D.变态反应诊断　E.对肌肉刺激性强的药物

12. 治疗马液涨性胃扩张，除导胃减压外，还应特别注意的是(　　)

A. 强心　　B. 镇静　　C. 消炎　　D. 镇痛　　E. 治疗原发病

13. 青霉素过敏产生的大量组织胺和缓激肽可以导致(　　)

A. 血压升高　　B. 外周血管扩张　　C. 回心血量增加　　D. 血容量增加　　E. 血糖升高

14. 治疗猫磷酸铵镁结石，可以用于酸化尿液的药物是(　　)

A. 稀盐酸　　B. 磷酸氢二钠　　C. 蛋氨酸　　D. 氢氧化铝　　E. 水合氯醛

15. 糖尿病后期，患犬的尿液常带有(　　)

A. 苦杏仁味　　B. 鱼腥味　　C. 大蒜味　　D. 腐臭味　　E. 烂苹果味

16. 棉籽饼去毒的无效方法是(　　)

A. 热炒　　B. 加入石灰水　　C. 添加硫酸亚铁　　D. 微生物发酵　　E. 加入食醋

17. 犊牛赫曲霉毒素A中毒的主要病变在(　　)

A. 心脏　　B. 脾脏　　C. 大脑　　D. 肾脏　　E. 肝脏

18. 解救磷化锌中毒时不宜选用的方法是(　　)

A. 静注乳酸钠　　B. 灌服硫酸镁　　C. 灌服硫酸铜　　D. 灌服碳酸氢钠　　E. 静注葡萄糖酸钙

19. 犬肾上腺皮质机能亢进时，实验室检验可见(　　)

A. ALT下降，ALP正常　　B. ALT和ALP均升高　　C. ALT和ALP均下降　　D. ALT升高，ALP下降　　E. ALT正常，ALP升高

20. 犬肾上腺皮质机能减退的主要原因是(　　)

A. 营养不良　　B. 中毒　　C. 自体免疫　　D. 辐射　　E. 寒冷

21. 奶牛继发性骨软症的病因主要是饲料中(　　)

A. 磷过多　　B. 钙过多　　C. 磷过少　　D. 钙过少　　E. 钙磷均缺乏

22. 鸡出现趾爪向内卷曲的示病症状，最可能缺乏的是(　　)

A. 维生素 B_1　　B. 维生素 B_2　　C. 维生素A　　D. 维生素D　　E. 维生素 B_6

23. 最易导致烧伤感染并易发败血病的化脓菌是(　　)

A. 大肠杆菌　　B. 绿脓杆菌　　C. 溶血性链球菌　　D. 金黄色葡萄球菌　　E. 化脓性棒状杆菌

24. 不适用于淋巴外渗的治疗方法是(　　)

A. 温热疗法　　B. 切开疗法　　C. 保持动物安静　　D. 注入95%酒精，停留片刻抽出　　E. 注入95%酒精福尔马林液，停留片刻抽出

25. 治疗直径2～3 mm的角膜穿孔宜采用的方法是(　　)

A. 用10%氯化钠溶液每日3～5次点眼　　B. 用40%葡萄糖溶液或自家血点眼　　C. 用眼科无损伤缝合针和可吸收缝线进行缝合　　D. 用青霉素、普鲁卡因、氢化可的松作膜下注射　　E. 用中成药拨云散治疗

26. 引起蛋鸡产“桃红蛋”的主要中毒性疾病是(　　)
A. 甘薯毒素中毒　B. 洋葱中毒　C. 霉玉米中毒
D. 棉籽饼中毒　E. 菜籽饼中毒

27. 由于腹内压增高,使腹膜和肠系膜被高度牵张而引起疝孔周围肌肉反射性痉挛,疝孔显著缩小的疝称为(　　)
A. 黏连性疝　B. 可复性疝　C. 粪性嵌闭疝
D. 弹力性嵌闭疝　E. 逆行性嵌闭疝

28. 马驹脐疝修补术的适宜保定方法是(　　)
A. 侧卧保定　B. 仰卧保定　C. 俯卧保定
D. 站立保定　E. 侧立保定

29. 因分泌过剩可引起犬前列腺腺型肥大的激素是(　　)
A. 雄激素　B. 雌激素　C. 肾上腺素
D. 甲状腺素　E. 前列腺素

30. 在跛行诊断中,外周神经阻滞法不能诊断的疾病是(　　)
A. 骨膜炎　B. 关节病　C. 腱疾病
D. 神经麻痹　E. 黏液囊疾病

31. 治疗犬化脓性骨膜炎时,不宜采取的措施是(　　)
A. 酒精热绷带　B. 10%醋酸铅冷敷　C. 0.5%普鲁卡因青霉素封闭
D. 红外线照射　E. 切开引流

32. 治疗犬细菌性脓皮症时,症状缓解后至少需要治疗(　　)
A. 2 d　B. 4 d　C. 7 d
D. 12 h　E. 24 h

33. 目前兽医临床上常用的吸入麻醉剂是(　　)
A. 氟烷　B. 乙醚　C. 异氟醚
D. 甲烷　E. 乙烷

34. 中度铬盐处理的肠线,植入体内开始吸收的时间一般为(　　)
A. 7 d　B. 14 d　C. 20 d
D. 40 d　E. 60 d

35. 牛颈部前 1/3 与中 1/3 交界处的食管切开术,为充分暴露食管,需要(　　)
A. 分离肩胛舌骨肌,剪开深筋膜　B. 分离胸骨舌骨肌,剪开深筋膜
C. 钝性分离胸骨舌骨肌及其筋膜　D. 剪开胸骨舌骨肌,钝性分离深筋膜
E. 剪开肩胛舌骨肌,钝性分离深筋膜

36. 犬股骨骨折内固定时,使用最多的髓内针类型是(　　)
A. 菱形　B. 三叶形　C. 方形
D. 圆形　E. V 字形

37. 与 LH 配合刺激卵泡发育的激素是(　　)
A. FSH　B. P4　C. ACTH
D. hCG　E. OT

38. 通过孕酮检测奶牛早期妊娠诊断的时间是在配种后的(　　)
A. 5～10 d　B. 21～25 d　C. 31～40 d
D. 41～50 d　E. 51～60 d

39. 胎儿的身体纵轴与母体的身体纵轴互相平行时称为(　　)
A. 上位　　B. 下位　　C. 纵向
D. 横向　　E. 竖向

40. 通过产道矫正子宫捻转时,奶牛的保定方法是(　　)
A. 站立,呈前低后高位　　B. 右侧卧,呈前低后高位　　C. 左侧卧,呈前低后高位
D. 站立,呈前高后低位　　E. 右侧卧,呈前高后低位

41. 患新生仔畜溶血病的仔猪血常规检查最可能出现的结果是(　　)
A. 血红蛋白增加　　B. 红细胞数减少　　C. 白细胞数减少
D. 血沉速度减慢　　E. 红细胞比容升高

42. 处置奶牛乳房坏疽不宜采取的措施是(　　)
A. 乳区注射抗生素　　B. 0.1%高锰酸钾冲洗乳房　　C. 3%过氧化氢冲洗乳房
D. 乳房热敷、按摩　　E. 肌内注射抗生素

43. 六腑中"传送之俯"的是(　　)
A. 胃　　B. 小肠　　C. 大肠
D. 膀胱　　E. 三焦

44. 具有重浊趋下,阻截气机,缠绵难退的是(　　)
A. 风邪　　B. 寒邪　　C. 暑邪
D. 湿邪　　E. 燥邪

45. 热入心包证宜选用的方剂是(　　)
A. 清宫汤　　B. 镇肝熄风汤　　C. 清肺散
D. 清瘟败毒饮　　E. 清燥救肺汤

46. 下列措施中,不属于"治未病"的是(　　)
A. 合理使役　　B. 针药调理　　C. 疫病预防
D. 治病求本　　E. 防止传变

47. 肉桂的采收时间应当在农历(　　)
A. 十月　　B. 八月　　C. 六月
D. 四月　　E. 二月

48. 治疗食积气滞首选的药物是(　　)
A. 神曲　　B. 麦芽　　C. 山楂
D. 鸡内金　　E. 莱菔子

49. 兼有清热解暑功效的利湿药是(　　)
A. 茯苓　　B. 猪苓　　C. 泽泻
D. 茵陈　　E. 滑石

50. 具有理气健脾,燥湿化痰,主治肚腹胀满,痰湿咳喘的药物是(　　)
A. 陈皮　　B. 青皮　　C. 枳实
D. 枳壳　　E. 厚朴

51. 能上敛肺气,下滋肾阴的收涩药是(　　)
A. 五味子　　B. 浮小麦　　C. 金樱子
D. 牡蛎　　E. 芡实

52. 犬上唇唇沟上、中1/3交界处的穴位是(　　)
A. 水沟　　B. 山银　　C. 承浆
D. 承泣　　E. 三江

[B1 型题]

答题说明
以下提供若干组考题,每组考题共用在考题前列出的 A、B、C、D、E 五个备选答案。请从中选择一个与问题关系最密切的答案,并在答题卡上将相应题号的相应字母所属的方框涂黑。某个备选答案可能被选择一次、多次或不被选择。

(53~55 题共用备选答案)

A. 瘤胃臌气　B. 瓣胃阻塞　C. 前胃迟缓

D. 瘤胃炎　E. 瘤胃积食

53. 奶牛,食欲减退,反刍缓慢,背腰拱起,后肢踢腹,左侧下腹部膨大,左肷部平坦,瘤胃触诊内容物坚实,叩诊浊音区扩大,听诊蠕动音减弱,排粪迟缓,该病最可能的诊断是(　　)

54. 奶牛,采食后不久发病,表现不安,背腰拱起,反刍和嗳气停止,腹围膨大,左肷窝部触诊紧张而有弹性,叩诊呈鼓音,瘤胃蠕动音消失,呼吸高度困难,该病最可能的诊断是(　　)

55. 奶牛,食欲减退,反刍减弱,嗳气减少,瘤胃蠕动音减弱,瘤胃触诊内容物柔软,体温正常,该病最可能的诊断是(　　)

(56~58 题共用备选答案)

A. 水平浊音　B. 过清音　C. 大片区域浊音

D. 金属音　E. 局灶性浊音

56. 羊,2 岁,突然发病,呼吸困难,咳嗽,X 线检查见两侧肺野密度降低,膈后移。该羊肺区最可能的叩诊音是(　　)

57. 猪,3 月龄,弛张热,呼吸加快,肺部听诊有捻发音,X 线检查见肺野有斑点状阴影。该猪肺区最可能的叩诊音是(　　)

58. 水牛,6 岁,体温升高,呼吸困难,有干、痛短咳,叩诊胸部疼痛,听诊无摩擦音,胸腔穿刺可抽出大量液体。该牛肺区最可能的叩诊音是(　　)

(59~61 题共用备选答案)

A. 垂直褥式内翻缝合　B. 单纯连续缝合　C. 荷包缝合

D. 结节缝合　E. 连续锁边缝合

59. 奶牛,食欲废绝,反刍停止,右侧下腹部膨大,瘤胃蠕动音消失,肠音减弱,排少量糊状、褐色粪便并混有少量黏液和血凝块,触诊真胃区病牛躲闪,真胃区扩大,手术取出阻塞物后,对该器官第二层宜采用的缝合方式是(　　)

60. 奶牛,精神沉郁,食欲废绝,反刍停止,鼻镜干燥,呼吸急促,脉搏细数,视诊左侧肷窝平坦,下腹部增大,触诊瘤胃内容物坚实,叩诊呈浊音,手术取出内容物后,对该器官第一层宜采用的缝合方式是(　　)

61. 德国牧羊犬,2 岁,呕吐,食欲废绝,体温正常,X 线检查见肠管积气,直肠内有多量高密度阴影,直肠内指检查直肠堵塞,手术取出内容物后,对该器官第一层宜采用的缝合方式是(　　)

(62~64 题共用备选答案)

A. 剖宫产术　B. 卵巢子宫摘除术　C. 阴门上联合切开术

D. 输卵管结扎术　E. 卵巢摘除术

62. 流浪犬,雌性,1 岁,对其进行绝育术,手术应选择(　　)

63. 京巴犬,1.5 岁,妊娠 61 d,已持续努责 2 h,阴道检查胎儿未进入子宫颈,宫颈口可伸入 3 个手指,B 超检查胎儿较大,有胎动,手术治疗应选择(　　)

64. 京巴犬,8 岁,不食,体温 39.4℃,腹围增大,阴门有红褐色分泌物流出。腹部超声探查可见多个大面积液性暗区,加大增益可见暗区内有点状低回声。手术治疗应选择(　　)

(65～67题共用备选答案)

A. 马　B. 牛　C. 山羊
D. 猫　E. 猪

65. 春季多次发情、自发性排卵的动物是(　　)
66. 秋季多次发情、自发性排卵的动物是(　　)
67. 春秋季多次发情、诱导性排卵的动物是(　　)

(68～70题共用备选答案)

A. 邪热入肺　B. 气虚发热　C. 血热妄行
D. 阴虚发热　E. 热在气分

68. 马,3岁,证见身热,气喘,咳嗽,鼻液黄稠,苔黄燥,脉洪数。可辨证为(　　)
69. 牛,6岁,神疲乏力,易汗,稍热,食欲减退,拉稀,卧下时肛门脱出。可辨证为(　　)
70. 牛,6岁,证见午后发热,发热不甚,口干尿少,皮肤弹性降低,舌红少苔,脉细数。可辨证为(　　)

[A2型题]

答题说明

每一道考题是以一个小案例出现的,其下面都有A、B、C、D、E五个备选答案。请从中选择一个最佳答案,并在答题卡上将相应题号的相应字母所属的方框涂黑。

71. 公犬,6岁,频频排尿,尿量显著减少,尿沉渣检查见多量肾上皮细胞及各种管型,触诊(　　)
A. 肾区敏感　B. 肾区不敏感　C. 膀胱敏感
D. 膀胱不敏感　E. 尿道敏感

72. 羔羊,3月龄,采食高铜饲料后,尿液呈淡红色,肝功能检查可见(　　)
A. AST活性升高,ALP活性升高　B. AST活性降低,ALP活性升高
C. AST活性升高,ALP活性降低　D. AST活性降低,ALP活性降低
E. AST活性不变,ALP活性不变

73. 德国牧羊犬,3岁,弛张热,咳嗽,呼吸次数增加,胸部叩诊呈局灶性浊音区,X线检查可见肺野有(　　)
A. 点片状的渗出性阴影　B. 大片状均匀的渗出性阴影
C. 肺野中下部密度增加　D. 肺野下方密度降低
E. 弥散性斑块状高密度阴影

74. 奶牛,6岁,突然发病,剧烈腹痛,应用镇静剂无效,瘤胃蠕动音、肠蠕动音明显减弱,随努责排出少量松节油样粪便,直肠检查,腹内压升高,右肾下方可摸到手臂粗、圆柱状硬物。该病最可能的诊断是(　　)
A. 肠肿瘤　B. 肠炎　C. 肠套叠
D. 肠便秘　E. 肠痉挛

75. 肉鸡群,40日龄,部分鸡出现跛行,胫骨近端肿大,软骨基质丰富,未被钙化。软骨细胞小而收缩。该病最可能的诊断是(　　)
A. 骨软病　B. 佝偻病　C. 骨质疏松症
D. 胫骨软骨发育不良　E. 锰缺乏症

76. 春季,某羊场陆续有10日龄左右的羔羊在跑跳过程中突然倒地死亡,剖检可见骨骼肌色淡、肿胀,心肌色淡,有黄白色斑块和条纹。与该病发生有关的微量元素是(　　)
A. 锌　B. 铜　C. 铁
D. 钴　E. 硒

77. 马,呼吸25次/min,脉搏95次/min,排粪减少,阴囊肿大,触诊有热痛,不愿走动。直肠检查,腹股沟内有肠管脱入。该病的最佳治疗方法是( )

A. 热敷　B. 激素疗法　C. 手术疗法
D. 输液疗法　E. 抗生素治疗

78. 犬,8岁,左后肢跛行,脚趾甲过度卷曲生长并刺入肉垫。该犬跛行属于( )

A. 悬跛　B. 支跛　C. 混合跛
D. 鸡跛　E. 间歇跛

79. 奶牛,4岁,右侧跗关节肿胀明显,站立时不敢负重,跛行,体温40℃,肿胀部发热,有波动感,穿刺有浑浊灰黄色的黏稠液体流出。该病最可能是( )

A. 急性浆液性滑膜炎　B. 慢性浆液性滑膜炎　C. 化脓性滑膜炎
D. 浆液性黏液囊炎　E. 化脓性黏液囊炎

80. 萨摩耶犬,左后肢胫骨中段骨折,手术切开固定时,见股外侧肌表面有一大出血点,呈喷射状流血,此时最适宜的止血方法是( )

A. 单纯钳夹止血　B. 止血带止血　C. 贯穿结扎止血
D. 填塞止血　E. 压迫止血

81. 奶牛,妊娠已265 d,食欲减退,频频努责,可见一排球大小的囊状物垂于阴门之外,表面呈暗红色、水肿严重,针对该病,整复脱出物前的处置方法是( )

A. 酒精消毒　B. 温热盐水冲洗　C. 3%明矾水冷敷、压迫
D. 0.1%高锰酸钾热敷　E. 3%过氧化氢冲洗

82. 奶牛,产后18 h,出现拱背、努责症状,有小部分胎膜悬吊于阴门之外。治疗本病最适宜的药物是( )

A. 阿托品和催产素　B. 雌二醇和催产素　C. 孕酮和催产素
D. 阿托品和肾上腺素　E. 雌二醇和孕酮

83. 公羊,不愿交配,叉腿行走,阴囊内容物紧张、肿大,精子活力降低,精液分离出布鲁氏菌。该羊最可能发生的疾病是( )

A. 附睾炎　B. 精囊腺炎　C. 阴囊损伤
D. 前列腺炎　E. 阴囊炎

84. 牛,体质素虚,证见身热有汗,午后更甚,舌红少苔,脉象细数。治疗可以选用的药物是( )

A. 桑白皮　B. 牡丹皮　C. 地骨皮
D. 大腹皮　E. 生姜皮

85. 猪,饱食后发病,证见肚腹胀满,粪便稀臭,食欲废绝,口色赤红,舌苔厚腻,脉象滑数。治疗宜选用的方剂是( )

A. 四神丸　B. 保和丸　C. 猪苓散
D. 郁金散　E. 归脾汤

[A3/A4 型题]

答题说明

以下提供若干个案例,每个案例下设若干个考题。请根据案例所提供的信息,在每一道考试题下面的A、B、C、D、E五个备选答案中选择一个最佳答案,并在答题卡上将相应题号的相应字母所属的方框涂黑。

(86～88题共用题干)

南方某场奶牛,近期表现食欲减退,渐进性消瘦,可视黏膜苍白、轻度黄染,眼睑、颌下及胸腹下水肿,产奶量渐渐下降,体温未见明显升高。剖检发现肝脏表面粗糙、质地坚硬,色泽暗淡且不均一。

86. 导致病牛出现水肿症状的是(　　)
A. 心衰　B. 肾炎　C. 低钙血症
D. 低球蛋白血症　E. 低白蛋白血症

87. 检查病牛黄疸相关指标发现(　　)
A. 总胆红素降低,游离胆红素升高　B. 总胆红素升高,游离胆红素升高
C. 总胆红素升高,结合胆红素降低　D. 总胆红素降低,游离胆红素降低
E. 总胆红素降低,结合胆红素降低

88. 血清酶活性升高的指标是(　　)
A. AST,CK　B. AST,AMY　C. AST,LPS
D. AST,ALP　E. AST,GSH-Px

(89～91 题共用题干)

黄牛,雌性,5 岁,过食幼嫩多汁的青草发病,表现不安,回头顾腹,背腰拱起,食欲废绝,反刍和嗳气停止,腹围增大,左侧肷窝明显凸起,呼吸困难,颈静脉怒张。

89. 该牛最可能发生的疾病是(　　)
A. 再生草热　B. 瘤胃臌气　C. 瘤胃积食
D. 瘤胃酸中毒　E. 青草抽搐

90. 治疗该病首先采取的急救措施是(　　)
A. 强心　B. 洗胃　C. 缓泻
D. 排气　E. 止酵

91. 治疗该病不当的措施是(　　)
A. 强心补液　B. 接种健康牛瘤胃液　C. 快速放气
D. 避免饲喂磨细的谷物　E. 饲喂青饲料前饲喂一些干草

(92～94 题共用题干)

马,运动时突然滑到,右侧股骨大转子明显突出,站立时患肢缩短,外展,蹄尖向外,飞端向内,运动时呈三级跳跃,患肢向后拖曳前行。

92. 该马最可能发生(　　)
A. 髋关节前方脱位　B. 髋关节后方脱位　C. 髋关节内方脱位
D. 股骨近端骨折　E. 股骨干骨折

93. 该病最佳的诊断方法是(　　)
A. B 超检查　B. X 线检查　C. 叩诊
D. 触诊　E. 他动运动

94. 治疗时,保定和麻醉的方法是(　　)
A. 仰卧,全麻　B. 仰卧,局麻　C. 侧卧,全麻
D. 侧卧,局麻　E. 站立,局麻

(95～97 题共用题干)

某奶牛场,有多头奶牛腕关节前出现囊性肿胀,大如拳头,按压柔软、无热、有波动感,患部皮肤变硬、增厚、脱毛,无跛行。

95. 该牛最可能发生的疾病是(　　)
A. 腕关节积液　B. 腕部血肿　C. 腕前皮下黏液囊炎
D. 腕关节滑膜炎　E. 腕关节腱鞘炎

96. 确诊应进一步做的检查是(　　)
A. X 线检查　B. 血常规检查　C. 穿刺检查
D. 手术切开　E. 刮取皮屑镜检

97. 根治该病的方法是(　　)

A. 穿刺后注入可的松　　B. 5%醋酸铅溶液药浴　　C. 手术摘除

D. 穿刺后注入抗生素　　E. 包扎压迫绷带

(98～100 题共用题干)

奶牛,6 岁,产后 4 d,体温 38.5℃,阴门流出少量黏性分泌物,阴道检查未见阴道壁肿胀,子宫颈稍张开,直肠检查未见子宫内有明显的内容物,子宫壁厚,收缩反应弱。

98. 该牛最可能发生的疾病是(　　)

A. 产后子宫内膜炎　　B. 子宫积液　　C. 子宫积脓

D. 产后败血症　　E. 增生性子宫肌炎

99. 治疗时最适宜的子宫冲洗液是(　　)

A. 0.1%高锰酸钾　　B. 1%洗必泰

C. 1%苯扎溴铵　　D. 1%利凡诺

E. 2%聚维酮碘

100. 促进子宫内容物排出不宜选择的药物是(　　)

A. 催产素　　B. 前列腺素　　C. 麦角新碱

D. 氨甲酰胆碱　　E. 孕酮

2017 年 · 临床科目 · 答案与解析

综 合 应 用

[A3/A4 型题]

答 题 说 明

以下提供若干个案例,每个案例下设若干个考题。请根据案例所提供的信息,在每一道考试题下面的 A、B、C、D、E 五个备选答案中选择一个最佳答案,并在答题卡上将相应题号的相应字母所属的方框涂黑。

(101～103 题共用题干)

育肥猪群饲喂自配料后,口渴贪饮,黏膜潮红,呕吐,口唇肿胀,兴奋不安,转圈。后期肌肉痉挛,全身震颤,倒地后四肢滑动,瞳孔散大。

101. 该病最可能是(　　)

A. 伪狂犬病　　B. 破伤风　　C. 猪瘟

D. 有机磷中毒　　E. 食盐中毒

102. 组织病理学检查可见脑血管周围浸润的细胞是(　　)

A. 中性粒细胞　　B. 单核细胞　　C. 嗜酸性粒细胞

D. 嗜碱性粒细胞　　E. 淋巴细胞

103. 错误的治疗措施是(　　)

A. 灌服液体石蜡　　B. 灌服芒硝　　C. 静注硫酸镁

D. 静注溴化钙　　E. 静注甘露醇

(104～106 题共用题干)

育肥猪消化功能紊乱,消瘦,结膜苍白,生长缓慢,病程持续时间长。

104.【假设信息】若该病由消化道线虫引起,则贫血的类型是(　　)

A. 失血性贫血　　B. 溶血性贫血　　C. 营养性贫血

D. 遗传性贫血　　E. 再生障碍性贫血

105.【假设信息】若该病由吸虫引起,适宜的粪便检查方法是( )

A. 直接涂片法　B. 虫卵漂浮法　C. 虫卵沉淀法
D. 幼虫分离法　E. 幼虫培养法

106.【假设信息】若该病由球虫引起,适宜的粪便检查方法是( )

A. 肉眼观察法　B. 卵囊漂浮法　C. 毛蚴孵化法
D. 幼虫分离法　E. 幼虫培养法

(107～109题共用题干)

某猪场经产母猪发情正常,连续2个发情周期配种未孕,最近呈现发情表现,阴户肿胀,潮红,从阴道分泌出少量黏稠浑浊的黏液。

107.该母猪最可能的疾病是( )

A. 排卵延迟　B. 隐性子宫内膜炎　C. 慢性卡他性子宫内膜炎
D. 慢性卡他性脓性子宫内膜炎　E. 慢性脓性子宫内膜炎

108.该病的原因是( )

A. LH分泌不足　B. 雌激素分泌过多　C. GnRH分泌不足
D. 病原微生物感染　E. 维生素A和E缺乏

109.有助于该病治疗的激素是( )

A. 促性腺激素释放激素　B. 人绒毛膜促性腺激素　C. 马绒毛膜促性腺激素
D. 黄体酮　E. 催产素

(110～112题共用题干)

母猪难产,注射催产素后,产出仔猪软弱无力,可视黏膜发绀或苍白,呼吸极度微弱。

110.对仔猪采取的首要措施是( )

A. 擦干体表胎水,诱发呼吸反射　B. 擦干体表胎水,保温
C. 擦净鼻孔、口腔内的胎水,诱发呼吸反射　D. 立即进行人工呼吸
E. 腹腔注射葡萄糖溶液

111.与该病无关的因素是( )

A. 阵缩与努责异常　B. 胎盘类型　C. 胎儿数目
D. 胎儿过大　E. 胎儿产出时间过长

112.除猪外,常见发生该病的动物是( )

A. 牛　B. 羊　C. 马
D. 犬　E. 猫

(113～115题共用题干)

某规模猪场,妊娠母猪表现以流产为主的繁殖障碍,表现为1周龄仔猪口吐白沫,四肢滑动,呈游泳状,育成猪则出现呼吸道症状。

113.该病最可能的诊断是( )

A. 猪繁殖与呼吸综合征　B. 猪细小病毒病　C. 猪乙型脑炎
D. 猪伪狂犬病　E. 猪瘟

114.不属于该病的临床症状是( )

A. 流产母猪伴发子宫内膜炎　B. 流产胎儿脑部、臀部、肾脏、心肌有坏死点
C. 2月龄以上仔猪多发生呼吸道症状　D. 3～4周龄猪有时出现顽固性腹泻
E. 育成猪出现奇痒和神经症状

115. **不属于本病净化的关键措施是(　　)**

A. 消灭蚊虫　B. 基因缺失疫苗免疫

C. 采用与疫苗配套的鉴别诊断方法

D. 建立阴性后备猪群,从种猪群逐步净化

E. 猪群全群检测,淘汰野毒感染猪

(116~118 题共用题干)

某窝新生仔猪,出生正常,采食母乳后出现反应迟钝、畏寒喜卧、心音亢进、呼吸困难、可视黏膜黄染的症状。

116. **该病可初步诊断为(　　)**

A. 新生仔畜窒息　B. 新生仔畜低血糖症　C. 新生仔畜溶血病

D. 新生仔畜肝炎　E. 新生仔畜缺铁性贫血

117. **确诊该病的方法是(　　)**

A. 仔猪血常规检查　B. 仔猪血糖检查　C. 仔猪肺部 X 线检查

D. 仔猪血清肝炎病毒抗体检查　E. 仔猪红细胞与母乳的凝集反应

118. **采用输血疗法时,可以选择的是(　　)**

A. 母体血浆　B. 母体血清　C. 母体全血

D. 母体红细胞生理盐水　E. 代血浆

(119~120 题共用题干)

某猪场个别猪突发间歇性神经症状,呈犬坐姿势,抽搐时四肢划动,呈游泳样。

119. **首先可排除的疾病是(　　)**

A. 破伤风　B. 食盐中毒　C. 链球菌病

D. 猪繁殖与呼吸综合征　E. 副猪嗜血杆菌病

120. **【假设信息】若剖检见心包炎、腹膜炎,最可能的诊断是(　　)**

A. 破伤风　B. 食盐中毒　C. 链球菌病

D. 猪繁殖与呼吸综合征　E. 副猪嗜血杆菌病

(121~123 题共用题干)

9 月龄种鸡群产蛋率和种蛋孵化率偏低,部分鸡消瘦,腹部膨大,剖检见肝脏、肾脏、法氏囊、性腺、脾脏等处有肿块,组织病理学检查见肿块主要由大小一致的淋巴细胞组成。

121. **该病可能是(　　)**

A. 马立克氏病　B. 禽白血病　C. 网状内皮增生症

D. 黄曲霉毒素中毒　E. 髓细胞瘤

122. **在种鸡中检疫该病原需要检查的是(　　)**

A. 法氏囊中的抗体　B. 蛋清中的抗原　C. 肿瘤组织中的抗体

D. 羽毛囊中的抗原　E. 蛋清中的抗体

123. **预防该病最有效的措施是(　　)**

A. 建立无病原的种鸡群　B. 疫苗免疫接种　C. 药物防治

D. 环境消毒　E. 杀虫灭鼠

(124~126 题共用题干)

10 日龄鹅群突然发病,食欲减退,饮欲增加,双腿麻痹,头触地,病死率达 80%。剖检见空肠和回肠膨大,变粗,肠腔内有纤维素性渗出物和坏死物形成的栓塞。

124. **该病可能是(　　)**

A. 巴氏杆菌病　B. 小鹅瘟　C. 鹅副黏病毒病

D. 鹅球虫病　E. 支原体感染

125.该病最常用的实验室诊断方法是(　　)

A.琼脂扩散试验　　B.HA试验　　C.HI试验
D.染色镜检　　E.试管凝集试验

126.应该采取的紧急措施是(　　)

A.更换饲料　　B.扑杀　　C.高免血清治疗
D.抗生素治疗　　E.抗寄生虫治疗

(127～129题共用题干)

某蛋鸡群产蛋量下降,产软壳蛋或薄壳蛋,发病率为8%,剖检见肋骨变形,椎骨与胸肋交接处呈串珠状,其他器官未见明显病变。

127.该病可能是(　　)

A.白冠病　　B.黑头病　　C.禽痛风
D.产蛋下降综合征　　E.笼养蛋鸡疲劳综合征

128.该病的原因之一是(　　)

A.维生素C缺乏　　B.维生素D缺乏　　C.黄曲霉毒素中毒
D.维生素A缺乏　　E.维生素B缺乏

129.对该病具有诊断意义的血液生化指标是(　　)

A.碱性磷酸酶　　B.天门冬氨酸氨基转移酶　　C.谷氨酰胺转移酶
D.乳酸脱氢酶　　E.肌酸激酶

(130～132题共用题干)

40日龄地面平养的黄羽肉鸡群,精神萎靡,食欲不振,腹泻,粪便带黏液或血液。剖检见盲肠肿胀,肠腔内充满血液或血凝块,肠黏膜出血、坏死。

130.该病可能是(　　)

A.鸡蛔虫病　　B.鸡球虫病　　C.住白细胞虫病
D.组织滴虫病　　E.新城疫

131.确诊该病应采取的诊断方法是(　　)

A.粪检虫卵　　B.刮取盲肠黏膜镜检　　C.接种鸡胚
D.分离细菌　　E.凝集试验

132.该病的治疗药物是(　　)

A.青霉素　　B.地克珠利　　C.地美硝唑
D.伊维菌素　　E.多西环素

(133～135题共用题干)

160日龄产蛋鸡群2 d内产蛋下降30%,大部分鸡呼吸困难,流鼻涕,打喷嚏,部分鸡结膜潮红,眶下窦水肿,有干酪样分泌物。剖检见上呼吸道充血、肿胀,表面覆盖大量黏液,其他脏器无明显病变。

133.该病可能是(　　)

A.鸡传染性鼻炎　　B.鸡传染性喉气管炎　　C.新城疫
D.鸡毒支原体感染　　E.鸡传染性支气管炎

134.从眶下窦可以分离到的病原是(　　)

A.副鸡嗜血杆菌　　B.沙门氏菌　　C.大肠杆菌
D.巴氏杆菌　　E.新城疫病毒

135.治疗该病应选用(　　)

A.抗生素　　B.抗毒素　　C.干扰素
D.转移因子　　E.卵黄抗体

(136～138 题共用题干)

某鸡群 1 周龄起部分鸡精神沉郁，采食减少，怕冷，腹泻，粪便污染羽毛，剖检见肝脏呈土黄色，有灰白色坏死灶，肠黏膜充血、出血，卵黄吸收不良。

136. 该病可能是(　　)

A. 巴氏杆菌病　B. 大肠杆菌病　C. 沙门氏菌病
D. 葡萄球菌病　E. 传染性鼻炎

137. 分离鉴定该病原的培养基是(　　)

A. 麦康凯培养基　B. 巧克力琼脂　C. 血琼脂
D. 胰蛋白胨琼脂　E. 甘露醇琼脂

138. 该病原检测为阳性的种鸡应(　　)

A. 抗生素治疗　B. 隔离　C. 淘汰
D. 消毒　E. 接种疫苗

(139～140 题共用题干)

25 日龄肉鸡群突然发生死亡，病鸡表现呼吸困难，头冠紫黑，嗉囊积液，下痢。采集病料接种 9 日龄 SPF 鸡胚，24 h 鸡胚死亡，胚体出血，尿囊液有血凝性。

139. 该病可能是(　　)

A. 鸡传染性支气管炎　B. 鸡传染性法氏囊病　C. 鸡传染性喉气管炎
D. 新城疫　E. 禽霍乱

140. 当前发现的该病原血清型个数是(　　)

A. 1　B. 2　C. 3
D. 4　E. 5

(141～142 题共用题干)

哺乳犊牛食欲减退，渐进性消瘦，走路不稳，不避障碍，尤其在昏暗处更为明显，体温 38.2℃，尿频，尿液带红色。母牛体温正常，产奶量下降，弓背，尿频，尿液带红色，有长期饲喂饼粕类饲料史。

141. 犊牛发病最可能的原因是(　　)

A. 维生素 A 缺乏　B. 维生素 B 缺乏　C. 维生素 D 缺乏
D. 钙缺乏　E. 碘缺乏

142. 该病因长期作用可以导致奶牛(　　)

A. 酮病　B. 骨软症　C. 不孕不育
D. 乳腺炎　E. 阴道脱

(143～145 题共用题干)

某奶牛群，4～5 岁，发情期无明显异常，流产多发生于妊娠 6～8 个月，母牛胎衣不下，胎盘呈黄色胶冻样浸润，流产胎儿皮下有出血性浆液性浸润，胃肠和膀胱浆膜下出血。

143. 该病可能是(　　)

A. 布鲁氏菌病　B. 牛病毒性腹泻/黏膜病　C. 钩端螺旋体病
D. 牛传染性鼻气管炎　E. 沙门氏菌病

144. 该病检疫常用的方法是(　　)

A. 血清凝集反应　B. 动物接种试验　C. 变态反应试验
D. 血液病原体检查　E. 胎衣病原体检查

145. 牛场根除该病的措施是(　　)

A. 淘汰检疫阳性牛　B. 及时治疗发病牛　C. 阳性牛和阴性牛分栏饲养
D. 紧急预防接种　E. 大批引进健康牛

(146～148题共用题干)

奶牛,5岁,日产奶量20 kg,肥胖,喜躺卧,站立时两后肢向前伸至腹下。触诊趾动脉搏动明显,蹄壁增温。轻叩蹄壁时,病牛迅速躲闪。粪便气味酸臭,有少许未消化的精料。

146.该牛最可能患的疾病是(　　)

A.蹄叶炎　B.腐蹄病　C.消化不良
D.急性瘤胃酸中毒　E.酮病

147.本病常见的病因是(　　)

A.碳水化合物精料过多　B.消化机能低下　C.蹄部发育异常
D.蹄变形　E.碳水化合物精料不足

148.【假设信息】若该牛在2个月后出现消瘦,蹄延长呈靴状,蹄前壁与蹄底形成锐角,蹄轮不规则,此时的主要治疗措施是(　　)

A.修蹄　B.注射小苏打　C.注射苯海拉明
D.注射替泊沙林　E.注射50%葡萄糖

(149～151题共用题干)

农户饲养18月龄以下犊牛26头,冬季发病,体温40～42℃,持续4～7 d,4头死亡,主要表现为厌食,流鼻涕,鼻镜、口腔黏膜糜烂,舌面坏死,流涎,病初水样腹泻,后带黏液和血液。多数病犊出现蹄叶炎和趾间皮肤糜烂坏死,跛行。同场绵羊和山羊也见相似的症状。剖检见食道黏膜出现大小不等、呈直线排列的糜烂斑。

149.该病可能是(　　)

A.口蹄疫　B.牛瘟　C.牛流行热
D.牛病毒性腹泻/黏膜病　E.牛恶性卡他热

150.临床上,因特异的数量变化过程而对该病具有诊断意义的血常规检查指标是(　　)

A.RBC　B.WBC　C.PLT
D.HCT　E.HGB

151.分离病毒选用的实验动物是(　　)

A.乳鼠　B.乳兔　C.乳鸽
D.仓鼠　E.豚鼠

(152～154题共用题干)

入冬,某地绵羊发病并迅速传播,羔羊发病率和死亡率较成年羊高,当地猪、牛也大批发病死亡。病羔体温升高,食欲减退,口腔黏膜和蹄部皮肤出现水疱,后期腹泻带血,心律不齐,死亡。剖检见咽喉、气管和前胃黏膜烂斑和溃疡,心肌松软,切面有淡黄色斑点和条纹。

152.该病最可能的诊断是(　　)

A.羊痘　B.羊传染性脓疱　C.坏死杆菌病
D.蓝舌病　E.口蹄疫

153.对该病最具诊断意义的病理变化部位是(　　)

A.口腔　B.心脏　C.气管
D.蹄部　E.前胃

154.送检病料不需要浸入50%甘油磷酸盐缓冲液的是(　　)

A.水疱液　B.水疱皮　C.肝素抗凝血液
D.OP液　E.血清

(155～157题共用题干)

春季，绵羊发病，高热，无毛或被毛稀少区皮肤和黏膜出现丘疹，水疱，脓疱和结痂。病羔症状较严重，脓疱互相融合并出血，病死率高达58.7%，而成年羊仅7.3%。剖检见咽喉、气管、肺和胃肠黏膜出现扁平的灰白色隆起结节。

155.该病可能是(　　)

A.口蹄疫　　B.羊传染性脓疱　　C.蓝舌病
D.水疱病　　E.绵羊痘

156.镜检病理组织中的包涵体，采用的染色方法是(　　)

A.吉姆萨染色　　B.莫洛佐夫镀银染色　　C.柯兹洛夫斯基染色
D.苏木素-伊红染色　　E.抗酸染色

157.预防该病的疫苗接种方法是(　　)

A.肌肉注射　　B.皮下注射　　C.皮内注射
D.雾化吸入　　E.饮水口服

(158～160题共用题干)

8月，放牧羊群中1只3岁母羊突然发病，喜卧，可视黏膜暗紫色，战栗，呼吸困难，继而倒地，口鼻流出血色泡沫，数分钟后死亡，尸体迅速膨胀，尸僵不全，天然孔出血，血凝不良，呈酱油样。

158.该病可能是(　　)

A.巴氏杆菌病　　B.羊猝疽　　C.羊快疫
D.羊黑疫　　E.炭疽

159.鉴别该病原菌的"串珠试验"中使用的抗生素是(　　)

A.青霉素　　B.链霉素　　C.土霉素
D.红霉素　　E.金霉素

160.对疑似病例正确的做法是(　　)

A.现场解剖，病理学诊断　　B.常规采集病料，上报送检　　C.禁止解剖，应采集血样送检
D.隔离病畜，治愈后上报　　E.宰杀自用

(161～162题共用题干)

某羊群放牧时发病，死亡率11%，主要表现为痉挛，呼吸困难，昏迷，窒息死亡。病羊腹泻带血，粪便和胃内容物有蒜臭味，在暗处发出黄绿色光。

161.羊群最可能发生的疾病是(　　)

A.溴敌隆中毒　　B.磷化锌中毒　　C.有机磷中毒
D.毒鼠强中毒　　E.氟乙酰胺中毒

162.治疗该病时不能口服的药物是(　　)

A.硫酸铜溶液　　B.碳酸氢钠溶液　　C.硫酸钠溶液
D.硫酸镁溶液　　E.高锰酸钾溶液

(163～165题共用题干)

绵羊群放牧于潮湿的天然牧场，春季发病，表现为流鼻液，群发性咳嗽，运动时和夜间咳嗽加重，咳出的黏膜中见有乳白色、长丝状活动物。病羊体温不高，贫血，水肿，被毛粗乱，逐渐消瘦，严重者呼吸困难，体温升高，多死于肺炎。死亡的12只中有羔羊10只。

163.羊群最可能发生的是(　　)

A.肺结核病　　B.蓝舌病　　C.羊狂蝇蛆病
D.支原体肺炎　　E.肺线虫病

164. 确诊该病需要检查的病料是(　　)
A. 粪便　B. 皮屑　C. 尿液
D. 血液　E. 淋巴结穿刺物

165. 防治该病有效的药物是(　　)
A. 泰乐菌素　B. 利福平　C. 阿苯达唑
D. 三氯苯达唑　E. 磺胺嘧啶

(166～168题共用题干)

北京犬,8岁,雌性,无生育史,近期食量无异常,但饮水明显增多,尿多,腹围明显增大,阴门处未见异常分泌物。

166. 该犬病最可能是(　　)
A. 妊娠　B. 肠积液　C. 膀胱积尿
D. 腹腔积液　E. 子宫蓄脓

167. 确诊本病最可靠的检查方法是(　　)
A. 血常规检查　B. 尿液检查　C. B超检查
D. 血清生化检查　E. X线检查

168. 根治本病的最佳方法是(　　)
A. 抗生素疗法　B. 卵巢切除术　C. 激素疗法
D. 卵巢子宫切除术　E. 免疫疗法

(169～171题共用题干)

大丹犬,雌性,7岁,45 kg,从高处坠落后出现跛行,左前肢稍能负重,肘部外展,出现前方短步。

169. 患肢损伤部位可能发生在(　　)
A. 指部　B. 腕部　C. 掌部
D. 臂部　E. 肘部

170. 为确诊患部,需进行(　　)
A. 触诊　B. 视诊　C. 叩诊
D. 强行牵遛运动　E. 跑步运动

171. 【假设信息】若X线检查肱骨中段有3个断裂的骨片,需采用(　　)
A. 接骨板+髓内针　B. 髓内针固定　C. 保守疗法
D. 石膏绷带固定　E. 夹板固定

(172～174题共用题干)

家猫,雌性,6岁,3.5 kg,右侧第2乳区出现一直径4 cm近圆形肿块,肿块触诊敏感,表面凹凸不平。

172. 根据解剖部位,该肿块乳区属于(　　)
A. 胸前乳区　B. 胸后乳区　C. 腹前乳区
D. 腹后乳区　E. 腹股沟乳区

173. 判断肿块是否转移的首选检查方法是(　　)
A. 血常规检查　B. 血清生化检查　C. 尿常规检查
D. X线检查　E. B超检查

174. 如检查未发现转移,首选的处置方法是(　　)
A. 单个乳腺切除　B. 区域乳腺切除　C. 一侧乳腺切除
D. 双侧乳腺切除　E. 保守治疗

(175～178 题共用题干)

腊肠犬，雌性，8 岁，不愿挪步，行动困难，不愿让主人抱，精神欠佳，食欲下降，腹围增大，尿失禁，肛门反应迟钝。触诊腰部皮肤紧缩，痛叫。

175. 该病最可能的诊断是(　　)

A. 脊髓损伤　　B. 腰椎间盘突出　　C. 肠梗阻

D. 腰部软组织损伤　　E. 脊椎骨折

176. 最适宜的诊断方法是(　　)

A. 腹部 B 超检查　　B. 腹部 X 线检查　　C. 胸腰段 X 线检查

D. 膀胱穿刺　　E. 尿液检查

177. 首先采取的治疗方法是(　　)

A. 补液＋导尿　　B. 利尿　　C. 局部按摩

D. 消炎止痛＋导尿　　E. 灌肠

178. 根治该病最有效的方法是(　　)

A. 电针疗法　　B. 肠梗阻手术　　C. 膀胱修复术

D. 椎间盘突出物摘除术　　E. 脊椎骨折固定术

(179～181 题共用题干)

德国牧羊犬，雌性，7 月龄，未免疫，体温 40.5℃，精神沉郁，眼和鼻有脓性分泌物，鼻镜干燥，足垫硬实。

179. 引起该病的病毒属于(　　)

A. 副黏病毒科　　B. 细小病毒科　　C. 腺病毒科

D. 弹状病毒科　　E. 冠状病毒科

180. 该病例血常规检查的特征为(　　)

A. 白细胞总数增多　　B. 白细胞总数减少　　C. 中性粒细胞增加

D. 血小板减少　　E. 嗜酸性粒细胞增多

181. 最适宜做快速诊断的样本是(　　)

A. 眼鼻分泌物　　B. 腹腔渗出液　　C. 胸腔渗出液

D. 关节液　　E. 尿液

(182～184 题共用题干)

公猫，10 岁，两侧对称性脱毛，腹部膨大，血常规检查未见明显异常，生化检查，胆固醇、ATL、ALP 等轻微升高，T_3、T_4 值正常，尿检显示，尿比重 1.040，葡萄糖＋＋＋。

182. 该病初步诊断为(　　)

A. 库兴氏综合征　　B. 阿狄森氏病　　C. 甲状腺功能亢进

D. 甲状腺功能低下　　E. 甲状旁腺功能低下

183. 确诊本病的首选检查项目是(　　)

A. ACTH 刺激试验　　B. 尿胆素原检测　　C. 血钙检测

D. GGT 检测　　E. AST 检测

184. 该病伴发糖尿病的机制是(　　)

A. 皮质激素分泌过多　　B. 胰岛素生成减少　　C. 糖摄入量增加

D. 蛋白质摄入增加　　E. 脂肪摄入增加

(185～187 题共用题干)

博美犬，雌性，4 岁，正常免疫。食入多量红薯后出现呕吐，次日呕吐加剧，第 3 日就诊，体温 38℃，拱背，鼻镜干燥，精神差，血常规检查，白细胞数为 56.3×10^9/L，红细胞数为 4.97×10^{12}/L，血红蛋白为 140 g/L。

185. 该犬可以排除的疾病是(　　)

A. 犬细小病毒病　B. 急性胃炎　C. 肠套叠
D. 急性胰腺炎　E. 肠炎

186. 进一步诊断,血清生化检查,淀粉酶活性为 3 512 U/L,该病可能是(　　)

A. 犬细小病毒病　B. 急性胃炎　C. 急性胰腺炎
D. 胃扭转　E. 肠套叠

187. 治疗该病的首选药物为(　　)

A. 肾上腺素　B. 长春新碱　C. 保泰松
D. 呋塞米　E. 抑酶肽

(188～190 题共用题干)

6 岁犬,3 日前车祸,现意识清醒,双后肢不能站立,摇曳前行,针刺后肢不敏感,X 线检查第 4 第 5 腰椎错位,B 超检查膀胱充盈。

188. 该犬不排尿的原因是(　　)

A. 膀胱麻痹　B. 疼痛　C. 尿道阻塞
D. 紧张　E. 膀胱炎

189. 该病的原发原因为(　　)

A. 脊髓损伤　B. 脑损伤　C. 肾衰
D. 尿毒症　E. 败血症

190. 该病进一步发展易导致(　　)

A. 膀胱破裂　B. 膀胱结石　C. 尿道阻塞
D. 尿道炎　E. 前列腺炎

(191～194 题共用题干)

7 月,马使役后突然发病,证见高热,大汗,口渴喜饮,口津干燥,口红眼赤,舌苔黄燥,脉洪大。

191. 该病可辨证为(　　)

A. 热入阳明　B. 热结肠道　C. 热入心包
D. 热入营分　E. 热入血分

192. 该病的治法是(　　)

A. 清气泄热,生津止渴　B. 攻下通便,滋阴清热　C. 清心泻火,养阴安神
D. 清营解毒,透热养阴　E. 清热解毒,凉血散瘀

193. 治疗该病首选的方剂是(　　)

A. 白虎汤　B. 大承气汤　C. 清宫汤
D. 清营汤　E. 犀角地黄汤

194.【假设信息】若大汗不止,伴有神昏,可以配合血针治疗,首选的穴位是(　　)

A. 颈脉　B. 膝脉　C. 玉堂
D. 胸堂　E. 肾堂

(195～197 题共用题干)

母马,分娩过程持续 1 h,仍未见胎儿排出,应用大量催产素,出现强烈努责,数小时后突然安静,努责停止,但未见胎儿排出。

195. 该马最可能发生的是(　　)

A. 胎儿死亡　B. 子宫破裂　C. 子宫痉挛
D. 子宫迟缓　E. 疼痛休克

196. 确诊该病，最直接的检查方法是(　　)

A. 产道检查　　B. 胎儿活力检查　　C. B 超检查

D. 血常规检查　　E. 直肠检查

197.【假设信息】由于抢救不及时，该母马发生死亡，引起马死亡最可能的原因是(　　)

A. 疼痛休克　　B. 失血性休克　　C. 感染性休克

D. 药物过敏　　E. 产程过长

(198～200 题共用题干)

兔，2～3 月龄，消瘦，腹围增大，腹泻便秘交替出现，剖检见肝脏表面及实质有淡黄色粟粒大小的结节性病灶，多沿胆管分布。

198. 该病可能是(　　)

A. 兔球虫病　　B. 卡氏肺孢子虫病　　C. 豆状囊尾蚴病

D. 连续多头蚴病　　E. 栓尾线虫病

199. 肝脏可见的主要组织学病理变化是(　　)

A. 肝细胞脂肪变性　　B. 肝脏脂肪浸润　　C. 肝细胞凝固性坏死

D. 胆管上皮钙化　　E. 胆管周围和小叶间结缔组织增生

200. 目前预防该病的有效措施是(　　)

A. 疫苗免疫　　B. 灭蚊　　C. 提前断奶

D. 加强营养　　E. 饲料添加物

2017 年 · 综合应用 · 答案与解析

考生姓名：　　　　　　　　　　　　　　　准考证号：

2018 年全国执业兽医资格考试试卷

(兽医全科类)上午卷

（基础预防）

注 意 事 项

一、请按照要求，用蓝黑色或者黑色签字笔在答题卡上填写姓名、身份证号码、考点、考试地点、考场号、准考证号等信息，并用铅笔涂好准考证号。

二、试卷分为 2 部分，基础科目 100 小题，预防科目 100 小题，共 200 小题，考试时间为 150 分钟。各部分不单独计时，请考生自己合理分配时间。

三、监考人员宣布考试开始时，方可答题；宣布考试结束时，应立即停止答题。答题卡、题本一律反扣在桌面上，待监考人员确认数量无误，允许离开时，考生方可离开考场。如果考生违反了以上任何一项要求，都将影响考试成绩。

四、答案必须填涂在答题卡上，书写在试题本上的答案一律无效。

五、答题卡严禁折叠。

六、答题卡的正确填涂方式为：▬，用其他符号填涂答案者不计分。

七、如要改动答案，必须先用橡皮擦去原来选定的答案，然后再按上面的规定重新作答。

基础科目

[A1 型题]

答题说明

每一道考试题下面有 A、B、C、D、E 五个备选答案,请从中选择一个最佳答案,并在答题卡上将相应题号的相应字母所属的方框涂黑。

1.《中华人民共和国动物防疫法》规定,国家对动物疫病实行(　　)
A. 扑灭为主的方针　　B. 治疗为主的方针　　C. 净化为主的方针
D. 预防为主的方针　　E. 区域化管理的方针

2. 我国主管动物防疫工作的主体是(　　)
A. 县级以上人民政府　　B. 县级以上人民政府卫生主管部门
C. 县级以上人民政府兽医主管部门　　D. 动物卫生监督机构
E. 动物疫病预防控制机构

3. 根据《中华人民共和国动物防疫法》,动物疫病预防控制机构的服务不包括(　　)
A. 动物疫病的诊断　　B. 动物疫病的监测　　C. 动物防疫监督管理执法
D. 动物疫病的检测　　E. 动物疫病流行病学调查

4. 根据《中华人民共和国动物防疫法》,禁止运输的动物产品不包括(　　)
A. 封锁疫区内与所发生动物疫病无关的　　B. 依法应当检疫而未经检疫的
C. 检疫不合格的　　D. 疑似染疫的
E. 染疫的

5.《中华人民共和国动物防疫法》规定,对检疫不合格的动物、动物产品进行处理义务的主体是(　　)
A. 货主　　B. 动物卫生监督机构　　C. 动物疫病预防控制机构
D. 兽医主管部门　　E. 商务主管部门

6. 实施执业兽医注册的主体是(　　)
A. 工商行政管理部门　　B. 卫生主管部门　　C. 兽医主管部门
D. 动物卫生监督机构　　E. 动物疫病预防控制机构

7.《动物防疫条件审查办法》规定,动物饲养场距离动物诊疗场所应当不少于(　　)
A. 100 m　　B. 200 m　　C. 500 m
D. 1 000 m　　E. 2 000 m

8.《动物防疫条件审查办法》规定,动物饲养场距离动物屠宰加工场所应当不少于(　　)
A. 200 m　　B. 500 m　　C. 1 000 m
D. 2 000 m　　E. 3 000 m

9. 某牛场拟出售供屠宰的育肥牛,申报检疫的期限是动物离开牛场前提前(　　)
A. 1 d　　B. 3 d　　C. 5 d
D. 7 d　　E. 15 d

10. 执业兽医应接受行政处罚的行为不包括(　　)
A. 不使用病历　　B. 受邀在其他动物诊疗机构会诊　　C. 使用不规范的处方笺
D. 未在病历册上签名　　E. 未经亲自诊断开具处方药

11. 注册机关应当收回、注销兽医师执业证书的情形不包括(　　)
A. 执业兽医死亡的　　B. 终止兽医执业活动满一年的
C. 被吊销兽医师执业证书的　　D. 出借兽医师执业证书的
E. 连续两年没有将兽医执业活动情况向注册机关报告,且拒不改正的

12. 重大动物疫情发生后,对疫点采取的措施不符合规定的是(　　)
A. 扑杀并销毁染疫动物
B. 对易感染动物实施紧急免疫接种
C. 对病死的动物进行无害化处理
D. 对被污染的饲料进行无害化处理
E. 对被污染的用具进行严格消毒

13. 属于二类动物疫病的是(　　)
A. 马流行性感冒
B. 马腺疫
C. 马媾疫
D. 马传染性贫血
E. 马鼻腔肺炎

14. 根据《兽药管理条例》,不属于假兽药的是(　　)
A. 以非兽药冒充兽药的
B. 以他种兽药冒充此种兽药的
C. 不标明有效成分的
D. 兽药所含成分的名称与兽药国家标准不符合的
E. 兽药所含成分的种类与兽药国家标准不符合的

15. 兽药经营企业发现与兽药使用有关的严重不良反应,应当报告给(　　)
A. 食品药品监督管理机构
B. 兽医行政管理部门
C. 动物卫生监督机构
D. 动物疫病预防控制机构
E. 兽药检验机构

16.《兽药经营质量管理规范》规定,待验、合格、不合格以及退货兽药应当区分存放且有明显识别标识,其中退货兽药的识别标识字体颜色为(　　)
A. 红色
B. 绿色
C. 蓝色
D. 黄色
E. 黑色

17. 不属于中兽药说明书必须注明的内容是(　　)
A. 兽用标识
B. 主要成分
C. 药理作用
D. 不良反应
E. 注意事项

18. 禁止在饲料和动物饮用水中使用的药物品种不包括(　　)
A. 盐酸克伦特罗
B. 苯巴比妥
C. 莱克多巴胺
D. 盐酸氨丙啉
E. 炔诺酮

19. 禁止在动物饮用水中使用的药物是(　　)
A. 维生素 B_1 片
B. 维生素 C 片
C. 盐酸可乐定
D. 氯化钠
E. 碳酸氢钠

20. 兽用处方药不包括(　　)
A. 替米考星预混剂
B. 土霉素注射液
C. 盐酸林可霉素预混剂
D. 地美硝唑预混剂
E. 阿美拉霉素预混剂

21. 细胞内具有"消化功能"的细胞器是(　　)
A. 线粒体
B. 核蛋白体
C. 溶酶体
D. 过氧化物酶
E. 中心体

22. 犬膝(直)韧带有(　　)
A. 1 条
B. 2 条
C. 3 条
D. 4 条
E. 5 条

23. 奶牛乳房具有阻止病原体侵入的药理屏障,最重要的结构是(　　)
A. 腺泡
B. 分泌小管
C. 输乳管
D. 输乳窦(乳池)
E. 乳头管

24. 马鼻泪管开口于(　　)
A. 鼻盲囊
B. 上鼻道
C. 鼻前庭
D. 下鼻道
E. 中鼻道

25.与母畜膀胱背侧紧邻的器官是(　　)
A.卵巢和输卵管　B.卵巢和子宫　C.子宫和阴道
D.阴道和阴道前庭　E.子宫和阴道前庭

26.公犬去势时切断的精索包含有(　　)
A.输尿管　B.输精管　C.提睾肌
D.肉膜　E.总鞘膜

27.右心室口上的瓣膜称为(　　)
A.二尖瓣　B.三尖瓣　C.半月瓣
D.主动脉瓣　E.肺动脉瓣

28.右心室收缩使血液射入(　　)
A.主动脉　B.肺动脉　C.肺静脉
D.前腔静脉　E.后腔静脉

29.牛脾呈长而扁的椭圆形,位于(　　)
A.瘤胃背囊左前部　B.瘤胃背囊右前部　C.网胃前方
D.瓣胃右侧　E.瘤胃后方

30.脊髓灰质横切面呈(　　)
A.立方形　B.扁平形　C.蝴蝶形
D.三角形　E.卵圆形

31.内分泌系统中分泌激素种类最多的器官是(　　)
A.甲状腺　B.甲状旁腺　C.肾上腺
D.松果体　E.垂体

32.位置感受器位于(　　)
A.骨迷路　B.鼓室　C.膜迷路
D.咽鼓管　E.鼓膜

33.细胞外液主要是指(　　)
A.血清、组织液、淋巴液及脑脊液　B.血液、组织液、小肠液及脑脊液
C.血浆、组织液、淋巴液及小肠液　D.血清、组织液、小肠液和脑脊液
E.血浆、组织液、淋巴液和脑脊液

34.正常情况下,迷走神经兴奋时,心血管活动的变化是(　　)
A.心率加快　B.心肌收缩力增强　C.心输出量增加
D.外周血管口径缩小　E.房室传导减慢

35.平静呼气末期肺内留存的气体量称为(　　)
A.肺活量　B.潮气量　C.补吸气量
D.补呼气量　E.功能余气量

36.激活胃蛋白酶原的因子是(　　)
A.碳酸氢盐　B.内因子　C.磷酸氢盐
D.盐酸　E.钠离子

37.主要由肠环形肌产生的节律性收缩和舒张形成的小肠运动形式是(　　)
A.紧张性收缩　B.蠕动　C.逆蠕动
D.分节运动　E.钟摆运动

38. 肾小球滤过率是指(　　)
A. 两侧肾脏生成的原尿量　　B. 一侧肾脏生成的原尿量
C. 流经两侧肾脏的血量　　D. 流经一侧肾脏的血量
E. 一个肾单位生成的原尿量

39. 可以治疗某些不育症的激素是(　　)
A. 绒毛膜促性腺激素　　B. 降钙素　　C. 褪黑素
D. 松弛素　　E. 抑制素

40. 对雌激素表述不正确的是(　　)
A. 主要由成熟卵泡和颗粒细胞合成　　B. 主要以游离形式存在于血浆
C. 促进输卵管上皮细胞增生　　D. 可以加速骨的生长
E. 刺激乳腺导管和结缔组织增生

41. 组成蛋白质的氨基酸中,属于碱性氨基酸的是(　　)
A. 半胱氨酸　　B. 异亮氨酸　　C. 谷氨酸
D. 精氨酸　　E. 蛋氨酸

42. 细胞膜上用来捕捉和辨认细胞外化学信号的成分是(　　)
A. 卵磷脂　　B. 寡糖链　　C. 胆固醇
D. 脑磷脂　　E. 鞘磷脂

43. 底物脱下氢经由琥珀酸循环呼吸氧化,可以产生ATP的摩尔数是(　　)
A. 3.5　　B. 1.5　　C. 2.5
D. 1　　E. 3

44. 氨基酸转氨酶的辅酶是(　　)
A. 生物素　　B. 磷酸吡哆醛　　C. 四氢叶酸
D. 辅酶A　　E. 谷氨酰胺

45. DNA变性时,对紫外光吸收的变化特征为(　　)
A. 增色效应　　B. 减色效应　　C. 变构效应
D. 协同效应　　E. 诱导效应

46. 体液渗透压决定于其溶质的有效粒子的(　　)
A. 大小　　B. 价数　　C. 数目
D. 质量　　E. 扩散系数

47. 在肝中,胆固醇可以转变为(　　)
A. 性激素　　B. 视黄醇　　C. 肾上腺素
D. 胆汁酸盐　　E. 卵磷脂

48. 肌肉中特有的能量贮存物质是(　　)
A. 三磷酸腺苷　　B. 磷酸烯醇式丙酮酸　　C. 肌酸
D. 磷酸肌酸　　E. 肌酐

49. 患病动物的主要症状虽然消除,但受损的组织结构尚未恢复,而是通过代偿维持其相应的功能活动的一种病理状态,属于(　　)
A. 完全康复　　B. 痊愈　　C. 不完全康复
D. 机化　　E. 钙化

50. 属于化学性致病因素的是(　　)
A. 高温　　B. 紫外线　　C. 大气压
D. 芥子气　　E. 电离辐射

51. 细胞坏死是( )
A. 能形成凋亡小体的病理过程
B. 有基因决定的细胞自我死亡
C. 不可逆的过程
D. 可逆的过程
E. 细胞器萎缩的过程

52. 黄疸时,造成皮肤和黏膜黄染的色素是( )
A. 含铁血黄素
B. 黑色素
C. 胆红素
D. 血红素
E. 脂褐素

53. "心力衰竭细胞"出现在( )
A. 心脏
B. 肝脏
C. 脾脏
D. 肺脏
E. 肾脏

54. 再生能力较弱的细胞是( )
A. 肠黏膜上皮细胞
B. 肾小管上皮细胞
C. 肝细胞
D. 成纤维细胞
E. 心肌细胞

55. 对缺氧反应最敏感的器官是( )
A. 心脏
B. 肝脏
C. 脾脏
D. 肾脏
E. 大脑

56. 应激时,动物发生的特征性病变是( )
A. 坏死性肝炎
B. 胆囊炎
C. 心肌炎
D. 胃溃疡
E. 脑炎

57. 癌原发于( )
A. 神经组织
B. 脂肪组织
C. 肌肉组织
D. 上皮组织
E. 结缔组织

58. 化脓性心肌炎时,渗出的炎性细胞主要是( )
A. 嗜酸性粒细胞
B. 中性粒细胞
C. 淋巴细胞
D. 浆细胞
E. 单核细胞

59. 10%福尔马林组织固定液中的甲醛含量是( )
A. 36%
B. 10%
C. 7%
D. 4%
E. 1%

60. 猪的尸体剖检,摘出空肠和回肠时,应先( )
A. 在贲门部做双重结扎
B. 在十二指肠起始部做双重结扎
C. 在空肠的末端做双重结扎
D. 在空肠起始部和回肠末端分别做双重结扎
E. 在盲肠起始部做双重结扎

61. 给药方案不包括( )
A. 剂量
B. 给药途径
C. 给药时间间隔
D. 适用动物
E. 疗程

62. 畜禽舍熏蒸消毒时,需与高锰酸钾合用的药物是( )
A. 聚维酮碘
B. 二氯异氰尿酸钠
C. 环氧乙烷
D. 过氧乙酸
E. 福尔马林

63. 为了延长局部麻醉药的作用时间,宜配伍使用的药物是( )
A. 肾上腺素
B. 普萘洛尔
C. 酚妥拉明
D. 氨甲酰胆碱
E. 阿托品

64.对家畜手术后的剧痛,具有最强镇痛作用的药物是(　　)
A.水杨酸钠　B.安痛定　C.氨基比林
D.对乙酰基酚　E.哌替啶(度冷丁)

65.禁止用于猫的解热镇痛药是(　　)
A.对乙酰基酚　B.萘普生　C.安乃近
D.氨基比林　E.保泰松

66.氨茶碱平喘的作用机理是(　　)
A.抑制磷酸二酯酶　B.激活磷酸二酯酶　C.抑制腺苷酸环化酶
D.激活腺苷酸环化酶　E.激活磷酸激酶

67.能引起低血钾症的药物是(　　)
A.高渗葡萄糖　B.甘露醇　C.氢氯噻嗪
D.氨茶碱　E.螺内酯

68.二巯丙醇适用于解救动物的(　　)
A.锑中毒　B.氟中毒　C.硒中毒
D.砷中毒　E.铋中毒

69.与亚硝酸盐联合应用,解救动物氰化物中毒的药物是(　　)
A.解磷定　B.乙酰胺　C.亚甲蓝
D.硫代硫酸钠　E.二巯丙醇

[B1型题]

答题说明

以下提供若干组考题,每组考题共用在考题前列出的A、B、C、D、E五个备选答案。请从中选择一个与问题关系最密切的答案,并在答题卡上将相应题号的相应字母所属的方框涂黑。某个备选答案可能被选择一次、多次或不被选择。

(70～72题共用备选答案)
A.斜方肌　B.背阔肌　C.臂三头肌
D.肩胛横突肌　E.臂头肌

70.犬,起于肩胛冈上部,腰背筋膜及最后两肋骨,止于大圆肌的肌肉是(　　)
71.犬,起于寰椎翼,止于肩胛冈下部的肌肉是(　　)
72.犬,起于锁骨,止于颈部中线、乳突和肱骨的肌肉是(　　)

(73～75题共用备选答案)
A.左侧腹壁　B.右侧5～7肋　C.左侧前下方6～8肋
D.右侧7～11肋　E.右侧8～12肋

73.成年牛瘤胃的体表投影位于(　　)
74.成年牛皱胃体表投影位于(　　)
75.成年牛网胃体表投影位于(　　)

(76～78题共用备选答案)
A.抑制素　B.雄激素　C.黄体生成素
D.雌二醇　E.松弛素

76.维持精子生成与成熟的激素是(　　)
77.芳香化酶可将睾酮转变为(　　)

78. 睾丸支持细胞分泌的多肽激素为(　　)

(79～81 题共用备选答案)

A. 心脏肥大　　B. 心肌缺血　　C. 实质性心肌炎
D. 化脓性心肌炎　　E. 间质性心肌炎

79. 猪链球菌可以引起(　　)
80. 猪肉孢子虫可以引起(　　)
81. 犬细小病毒可以引起(　　)

(82～84 题共用备选答案)

A. 中性粒细胞　　B. 淋巴细胞　　C. 嗜酸性粒细胞
D. 嗜碱性粒细胞　　E. 单核细胞

82. 食盐中毒病猪,脑组织病灶渗出的主要炎性细胞是(　　)
83. 乙型脑炎病猪,脑组织病灶渗出的主要炎性细胞是(　　)
84. 链球菌病猪,脑组织病灶渗出的主要炎性细胞是(　　)

(85～87 题共用备选答案)

A. 阿苯达唑　　B. 左旋咪唑　　C. 阿维菌素
D. 氯硝柳胺　　E. 硝氯酚

85. 仔猪,被毛粗乱,消瘦,生长缓慢,免疫能力低下,最适合的治疗药物是(　　)
86. 水牛,2 岁,患有血矛线虫病,并伴有肝片吸虫感染,有效的治疗药物是(　　)
87. 奶牛,经检查确诊为肺线虫病,并发现皮肤上有疥螨,有效的治疗药物是(　　)

[A2 型题]

答题说明
每一道考题是以一个小案例出现的,其下面都有 A、B、C、D、E 五个备选答案。请从中选择一个最佳答案,并在答题卡上将相应题号的相应字母所属的方框涂黑。

88. 4 岁经产母牛,长时间不发情,血浆孕酮水平异常。临床诊断需进一步对卵巢进行直肠检查。直肠检查该母牛卵巢的位置在(　　)

A. 第 2～3 腰椎横突腹侧　　B. 第 4～5 腰椎横突腹侧　　C. 髋结节前缘
D. 耻骨前缘前下方　　E. 耻骨前缘后下方

89. 犬,7 岁,雌性,近日发现饮欲增加,多尿。血常规检查 WBC 20×10^{9}/L,RBC 7.0×10^{12}/L,腹部 B 超检查见腹底部有条形液性暗区,加大增益可见暗区内低回声。该液性暗区发生于(　　)

A. 卵巢　　B. 子宫　　C. 输尿管
D. 膀胱　　E. 肾

90. 犬,3 岁,雄性,主诉发病 2 周,精神沉郁,脉搏微弱,血常规检查发现血细胞压积为 20%,说明该犬(　　)

A. 血小板减少　　B. 红细胞数减少　　C. 白细胞数减少
D. 血细胞比容升高　　E. 血红蛋白含量升高

91. 羊,2 岁,胸部外伤,呼吸时双侧胸壁起伏不对称,呼吸急促,心率加快,可视黏膜发绀,伤侧叩诊呈鼓音。其呼吸异常的原因是(　　)

A. 双侧气胸　　B. 单侧气胸　　C. 气管破裂
D. 食道破裂　　E. 胸腔积液

92. 牛,采食大量蕨类植物中毒的原因是蕨类中含有丰富的硫胺素酶,过量摄入蕨类植物,可导致机体中显著减少的辅酶是( )

A. FH_4 B. NAD^+ C. FAD
D. FMN E. TPP

93. 仔猪,60 日龄,腹泻,便血,皮肤可见湿疹样病变,粪检可见虫卵。肌内注射盐酸左旋咪唑后,该病得到控制。虫体中被该药物抑制的酶所催化生成的产物是( )

A. 柠檬酸 B. 苹果酸 C. 丙酮酸
D. 延胡索酸 E. 草酰乙酸

94. 猫,10 岁,近来多饮、多尿、多食,体重减轻,尿液有明显的烂苹果气味,血液生化检查显示血糖和酮体显著升高。此时,机体中最可能缺少的代谢中间产物是( )

A. 乙酰辅酶 A B. 脂肪酸 C. 草酰乙酸
D. 甘油 E. 乙酰乙酸

95. 肥胖母犬,生化检查血液中总脂显著升高,血清呈牛奶样,冰箱放置过夜后,顶部由乳糜微粒形成一层奶油样层,其中的主要成分是( )

A. 蛋白质 B. 胆固醇 C. 甘油三酯
D. 磷脂 E. 游离脂肪酸

96. 鸡,行动迟缓,腿关节肿大。死后剖检见肾、肝被膜和心包上有大量石灰样物质沉积。该病最可能的诊断是( )

A. 病毒性关节炎 B. 痛风 C. 维生素 E 缺乏
D. 维生素 B 缺乏 E. 大肠杆菌病

97. 雏鸡,排白色稀便。剖检可见心肌和肝脏有散在的黄白色针尖大小坏死点;镜下可见有多量网状细胞浸润。其炎症类型是( )

A. 出血性炎 B. 化脓性炎 C. 增生性炎
D. 浆液性炎 E. 纤维素性炎

98. 鸡,5 周龄,下痢,鸡冠呈暗黑色,剖检可见盲肠肿胀,有干酪样渗出,肝脏肿大,表面有中央凹陷边缘隆起的坏死灶;盲肠内容物检查发现直径约 10 μm、有一根鞭毛的虫体。该鸡群应选用的治疗药物是( )

A. 乙酰甲喹 B. 地美硝唑 C. 替米考星
D. 多西环素 E. 磺胺喹噁啉

99. 鸡,6 周龄,咳嗽,流浆液性鼻液,眼睑肿胀,频频摇头甩头。剖检气囊浑浊变厚,有干酪样渗出物,渗出物接种马丁琼脂固体培养基,长出“荷包蛋状”菌落,治疗该病应选用的药物是( )

A. 泰万菌素 B. 青霉素 C. 阿莫西林
D. 乙酰甲喹 E. 磺胺喹噁啉

100. 犬,臀部皮肤上有一小隆起,触诊有热感,用针刺破后流出黄白色、凝乳状黏稠液体,挤压排尽后,应选用的局部用药是( )

A. 灰黄霉素 B. 克霉唑
C. 两性霉素 B D. 杆菌肽
E. 酮康唑

预防科目

[A1 型题]

答题说明

每一道考试题下面有 A、B、C、D、E 五个备选答案,请从中选择一个最佳答案,并在答题卡上将相应题号的相应字母所属的方框涂黑。

101. 细菌在固体培养基上生长,肉眼观察到的是( )
A. 菌体形态　B. 菌体大小　C. 菌体排列
D. 细菌群体　E. 菌体结构

102. 溶菌酶杀菌作用的机制是( )
A. 裂解肽聚糖　B. 裂解细胞膜　C. 干扰蛋白质合成
D. 干扰核体合成　E. 裂解荚膜

103. 细菌的繁殖方式是( )
A. 芽殖　B. 复制　C. 掷孢子
D. 二等分分裂　E. 产生芽孢

104. 革兰氏阴性菌内毒素发挥毒性作用的主要成分是( )
A. 肽聚糖　B. 类脂 A　C. 外膜蛋白
D. 核心多糖　E. 特异性多糖

105. 鉴定沙门氏菌血清型常用的方法是( )
A. 血凝试验　B. 生化试验　C. 玻片凝集试验
D. 环状沉淀试验　E. 琼脂扩散试验

106. 高压蒸汽灭菌法杀灭芽孢常用的有效温度是( )
A. 100℃　B. 121℃　C. 128℃
D. 132℃　E. 160℃

107. 可以在细胞内寄生的细菌是( )
A. 链球菌　B. 大肠杆菌　C. 巴氏杆菌
D. 嗜血杆菌　E. 分枝杆菌

108. 测量病毒大小的常用计量单位是( )
A. 厘米(cm)　B. 毫米(mm)　C. 微米(μm)
D. 纳米(nm)　E. 皮米(pm)

109. 鉴定病毒基因型的方法是( )
A. 耐酸性试验　B. 耐热性试验　C. 血凝试验
D. 核苷酸序列分析　E. 脂溶剂敏感试验

110. 测定病毒抗体水平最适用的方法是( )
A. 免疫组化试验　B. 免疫转印技术　C. 中和试验
D. 空斑试验　E. 血凝试验

111. SPF 鸡胚分离新城疫病毒最适宜的接种部位是( )
A. 羊膜　B. 羊膜腔　C. 尿囊膜
D. 尿囊腔　E. 卵黄囊

112. 疯牛病的病原是( )
A. 牛传染性鼻气管炎病毒　B. 牛暂时热病毒　C. 小反刍兽疫病毒
D. 朊病毒　E. 伪狂犬病毒

113. 弗氏佐剂在分类上属于(　　)
A. 核酸及其类似物佐剂　B. 细胞因子佐剂　C. 铝盐类佐剂
D. 油乳佐剂　E. 蜂胶佐剂

114. 肌肉注射免疫后,动物体内抗体滴度最高的是(　　)
A. 肠液　B. 血液　C. 唾液
D. 尿液　E. 泪液

115. 制备单克隆抗体最常用的动物是(　　)
A. 羊　B. 鸡　C. 兔
D. 小鼠　E. 豚鼠

116. 受到抗原刺激后能增殖分化为浆细胞的是(　　)
A. 单核-巨核细胞　B. 中性粒细胞　C. NK 细胞
D. B 细胞　E. T 细胞

117. 介导迟发型变态反应的效应细胞是(　　)
A. 浆细胞　B. K 细胞　C. NK 细胞
D. CTL 细胞　E. TDTH 细胞

118. 利用输血治疗犬细小病毒感染时,因受体与供体血型不一致而引起的变态反应应该属于(　　)
A. 免疫复合物型　B. 细胞毒型　C. 速发型
D. 迟发型　E. 免疫耐受型

119. 参与先天性免疫的效应分子不包括(　　)
A. 补体　B. 外毒素　C. 防御素
D. 溶菌酶　E. 细胞因子

120. 初次感染新城疫病毒后,鸡血清中最先出现的免疫球蛋白是(　　)
A. IgA　B. IgD　C. IgE
D. IgG　E. IgM

121. 胎儿从母体获得 IgG 属于(　　)
A. 非特异性免疫　B. 人工主动免疫　C. 人工被动免疫
D. 天然主动免疫　E. 天然被动免疫

122. 可能会出现带现象的免疫学方法是(　　)
A. 酶联免疫吸附试验　B. 间接免疫荧光试验　C. 免疫酶组化染色
D. 放射免疫分析　E. 免疫电泳技术

123. 可以对组织中的病原进行定位检测的免疫学方法是(　　)
A. 玻片凝集试验　B. 空斑试验　C. 免疫组化技术
D. 琼脂扩散试验　E. 对流免疫电泳

124. 动物传染病的特征不包括(　　)
A. 特定的病原微生物引起　B. 传染性　C. 流行性
D. 世代交替　E. 具有一定的流行规律

125. 使用细菌弱毒苗时,对动物不宜同时采用的措施是(　　)
A. 使用抗生素　B. 实施环境消毒　C. 使用抗应激药物
D. 饲料中添加维生素　E. 饲料中补充微量元素

126. 发生一类动物疫病时,不得采取的措施是(　　)
A. 立即报告疫情　B. 隔离发病动物　C. 环境消毒
D. 对症治疗　E. 扑杀发病动物

127. 对动物皮毛进行炭疽检疫常用的血清学方法是( )
A. ELISA B. 血凝抑制试验 C. 血凝试验
D. Ascoli 反应 E. 琼脂扩散试验

128. 实验室诊断猪布鲁氏菌病，常用的血清学方法是( )
A. 琼脂扩散试验 B. 血凝抑制试验 C. 血清凝集试验
D. 酶联免疫试验 E. 免疫荧光试验

129. 马鼻疽常用的检疫方法是( )
A. 涂片镜检 B. 变态反应 C. 平板凝集试验
D. 细菌分离鉴定 E. 免疫胶体金技术

130. 羊肠毒血症的流行病学特点是( )
A. 2～12 月龄羔羊最易感 B. 无明显的季节性 C. 仅山羊感染
D. 仅绵羊感染 E. 常呈流行性发生

131. 副结核病的主要临床特征是( )
A. 便秘 B. 顽固性腹泻 C. 呼吸困难
D. 心跳加快 E. 体温升高

132. 猪细小病毒病的主要预防措施是( )
A. 杀虫 B. 灭鼠 C. 消毒
D. 注射高免血清 E. 疫苗接种

133. 架子猪，体温升高，胸、腹、背、肩及四肢外侧等部位皮肤出现多量方形、菱形或圆形，大小不等，坚实，稍凸起于皮肤表面的紫红色或黑红色疹块。该病最可能的病原是( )
A. 巴氏杆菌 B. 猪瘟病毒 C. 丹毒梭菌
D. 炭疽杆菌 E. 猪圆环病毒

134. 猪传染性胸膜肺炎的病原是( )
A. 细菌 B. 病毒 C. 支原体
D. 衣原体 E. 螺旋体

135. 以吸血昆虫为主要传播媒介的传染病是( )
A. 牛结核病 B. 牛流行热 C. 牛出血性败血病
D. 牛传染性胸膜肺炎 E. 牛传染性鼻气管炎

136. 羊群发生小反刍兽疫，正确的防控措施是( )
A. 全群隔离观察 B. 全群扑杀并无害化处理
C. 病羊扑杀，同群羊隔离观察 D. 病羊扑杀，同群羊紧急免疫接种
E. 治疗病羊，同群羊紧急免疫接种

137. 分离鸡传染性喉气管炎病毒的鸡胚接种日龄是( )
A. 2～3 日龄 B. 4～5 日龄 C. 6～7 日龄
D. 8～9 日龄 E. 10～12 日龄

138. 某鸡群发病，剖检见肾脏肿大、肾小管内有大量尿酸盐沉积，最可能发生的疾病是( )
A. 鸡新城疫 B. 禽流感 C. 马立克氏病
D. 鸡传染性支气管炎 E. 鸡传染性喉气管炎

139. 犬细小病毒病的流行病学特征是( )
A. 有明显季节性 B. 主要经呼吸道传播 C. 断乳前后幼犬易感性最高
D. 3～4 周龄犬以肠炎居多 E. 8～10 周龄犬以致死性心肌炎较多

140. 猫泛白细胞减少症的流行病学特征是(　　)
A. 犬科动物同样易感　B. 主要发生于1岁以下的幼猫
C. 主要经呼吸道感染　D. 多发于夏季
E. 经皮肤伤口感染

141. 寄生虫无性繁殖阶段所寄生的宿主是(　　)
A. 终末宿主　B. 中间宿主　C. 保虫宿主
D. 贮藏宿主　E. 带虫者

142. 细粒棘球蚴最易感的动物是(　　)
A. 鸡　B. 鸭　C. 绵羊
D. 犬　E. 猫

143. 肉孢子虫孢子囊内含有的子孢子数目为(　　)
A. 2个　B. 4个　C. 6个
D. 8个　E. 16个

144. 犬食入生虾后可能感染的寄生虫是(　　)
A. 华支睾吸虫　B. 程氏东毕吸虫　C. 日本分体吸虫
D. 胰阔盘吸虫　E. 前后盘吸虫

145. 猪等孢球虫的孢子生殖发生于(　　)
A. 小肠　B. 大肠　C. 胃
D. 肝脏　E. 外界环境

146. 防控牛羊球虫病的药物是(　　)
A. 莫能菌素　B. 伊维菌素　C. 三氮脒
D. 阿苯达唑　E. 左旋咪唑

147. 片形吸虫最易感的动物是(　　)
A. 猪　B. 马　C. 犬
D. 兔　E. 绵羊

148. 羊脑多头蚴的传染来源是(　　)
A. 猫　B. 鼠　C. 犬
D. 人　E. 猪

149. 羊仰口线虫的主要致病作用是(　　)
A. 引入其他病原　B. 吸食组织液　C. 损伤皮肤组织
D. 吸食血液　E. 阻塞肠道

150. 牛皮蝇成蝇最常出现的月份是(　　)
A. 1～2月份　B. 3～5月份　C. 6～8月份
D. 9～10月份　E. 11～12月份

151. 马媾疫病原诊断,应检查的病料是(　　)
A. 粪便　B. 皮屑　C. 尿液
D. 阴道分泌物　E. 淋巴结穿刺物

152. 普通圆线虫幼虫移行期,可以引起马的特殊症状是(　　)
A. 便秘　B. 腹泻　C. 尿频
D. 咳嗽　E. 疝痛

153. 赖利绦虫的寄生部位是(　　)
A. 法氏囊　B. 输卵管　C. 盲肠
D. 直肠　E. 小肠

154. 对人和动物有致突变作用的环境污染物是( )
A. 甲酸 B. 甲醛 C. 乙酸
D. 山梨酸 E. 苯甲酸
155. 食品中原有的或加工时人为添加的物质,对人体健康产生危害的现象为( )
A. 公共卫生 B. 食品防护 C. 食品卫生
D. 食品安全 E. 食品污染
156. 动物性食品中,法定允许的兽药最大浓度是( )
A. 限量 B. 再残留限量 C. 最高残留限量
D. 每日允许摄入量 E. 暂定每周摄入量
157. 按病原体的生活史分类,属于媒介性人兽共患病的是( )
A. 炭疽 B. 结核病 C. 狂犬病
D. 登革热 E. 布鲁氏菌病
158. 动物诊疗机构医疗废弃物处置的基本原则是( )
A. 化制处理 B. 深埋处理 C. 各自处理
D. 就近集中处理 E. 大范围集中处理

[B1 型题]

答题说明

以下提供若干组考题,每组考题共用在考题前列出的 A、B、C、D、E 五个备选答案。请从中选择一个与问题关系最密切的答案,并在答题卡上将相应题号的相应字母所属的方框涂黑。某个备选答案可能被选择一次、多次或不被选择。

(159～161 题共用备选答案)
A. 支气管败血波氏杆菌 B. 大肠杆菌 C. 胸膜肺炎放线杆菌
D. 猪肺炎支原体 E. 猪丹毒杆菌
159. 仔猪,2 月龄,打喷嚏,流涕,气喘,20 d 后鼻梁和面部变形,病料接种麦康凯培养基,长出蓝灰色菌落。该病最可能的病原是( )
160. 仔猪,2 月龄,气喘,间歇性咳嗽,死前口鼻流血样泡沫。剖检可见肺和胸膜粘连,肺脏病变部位界限清楚。取病料,接种绵羊血平板,见溶血小菌落生长,金黄色葡萄球菌可以增大溶血环。该病最可能的病原是( )
161. 仔猪,2 月龄,气喘,咳嗽,生长发育迟缓。剖检可见双侧肺的心叶、尖叶和膈叶出现对称性肉变。病料接种 A26 培养基,7 d 后长出针尖大小菌落。该病最可能的病原是( )
(162～164 题共用备选答案)
A. 牛传染性鼻气管炎病毒 B. 牛病毒性腹泻病毒 C. 小反刍兽疫病毒
D. 牛暂时热病毒 E. 口蹄疫病毒
162. 牛,3 岁,鼻镜干热,四肢关节肿胀僵硬,跛行。发热期血液接种乳仓鼠肾细胞,分离到有囊膜的子弹状病毒粒子。该病最可能的病原是( )
163. 牛,1 岁,流涎,口腔、蹄冠、趾间皮肤出现水疱,跛行。水疱液电镜观察,可见无囊膜的球形病毒粒子。该病最可能的病原是( )
164. 牛,10 月龄,腹泻,跛行。病料接种牛睾丸细胞,分离到有囊膜的球形病毒粒子。该病最可能的病原是( )

(165～167题共用备选答案)

A. 禽传染性支气管病毒　B. 禽传染性喉气管炎病毒　C. 传染性法氏囊病病毒

D. 马立克氏病病毒　E. 新城疫病毒

165. 鸡,3周龄,羽毛松乱,排白色稀粪;剖检可见法氏囊肿大,腺胃和肌胃交界处有条状出血;法氏囊组织悬液接种鸡胚,可见鸡胚绒毛尿囊膜水肿。该病最可能的病原是(　　)

166. 鸡,4周龄,咳嗽,持续水样腹泻;剖检可见腺胃肿大,胃壁增厚;肺组织匀浆接种鸡胚,可见胚体萎缩。该病最可能的病原是(　　)

167. 鸡,2月龄,嗉囊积液,排黄绿色稀粪;剖检可见盲肠扁桃体出血。脑组织匀浆接种鸡胚,鸡胚尿囊液可以凝集鸡红细胞。该病最可能的病原是(　　)

(168～170题共用备选答案)

A. 沙门氏菌病　B. 衣原体病　C. 布鲁氏菌病

D. 结核病　E. 李氏杆菌病

168. 青年母牛,体温39.3℃,怀孕4个月,流产,阴道流出黏液样灰色分泌物;取流产胎儿肝和脾涂片,柯兹洛夫斯基鉴别染色后,镜检可见菌体呈红色球杆状。该病最可能的诊断是(　　)

169. 经产母牛,体温39.2℃,阴道流脓性分泌物;取分泌物进行细菌分离培养,抗酸染色可见红色杆状菌体。该病最可能的诊断是(　　)

170. 经产绵羊,怀孕后期发生流产,体温40.5℃,腹泻,取流产胎儿肝脏,接种麦康凯培养基,可见有无色菌落生成,革兰氏染色为革兰阴性直杆菌,不发酵乳酸。该病最可能的诊断是(　　)

(171～172题共用备选答案)

A. 大肠杆菌病　B. 鸡病毒性关节炎　C. 马立克氏病

D. 传染性法氏囊病　E. 鸡白痢

171. 12周龄鸡群,部分鸡步态不稳,蹲伏,不能行走,翅下垂,剖检可见单侧坐骨神经丛增粗。该病最可能的诊断是(　　)

172. 10周龄鸡群,部分鸡关节肿胀,跛行。剖检可见关节软骨糜烂,滑膜出血,腱鞘水肿,腓肠肌腱断裂。该病最可能的诊断是(　　)

(173～175题共用备选答案)

A. 疥螨　B. 痒螨　C. 蠕形螨

D. 皮刺螨　E. 恙螨

173. 犬,局部皮肤出现红斑。刮取红斑部位皮肤组织镜检,可见长柱状虫体,有足4对,短粗,虫体后部体表有明显皱纹。该病可能的病原是(　　)

174. 绵羊,局部脱毛,皮肤结痂。刮取皮屑镜检,可见多量龟形虫体,有足4对,前2对足伸出体缘,后2对足短小,不伸出体缘。该病可能的病原是(　　)

175. 牛,肩颈部脱毛,皮肤增厚,结痂。刮取皮屑镜检,可见多量长椭圆形虫体,有足4对,均伸出体缘。该病可能的病原是(　　)

(176～178题共用备选答案)

A. 氨丙啉　B. 吡喹酮　C. 左旋咪唑

D. 地克珠利　E. 磺胺嘧啶

176. 猫,食欲不振,腹泻,消瘦,贫血。粪检可见大量电灯泡状虫卵,一端有卵盖,另一端有一小突起,内含毛蚴。治疗该病的药物是(　　)

177. 羔羊,食欲下降,腹泻,消瘦,贫血。粪检可见大量腰鼓形、棕黄色虫卵,两端有卵塞。治疗该病的药物是(　　)

178. 仔猪,精神不振,腹泻,消瘦,贫血。粪检可见大量壳薄、透明的椭圆形虫卵,内含折刀样幼虫。治疗

该病的药物是(　　)

(179～181 题共用备选答案)

A. 生物放大作用　　B. 生物浓缩作用　　C. 生物积累作用

D. 协同作用　　E. 相加作用

179. 随着生物的生长发育,生物从周围环境和食物链摄入的某种难降解化合物的浓度不断增加,这种作用称为(　　)

180. 环境有害物质通过食物链在生物体内,随着营养级的提高,其浓度不断增高,这种作用称为(　　)

181. 处于同一营养级上的许多生物群体,从周围环境中蓄积某种化合物,使生物体内该物质的浓度超过周围环境中的浓度的现象,这种作用称为(　　)

[A2 型题]

答 题 说 明

每一道考题是以一个小案例出现的,其下面都有 A、B、C、D、E 五个备选答案。请从中选择一个最佳答案,并在答题卡上将相应题号的相应字母所属的方框涂黑。

182. 2 周龄仔猪,体温 41℃,运动失调。病猪剖检可见全身淋巴结水肿,脑膜充血。病料接种血平板,长出有溶血性的小菌落,该菌革兰氏染色、镜检,可见圆形或卵圆形、排列成双或成链、无芽孢、有荚膜的菌体。患猪最可能感染的病原是(　　)

A. 副猪嗜血杆菌　　B. 巴氏杆菌　　C. 链球菌

D. 支原体　　E. 大肠杆菌

183. 牛,4 岁,病初流浆液性、黏性鼻涕,咳嗽,流涎,口腔黏膜糜烂,粪便水样,并带有黏液和血液,抗生素治疗无效。剖检可见食道黏膜糜烂,直线排列。该病最可能的诊断是(　　)

A. 牛流行热　　B. 牛出血性败血病　　C. 牛传染性鼻气管炎

D. 牛传染性胸膜肺炎　　E. 牛病毒性腹泻/黏膜病

184. 母牛流产,取流产胎儿肝脏接种血琼脂,长出的菌落在 45°斜射光线下呈淡蓝绿色光泽;菌落涂片、革兰染色镜检,可见蓝紫色杆菌。该病原最可能是(　　)

A. 产气荚膜梭菌　　B. 炭疽杆菌　　C. 巴氏杆菌

D. 李氏杆菌　　E. 沙门菌

185. 妊娠母猪,咳嗽,发热,继而流产。取流产胎儿脑组织接种兔,兔出现奇痒后,死亡。该病病原最可能是(　　)

A. 猪瘟病毒　　B. 猪圆环病毒　　C. 猪细小病毒

D. 伪狂犬病病毒　　E. 猪繁殖与呼吸综合征病毒

186. 妊娠后期母猪,体温 40℃以上,厌食,流产,产死胎及弱仔;早产的仔猪耳尖、尾部发绀。该病可能是(　　)

A. 猪乙型脑炎　　B. 猪瘟　　C. 猪伪狂犬病

D. 猪繁殖与呼吸综合征　　E. 猪细小病毒病

187. 40 周龄种鸡群,部分鸡食欲不振,消瘦,剖检可见肝和脾肿大,有灰白色肿瘤结节,法氏囊也出现肿瘤结节。该病最可能是(　　)

A. 新城疫　　B. 禽白血病　　C. 鸡传染性贫血

D. 鸡传染性支气管炎　　E. 鸡传染性喉气管炎

188. 宠物犬,近2周体温先升高后下降,之后体温再次升高达41℃,并稽留,伴有呕吐和腹泻,粪便带黏液和血液。检查脚垫,可能发生的病变是(　　)

A. 水泡　　B. 出血　　C. 脓肿

D. 溃疡灶　　E. 过度角质化

189. 犬,体温升高,精神沉郁,结膜苍白、黄染,尿液暗红色。血液涂片镜检可见红细胞内有梨形、椭圆形、小点形虫体,长度小于红细胞半径。预防该病的有效措施是(　　)

A. 灭蚊　　B. 灭蝇　　C. 灭蜱

D. 灭鼠　　E. 灭螨

190. 家猫,皮肤瘙痒,脱毛,脱屑,体表检查发现小米粒大小的虫体,该虫体左右扁平,棕褐色,肢粗大,腹大胸小,善弹跳。治疗该病的药物是(　　)

A. 甲硝唑　　B. 溴氰菊酯　　C. 吡喹酮

D. 三氮脒　　E. 左旋咪唑

191. 犬,皮肤瘙痒,出现多量结节。X线检查可见肺动脉扩张,末梢血液检查,镜检可见有微丝蚴。治疗该病的药物是(　　)

A. 左旋咪唑　　B. 吡喹酮　　C. 莫能菌素

D. 三氮脒　　E. 硫双二氯酚

192. 冬季,某地7~8月龄牛群突然发病,病牛体温40~42℃,眼鼻流出浆液性脓性分泌物。病牛口腔黏膜糜烂,水样腹泻,少数死亡。该病病原与猪瘟病毒呈抗原交叉反应。剖检可见黏膜出现直线排列糜烂的组织器官是(　　)

A. 食道　　B. 瘤胃　　C. 瓣胃

D. 网胃　　E. 皱胃

193. 生猪宰后检疫中,见1头猪颌下淋巴结肿大、出血,切面呈砖红色,淋巴结周围组织有胶冻样浸润。该屠宰场对场地进行消毒,应选用的药液是(　　)

A. 1%漂白粉　　B. 1%过氧化氢　　C. 10%氢氧化钠

D. 2%羟基联苯酸钠　　E. 10%氯化苯甲羟胺

194. 某奶牛场刚挤出的鲜乳,过滤后装入容器,2 h内冷却到适宜温度后冷藏。该适宜温度为(　　)

A. 1~4℃　　B. 5~6℃　　C. 7~8℃

D. 9~10℃　　E. 11~12℃

[A3/A4型题]

答题说明

以下提供若干个案例,每个案例下设若干个考题。请根据案例所提供的信息,在每一道考试题下面的A、B、C、D、E五个备选答案中选择一个最佳答案,并在答题卡上将相应题号的相应字母所属的方框涂黑。

(195~197题共用题干)

某山羊群发病,部分成年羊腕关节肿大,跛行;羔羊病初跛行、惊恐不安、眼球震颤,进而四肢强直、共济失调,有的角弓反张、头颈歪斜。

195. 该病最可能的诊断是(　　)

A. 羊快疫　　B. 羊肠毒血症　　C. 破伤风

D. 山羊病毒性关节炎-脑炎　　E. 羊猝疽

196.该病的流行病学特征是(　　)

A.绵羊间相互传播　　B.山羊间相互传播　　C.山羊感染后均出现临床症状

D.不经乳汁传播　　E.不经消化道传播

197.分离鉴定该病原常用的细胞是(　　)

A.PK-15细胞　　B.山羊胎儿滑膜细胞　　C.睾丸细胞

D.鸡胚成纤维细胞　　E.猴肾上皮细胞

(198～200题共用题干)

丘陵地区放牧绵羊群,羊只腹下及耳部皮肤发现叮咬着大量蓖麻子大小的红褐色虫体。

198.该类虫体可以传播的疾病是(　　)

A.弓形虫病　　B.泰勒虫病　　C.新孢子虫病

D.伊氏锥虫病　　E.组织滴虫病

199.可以有效杀灭该类虫体的药物是(　　)

A.新霉素　　B.丙硫咪唑　　C.莫能菌素

D.伊维菌素　　E.马杜拉霉素

200.该绵羊群感染的是(　　)

A.疥螨　　B.痒螨　　C.硬蜱

D.软蜱　　E.皮刺螨

2018年·预防科目·答案与解析

考生姓名：　　　　　　　　　　　　　　　准考证号：

2018 年全国执业兽医资格考试试卷

(兽医全科类)下午卷

（临床综合）

注 意 事 项

一、请按照要求，用蓝黑色或者黑色签字笔在答题卡上填写姓名、身份证号码、考点、考试地点、考场号、准考证号等信息，并用铅笔涂好准考证号。

二、试卷分为 2 部分，临床科目 100 小题，综合科目 100 小题，共 200 小题，考试时间为 150 分钟。各部分不单独计时，请考生自己合理分配时间。

三、监考人员宣布考试开始时，方可答题；宣布考试结束时，应立即停止答题。答题卡、题本一律反扣在桌面上，待监考人员确认数量无误，允许离开时，考生方可离开考场。如果考生违反了以上任何一项要求，都将影响考试成绩。

四、答案必须填涂在答题卡上，书写在试题本上的答案一律无效。

五、答题卡严禁折叠。

六、答题卡的正确填涂方式为：■，用其他符号填涂答案者不计分。

七、如要改动答案，必须先用橡皮擦去原来选定的答案，然后再按上面的规定重新作答。

临床科目

[A1 型题]

答题说明

每一道考试题下面有 A、B、C、D、E 五个备选答案，请从中选择一个最佳答案，并在答题卡上将相应题号的相应字母所属的方框涂黑。

1. 现病史包括本次发病动物的( )
A. 品种
B. 用途
C. 过敏史
D. 免疫接种情况
E. 发病经过

2. 不宜采用触诊检查的是( )
A. 体表状态
B. 眼结膜颜色
C. 某些组织器官的生理性活动
D. 某些组织器官的病理性活动
E. 动物组织器官的敏感性

3. 急性咽炎时，颌下淋巴结常见的变化是( )
A. 萎缩、变硬、敏感
B. 肿大、柔软、敏感
C. 肿大、变硬、敏感
D. 萎缩、柔软、敏感
E. 肿大、变硬、不敏感

4. 家畜频做排尿动作，但尿液仅呈细流状或滴状排出的症状称为( )
A. 尿淋漓
B. 尿失禁
C. 尿闭
D. 少尿
E. 无尿

5. 血清钾浓度降低最可能见于( )
A. 高热
B. 严重创伤
C. 严重缺氧
D. 严重呕吐
E. 呼吸困难

6. 血清尿素氮升高最常见于( )
A. 心脏疾病
B. 肝脏疾病
C. 肺脏疾病
D. 脾脏疾病
E. 肾脏疾病

7. 草食动物的正常粪便常呈( )
A. 强碱性
B. 弱碱性
C. 强酸性
D. 弱酸性
E. 中性

8. 犬颈部侧位 X 线片中，在颈椎腹侧中部有一条与颈椎并行的带状低密度阴影。该条带状阴影是( )
A. 食管
B. 胃导管
C. 气管
D. 支气管
E. 气管插管

9. 临床上可以用于脱水程度判定的方法是( )
A. 皮肤皱缩试验
B. 范登白试验
C. 纤维消化实验
D. 色素排泄试验
E. 血球凝集试验

10. 最常用鼻钳进行保定的动物是( )
A. 马
B. 牛
C. 羊
D. 猪
E. 犬

11. 牛瓣胃穿刺部位一般在右侧肩关节水平线上( )
A. 第 6、7 肋间
B. 第 8、9 肋间
C. 第 10、11 肋间
D. 第 12 肋
E. 第 13 肋后方

12. 犬争食软骨、肉块和筋腱时，可能突然引起的食道疾病是( )
A. 溃疡
B. 痉挛
C. 狭窄
D. 阻塞
E. 麻痹

13. 牛皱胃右方变位可能出现(　　)

A. 低血钾　　B. 高血钾　　C. 低血钠

D. 高血氯　　E. 高血钙

14. 治疗动物腹膜炎,为制止渗出,应选择静脉注射的药物是(　　)

A. 0.9%氯化钠　　B. 10%氯化钙　　C. 3%氯化钾

D. 5%葡萄糖　　E. 0.25%普鲁卡因

15. 心肌炎时,临床上不会出现(　　)

A. 大脉　　B. 小脉　　C. 早期收缩

D. 节律不齐　　E. 第二心音增强

16. 动物出现尿频症状,提示(　　)

A. 肾病　　B. 尿毒症　　C. 膀胱麻痹

D. 尿道炎　　E. 慢性肾衰

17. 治疗脑膜脑炎时,可以降低颅内压的药物是(　　)

A. 磺胺嘧啶钠　　B. 盐酸氯丙嗪　　C. 甘露醇

D. 肾上腺素　　E. 头孢噻呋钠

18. 亚硝酸盐中毒时,皮肤和黏膜的颜色是(　　)

A. 鲜红　　B. 蓝紫　　C. 黄染

D. 粉红　　E. 苍白

19. 引起马属动物“黄肝病”和羊“黄染病”的霉菌毒素是(　　)

A. 黄曲霉毒素　　B. 杂色曲霉毒素　　C. 镰刀菌毒素

D. 青霉毒素　　E. T-2毒素

20. 犬洋葱中毒不会导致血液中(　　)

A. 红细胞数减少　　B. 血红蛋白变性　　C. 白细胞数增多

D. 白细胞数减少　　E. 海恩茨小体生成

21. 与阿狄森氏病有关的激素是(　　)

A. 生长激素　　B. 促肾上腺皮质激素　　C. 促黄体生成素

D. 促甲状腺素　　E. 抗利尿激素

22. 蜂窝织炎属于(　　)

A. 急性弥漫性化脓性炎症　　B. 慢性化脓性炎症　　C. 慢性增生性炎症

D. 慢性局限性化脓性炎症　　E. 急性局限性非化脓性炎症

23. 犬咬创的临床特点通常是(　　)

A. 不易感染　　B. 创口较大　　C. 出血较多

D. 组织挫灭少　　E. 呈管状创

24. 可能取第一期愈合的是(　　)

A. 褥创　　B. 污染创　　C. 化脓创

D. 陈旧创　　E. 肉芽创

25. 火场急救,首先应防止动物发生(　　)

A. 尿毒症　　B. 窒息　　C. 中毒

D. 感染　　E. 损伤

26. 对放射线敏感度高的肿瘤细胞是(　　)

A. 分化程度高、新陈代谢快的细胞　　B. 分化程度低、新陈代谢慢的细胞

C. 分化程度高、新陈代谢慢的细胞　　D. 分化程度低、新陈代谢快的细胞

E. 分化程度与新陈代谢均正常的细胞

27. 活动性风湿病的确诊指标是在组织内出现( )
A. 巨噬细胞 B. B-淋巴细胞 C. T-淋巴细胞
D. 红细胞 E. 阿孝夫小体

28. 角膜上出现树枝状新生血管,提示炎症主要在角膜( )
A. 浅层 B. 深层 C. 后弹力层
D. 上皮细胞层 E. 内皮细胞层

29. 拨云散适用的眼病是( )
A. 卡他性结膜炎 B. 化脓性结膜炎 C. 间质性角膜炎
D. 溃疡性角膜炎 E. 虹膜睫状体炎

30. 与犬牙周病无关的症状是( )
A. 牙齿磨灭不正 B. 不敢咀嚼硬质食物 C. 牙周袋形成并蓄脓
D. 牙疼痛明显 E. 齿龈肿胀或萎缩

31. 胸壁透创,早期最严重的并发症是( )
A. 胸膜炎 B. 胸腔蓄脓 C. 闭合性气胸
D. 开放性气胸 E. 张力性气胸

32. 上坡时前行不会加重的是( )
A. 前肢悬跛 B. 前肢支跛 C. 后肢支跛
D. 后肢混跛 E. 后肢悬跛

33. 幼龄动物股骨骨折最常发生的部位是( )
A. 大转子 B. 小转子 C. 股骨干
D. 第三转子 E. 股骨颈

34. 犬髌骨内方脱位,确诊的方法是( )
A. B 超检查 B. 膝反射检查 C. 抽屉试验
D. X 线检查 E. 关节穿刺检查

35. 蹄冠蜂窝织炎的临床特点是( )
A. 无热 B. 无痛 C. 无跛行
D. 重度支跛 E. 重度悬跛

36. 角膜表面麻醉,常用丁卡因的浓度是( )
A. 0.1% B. 0.5% C. 2.0%
D. 3.0% E. 4.0%

37. 治疗母猪卵巢机能减退的首选药物是( )
A. 前列腺素 B. 前列烯醇 C. 马绒毛膜促性腺激素
D. 松弛素 E. 促黄体素

38. 按三期分法,对母畜发情周期的分期描述正确的是( )
A. 发情前期、发情期、发情后期 B. 卵泡发育期、卵泡成熟期、卵泡破裂期
C. 黄体生成期、黄体维持期、黄体消退期 D. 排卵前期、排卵期、排卵后期
E. 兴奋期、抑制期、均衡期

39. 诱导同期分娩的时机常选择( )
A. 胚胎附植期 B. 妊娠早期 C. 妊娠中期
D. 预产期前数日内 E. 有分娩预兆时

40. 胎儿产出期,母畜的产力组合是( )
A. 仅有阵缩,而无努责
B. 阵缩强烈,努责强烈
C. 仅有努责,而无阵缩
D. 阵缩强烈,努责微弱
E. 阵缩微弱,努责强烈

41. 行牵引术助产时,产科绳系在正生奶牛胎儿的( )
A. 系节上方
B. 系节下方
C. 腕关节上方
D. 跗关节上方
E. 蹄部

42. 家畜子宫脱出的常见病因是( )
A. 子宫迟缓
B. 努责微弱
C. 子宫肌收缩
D. 胎衣紧裹胎儿
E. 胎儿过大

43. 引起新生仔犬低血糖症,最常见的原因是( )
A. 初乳缺乏母源抗体
B. 糖原异生能力增强
C. 摄入母乳不足
D. 初乳中缺乏维生素
E. 初乳中缺乏矿物质

44. 依据阴阳盛衰确定的治疗原则,"壮水之主,以制阳光"属于( )
A. 滋阴抑阳
B. 扶阳制阴
C. 实者泻之
D. 寒者热之
E. 攻补兼施

45. 口色中,黄色的主证是( )
A. 虚证
B. 热证
C. 寒证
D. 湿证
E. 风证

46. 苦味药的主要功效是( )
A. 滋补、利尿
B. 收敛、固涩
C. 清热、燥湿
D. 泻下、软坚
E. 行气、行血

47. 方剂中主药不变,根据病情增添或减去一些次要药物的方式,属于( )
A. 药量增减
B. 药味增减
C. 方剂合并
D. 剂型变化
E. 药物替代

48. 治疗肝气郁结,可以选用的药物是( )
A. 薄荷
B. 升麻
C. 柴胡
D. 藿香
E. 荆芥

49. 具有清热解毒、散结消肿、利尿通淋功效的药物是( )
A. 板蓝根
B. 穿心莲
C. 金银花
D. 蒲公英
E. 白头翁

50. 具有软坚泻下、通便泻热功效的药物是( )
A. 芒硝
B. 黄连
C. 火麻仁
D. 番泻叶
E. 郁李仁

51. 具有益肝肾、补气血、祛风湿、止痹痛功效的方剂是( )
A. 补中益气汤
B. 百合固金汤
C. 六味地黄汤
D. 当归苁蓉汤
E. 独活寄生汤

52. 具有涩肠止泻、敛肺止咳功效的药物是( )
A. 诃子
B. 苏子
C. 莱菔子
D. 葶苈子
E. 菟丝子

53. 具有疏通经络、驱散寒邪功效的外治法是(　　)
A. 白针　　B. 血针　　C. 电针
D. 气针　　E. 艾灸

[B1 型题]

答题说明

以下提供若干组考题,每组考题共用在考题前列出的 A、B、C、D、E 五个备选答案。请从中选择一个与问题关系最密切的答案,并在答题卡上将相应题号的相应字母所属的方框涂黑。某个备选答案可能被选择一次、多次或不被选择。

(54～56 题共用备选答案)
A. 血尿　　B. 血红蛋白尿　　C. 肌红蛋白尿
D. 卟啉尿　　E. 药物性红尿

54. 奶牛,6 岁,20 d 前产犊,1 d 前开始食欲下降,呼吸 35 次/min,结膜苍白、黄染,排尿次数增加,尿量相对减少,尿呈淡红色。最可能的红尿性质是(　　)
55. 北京犬,10 岁,频尿,排尿困难,X 线检查可见膀胱内有大小不等的高密度影。最可能的红尿性质是(　　)
56. 马,7 岁,营养良好,半月余未参加任何活动,参加比赛后 24 h 发病,后肢瘫痪,排红色尿液。最可能的红尿性质是(　　)

(57～59 题共用备选答案)
A. 附红细胞体感染　　B. 巴贝斯虫感染　　C. 钩端螺旋体感染
D. 农药中毒　　E. 洋葱中毒

57. 犬,2 岁,近期未外出,突然发病,精神沉郁,不愿活动,眼结膜黄染,心跳增快,气喘,尿液呈红棕色,体温 38.1℃。血细胞镜检,可见红细胞表面有海恩茨小体。抗菌药治疗无效。最可能的致病原因是(　　)
58. 牛,3 岁,精神沉郁,四肢无力,稽留热,眼结膜苍白、黄染,气喘,尿呈暗褐色,血细胞镜检,在红细胞内有梨籽形物质出现。最可能的致病原因是(　　)
59. 夏季,犬,6 岁,突然发病,体温 40.5℃,嗜睡,呕吐,便血,眼结膜黄染。采集发病 2 h 内的血液,暗视野检查有细小球链状物质。最可能的致病原因是(　　)

(60～62 题共用备选答案)
A. 削薄蹄冠部蹄角质　　B. 蹄叉切开　　C. 蹄侧壁切开
D. 蹄冠部皮肤上做数个线状切口　　E. 掌部封闭

60. 马,5 岁,两前肢倾蹄,蹄冠部角质纵向开裂,裂缝不整齐,未见跛行。该病适宜的治疗方法是(　　)
61. 马,4 岁,体温 40.1℃。病初,左后肢蹄角质与皮肤交界处呈圆枕形肿胀,之后患部皮肤与蹄角质之间发生剥离,重度支跛。该病适宜的治疗方法是(　　)
62. 马,3 岁,体温 38.7℃。右前肢支跛,蹄尖负重,系部直立,指动脉检查搏动明显,检蹄器压迫蹄叉有痛感,但蹄底和蹄叉处无明显眼观病变,楔木试验阳性。该病适宜的治疗方法是(　　)

(63～65 题共用备选答案)
A. 左肷部切口　　B. 右肷部切口　　C. 右肋弓下斜切口
D. 左肋弓下斜切口　　E. 腹中线切口

63. 牛,患创伤性网胃炎,须进行剖腹术取出网胃内异物。该病手术切口应选择(　　)

64. 牛,患小肠梗阻,经保守治疗无效,现决定手术治疗。该病手术切口应选择(　　)

65. 母犬,2岁,常常出现血尿,尿频,今日出现尿闭,不安,腹部膨大,触诊耻骨前缘腹腔内有一膨大球状物,X线检查,显示膀胱及膀胱颈有大量高密度阴影。该病手术切口应选择(　　)

[A2 型题]

答题说明

每一道考题是以一个小案例出现的,其下面都有A、B、C、D、E五个备选答案。请从中选择一个最佳答案,并在答题卡上将相应题号的相应字母所属的方框涂黑。

66. 吉娃娃犬,体重3 kg,身体呈桶状,呼吸迫促。该犬的营养状况是(　　)
A. 恶病质　B. 营养不良　C. 营养中等
D. 肥胖　E. 消瘦

67. 断奶羔羊,精神沉郁,异嗜,喜卧,跛行,运步强拘,进而前肢弯曲,血清碱性磷酸酶活性升高。有助于诊断本病的方法是(　　)
A. X线检查　B. B超检查　C. 尿液检查
D. 内窥镜检查　E. 金属探查仪检查

68. 羊,体温41℃,流大量鼻液,胸部叩诊时,局部出现破壶音。死亡后采集肺脏,经福尔马林固定,切开后断面出现边缘整齐、大小不一的局限性病灶,呈灰白色,病灶内质地均匀,无肺组织结构。该羊可能患有(　　)
A. 坏疽性肺炎　B. 大叶性肺炎　C. 小叶性肺炎
D. 肺气肿　E. 细支气管炎

69. 牛,采食、咀嚼障碍,吞咽正常,张口伸舌,口温升高,口腔黏膜红肿,有大量浆液性分泌物流出,体温正常。该病可能是(　　)
A. 咽炎　B. 口炎　C. 食道炎
D. 食道阻塞　E. 食道痉挛

70. 犬,8岁,躯体丰满,不易触摸到肋骨,易疲劳,喜卧,血液生化检验,可见肾上腺皮质激素水平升高,该病的病因可能是(　　)
A. 低脂饲料　B. 高钙饲料　C. 高能饲料
D. 低能饲料　E. 低钙饲料

71. 雏鸡群,腿无力,喙与爪变软,易弯曲,采食困难,行走不稳,常以跗关节着地,呈蹲伏状态,骨骼变软肿胀。该病最可能的诊断是(　　)
A. 骨软症　B. 佝偻病　C. 维生素B_1缺乏症
D. 锰缺乏症　E. 禽痛风

72. 京巴犬,雌性,8岁,多饮,垂腹,后肢后侧方脱毛,皮肤色素过度沉着,呈斑块状。实验室检查尿蛋白阳性,空腹血糖含量为4.27 mmol/L,血浆皮质醇含量升高。本病最可能的诊断是(　　)
A. 肾炎　B. 膀胱炎　C. 糖尿病
D. 库兴氏综合征　E. 胃炎

73. 犬,甩尾,擦舔肛门,肛门囊部位肿胀,分泌物恶臭,治疗该病,不宜采用的方法是(　　)
A. 挤肛门囊　B. 清洗消毒　C. 封闭疗法
D. 刺激剂疗法　E. 抗生素疗法

74. 犬,3岁,颌下出现肿胀,有成人拳头大小,触诊无热、无痛,有波动,穿刺流出淡黄色、无味、黏稠液

体。手术治疗应施行( )

A. 腮腺囊肿摘除术　B. 舌下囊肿造袋术　C. 颈部黏液囊肿造袋术

D. 咽部囊肿造袋术　E. 颌下腺和舌下腺切除术

75. 犬,雄性,7岁,排尿困难,精神和食欲基本正常,肛门右侧肿胀、隆起,触压较柔软,倒立时,压迫肿胀物体积变小。该肿胀物可能是( )

A. 血肿　B. 肛门囊脓肿　C. 直肠憩室

D. 肛门腺肿瘤　E. 会阴疝

76. 猪,便秘,体温、呼吸未见异常,经用药后排便,很快恢复正常,但两天后流产,其原因最可能是( )

A. 饲养性流产　B. 自发性流产　C. 疾病性流产

D. 中毒性流产　E. 医疗性流产

77. 母猪,4岁,停止哺乳后一直未见发情,给予 GnRH 和 hCG 治疗无效,全身检查和血常规检查未见异常。治疗该病最适宜的药物是( )

A. PGF2α　B. eCG　C. FSH

D. E2　E. P4

78. 马,3岁,采食冰冻饲料后发病。证见阵发性腹痛起卧,肠鸣如雷,食欲废绝,口色青白,脉象沉迟。该证最可能的病邪是( )

A. 风邪　B. 寒邪　C. 湿邪

D. 暑邪　E. 燥邪

79. 种公马,频繁配种后发病。证见腰膀无力,后腿难移,腰脊僵硬。治疗该证最适宜的方剂是( )

A. 生脉散　B. 红花散　C. 巴戟散

D. 千金散　E. 防风散

[A3/A4 型题]

答 题 说 明

以下提供若干个案例,每个案例下设若干个考题。请根据案例所提供的信息,在每一道考试题下面的A、B、C、D、E五个备选答案中选择一个最佳答案,并在答题卡上将相应题号的相应字母所属的方框涂黑。

(80～82 题共用题干)

黑白花奶牛,3岁,采食后突然发病,反刍停止,喜卧,呻吟,磨牙,排便量减少,精神沉郁,腹部膨胀,左肷窝扁平,听诊瘤胃蠕动音消失。

80. 该病最可能是( )

A. 瘤胃积食　B. 瘤胃臌气　C. 创伤性网胃炎

D. 瓣胃阻塞　E. 皱胃阻塞

81. 有助于判定瘤胃内容物性状的检查方法是( )

A. 触诊　B. 叩诊　C. 问诊

D. 嗅诊　E. 视诊

82. 对本病有诊断意义的瘤胃内容物呈( )

A. 弱酸性,纤毛虫数量增加　B. 弱酸性,纤毛虫数量减少

C. 弱碱性,纤毛虫数量增加　D. 弱碱性,纤毛虫数量减少

E. 中性,纤毛虫数量增加

(83～85题共用题干)

猪,2月龄,食欲减退,不安,拱腰,里急后重,粪便腥臭,稀软。体温40.2℃,脉搏100次/min。

83.该病最可能导致( )

A.脱水　B.黄疸　C.水肿

D.贫血　E.碱中毒

84.该病最适宜的护理措施是( )

A.大量饮水　B.少量多次饮水　C.禁止饮水

D.增加饲喂量　E.增加饲喂次数

85.该病最可能的诊断是( )

A.肠嵌闭　B.肠痉挛　C.肠扭转

D.肠梗阻　E.肠炎

(86～88题共用题干)

马,体温39.7℃,食欲废绝,仅排少量黏液样粪便,腹部增大,后肢蹴腹,时常卧地打滚。直肠检查可见骨盆曲肠管内约20 cm长的硬结。保守疗法无效,决定手术。

86.剃毛消毒的部位是( )

A.左肷部　B.右肷部　C.腹底部

D.左侧肋弓下　E.腹中线左侧

87.肠管切开术后,肠壁缝合的方法是( )

A.第一层结节缝合,第二层库兴氏缝合　B.第一层库兴氏缝合,第二层伦勃特氏缝合

C.第一层连续缝合,第二层间断缝合　D.第一层间断缝合,第二层连续缝合

E.第一层康乃尔缝合,第二层库兴氏缝合

88.手术的肠管是( )

A.空肠　B.结肠　C.盲肠

D.回肠　E.十二指肠

(89～91题共用题干)

母犬,脐部出现局限性肿胀近6个月,触诊肿胀柔软,饱食和挣扎时增大,压迫肿胀可缩小,皮肤无红、热、痛反应。

89.本病最可能的诊断是( )

A.肿瘤　B.脓肿　C.疝

D.蜂窝织炎　E.痈

90.闭合内层切口可以采用的缝合方法是( )

A.水平纽扣状缝合　B.十字缝合　C.单纯连续缝合

D.锁边缝合　E.单纯间断缝合

91.合理的手术切口形状是( )

A.梭形　B.直线形　C.三角形

D.十字形　E."T"形

(92～94题共用题干)

奶牛,产后7 d,精神沉郁,食欲废绝,卧地呻吟,体温40.5℃,结膜发绀,反刍停止,从阴门流出恶臭、褐色液体,白细胞数量显著升高。

92.该牛最可能发生的疾病是( )

A.产后子宫内膜炎　B.子宫积液　C.乳热症

D.产后败血症　E.阴道炎

93. 治疗该病最不适宜的处理方法是( )

A. 静注头孢噻呋
B. 0.1%高锰酸钾溶液冲洗子宫
C. 静注 5%葡萄糖盐水
D. 静注 10%葡萄糖酸钙注射液
E. 肌注催产素

94. 治疗该病首选的方法是( )

A. 局部和全身抗菌消炎
B. 补钙
C. 冲洗子宫
D. 促进子宫内容物排出
E. 阴道局部抗菌消炎

(95～97 题共用题干)

母猪,3 岁,4 胎,断奶超过 1 个月,仍不见发情,多次临床检查未见异常,子宫和阴道无异常分泌物外流,阴唇亦无红肿现象。

95. 该猪最可能发生的是( )

A. 卵巢机能减退
B. 卵泡萎缩
C. 卵泡囊肿
D. 排卵延迟
E. 卵泡交替发育

96. 治疗该病首选的药物是( )

A. 促卵泡激素
B. 促黄体素
C. 氯前列烯醇
D. 松弛素
E. 孕酮

97. 不属于该病的发病原因是( )

A. 子宫疾病
B. 长期饥饿
C. 过度使役
D. 轻度腹泻
E. 过度哺乳

(98～100 题共用题干)

冬季,6 月龄幼犬突然发病,证见恶寒,耳鼻俱凉,鼻流清涕,湿咳声低,不喜饮水,舌苔薄白,脉象浮紧。

98. 引起该病的原因是( )

A. 风热
B. 风寒
C. 风湿
D. 燥热
E. 气虚

99. 治疗本病宜采取的治法是( )

A. 疏风散寒,宣肺止咳
B. 疏风清热,化痰止咳
C. 清肺降火,化痰止咳
D. 益气补肺,化痰止咳
E. 滋阴清热,润肺止咳

100. 针灸治疗,可以选用的穴位是( )

A. 心俞
B. 脾俞
C. 肝俞
D. 肺俞
E. 肾俞

2018 年·临床科目·答案与解析

综 合 应 用

[A3/A4 型题]

答 题 说 明

以下提供若干个案例,每个案例下设若干个考题。请根据案例所提供的信息,在每一道考试题下面的 A、B、C、D、E 五个备选答案中选择一个最佳答案,并在答题卡上将相应题号的相应字母所属的方框涂黑。

(101～102 题共用题干)

某规模化猪场,初产母猪流产,产死胎、木乃伊胎,或产出病弱仔猪;死胎皮肤充血、出血、水肿或脱水;经产母猪未见流产。

101. 该病最可能的诊断是(　　)

A. 猪繁殖与呼吸综合征　B. 布鲁氏菌病　C. 猪圆环病毒病

D. 猪细小病毒病　E. 流行性乙型脑炎

102. 防控该病最有效的疫苗接种时间是(　　)

A. 后备母猪配种前 2 个月　B. 经产母猪产前 2 个月

C. 在蚊虫活动季节开始前　D. 春季和秋季

E. 母猪产前 1 个月

(103～105 题共用题干)

育肥猪,70 日龄,发热,咳嗽,呈间歇性神经症状。剖检可见肾脏有针尖大小出血点,脑膜明显充血水肿,扁桃体、肝脏有散在灰白色坏死点。该场妊娠母猪有流产现象。

103. 该病最可能的诊断是(　　)

A. 猪瘟　B. 伪狂犬病　C. 猪繁殖与呼吸综合征

D. 猪链球菌病　E. 仔猪水肿病

104. 实验室确诊野毒感染的方法是(　　)

A. gB-ELISA　B. gE-ELISA　C. 全病毒-ELISA

D. 血凝试验　E. 中和试验

105. 种猪群防控该病最关键的措施是(　　)

A. 投喂抗病毒药物　B. 加强消毒管理　C. 抗生素治疗

D. 高免血清治疗　E. 淘汰野毒感染猪

(106～108 题共用题干)

病猪,可视黏膜发绀,死后剖检可见颌下淋巴结及腹股沟淋巴结明显肿胀,灰白色,质地柔软。肺脏、肝脏及肾脏表面有大小不一的灰白色柔软隆起,切开见有灰黄色浑浊的凝乳状液体流出。

106. 上述病灶局部的炎症反应为(　　)

A. 变质性炎　B. 渗出性炎　C. 增生性炎

D. 化脓性炎　E. 出血性炎

107. 确诊该病应做的检查是(　　)

A. 细菌分离培养　B. 病毒分离培养　C. 寄生虫观察

D. 饲料毒物分析　E. 肿瘤组织学鉴定

108. 病灶组织中的主要炎性细胞是(　　)

A. 淋巴细胞　B. 浆细胞　C. 中性粒细胞

D. 嗜酸性粒细胞　E. 嗜碱性粒细胞

(109～111 题共用题干)

仔猪,3 日龄,突发呕吐,继而水样腹泻,粪便呈黄色或灰白色,并有未消化的乳凝块,病猪脱水、死亡。无菌采取病死猪肝脏组织进行细菌培养,无菌落生长。

109. 该病最可能的诊断是(　　)

A. 伪狂犬病　B. 猪传染性胃肠炎　C. 猪细小病毒感染

D. 猪瘟　E. 猪圆环病毒病

110. 电镜下的病原体形态是(　　)

A. 杆状　B. 星状　C. 细丝状

D. 子弹状　E. 冠状

111. 对症治疗,有效的措施是(　　)

A. 仔猪口服抗生素　B. 母猪免疫　C. 仔猪免疫

D. 仔猪口服补液盐　E. 仔猪口服抗血清

(112～114 题共用题干)

某后备母猪,适配月龄时未见发情,体重显著超过同龄母猪,腰粗壮,臀部发达,检查生殖系统发育,未见异常。

112.导致该母猪不孕最可能的原因是(　　)

A.先天因素　　B.营养因素　　C.配种技术因素

D.环境气候因素　　E.疾病感染因素

113.治疗该病最适宜的措施是(　　)

A.注射马绒毛膜促性腺激素　　B.注射氯前列醇　　C.控料、加强运动

D.给予优质可消化全价饲料　　E.补加精料,增加营养

114.该猪卵巢最可能呈现的变化是(　　)

A.既有卵泡又有黄体　　B.有多个黄体　　C.有多个卵泡

D.脂肪浸润　　E.萎缩、结缔组织化

(115～118 题共用题干)

仔猪,5 日龄,腹泻,粪便呈黄色糊状,并迅速消瘦,脱水死亡。剖检可见胃内有凝乳块;肠腔膨胀并有多量黄色液状内容物和气体,肠黏膜呈急性卡他性炎症变化,尤以十二指肠最严重。

115.该病最可能的诊断是(　　)

A.仔猪黄痢　　B.仔猪白痢　　C.仔猪副伤寒

D.仔猪红痢　　E.猪水肿病

116.诊断该病应进行(　　)

A.病原分离鉴定　　B.尿液化学检查　　C.血红蛋白检测

D.血液红细胞计数　　E.血清钠、钾离子检测

117.【假设信息】该类病原感染断奶后仔猪,膘情好的仔猪最可能出现(　　)

A.皮肤黄疸　　B.眼睑水肿　　C.稽留高热

D.持续咳嗽　　E.呼吸困难

118.【假设信息】该类病原感染 15 日龄仔猪,最可能出现(　　)

A.腹水　　B.低血糖　　C.体温偏低

D.虎斑心　　E.排灰白色稀便

(119～120 题共用题干)

某猪场,部分育肥猪高热,食欲下降,精神沉郁,个别妊娠母猪发生流产、产死胎。

119.【假设信息】现场调查发现,猪场蚊虫滋生,公猪的一侧或双侧睾丸肿大,最可能的疾病是(　　)

A.流行性乙型脑炎　　B.伪狂犬病　　C.猪细小病毒病

D.弓形虫病　　E.猪繁殖与呼吸综合征

120.【假设信息】用磺胺间甲氧嘧啶治疗效果良好,该病最可能是(　　)

A.黄曲霉毒素中毒　　B.衣原体病　　C.弓形虫病

D.猪肺疫　　E.猪蛔虫病

(121～123 题共用题干)

3 日龄肉鸡群,陆续发病,病鸡沉郁,食欲减退,喜卧,跛行。剖检可见腹部皮下胶冻样渗出,胰腺变窄、变薄、变硬,骨骼肌纤维发生透明变性,可见肌纤维肿胀,嗜伊红性增强,横纹消失,肌间成纤维细胞增生。

121.该病最可能诊断为(　　)

A.硒缺乏症　　B.维生素 B_1 缺乏症　　C.维生素 B_2 缺乏症

D.锰缺乏症　　E.维生素 K 缺乏症

122. 该病还可能出现的异常是(　　)

A. 肌胃萎缩　B. 观星样姿势　C. 趾爪卷曲症
D. 滑腱症　E. 花斑肾

123. 饲料中含量过多,可能促进该病发生的物质是(　　)

A. 维生素E　B. 磷　C. 铜
D. 钙　E. 维生素A

(124~125题共用题干)

7月龄鸭群,部分鸭头部肿大,两腿麻痹,排绿色粪便;食道黏膜出血、水肿、坏死,表面有黄褐色的伪膜覆盖,肝脏上有白色坏死点。

124. 该鸭群最可能发生的疾病是(　　)

A. 鸭病毒性肝炎　B. 禽流感　C. 鸭传染性浆膜炎
D. 鸭瘟　E. 小鹅瘟

125. 预防该病首先应采取的措施是(　　)

A. 投喂抗菌药物　B. 投喂微生态制剂　C. 投喂抗病毒药物
D. 净化　E. 接种疫苗

(126~127题共用题干)

260日龄蛋鸡群,产蛋下降,产软壳、薄壳蛋,蛋壳破损率增多;母鸡瘫痪,骨质变脆;血钙为1.5 mmol/L,血清碱性磷酸酶升高。

126. 引起该鸡群发病的因素不包括(　　)

A. 饲料中钙缺乏　B. 光照不足　C. 维生素D缺乏
D. 维生素B缺乏　E. 运动不足

127. 该鸡群最可能发生的疾病是(　　)

A. 维生素B_1缺乏症　B. 笼养蛋鸡疲劳综合征　C. 硒和维生素E缺乏症
D. 纤维性骨营养不良　E. 肉鸡腹水综合征

(128~129题共用题干)

30日龄肉鸡群,羽毛蓬松,采食减少,畏寒,扎堆,精神委顿,严重腹泻,排出白色水样稀粪,部分病鸡在发病后2~3 d死亡,5~7 d到达死亡高峰,很快平息。

128. 对该病诊断具有示病意义的病理变化是(　　)

A. 心脏出血　B. 肝包炎　C. 心包炎
D. 肺出血　E. 花斑肾

129. 该病最可能的诊断是(　　)

A. 传染性法氏囊病　B. 新城疫　C. 禽流感
D. 大肠杆菌病　E. 沙门菌病

(130~132题共用题干)

100日龄鸡群,呼吸困难,流鼻液,一侧或两侧眼结膜潮红,眼睑和眶下窦肿胀;剖检可见呼吸道黏膜充血、肿胀,鼻窦内有渗出物,其他脏器无异常。

130. 该病的病原可能是(　　)

A. 副鸡嗜血杆菌　B. 禽流感病毒　C. 传染性喉气管炎病毒
D. 传染性支气管炎病毒　E. 新城疫病毒

131. 该病最可能的诊断是(　　)

A. 传染性鼻炎　B. 禽流感　C. 传染性喉气管炎
D. 传染性支气管炎　E. 新城疫

132.治疗该病应选用(　　)

A.抗生素　　B.高免血清　　C.高免卵黄

D.转移因子　　E.微生态制剂

(133～134题共用题干)

产蛋鸭群,病初采食量下降,部分鸭排出草绿色稀便,1周后产蛋量锐减70%,同时出现砂壳蛋、畸形蛋。剖检可见卵泡膜充血、出血;肝脏肿大,有坏死灶。

133.该病最可能的诊断是(　　)

A.呼肠孤病毒感染　　B.鸭病毒性肝炎　　C.鸭传染性浆膜炎

D.鸭坦布苏病毒病　　E.鸭大肠杆菌病

134.该病的病原在分类上属于(　　)

A.副黏病毒科　　B.黄病毒科　　C.轮状病毒

D.微RNA病毒科　　E.疱疹病毒科

(135～137题共用题干)

150日龄蛋鸡群,接种过2次禽流感疫苗,突然发生腹泻,排绿色、黄绿色粪便,肉髯发绀,有观星姿势;剖检可见肠道出血,腺胃黏膜水肿、乳头出血,肠黏膜有枣核状出血和坏死。

135.该病最可能的诊断是(　　)

A.禽流感　　B.禽霍乱　　C.新城疫

D.禽伤寒　　E.禽副伤寒

136.该病常用的诊断方法是(　　)

A.琼脂平板培养　　B.血凝与血凝抑制试验　　C.生化试验

D.涂片染色镜检　　E.平板凝集试验

137.使用该诊断方法是因为该病原具有(　　)

A.核蛋白　　B.血凝素-神经氨酸酶　　C.融合蛋白

D.基质蛋白　　E.聚合酶

(138～140题共用题干)

夏季,2月龄鸡群,消瘦,贫血,皮肤瘙痒、粗糙,常出现红疹或形成小结节;检查体表,发现有点状的红色虫体,可见到个别爬行速度快、呈灰白色的虫体。

138.首先可以排除的病原是(　　)

A.林禽刺螨　　B.鸡皮刺螨　　C.鸡羽虱

D.鸡体虱　　E.膝螨

139.该病原可能传播(　　)

A.禽大肠杆菌病　　B.禽霍乱　　C.赖利绦虫病

D.毛尾线虫病　　E.前殖吸虫病

140.该病的治疗药物是(　　)

A.溴氰菊酯　　B.左旋咪唑　　C.地克珠利

D.环丙氨嗪　　E.泰妙菌素

(141～143题共用题干)

黄牛,5岁,反刍停止,食欲废绝,鼻镜干燥,体温38.6℃,左肷窝平坦,触诊坚硬,叩诊呈浊音,听诊瘤胃蠕动音减弱。该牛发病前饲喂了大量半干的甘薯蔓。

141.该病最可能的诊断是(　　)

A.真胃左方变位　　B.瓣胃阻塞　　C.前胃迟缓

D.瘤胃臌气　　E.瘤胃积食

142.治疗该病的适宜措施是(　　)

A.灌服硫酸镁、鱼石脂和液体石蜡　B.灌服硫糖铝、碳酸银和小苏打
C.输注生理盐水、小苏打和阿托品　D.输注复方氯化钠溶液、小苏打和东莨菪碱
E.灌服硫酸钠、活性炭和胃蛋白酶

143.【假设信息】若经药物治疗5 d后,左肷部触诊仍坚硬,叩诊呈浊音,应采取的手术方法是(　　)

A.自左肷部做瘤胃切开术　B.自右肷部做瓣胃切开术　C.自中线旁做瘤胃切开术
D.自中线旁做真胃固定术　E.自右肷部做真胃固定术

(144~146题共用题干)

夏季,天气湿热,奶牛在运动场运动后,突然精神沉郁,张口呼吸,倒地,鼻孔流出粉红色、带小泡鼻液。听诊心音亢进,心率120次/min,体温42.5℃。触诊皮温明显增高。

144.血液学检查最可能出现的是(　　)

A.血小板减少　B.血液pH升高　C.白细胞数减少
D.红细胞数减少　E.红细胞比容升高

145.中兽医治疗可以选用(　　)

A.青蒿鳖甲汤　B.茵陈四物汤　C.清暑香薷汤
D.茵陈术附汤　E.桂枝汤

146.能缓解病情的措施是(　　)

A.适度输血　B.增加光照　C.适度泻血
D.增加运动　E.限制饮水

(147~149题共用题干)

牛,早春在栎树林放牧6 d后,出现精神沉郁、反刍减少、磨牙、后肢踢腹,粪便色黑且带有黏液,味腥臭;尿频,尿液呈红色。

147.病牛下颌、肉垂等部位易出现(　　)

A.血肿　B.水肿　C.丘疹
D.炎性肿胀　E.疹块

148.血清中可能升高的物质是(　　)

A.酚类物质　B.生物碱　C.苦马豆素
D.黄酮类物质　E.氨类物质

149.该病红尿的性质是(　　)

A.血尿　B.血红蛋白尿　C.肌红蛋白尿
D.卟啉尿　E.饲料色素性红尿

(150~151题共用题干)

奶牛场,11月2—15日间,1~3岁奶牛近1/2陆续发病,流涎呈牵缕状,并带有泡沫,口腔黏膜有蚕豆大的溃疡灶,食欲不振,产奶量下降,前肢跛行明显。

150.对该牛群适宜的处理措施是(　　)

A.扑杀,无害化处理　B.隔离治疗患病动物,禁止新进动物
C.注射灭活疫苗　D.注射高免血清
E.用碘伏清洗病灶,肌内注射青霉素

151.【假设信息】若周边的羊和猪同时发病,最可能的诊断是(　　)

A.口蹄疫　B.水疱病　C.蓝舌病
D.传染性鼻气管炎　E.痘病

(152～154 题共用题干)

高产奶牛,6 岁,分娩后第 2 天出现精神沉郁,站立时后肢交替负重,后躯摇摆,继而卧地,四肢屈于躯干下,头向后弯向胸一侧,肢体末端冰凉,知觉丧失,针刺无反应,瞳孔散大、反射微弱。

152. 对该病有效的治疗措施是静脉注射(　　)

A. 10%葡萄糖酸钙　　B. 碳酸钙　　C. 5%碳酸氢钠

D. 10%氯化钠　　E. 林格式液

153. 血清生化检查显著降低的是(　　)

A. 钾　　B. 钠　　C. 钙

D. 氯　　E. 锌

154. 对该病可以进行治疗性诊断的方法是(　　)

A. 灌肠　　B. 洗胃　　C. 强心提神

D. 乳房送风　　E. 灌服泻药

(155～156 题共用题干)

山羊群发病,尤以羔羊最严重,表现为呼吸极度困难,体温升高,急性死亡,病死率高。剖检可见大叶性肺炎,肺脓肿;肠道炎症明显。链霉素治疗有效。

155. 病变肺组织涂片,瑞氏染色镜检,可见病原呈(　　)

A. 多形性　　B. 小杆状　　C. 两极浓染的球杆状

D. 球形链状排列　　E. 两端钝圆的粗大杆状

156.【假设信息】若链霉素不能治愈,剖检发现为大叶性肺炎,胸腔大量积液,遇空气后很快凝结成胶冻状,则最可能混合感染的病原是(　　)

A. 丝状支原体　　B. 溶血性链球菌　　C. 金黄色葡萄球菌

D. D 型魏氏梭菌　　E. 大肠杆菌

(157～159 题共用题干)

南方初夏,绵羊群发病,发病率 35%,体温 40.5～41.5℃,呈稽留热型,流涎,口腔黏膜充血、发绀,严重病例口唇、齿龈、颊和舌黏膜糜烂,吞咽困难。部分病羊跛行。

157. 传播该病最主要的昆虫是(　　)

A. 跳蚤　　B. 库蠓　　C. 蚊

D. 虻　　E. 螯蝇

158. 该病最可能的诊断是(　　)

A. 小反刍兽疫　　B. 羊痘　　C. 山羊病毒性关节炎-脑炎

D. 蓝舌病　　E. 巴氏杆菌病

159. 对该病诊断具有示病意义的病理变化是(　　)

A. 肺动脉基部明显出血斑　　B. 结膜炎和坏死性口炎

C. 结肠、直肠结合处线状出血　　D. 皱胃黏膜出现大小不等的结节

E. 心肌切面有淡黄色的斑点或条纹

(160～162 题共用题干)

奶牛群,200 头。近日部分奶牛出现精神沉郁,角膜浑浊,厌食,消瘦,泌乳牛产奶减少。有 5 头 4～5 月龄犊牛死亡。剖检可见腹腔积液,肝脏硬化、有肿块,胆囊扩张。调查怀疑饲料异常。

160. 降低该物质对动物机体危害的方法是在饲料中添加(　　)

A. 膳食纤维　　B. 白陶土　　C. 植物油

D. 骨粉　　E. 干草

161.与本病有关的天气因素是(　　)

A.沙尘暴　B.干冷　C.湿热

D.干热　E.湿冷

162.检测饲料,含量超标的主要是(　　)

A.除草剂　B.细菌毒素　C.霉菌毒素

D.有机磷农药　E.植物生长调节剂

(163～165题共用题干)

某羊群,在草场放牧5个月后,表现食欲渐进性减退,体重减轻,极度消瘦、虚弱,可视黏膜苍白,羊毛脆而易断,易脱落,后期出现腹泻、流泪,痒感明显。尿液甲基丙二酸(MMA)含量显著升高。

163.该病最可能的诊断是(　　)

A.硒缺乏症　B.锌缺乏症　C.碘缺乏症

D.铜缺乏症　E.钴缺乏症

164.该病羊的贫血属于(　　)

A.小红细胞低色素性贫血　B.大红细胞低色素性贫血

C.正常红细胞低色素性贫血　D.小红细胞正常色素性贫血

E.巨幼红细胞性贫血

165.治疗该病的维生素是(　　)

A.维生素A　B.维生素K　C.维生素E

D.维生素D　E.维生素B_{12}

(166～168题共用题干)

猫偷食生肉数日后发病,表现发热,一侧肢体无力,运动障碍等神经症状。血常规检查白细胞总数升高、单核细胞数量升高。

166.该病最可能的诊断是(　　)

A.葡萄球菌病　B.沙门氏菌病　C.李氏杆菌病

D.链球菌病　E.大肠杆菌病

167.治疗该病最有效的药物是(　　)

A.制霉菌素　B.两性霉素B　C.盐霉素

D.伊维菌素　E.青霉素

168.在肉羊生产中,该病菌常来源于(　　)

A.饮水　B.玉米　C.饼粕饲料

D.青贮饲料　E.犬

(169～171题共用题干)

比特犬,2岁,体温40.3℃,精神沉郁,食欲废绝,可视黏膜黄染,尿呈黄褐色;血常规检查红细胞3.56×10^{12}/L,白细胞7.50×10^{9}/L,血红蛋白72 g/L;血液涂片检查,在病原寄生细胞中,可见有梨籽形虫体。

169.治疗本病的特效药是(　　)

A.咪唑苯脲　B.吡喹酮　C.伊曲康唑

D.多拉菌素　E.咪达唑仑

170.该病主要传播媒介是(　　)

A.硬蜱　B.苍蝇　C.蚊

D.鼠　E.蟑螂

171. **该病原寄生的细胞是(　　)**

A. 红细胞　　B. 中性粒细胞　　C. T 淋巴细胞
D. B 淋巴细胞　　E. 单核细胞

(172～174 题共用题干)

波士顿梗幼犬,20 日龄,饱食后 1～2 h 发生喷射状呕吐,呕吐物不含胆汁。钡餐造影观察胃排空时间延长。

172. **该病最可能的诊断是(　　)**

A. 肠梗阻　　B. 胃溃疡　　C. 贲门狭窄
D. 幽门狭窄　　E. 十二指肠溃疡

173. **根治本病,应采取(　　)**

A. 胃切开术　　B. 肠管截断术　　C. 肠管切开术
D. 贲门肌切开术　　E. 幽门肌切开术

174. **保守治疗,有效的药物是(　　)**

A. 胃复安　　B. 钙制剂　　C. 抗生素
D. 干扰素　　E. 肾上腺素

(175～177 题共用题干)

公犬,6 岁,突然发病,频做排尿姿势,强力努责,但仅有少量尿液滴出。腹部触诊膀胱充盈、敏感。

175. **该病最可能的诊断是(　　)**

A. 肾结石　　B. 输尿管结石　　C. 尿道结石
D. 肾炎　　E. 膀胱炎

176. **患犬的排尿异常属于(　　)**

A. 频尿　　B. 多尿　　C. 少尿
D. 尿失禁　　E. 尿闭

177. **该犬尿液检查可能发现(　　)**

A. 尿糖阳性　　B. 尿胆素原增多　　C. 尿潜血阳性
D. 尿酮体阳性　　E. 尿胆红素阳性

(178～179 题共用题干)

北京犬,9 岁,发病 1 周,腰背僵直,触之敏感,呻吟,排粪排尿迟滞,两后肢运步不稳,行走困难。

178. **确诊该病需进行的检查是(　　)**

A. B 超检查　　B. X 线检查　　C. 血清生化检查
D. 血常规检查　　E. 尿常规检查

179. **首先可以排除的疾病是(　　)**

A. 风湿病　　B. 骨质增生　　C. 破伤风
D. 腰荐椎体骨折　　E. 腰椎间盘突出

(180～182 题共用题干)

博美犬,3 岁,被萨摩耶犬咬伤,次日发现右腹壁出现局限性肿胀,触摸患处皮肤温热、柔软,按压肿物可变小。

180. **该病最可能的诊断是(　　)**

A. 淋巴外渗　　B. 腹壁脓肿　　C. 腹部囊肿
D. 气肿　　E. 腹壁疝

181. **该病最佳的治疗方法是(　　)**

A. 输液疗法　　B. 外固定包扎　　C. 穿刺疗法
D. 激素疗法　　E. 手术疗法

182.进一步诊断,首选的方法是( )

A.血常规检查 B.血清生化检查 C.X线检查

D.血气检测 E.尿常规检查

(183～185题共用题干)

北京犬,6岁,被汽车撞伤,双后肢不能站立,感觉、痛觉反射消失,尾下垂,大小便失禁。

183.导致该犬出现上述症状的主要原因是( )

A.腰部软组织损伤 B.脊髓损伤 C.马尾神经损伤

D.坐骨神经损伤 E.荐神经损伤

184.确诊病变部位的最佳方法是( )

A.血常规检查 B.脑脊髓液检查 C.核磁共振检查

D.B超检查 E.心电图检查

185.治疗中不宜采用的方法是( )

A.针灸 B.辅助运动 C.镇痛消炎

D.局部封闭 E.手术

(186～188题共用题干)

患犬,突然发病,体温39.6℃,心率127次/min,呼吸42次/min,间歇性痉挛抽搐,眼球震颤,瞳孔缩小,呕吐,流涎,排稀便,可视黏膜潮红。

186.对该病具有诊断价值的血液生化检查结果是( )

A.胆碱酯酶活性升高 B.胆碱酯酶活性下降 C.淀粉酶活性升高

D.淀粉酶活性下降 E.胰酶活性升高

187.该病可以初步诊断为( )

A.亚硝酸盐中毒 B.有机磷中毒 C.有机氟中毒

D.有机汞中毒 E.有机氯中毒

188.治疗该病,首选的药物是( )

A.碘解磷定 B.二巯基丙醇 C.二巯丁二钠

D.乙酰胺 E.钼酸铵

(189～190题共用题干)

一新生仔犬,初生时活泼健壮,采食母乳后逐渐出现精神沉郁、反应迟钝、喜卧的现象。皮肤及可视黏膜黄染,尿量少而黏稠,血液学检查,红细胞数显著减少。

189.导致此病发生的原因是( )

A.仔犬分娩过程中呛入了大量羊水 B.仔犬体内发生了免疫溶血反应

C.仔犬肝脏损伤 D.母犬乳汁中乳蛋白含量过低

E.母犬乳汁中乳糖含量过低

190.该病最可能的诊断是( )

A.新生仔犬溶血病 B.仔犬低血糖症 C.仔犬出血性紫癜

D.仔犬孱弱 E.仔犬低钙血症

(191～192题共用题干)

5龄蚕,食欲减退,眠起不齐,体呈锈色,出现胡椒蚕和不结茧蚕,丝腺有乳白色脓包状斑块。

191.该蚕可能发生的疾病是( )

A.家蚕质型多角体病 B.家蚕微粒子病 C.白僵病

D.变形虫病 E.锥虫病

192.确诊该病,应采用的方法是(　　)

A.体表病原检查　　B.剖检中肠管壁　　C.剖检后肠管壁

D.剖检丝腺　　E.血液中多角体检测

(193～195题共用题干)

20日龄貂群发病,发病率达50%,病死率达80%。病貂食欲不振,腹泻,粪便呈水样,粉红色,病貂迅速脱水、虚弱;白细胞显著减少,部分衰竭死亡。

193.该场水貂发生的疾病最可能是(　　)

A.大肠杆菌病　　B.水貂病毒性肠炎　　C.水貂阿留申病

D.狂犬病　　E.伪狂犬病

194.该病的特征性病变部位是(　　)

A.心脏　　B.脾脏　　C.肺脏

D.小肠　　E.大肠

195.对该场未发病貂,应采取的紧急措施是(　　)

A.抗生素治疗　　B.补充维生素　　C.消毒

D.注射弱毒疫苗　　E.注射灭活疫苗

(196～197题共用题干)

5龄家蚕,体色乳白,环节肿胀,狂躁爬行,皮破流脓而死。

196.该病可能是(　　)

A.血液型脓病　　B.中肠型脓病　　C.病毒性软化病

D.浓核病　　E.白僵病

197.确诊该病时,必须检测的成分是(　　)

A.血糖　　B.血液中核酸　　C.血液中多角体

D.肠液中多角体　　E.血清蛋白

(198～200题共用题干)

病马,证见粪便不通,肚腹胀满,回头观腹,不时起卧,食欲废绝,嗳气酸臭,口色赤红,舌苔黄厚,脉沉有力。

198.该病可辨证为(　　)

A.大肠湿热　　B.大肠冷痛　　C.肝脾不和

D.食积大肠　　E.脾虚不运

199.该病的治则是(　　)

A.清热利湿,行气止痛　　B.通便攻下,行气止痛

C.疏肝健脾,行气止痛　　D.温中散寒,行气止痛

E.益气健脾,行气止痛

200.本病可选用的基础方剂是(　　)

A.大承气汤　　B.白头翁汤　　C.曲蘗散

D.四君子汤　　E.桂心散

2018年·综合应用·答案与解析

考生姓名：　　　　　　　　　　　　　　准考证号：

2019 年全国执业兽医资格考试试卷

(兽医全科类)上午卷

（基础预防）

注 意 事 项

一、请按照要求，用蓝黑色或者黑色签字笔在答题卡上填写姓名、身份证号码、考点、考试地点、考场号、准考证号等信息，并用铅笔涂好准考证号。

二、试卷分为 2 部分，基础科目 100 小题，预防科目 100 小题，共 200 小题，考试时间为 150 分钟。各部分不单独计时，请考生自己合理分配时间。

三、监考人员宣布考试开始时，方可答题；宣布考试结束时，应立即停止答题。答题卡、题本一律反扣在桌面上，待监考人员确认数量无误，允许离开时，考生方可离开考场。如果考生违反了以上任何一项要求，都将影响考试成绩。

四、答案必须填涂在答题卡上，书写在试题本上的答案一律无效。

五、答题卡严禁折叠。

六、答题卡的正确填涂方式为：■，用其他符号填涂答案者不计分。

七、如要改动答案，必须先用橡皮擦去原来选定的答案，然后再按上面的规定重新作答。

基础科目

[A1 型题]

答题说明

每一道考试题下面有 A、B、C、D、E 五个备选答案，请从中选择一个最佳答案，并在答题卡上将相应题号的相应字母所属的方框涂黑。

1.《中华人民共和国动物防疫法》将动物疫病分为(　　)

A. 一类　　B. 二类　　C. 三类
D. 四类　　E. 五类

2. 根据《中华人民共和国动物防疫法》，必须取得动物防疫条件合格证的场所不包括(　　)

A. 动物饲养场　　B. 动物屠宰加工场所
C. 动物隔离场所　　D. 经营动物、动物产品的集贸市场
E. 动物和动物产品无害化处理场所

3. 根据《中华人民共和国动物防疫法》规定，下列关于动物疫病控制和扑灭的表达不正确的是(　　)

A. 二类、三类动物疫病呈暴发流行时，按照一类动物疫病处理
B. 发生人畜共患传染病时，兽医主管部门应当组织对疫区易感染的人群进行监测
C. 疫点、疫区和受威胁区的撤销和疫区封锁的解除，由原决定机关决定并宣布
D. 发生三类动物疫病时，当地县级、乡级人民政府应当按照国务院兽医主管部门的规定组织防治和净化
E. 为控制和扑灭动物疫病，动物卫生监督机构应当派人在当地依法设立的现有检查站执行监督检查任务

4. 根据《中华人民共和国动物防疫法》规定，下列关于动物和动物产品检疫的表达不正确的是(　　)

A. 经铁路运输动物和动物产品的，托运人托运时应当提供检疫证明
B. 屠宰、经营、运输的动物，应当附有检疫证明
C. 经营的动物产品，应当附有检疫证明、检疫标志
D. 经检疫不合格的动物、动物产品，货主应当在动物卫生监督机构监督下处理，处理费用由国家承担
E. 动物卫生监督机构接到检疫申报后，应当及时指派官方兽医对动物、动物产品实施现场检疫

5. 根据《动物诊疗机构管理办法》规定，从事动物诊疗活动的机构必须具备的法定条件不包括(　　)

A. 有与动物诊疗活动相适应并符合动物防疫条件的场所
B. 有与动物诊疗活动相适应的执业兽医
C. 有与动物诊疗活动相适应的兽医器械和设备
D. 有与动物诊疗活动相适应的管理人员
E. 有完善的管理制度

6. 根据《中华人民共和国动物防疫法》，动物卫生监督机构执行监督检查任务时，无权采取的措施是(　　)

A. 对动物、动物产品按照规定采样、留验和抽验
B. 对染疫的动物进行隔离、查封、扣押和处理
C. 对依法应当检疫而未经检疫的动物实施补检
D. 查验检疫证明、检疫标志和畜禽标识
E. 对阻碍监督检查的个人实施拘留等行政处罚措施

7.《重大动物疫情应急条例》规定,有权公布重大动物疫情的主体是( )
A. 国务院兽医主管部门 B. 省、自治区、直辖市人民政府
C. 省、自治区、直辖市人民政府兽医主管部门 D. 县级人民政府兽医主管部门
E. 县级动物疫病预防控制机构
8. 根据《重大动物疫情应急条例》,下列对疫点采取的措施表述不正确的是( )
A. 扑杀并销毁染疫动物 B. 对易感动物紧急免疫接种
C. 对病死动物、动物排泄物等进行无害化处理 D. 对被污染的物品用具等进行严格消毒
E. 销毁染疫的动物产品
9. 根据《执业兽医管理办法》,在动物饲养场注册的执业兽医不符合规定的行为是( )
A. 拒绝使用劣兽药 B. 将患有一类动物疫病动物的同群动物转移
C. 指导兽医专业学生实习 D. 制定本场动物驱虫方案
E. 对动物疫病进行定期检测
10. 根据《动物诊疗机构管理办法》,不符合动物诊疗机构设立的条件是( )
A. 有完善的卫生消毒管理制度 B. 出入口与同一建筑的其他用户共用通道
C. 有消毒设备 D. 有完善的疫情报告制度
E. 有3名以上取得执业兽医师资格证书的人员
11. 根据《动物诊疗机构管理办法》的规定,动物诊疗机构下列不符合诊疗活动规定的行为是( )
A. 在显著位置公示从业人员基本情况
B. 按当地人民政府兽医主管部门的要求派执业兽医参加动物疫病扑灭活动
C. 按规定处理医疗废弃物
D. 对患有非洲猪瘟的动物进行治疗
E. 宠物用品经营区域与诊疗区域分别独立设置
12. 根据《兽医处方格式及应用规范》,下列表述不正确的是( )
A. 执业兽医应当遵循安全、有效和经济的原则开具兽医处方
B. 兽医处方经执业兽医师签名或者盖章后有效
C. 动物主人必须在动物就诊的动物诊疗机构购买兽药
D. 利用计算机开具处方的,应同时打印出纸质处方,并签名或盖章
E. 兽医处方的有效期最长不得超过3 d
13. 根据《兽医处方格式及应用规范》,下列关于兽医处方内容的表述不正确的是( )
A. 前记部分包括兽医处方的开具日期 B. 前记部分包括兽医处方的档案号
C. 前记部分包括执业兽医师的注册号 D. 正文部分包括初步诊断情况
E. Rp包括兽药名称、用量等内容
14. 属于一类动物疫病的是( )
A. 弓形虫病 B. 羊肠毒血症 C. 梅迪-维斯纳病
D. 小反刍兽疫 E. 布鲁氏菌病
15. 属于二类动物疫病的是( )
A. 新城疫 B. 丝虫病 C. 非洲猪瘟
D. 炭疽 E. 球虫病
16. 根据《病死及病害动物无害化处理技术规范》规定,采用高温法处理时,处理物或破碎产物的体积(长×宽×高)应小于或等于( )
A. 125 cm^3(5 cm×5 cm×5 cm) B. 216 cm^3(6 cm×6 cm×6 cm)
C. 120 cm^3(4 cm×5 cm×6 cm) D. 64 cm^3(4 cm×4 cm×4 cm)
E. 60 cm^3(3 cm×4 cm×5 cm)

17. 根据《病死及病害动物无害化处理技术规范》规定,采用湿化法处理时,送入高温高压容器的病死及病害动物的总质量不得超过容器总承受力的( )

A. 1/2　B. 2/3　C. 3/4
D. 4/5　E. 5/6

18.《兽药管理条例》规定,兽药经营企业变更企业名称的,到发证机关申请换发兽药经营许可证的时限是( )

A. 5 个工作日　B. 7 个工作日　C. 10 个工作日
D. 15 个工作日　E. 20 个工作日

19.《兽药管理条例》规定,下列情形应当按照假兽药处理的是( )

A. 成分含量不符合兽药国家标准的　B. 不标明有效成分的
C. 超过有效期的　D. 所标明的适应证超过规定范围的
E. 更改产品批号的

20. 根据《兽用处方药和非处方药管理办法》,执业兽医发现不适合按兽用非处方药管理的兽药应当报告,接收报告的法定主体是( )

A. 该兽药的生产企业　B. 该兽药的经营企业
C. 执业兽医师所在的动物诊疗机构　D. 当地兽医行业协会
E. 当地兽医行政管理部门

21. 细胞质内属于膜性结构的细胞器是( )

A. 中心体　B. 核糖体　C. 微丝
D. 中间丝　E. 线粒体

22. 肩胛骨的冈上肌附着部称为( )

A. 盂上结节　B. 冈结节　C. 关节盂
D. 冈上窝　E. 冈下窝

23. 家畜后肢关节活动性最小的关节是( )

A. 荐髂关节　B. 髋关节　C. 膝关节
D. 跗关节　E. 趾关节

24. 荐骨翼与髂骨翼的耳状关节面构成的关节称为( )

A. 腰荐关节　B. 髋关节　C. 耻骨联合
D. 荐髂关节　E. 坐骨联合

25. 马小腿后脚部背外侧肌群中不包括( )

A. 趾长伸肌　B. 趾外侧伸肌　C. 腓骨长肌
D. 腓骨第三肌　E. 胫骨前肌

26. 属于奇蹄的动物是( )

A. 牛　B. 羊　C. 马
D. 猪　E. 驼

27. 能关闭喉口的软骨是( )

A. 会厌软骨　B. 甲状软骨　C. 环状软骨
D. 杓状软骨　E. 剑状软骨

28. 属于有沟多乳头肾的动物是( )

A. 猪　B. 马　C. 牛
D. 羊　E. 犬

29. 公猪精囊腺开口于(　　)
A. 睾丸　　B. 尿道口　　C. 尿道球腺
D. 前列腺　　E. 精阜

30. 卵巢上有排卵窝的家畜是(　　)
A. 猪　　B. 马　　C. 牛
D. 羊　　E. 犬

31. 腹腔动脉分出三个分支,分别是肝动脉、脾动脉和(　　)
A. 胃左动脉　　B. 胃右动脉　　C. 肠系膜前动脉
D. 肠系膜后动脉　　E. 肾动脉

32. 七岁犬的胸腺特征是(　　)
A. 胸部和颈部的胸腺均发达　　B. 颈部胸腺发达,胸部胸腺退化
C. 胸部胸腺发达　　D. 胸部和颈部的胸腺均退化
E. 颈部胸腺发达

33. 甲状腺的侧叶和腺峡合并为一整体,呈球形的动物是(　　)
A. 猪　　B. 马　　C. 牛
D. 山羊　　E. 犬

34. 眼球内容物包括(　　)
A. 眼房水、晶状体、玻璃体　　B. 晶状体、玻璃体、视网膜
C. 晶状体、玻璃体、虹膜　　D. 晶状体、眼房水、虹膜
E. 视网膜、眼房水、虹膜

35. 鸡法氏囊是产生(　　)
A. T淋巴细胞的初级淋巴器官　　B. T淋巴细胞的次级淋巴器官
C. B淋巴细胞的初级淋巴器官　　D. B淋巴细胞的次级淋巴器官
E. NK淋巴细胞的次级淋巴器官

36. 孵化48 h鸡胚卵黄囊覆盖卵黄的面积占(　　)
A. 1/7　　B. 1/3　　C. 1/4
D. 1/5　　E. 1/6

37. 细胞外液的基本特点是(　　)
A. 组成成分相对不恒定　　B. 组成数量相对不恒定
C. 理化特性相对不恒定　　D. 组成数量和理化特性相对不恒定
E. 组成成分和数量相对恒定

38. 能够阻滞神经末梢释放乙酰胆碱的是(　　)
A. 黑寡妇蜘蛛毒　　B. 肉毒梭菌毒素　　C. 美洲箭毒
D. 银环蛇毒　　E. 有机磷毒药

39. 血浆晶体渗透压大小主要取决于(　　)
A. 血小板数量　　B. 无机盐浓度　　C. 血浆蛋白浓度
D. 白细胞数量　　E. 血细胞数量

40. 在一个心动周期中,心室的压力、容积与功能变化的顺序是(　　)
A. 射血-等容收缩-充盈-等容舒张　　B. 等容收缩-射血-等容舒张-充盈
C. 射血-等压收缩-充盈-等压舒张　　D. 射血-等容收缩-充盈-等压舒张
E. 等容收缩-充盈-等容舒张-射血

41. 对于肺扩张反射不正确的表述是(　　)
A. 感受器位于细支气管和肺泡内　B. 传入神经是迷走神经
C. 中枢位于延髓　D. 传出神经为运动神经
E. 效应器为呼吸肌

42. 铁在肠道内吸收的主要部位是(　　)
A. 直肠　B. 盲肠　C. 十二指肠
D. 回肠　E. 结肠

43. 促进胃液分泌的激素是(　　)
A. 降钙素　B. 甲状旁腺激素　C. 胃泌素
D. 胆囊收缩素　E. 雌激素

44. 下列与动物静止能量代谢率无关的是(　　)
A. 肌肉发达程度　B. 个体大小　C. 年龄
D. 性别　E. 生理状态

45. 原核生物和真核生物少数蛋白质中发现的第21种氨基酸是(　　)
A. 甘氨酸　B. 亮氨酸　C. 硒代半胱氨酸
D. 异亮氨酸　E. 脯氨酸

46. 细胞膜上的寡糖链(　　)
A. 均暴露在细胞膜的外表面　B. 结合在细胞膜的内表面
C. 都结合在膜蛋白上　D. 都结合在膜脂上
E. 分布在细胞膜的两侧

47. 脂酰CoA从胞液转运进入线粒体，需要的载体是(　　)
A. 肉碱　B. 苹果酸　C. 柠檬酸
D. 甘油-3-磷酸　E. α-酮戊二酸

48. 尿素合成的循环是(　　)
A. 三羧酸循环　B. 鸟氨酸循环　C. 柠檬酸-丙酮酸循环
D. 乳酸循环　E. 丙氨酸-葡萄糖循环

49. 遗传学的中心法则里，目前尚未发现(　　)
A. DNA复制　B. 基因转录　C. 反转录
D. RNA复制　E. 蛋白质指导RNA合成

50. 原核生物蛋白质生物合成时，肽链延伸需要的能量分子是(　　)
A. ATP　B. GTP　C. UTP
D. CTP　E. TTP

51. 黄疸是由于血液含有过多的(　　)
A. 胆红素　B. 胆绿素　C. 血红素
D. 胆色素　E. 胆固醇

52. 下列属于疾病发生的一般机制是(　　)
A. 损伤与抗损伤的斗争　B. 因果转化　C. 局部与整体
D. 神经体液机制　E. 病程

53. 细胞内水分增加，胞体增大，胞浆内出现微细颗粒或大小不等的水泡称为(　　)
A. 脂肪变性　B. 黏液样变性　C. 淀粉样变性
D. 透明变性　E. 细胞肿胀

54. 在动物肺门淋巴结中常见的外源性色素沉着是(　　)
A. 脂色素　B. 含铁血黄素　C. 卟啉色素
D. 炭末　E. 黑色素

55. 少量出血可能危及生命的器官是(　　)
A. 肠　B. 肾　C. 脑
D. 肝　E. 肺

56. 肉芽组织是一种幼稚结缔组织，其中富含(　　)
A. 炎性细胞和胶原纤维　B. 新生毛细血管和成纤维细胞
C. 网状纤维和胶原纤维　D. 胶原纤维和纤维细胞
E. 成纤维细胞和纤维细胞

57. 失水多于失钠可以引起(　　)
A. 等渗性脱水　B. 低渗性脱水　C. 高渗性脱水
D. 水中毒　E. 水肿

58. 可以引起组织性缺氧的原因是(　　)
A. 呼吸机能不全　B. 氰化物中毒　C. 贫血
D. 一氧化碳中毒　E. 缺血

59. 发热期与无热期间隙时间较长，而且发热期与无热期的出现时间大致相等。此热型为(　　)
A. 回归热　B. 间歇热　C. 弛张热
D. 稽留热　E. 双相热

60. 在结核肉芽肿性炎症灶内的特异性细胞成分是(　　)
A. 肥大细胞　B. 多核巨细胞　C. 淋巴细胞
D. 中性粒细胞　E. 嗜酸性粒细胞

61. 下列由细胞释放的炎症介质是(　　)
A. 激肽系统　B. 补体系统　C. 单核因子
D. 凝血系统　E. 纤溶系统

62. 犬细小病毒导致的心肌出血病变称为(　　)
A. 心肌炎　B. 心内膜炎　C. 心包炎
D. 绒毛心　E. 虎斑心

63. 卡他性炎症发生在(　　)
A. 腱膜　B. 黏膜　C. 筋膜
D. 肌膜　E. 滑膜

64. 维生素E或硒缺乏可以引起鸡小脑发生(　　)
A. 非化脓性脑炎　B. 化脓性脑炎　C. 脑软化
D. 脑脊髓炎　E. 脑膜脑炎

65. 影响药物作用的主要因素不包括(　　)
A. 种属差异　B. 饲养人员　C. 给药方案
D. 病理因素　E. 环境因素

66. 抑制细菌细胞壁合成而发挥杀菌作用的抗菌药物是(　　)
A. 磺胺咪　B. 金霉素　C. 青霉素
D. 两性霉素B　E. 恩诺沙星

67. 牛麻醉前给予东莨菪碱的主要目的是(　　)
A. 增加支气管分泌　B. 减少支气管分泌　C. 加强支气管收缩
D. 增强胃肠蠕动　E. 扩散瞳孔

68. 硫喷妥钠临床上主要用于(　　)
A. 镇静　B. 局部麻醉　C. 诱导麻醉
D. 镇痛　E. 保定

69. 具有解热作用的药物是(　　)
A. 地西泮　B. 麻黄碱　C. 安乃近
D. 氟前列醇　E. 氨茶碱

70. 松弛支气管平滑肌,具有平喘作用的药物是(　　)
A. 呋塞米　B. 酚磺乙胺　C. 氨茶碱
D. 硫酸镁　E. 阿托品

71. 强心苷的药理作用是(　　)
A. 正性肌力和平喘　B. 负性心率和平喘　C. 正性肌力和利尿
D. 正性心率和利尿　E. 利尿和平喘

72. 为了纠正氢氯噻嗪常见的不良反应,应补充(　　)
A. 钙　B. 磷　C. 钾
D. 铁　E. 钠

73. 属于 H_1 受体阻断药的是(　　)
A. 阿托品　B. 普萘洛尔　C. 新斯的明
D. 苯海拉明　E. 肾上腺素

74. 用于氰化物中毒的特效解毒药是(　　)
A. 维生素 C　B. 阿托品　C. 士的宁
D. 新斯的明　E. 亚硝酸钠

[A2 型题]

答 题 说 明
每一道考题是以一个小案例出现的,其下面都有 A、B. C、D、E 五个备选答案。请从中选择一个最佳答案,并在答题卡上将相应题号的相应字母所属的方框涂黑。

75. 牛,5 岁,确诊患有脑包虫病,手术摘取多头蚴包囊。其手术切口定位在(　　)
A. 枕骨　B. 额骨　C. 颞骨
D. 蝶骨　E. 筛骨

76. 马,3 岁,右耳歪斜,右上眼睑下垂,嘴歪,上、下唇下垂并向左侧歪斜,采食、饮水困难,牙齿咀嚼不灵活,被确诊为神经麻痹。该神经的神经根与脑联系的部位是(　　)
A. 大脑　B. 小脑　C. 中脑
D. 脑桥　E. 延髓

77. 犬,6 岁,肾脏远曲小管和集合管对水的重吸收减少 1%,则尿量将增加(　　)
A. 0.5 倍　B. 1 倍　C. 1.5 倍
D. 2 倍　E. 2.5 倍

78. 奶牛,3 岁,处于泌乳高峰期,调换饲料引起泌乳大幅度下降,最主要的原因是(　　)
A. 乳糖合成下降　B. 乳脂合成下降　C. 乳蛋白合成下降
D. 乳中无机盐含量减少　E. 乳中氨基酸含量下降

79. 犬,3 岁,外出回来后,突然出现兴奋不安,眼睑、颜面肌肉痉挛,流涎,腹痛,腹泻。用解磷定和阿托品静脉注射后,症状缓解。犬体内( )
A. 乙酰胆碱浓度升高 B. 乙酰胆碱浓度降低 C. 胆碱浓度增加
D. 乙醇浓度增加 E. 胆碱酯酶活性增高

80. 冬季,某鸡场育雏舍用煤炭取暖,雏鸡出现呼吸困难、步态不稳。剖检发现血管和脏器内血液呈樱桃红色,血液生化检查,HbCO 含量升高,患鸡体内直接受影响的酶是( )
A. 细胞色素 C 还原酶 B. NADH-Q 氧化酶 C. 琥珀酸-Q 氧化还原酶
D. 细胞色素 C 氧化酶 E. NADH-Q 还原酶

81. 10 日龄鸡群发病,发病率达 100%,病鸡张口呼吸、咳嗽,出现呼吸啰音等症状,死亡率约 5%。主要病变为喉头和气管黏膜充血,气管和支气管内有黄白色黏稠的干酪样分泌物。该病可能是( )
A. 新城疫 B. 传染性法氏囊病 C. 传染性支气管炎
D. 传染性喉气管炎 E. 禽流感

82. 兔,2 岁。剖检可见肝脏表面和实质中有绿豆至豌豆大小、白色或黄白色结节;组织学检查可见胆管上皮乳头状增生,上皮细胞由立方上皮变成柱状上皮,上皮细胞基质内可见球虫寄生。该兔肝脏的病变为( )
A. 纤维瘤 B. 平滑肌瘤 C. 纤维肉瘤
D. 乳头状瘤 E. 腺瘤

83. 奶牛,4 岁,乳房明显肿胀,变硬,发热,有痛感,体温升高,食欲减退,产奶量明显减少,奶汁变黄。选择全身治疗的最佳药物是( )
A. 土霉素注射液 B. 硫酸庆大霉素可溶性粉 C. 新霉素预混剂
D. 杆菌肽预混剂 E. 黏菌素可溶性粉剂

84. 雏鸡群,1 日龄,在饲料中加入马度米星预防球虫病,饲料中添加的药物浓度是每 1 000 kg 饲料添加(
A. 1 g B. 2 g C. 3 g
D. 5 g E. 10 g

[B1 型题]

答题说明
以下提供若干组考题,每组考题共用在考题前列出的 A、B、C、D、E 五个备选答案。请从中选择一个与问题关系最密切的答案,并在答题卡上将相应题号的相应字母所属的方框涂黑。某个备选答案可能被选择一次、多次或不被选择。

(85~87 题共用备选答案)
A. 马 B. 驴 C. 牛
D. 猪 E. 骡

85. 舌上具有舌圆枕的动物是( )
86. 舌下肉阜小,位于舌系带处的动物是( )
87. 上切齿缺失的动物是( )

(88~90 题共用备选答案)
A. TSH B. OXT C. FSH
D. LH E. PRL

88. 绵羊,2 岁,颈部增粗,局部肿大,经检查为甲状腺增生,该羊最可能出现异常的激素是( )
89. 山羊,3 岁,发情期迟迟不见排卵,经 B 超检查卵巢发育正常,该羊最可能出现异常的激素是( )

90. 绵羊,3 岁,雌性,产羔后胎衣不下,泌乳严重滞后,可以用于治疗该病的激素是(　　)

(91～93 题共用备选答案)

A. 甘油醛-3-磷酸脱氢酶　　B. 葡萄糖-6-磷酸脱氢酶　　C. 丙酮酸脱氢酶复合物
D. 6-磷酸葡萄糖酸脱氢酶　　E. 苹果酸脱氢酶

91. 糖酵解途径中,催化产生 $NADH+H^+$ 的酶是(　　)

92. 三羧酸循环中,催化产生 $NADH+H^+$ 的酶是(　　)

93. 丙酮酸氧化脱羧形成乙酰 CoA,催化产生 $NADH+H^+$ 的酶是(　　)

(94～95 题共用备选答案)

A. 急性卡他性胃炎　　B. 出血性胃炎　　C. 纤维素性胃炎
D. 化脓性胃炎　　E. 坏死性胃炎

94. 胃黏膜肿胀,表面有大量黏稠液体。镜检可见黏膜上皮较完整,轻度变性,黏膜表面见多量脱落的上皮细胞碎片,固有层水肿,散在中性粒细胞。该胃病变是(　　)

95. 胃黏膜表面被覆一层灰黄色假膜。镜检可见黏膜上皮严重变性、坏死和脱落,表面附有粉色纤维蛋白样渗出物,其中混杂有多量炎性细胞。该胃病变为(　　)

(96～97 题共用备选答案)

A. 10%福尔马林　　B. 20%酒精　　C. 50%酒精
D. 4%福尔马林　　E. 80%酒精

96. 最常用的组织固定液是(　　)

97. 在养殖场剖检取材时,如果无甲醛,可以选用的固定液是(　　)

(98～100 题共用备选答案)

A. 甲紫　　B. 苯扎溴铵　　C. 戊二醛　　D. 稀盐酸　　E. 鱼石脂软膏

98. 某猪场爆发非洲猪瘟,对猪舍过道进行喷洒消毒,首选的药物是(　　)

99. 奶牛,5 岁,出现跛行,蹄趾间腐烂,把腐烂部分清理,冲洗干净后,局部治疗应选用的药物是(　　)

100. 牧羊犬,3 岁,进行去势手术,对手术器械进行浸泡消毒,首选的消毒药物是(　　)

2019 年 · 基础科目 · 答案与解析

预 防 科 目

[A1 型题]

答 题 说 明

每一道考试题下面有 A、B、C、D、E 五个备选答案,请从中选择一个最佳答案,并在答题卡上将相应题号的相应字母所属的方框涂黑。

101. 构成革兰氏阴性菌内毒素的物质是(　　)

A. 肽聚糖　　B. 磷壁酸　　C. 外膜蛋白
D. 脂多糖　　E. 核心多糖

102. 由致育因子(F 质粒)编码产生的细菌特殊结构是(　　)

A. 荚膜　　B. 性菌毛　　C. 普通菌毛
D. 鞭毛　　E. 芽孢

103. 基于细胞壁结构与化学组成差异建立的细菌染色方法是(　　)

A. 吉姆萨染色法　　B. 美兰染色法　　C. 革兰氏染色法
D. 瑞氏染色法　　E. 荚膜染色法

104. 由革兰氏阴性菌菌体裂解产生的物质是(　　)

A. 内毒素　　B. 外毒素　　C. 抗毒素
D. 类毒素　　E. 黏附素

105. 属于细菌生化鉴定的方法是(　　)
A. 基因测序　B. PCR　C. VP 试验
D. 血凝试验　E. 沉淀试验
106. 手术辅料常用的消毒方法是(　　)
A. 电离辐射　B. 流通蒸汽灭菌　C. 巴氏消毒
D. 高压蒸汽灭菌　E. 热空气灭菌
107. 大肠杆菌在麦康凯培养基上形成的菌落颜色是(　　)
A. 灰白色　B. 蓝色　C. 红色
D. 黑色　E. 黄色
108. 在病毒学上,CPE 是指(　　)
A. 细胞病变　B. 细胞坏死　C. 细胞凋亡
D. 细胞自噬　E. 细胞焦亡
109. 可用血凝抑制试验检测的病毒是(　　)
A. 新城疫病毒　B. 鹅细小病毒　C. 禽白血病病毒
D. 传染性法氏囊病毒　E. 鸭甲型肝炎病毒
110. 非洲猪瘟病毒的基因组是(　　)
A. 双股 DNA　B. 单股 DNA　C. 双股 RNA
D. 单链正股 RNA　E. 单链负股 RNA
111. 导致幼猫小脑发育不全的病毒是(　　)
A. 狂犬病病毒　B. 猫嵌杯病毒　C. 猫白血病病毒
D. 猫冠状病毒　E. 猫泛白细胞减少症病毒
112. 引起猪繁殖障碍的 RNA 病毒是(　　)
A. 非洲猪瘟病毒　B. 伪狂犬病毒　C. 猪细小病毒
D. 日本脑炎病毒　E. 猪圆环病毒
113. 下列免疫原性最强的物质是(　　)
A. 多糖　B. 核酸　C. 蛋白质
D. 类脂　E. 脂多糖
114. 禽类卵黄中特有的抗体类型是(　　)
A. IgM　B. IgG　C. IgA
D. IgY　E. IgE
115. 禽类特有的免疫器官是(　　)
A. 脾脏　B. 淋巴结　C. 骨髓
D. 法氏囊　E. 黏膜相关淋巴组织
116. 细胞免疫应答的主要效应细胞是(　　)
A. 巨噬细胞　B. NK 细胞　C. T 细胞
D. B 细胞　E. 中性粒细胞
117. 不属于细胞因子的是(　　)
A. 干扰素　B. 趋化因子　C. 主要组织相容性复合体
D. 肿瘤坏死因子　E. 白细胞介素
118. 分泌抗体的细胞是(　　)
A. 巨噬细胞　B. 浆细胞　C. 树突状细胞
D. NK 细胞　E. B 细胞

119. 机体再次免疫应答产生的主要抗体类型是(　　)
A. IgM　　B. IgG　　C. IgA
D. IgD　　E. IgE

120. 介导过敏反应的抗体类型是(　　)
A. IgM　　B. IgG　　C. IgA
D. IgD　　E. IgE

121. 正常组织和体液中存在的抗菌物质是(　　)
A. 脂多糖　　B. 肠毒素　　C. 干扰素
D. 乙型溶素　　E. 溶血素

122. 需通过细胞免疫方式才可清除的细菌是(　　)
A. 嗜血杆菌　　B. 分枝杆菌　　C. 大肠杆菌
D. 巴氏杆菌　　E. 链球菌

123. 免疫血清学技术的原理主要基于抗原抗体反应的(　　)
A. 疏水性　　B. 阶段性　　C. 特异性
D. 可逆性　　E. 可变性

124. 属于垂直传播的是(　　)
A. 空气传播　　B. 土壤传播　　C. 咬伤传播
D. 胎盘传播　　E. 饮水传播

125. 基因检测属于(　　)
A. 临床学诊断　　B. 流行病学诊断　　C. 病理学诊断
D. 病原学诊断　　E. 免疫学诊断

126. 导致免疫接种失败的动物因素是(　　)
A. 疫苗抗原性差　　B. 疫苗株与流行株血清型不符　　C. 母源抗体干扰
D. 疫苗保存不当　　E. 疫苗稀释错误

127. 预防狂犬病的首选措施是(　　)
A. 扑杀　　B. 环境消毒　　C. 免疫接种
D. 隔离　　E. 药物预防

128. 可传染给水牛的猪传染病是(　　)
A. 猪蓝耳病　　B. 猪瘟　　C. 非洲猪瘟
D. 猪巴氏杆菌病　　E. 猪水疱病

129. 新城疫病毒强化试验可用于诊断的动物传染病是(　　)
A. 非洲猪瘟　　B. 猪瘟　　C. 猪伪狂犬病
D. 猪蓝耳病　　E. 猪细小病毒病

130. 猪繁殖与呼吸综合征的主要病理变化是(　　)
A. 纤维素性肺炎　　B. 纤维素性肝周炎　　C. 纤维素性心包炎
D. 纤维素性胸膜炎　　E. 弥漫性间质性肺炎

131. 急性牛传染性胸膜肺炎病例常见的临床症状是(　　)
A. 可视黏膜苍白　　B. 双相热　　C. 蹄部水泡
D. 浆液性鼻液　　E. 顽固性腹泻

132. 马流感的主要病理变化发生在(　　)
A. 胃　　B. 小肠　　C. 大肠
D. 下呼吸道　　E. 上呼吸道

133. 典型新城疫的特征性病理变化是(　　)
A. 脚鳞出血　B. 腺胃乳头出血　C. 脾脏出血
D. 肾脏出血　E. 肝脏出血

134. 小鹅瘟的特征性病理变化是(　　)
A. 心冠脂肪散在多量出血点　B. 肝脏密集的坏死灶　C. 小肠纤维素性坏死性炎症
D. 肾脏尿酸盐沉积　E. 肺脏切面呈大理石样外观

135. 诊断犬瘟热常用的实验动物是(　　)
A. 小鼠　B. 豚鼠　C. 雪貂
D. 家兔　E. 仔猪

136. 母犬接种犬细小病毒疫苗的时机宜在产前(　　)
A. 1～2周　B. 3～4周　C. 5～6周
D. 7～8周　E. 9～10周

137. 应用血凝和血凝抑制试验诊断兔病毒性出血症可选用(　　)
A. 鸡红细胞　B. 兔红细胞　C. 豚鼠红细胞
D. 大鼠红细胞　E. 绵羊红细胞

138. 仔貂接种水貂病毒性肠炎疫苗的时间一般在(　　)
A. 1周龄　B. 2～3周龄　C. 4～5周龄
D. 2～3月龄　E. 4～5月龄

139. 尚未见发生美洲幼虫腐臭病的蜜蜂是(　　)
A. 西班牙蜜蜂　B. 意大利蜜蜂　C. 巴西蜜蜂
D. 中华蜜蜂　E. 秘鲁蜜蜂

140. 寄生虫成虫寄生的宿主是(　　)
A. 终末宿主　B. 中间宿主　C. 补充宿主
D. 保虫宿主　E. 贮藏宿主

141. 动物驱虫试验时,驱净虫体的动物数/全部试验动物数×100%为(　　)
A. 虫卵减少率　B. 虫卵转阴率　C. 精计驱虫率
D. 粗计驱虫率　E. 驱净率

142. 细粒棘球绦虫寄生于终末宿主的(　　)
A. 大脑　B. 肝脏　C. 小肠
D. 胃　E. 大肠

143. 隐孢子虫卵囊含有的子孢子数为(　　)
A. 2　B. 4　C. 8
D. 12　E. 16

144. 软蜱发育过程中没有的阶段是(　　)
A. 虫卵　B. 幼虫　C. 若虫
D. 蛹　E. 成虫

145. 猪结肠小袋虫病的主要临床症状是(　　)
A. 贫血　B. 高热　C. 水肿
D. 呼吸困难　E. 腹泻

146. 中点无卵黄腺绦虫孕卵节片中的虫卵被包裹在(　　)
A. 卵膜内　B. 副子宫器内　C. 梨形器内
D. 孢子囊内　E. 卵囊内

147. 我国北方马胃蝇成蝇活动时间主要在( )

A. 1～2 月
B. 3～4 月
C. 5～9 月
D. 10～11 月
E. 12 月

148. 动物小肠内容物沉淀集虫得到 2～7 mm 大小的虫体，镜下见虫体由头节和 3～4 片孕节组成，头节上有个吸盘，顶头钩排成 2 行，孕节长度远大于宽度。该病原感染的宿主是( )

A. 牛
B. 羊
C. 猪
D. 猫
E. 犬

149. 治疗狮弓蛔虫病的药物是( )

A. 双碘喹啉
B. 氨丙啉
C. 双羟奈酸噻嘧啶
D. 硝氯酚
E. 六氯对二甲苯

150. 确诊犬蚤病的依据是发现( )

A. 虫卵
B. 幼虫
C. 若虫
D. 蛹
E. 成虫

151. 兔梨形艾美耳球虫的寄生部位是( )

A. 肝脏和脾脏
B. 肝脏和肺脏
C. 小肠和大肠
D. 胃和脾脏
E. 胃和肝脏

152. 蜜蜂孢子虫病的发病高峰是( )

A. 春季
B. 夏季
C. 秋季
D. 冬季
E. 全年

153. 属于环境要素分类的污染类型是( )

A. 生活污染
B. 土壤污染
C. 物理污染
D. 化学污染
E. 生物污染

154. 我国《生猪产地检疫规程》中规定的检疫对象不包括( )

A. 猪瘟
B. 猪肺疫
C. 猪丹毒
D. 口蹄疫
E. 猪流行性腹泻

155. 我国《生猪屠宰检疫规程》中规定的检疫对象是( )

A. 猪肺疫
B. 伪狂犬病
C. 布鲁氏菌病
D. 猪细小病毒病
E. 猪圆环病毒病

156. 牛乳中不属于化学污染物的是( )

A. 组胺
B. 六六六
C. 多氯联苯
D. 多环芳烃
E. 三聚氰胺

157. 动物诊疗机构的医疗废弃物处理过程不包括( )

A. 收集
B. 运送
C. 贮存
D. 处置
E. 利用

[A2 型题]

答题说明

每一道考题是以一个小案例出现的，其下面都有 A、B、C、D、E 五个备选答案。请从中选择一个最佳答案，并在答题卡上将相应题号的相应字母所属的方框涂黑。

158. 山羊，1 岁，体温 41℃，咳嗽，伴有浆液性鼻液，4 d 后鼻液转为脓性并呈现铁锈色。病料接种培养基长出“荷包蛋”状菌落。该病最可能的病原是( )

A. 钩端螺旋体　　B. 牛羊亲衣原体　　C. 胸膜肺炎放线杆菌
D. 多杀性巴氏杆菌　　E. 丝状支原体

159. 猫,1月龄,厌食,发热,腹胀,有大量腹水。腹水电镜观察可见有囊膜及棒状纤突的球形病毒粒子。该病最可能的病原是(　　)
A. 猫传染性腹膜炎病毒　　B. 猫泛白细胞减少症病毒　　C. 猫疱疹病毒
D. 猫白血病病毒　　E. 猫免疫缺陷病毒

160. 孕羊,3岁,流产,胎儿分泌物科兹洛夫斯基染色,镜检见红色球状菌。对该菌进一步鉴定的最适方法是(　　)
A. 琼脂扩散试验　　B. 凝集试验　　C. 对流电泳试验
D. 血凝试验　　E. E玫瑰花环试验

161. 妊娠母猪,3岁,发热,精神不振,流产,产死胎、木乃伊胎,其中死胎为主。该病最可能是(　　)
A. 猪大肠杆菌病　　B. 猪沙门氏菌病　　C. 猪伪狂犬病
D. 猪流行性腹泻　　E. 猪传染性胃肠炎

162. 育肥猪,6月龄,突然发病,高热。剖检可见淋巴结、肾脏点状出血,脾脏充血、肿胀,为原来的6倍,呈紫黑色。该病传播媒介可能是(　　)
A. 按蚊　　B. 库蚊　　C. 蝇
D. 螨　　E. 钝缘蜱

163. 育肥猪,6月龄,呼吸困难,下痢、贫血、黄疸、消瘦、腹股沟淋巴结明显肿胀。剖检可见全身淋巴结肿胀,肾脏肿大,皮质与髓质交界处出血,肺脏质地似橡皮。如果通过母体免疫为仔猪提供保护力,母猪接种疫苗的时间是(　　)
A. 产前1个月　　B. 产前3个月　　C. 配种前1个月
D. 配种后1个月　　E. 配种后2个月

164. 雏鸭,厌食,昏睡,行动呆滞,全身抽搐,角弓反张。剖检可见肝脏肿大、质脆、发黄,表面有大小不等出血斑点。该病诊断最可靠的方法是接种敏感雏鸭,其日龄应是(　　)
A. 1～7日龄　　B. 8～12日龄　　C. 15～20日龄
D. 20～25日龄　　E. 25～30日龄

165. 猫,发热,咳嗽,流泪,眼鼻有浆液脓性分泌物,结膜炎、角膜炎,角膜出现树枝状溃疡,病原为疱疹病毒Ⅰ型。该猫所患疾病最可能是(　　)
A. 猫瘟热　　B. 猫白血病　　C. 猫病毒性鼻气管炎
D. 猫杯状病毒病　　E. 猫传染性腹膜炎

166. 仔猪,高热稽留,体表淋巴结肿大,腹下有瘀斑,组织涂片瑞氏染色可见大量香蕉形速殖子。该病可能是(　　)
A. 猪弓形虫病　　B. 猪巴贝斯虫病　　C. 猪球虫病
D. 猪小袋纤毛虫病　　E. 姜片吸虫病

167. 南方散养猪,10月龄,食欲减退,下痢、水肿、轻度黄疸,粪便检查可见黄褐色小型虫卵,一端有卵盖和肩峰,另一端有小突起,内含毛蚴。导致猪感染该虫体的原因是(　　)
A. 食入蚯蚓　　B. 食入野鼠　　C. 食入螺蛳
D. 昆虫叮咬　　E. 食入淡水虾

168. 奶牛,6岁,高热稽留,体温41℃,血液稀薄,可视黏膜黄染,尿液红色,体表发现微小牛蜱,血液涂片镜检可见红细胞内有梨籽形虫体。治疗该病的药物是(　　)
A. 阿苯达唑　　B. 伊维菌素　　C. 硫酸喹啉脲
D. 三氯苯唑　　E. 氨丙啉

169. **母猪,3 岁,皮肤和黏膜发黄,血尿,流产,见弱仔、死胎。确诊其是一种互源性人兽共患病。该病最可能是( )**

A. 狂犬病　　B. 结核病　　C. 猪丹毒
D. 旋毛虫病　　E. 钩端螺旋体病

170. **雏鸡群,2 周龄,精神萎靡,羽毛松乱,不愿走动,排糊状粪便,肛门周围污染粪便,发炎,疼痛,发出尖叫声,因呼吸困难和心力衰竭死亡。进行带鸡消毒时,应当选择的消毒剂是( )**

A. 0.3%甲醛溶液　　B. 0.3%漂白粉液　　C. 0.3%氢氧化钠溶液
D. 0.3%高锰酸钾溶液　　E. 0.3%次氯酸溶液

[A3/A4 型题]

答题说明

以下提供若干个案例,每个案例下设若干个考题。请根据案例所提供的信息,在每一道考试题下面的 A、B、C、D、E 五个备选答案中选择一个最佳答案,并在答题卡上将相应题号的相应字母所属的方框涂黑。

(171～172 题共用题干)

肉牛,2 岁,无明显全身反应,主要表现结膜充血、水肿并形成颗粒状灰色的坏死膜,角膜轻度浑浊但无溃疡,眼、鼻流出浆液性分泌物。

171. **该病最可能是( )**

A. 巴氏杆菌病　　B. 口蹄疫　　C. 牛传染性鼻气管炎
D. 恶性卡他热　　E. 牛流行热

172. **诊断该病的实验室检测方法不包括( )**

A. 包涵体检查　　B. 病毒分离　　C. 聚合酶链反应
D. 中和试验　　E. 变态反应

(173～175 题共用题干)

仔猪群,30 日龄,常在墙角、食槽等处摩擦,病变处皮肤增厚、龟裂,有血水流出。刮取皮屑镜检,见龟形虫体,有 4 对足,前两对足伸出体缘,后两对足不伸出体缘之外。

173. **该病最可能是( )**

A. 虱感染　　B. 蜱感染　　C. 疥螨病
D. 皮刺螨病　　E. 蚤感染

174. **治疗该病的药物是( )**

A. 伊维菌素　　B. 阿苯达唑　　C. 三氮脒
D. 硝氯酚　　E. 硫酸喹啉脲

175. **病原体寄生于猪的( )**

A. 皮肤表面　　B. 毛囊　　C. 皮下
D. 表皮层内　　E. 皮脂腺内

[B1 型题]

答题说明

以下提供若干组考题,每组考题共用在考题前列出的 A、B、C、D、E 五个备选答案。请从中选择一个与问题关系最密切的答案,并在答题卡上将相应题号的相应字母所属的方框涂黑。某个备选答案可能被选择一次、多次或不被选择。

(176～178题共用备选答案)

A. 血琼脂培养基 B. 含NAD培养基 C. 伊红美兰培养基
D. 麦康凯培养基 E. SS培养基

176. 猪,4月龄,体温41℃,咽喉部肿胀,呼吸困难,口吐白沫,耳根及颈部出血性红斑。病料触片美兰染色可见典型两极着染的球杆菌。分离病原常用的培养基是( )

177. 仔猪,3月龄,体温41℃,呼吸困难,口、鼻流出带血的红色泡沫,耳、四肢皮肤发绀,病料触片美兰染色镜检见小球杆菌,具有多形性。分离病原常用的培养基是( )

178. 仔猪,2月龄,体温41℃,呼吸困难,关节肿胀,消瘦。病料触片美兰染色镜检见多为短杆状,也有球形、杆状或长丝状等多形性菌体。分离病原常用的培养基是( )

(179～181题共用备选答案)

A. 鸭瘟病毒 B. 番鸭细小病毒 C. 鸭坦布苏病毒
D. 鸭甲型肝炎病毒 E. 减蛋综合征病毒

179. 蛋鸭,60日龄,流泪,眼睑水肿,头颈部肿大。剖检可见肝脏肿胀,食道和泄殖腔黏膜有黄色伪膜覆盖。病原检查为有囊膜、双股DNA的病毒。该病最可能的病原是( )

180. 蛋鸭,70周龄,产蛋急剧下降。剖检见肝脏肿胀发黄,卵泡变形,卵泡膜充血。病原检查为有囊膜、单股RNA的病毒。该病最可能的病原是( )

181. 雏鸭,2周龄,角弓反张,突然死亡。剖检见肝脏肿胀,有大量出血点。病原检查为无囊膜、单股RNA的病毒。该病最可能的病原是( )

(182～185题共用备选答案)

A. 天然被动免疫 B. 人工被动免疫 C. 天然主动免疫
D. 人工主动免疫 E. 先天固有免疫

182. 猪场使用猪流行性腹泻灭活疫苗免疫母猪群,仔猪通过吸吮初乳获得抵抗流行性腹泻病毒感染的能力。仔猪获得免疫力的方式是( )

183. 犬,体温升高,伴有腹泻,诊断为犬瘟热,注射抗犬瘟热病毒血清后,症状缓解。该犬获得免疫力的方式是( )

184. 某鸡群感染减蛋综合征病毒后,经检测血清中含有减蛋综合征病毒抗体。该鸡群获得免疫力的方式是( )

185. 某牛群免疫口蹄疫疫苗后,获得抵抗口蹄疫病毒感染的能力。该牛群获得免疫力的方式是( )

(186～188题共用备选答案)

A. 支气管肺炎 B. 纤维素性胸膜肺炎 C. 大叶性肺炎
D. 间质性肺炎 E. 干酪性肺炎

186. 猪,120日龄,食欲减退,体温升高,呼吸极度困难,剖检两侧肺呈紫红色。病原学检查见革兰氏阴性菌,病料接种血平板,再挑取金黄色葡萄球菌划线培养,呈现"卫星生长",并有β溶血现象。该病最可能的病理变化是( )

187. 种猪,3岁,食欲减退,体温升高,呼吸困难,流产,所产仔猪出现呼吸困难,腹泻,后肢麻痹,部分仔猪耳部发紫和躯体末端皮肤发绀。该病最可能的病理变化是( )

188. 仔猪,30日龄,食欲减退,呼吸困难,咳嗽,体温升高(呈弛张热),肺部听诊可听到湿性啰音,叩诊呈灶状浊音,其他无明显可见临床症状。该病最可能的病理变化是( )

(189～191题共用备选答案)

A. 传染性法氏囊病 B. 马立克氏病 C. 禽白血病
D. 传染性支气管炎 E. 新城疫

189. 1月龄肉鸡群突然发病,第2天出现死亡,5～7 d达死亡高峰,剖检见腿肌和胸肌出血,法氏囊肿大,有胶冻样渗出物,腺胃和肌胃交界处出血。该病最可能是( )

190. 蛋鸡,60 日龄,消瘦死亡,心、肝、脾等组织器官出现肿瘤,部分鸡失明,瞳孔呈同心圆状,组织学检查见肿瘤组织有大小不一的淋巴细胞浸润。该病最可能是( )

191. 蛋鸡,50 日龄,出现轻微呼吸道症状,少量死亡;剖检见肾脏苍白、肿大和小叶突出,肾小管和输尿管扩张,充满尿酸盐;组织学检查可见肾间质水肿,并伴有淋巴细胞、浆细胞和巨噬细胞浸润。该病最可能是( )

(192～194 题共用备选答案)

A. 牛弓首蛔虫　　B. 捻转血毛线虫　　C. 哥伦比亚食道口线虫
D. 牛仰口线虫　　E. 指形长刺线虫

192. 犊牛,60 日龄,消瘦,腹泻,剖检见小肠中出现粗壮、头端具有 3 片唇的线虫。该牛寄生的虫体是( )

193. 奶牛,4 岁,贫血,消瘦,腹泻,剖检见皱胃中出现多量虫体,镜检见部分虫体有交合伞,交合伞具有"Y"形背肋。该牛寄生的虫体是( )

194. 奶牛,4 岁,贫血,消瘦,腹泻,剖检在结肠中发现多量线状虫体,肠壁有大量绿豆大小结节;镜检见虫体头泡不甚膨大,颈乳突在颈沟的稍后方,其尖端突出于侧翼膜之外。该牛寄生的虫体是( )

(195～197 题共用备选答案)

A. 柔嫩艾美耳球虫　　B. 毒害艾美耳球虫　　C. 巨型艾美耳球虫
D. 堆型艾美耳球虫　　E. 和缓艾美耳球虫

195. 雏鸡群,3 周龄,食欲减退,精神不振,血便,大量死亡。剖检见盲肠肿大,内含大量新鲜血液,刮取病变部位肠黏膜镜检,见有多量香蕉形虫体。该鸡群感染的虫体是( )

196. 育成鸡群,8 周龄,食欲减退,精神不振,血便,大量死亡。剖检见小肠中 1/3 段高度肿胀,肠管显著充血、出血和坏死,刮取病变部位肠黏膜镜检,见有多量香蕉形虫体。该鸡群感染的虫体是( )

197. 雏鸡群,3 周龄,精神不振,下痢,饲料转化率明显下降。剖检见十二指肠黏膜变薄、覆有横纹状白斑,呈梯状,肠道内含水样液体。刮取病变部位肠黏膜镜检,见有多量香蕉形虫体。该鸡群感染的虫体是( )

(198～200 题共用备选答案)

A. 空肠弯曲菌食物中毒　　B. 链球菌食物中毒　　C. 产气荚膜梭菌食物中毒
D. 大肠杆菌毒素食物中毒　　E. 沙门氏菌食物中毒

198. 食用冷藏熟肉后,数人出现体温升高,全身肌肉酸痛,脐部和上腹部绞痛,腹泻,初为水样,继而为黏液血便。从所食用的熟肉和病人的腹泻物中分离得到一株革兰氏阴性菌,菌体呈两端渐细的弧形,具有多形性。该病最可能的诊断是( )

199. 夏末,一家 3 口食用猪头肉后,出现呕吐、腹泻症状,呕吐比腹泻严重,1 人头晕、低热、乏力。从所食用的猪头肉和病人的腹泻物中分离得到一株革兰氏阳性菌,菌体呈球形或卵圆形,无芽孢。该病最可能的诊断是( )

200. 夏季,5 人食用熟肉 2 h 后,出现下腹部剧烈疼痛,腹泻,便中带有血液和黏液,3 人便中有黏膜碎片,1 人抽搐,昏迷。从所食用的熟肉和病人的腹泻物中分离得到一株革兰氏阳性的大杆菌,有芽孢。该病最可能的诊断是( )

2019 年 · 预防科目 · 答案与解析

考生姓名：　　　　　　　　　　　　　　　　准考证号：

2019 年全国执业兽医资格考试试卷

(兽医全科类)下午卷

（临床综合）

注 意 事 项

一、请按照要求，用蓝黑色或者黑色签字笔在答题卡上填写姓名、身份证号码、考点、考试地点、考场号、准考证号等信息，并用铅笔涂好准考证号。

二、试卷分为 2 部分，临床科目 100 小题，综合科目 100 小题，共 200 小题，考试时间为 150 分钟。各部分不单独计时，请考生自己合理分配时间。

三、监考人员宣布考试开始时，方可答题；宣布考试结束时，应立即停止答题。答题卡、题本一律反扣在桌面上，待监考人员确认数量无误，允许离开时，考生方可离开考场。如果考生违反了以上任何一项要求，都将影响考试成绩。

四、答案必须填涂在答题卡上，书写在试题本上的答案一律无效。

五、答题卡严禁折叠。

六、答题卡的正确填涂方式为：■，用其他符号填涂答案者不计分。

七、如要改动答案，必须先用橡皮擦去原来选定的答案，然后再按上面的规定重新作答。

临床科目

[A1 型题]

答题说明

每一道考试题下面有A、B、C、D、E五个备选答案，请从中选择一个最佳答案，并在答题卡上将相应题号的相应字母所属的方框涂黑。

1. 关于视诊检查，表述错误的是(　　)
A. 先群体后个体　B. 先静态后动态　C. 先整体后局部
D. 先保定后检查　E. 按一定顺序检查

2. 瘤胃蠕动的听诊音是(　　)
A. 夫夫音　B. 流水音　C. 钢管音
D. 雷鸣音　E. 捻发音

3. 能够引起脉搏频率减少的疾病是(　　)
A. 发热性疾病　B. 疼痛性疾病　C. 贫血
D. 颅内压增高　E. 应激性疾病

4. 无股前淋巴结的动物是(　　)
A. 犬　B. 猪　C. 马
D. 牛　E. 羊

5. 引起心脏浊音区增大的疾病是(　　)
A. 肺水肿　B. 肺萎缩　C. 间质性肺气肿
D. 肺泡气肿　E. 胸膜炎

6. 腹下神经抑制，反射性引起(　　)
A. 腹直肌收缩　B. 泌尿肌松弛　C. 括约肌收缩
D. 括约肌松弛　E. 腹横肌松弛

7. 不属于牛阴道损伤的临床症状是(　　)
A. 尾根高举　B. 骚动不安　C. 左肷窝隆起
D. 拱背　E. 频频努责

8. 支配眼球运动的神经是(　　)
A. 视神经　B. 滑车神经　C. 三叉神经
D. 面神经　E. 副神经

9. 不引起血清氯离子降低的原因是(　　)
A. 肾衰竭　B. 心力衰竭　C. 大量出汗
D. 严重呕吐　E. 严重腹泻

10. X线检查时，为了使得被检器官的内腔或周围形成密度差异，从而显现其影像，常常需要(　　)
A. 注入造影剂　B. 空腹检查　C. 加大千伏
D. 加大毫安　E. 提高显影温度

11. 心电图检查采用的aVL是指加压单极(　　)
A. 左前肢导联　B. 左后肢导联　C. 右前肢导联
D. 右后肢导联　E. 双后肢导联

12. 引起实质性黄疸的疾病是(　　)
A. 胆管结石　B. 胆囊结石　C. 胆管狭窄
D. 胆囊炎　E. 肝炎

13. 食道阻塞的发病特征是(　　)
A. 黏膜发绀　B. 咀嚼障碍　C. 精神沉郁
D. 突然发生　E. 口腔溃疡

14. 继发性瘤胃臌气的疾病不包括(　　)
A. 瘤胃酸中毒　B. 瓣胃阻塞　C. 食道阻塞
D. 皱胃变位　E. 创伤性网胃炎

15. 皱胃左方变位的首选疗法是(　　)
A. 镇痛解痉　B. 洗胃　C. 接种健康牛瘤胃液
D. 滚转法　E. 催吐

16. 犬胃扩张-扭转综合征的临床特征是(　　)
A. 腹围增大　B. 腹泻　C. 血便
D. 脾后移　E. 脾肿大

17. 犬急性肝炎的实验室检查出现的变化是(　　)
A. 天门冬氨酸氨基转移酶活性升高　B. 血浆白蛋白升高
C. 血脂降低　D. ATP增多
E. 维生素K增加

18. 母犬的膀胱结石主要成分为(　　)
A. 碳酸盐　B. 尿酸盐　C. 胱氨酸
D. 硅酸盐　E. 磷酸盐

19. 不引起贫血的营养因素是(　　)
A. 叶酸　B. 钴　C. 铜
D. 钙　E. 维生素 B_{12}

20. 公牛的尿道结石多发生于(　　)
A. 肾盂　B. 输尿管　C. 膀胱
D. 乙状弯曲部　E. 尿道骨盆中部

21. 牛、马蕨中毒最可能出现的症状是(　　)
A. 犬坐样姿势　B. 共济失调　C. 强直痉挛
D. 血红蛋白尿　E. 血尿

22. 在维生素A缺乏症早期,不易表现夜盲症的动物是(　　)
A. 犊牛　B. 仔猪　C. 幼犬
D. 羔羊　E. 马驹

23. 体内与有机磷农药化学结构相似的物质是(　　)
A. 肾上腺素　B. 乙酰胆碱　C. 胆碱酯酶
D. 细胞色素　E. 磷酸腺苷

24. 关于腐败性感染表述错误的是(　　)
A. 局部坏死,发生腐败性分解　B. 内源性腐败性感染可见于肠管损伤时
C. 初期创伤周围出现水肿和剧痛　D. 病灶不用广泛切开
E. 尽可能切除坏死组织

25. 适合于初期愈合的创伤特征是(　　)
A. 创伤严重污染　B. 创伤已经感染　C. 创伤尚未感染
D. 创伤内异物尚未取出　E. 创伤内出血尚未制止

26. 关于Ⅰ度烧伤的错误表述是(　　)
A. 皮肤表皮层损伤　B. 生发层健在　C. 有再生能力
D. 真皮层大部损伤　E. 伤部被毛烧焦

27. 青光眼的主要症状是(　　)
A. 眼内压升高　B. 眼房液浑浊　C. 晶状体浑浊
D. 角膜浑浊　E. 泪液增多

28. 不属于牙周炎症状的是(　　)
A. 牙龈红肿　B. 牙周袋增大　C. 牙周溢脓
D. 牙齿松动　E. 咀嚼不停

29. 犬前列腺增生的首选治疗方法是(　　)
A. 前列腺摘除　B. 给予雌激素　C. 化疗放疗
D. 抗菌消炎　E. 去势术

30. 不能促使马跛行症状典型化的方法是(　　)
A. 圆周运动　B. 乘挽运动　C. 软硬地运动
D. 上下坡运动　E. 起卧运动

31. 关于骨折延迟愈合表述错误的是(　　)
A. 骨折愈合速度比正常缓慢　B. 局部无肿痛及异常活动
C. 整复不良延迟愈合　D. 局部感染化脓延迟愈合
E. 局部血肿和神经损伤延迟愈合

32. 用酒精浸泡消毒器械的最适浓度是(　　)
A. 50%　B. 60%　C. 70%
D. 90%　E. 95%

33. 表面麻醉是利用麻醉药的渗透作用,使其透过黏膜而阻滞(　　)
A. 深在的神经末梢　B. 浅在的神经末梢　C. 脊神经
D. 中枢神经　E. 神经干

34. 为了防止呕吐,全身麻醉时采取的措施错误的是(　　)
A. 充分的禁食　B. 减轻胃肠胀气　C. 应用止吐药
D. 未将舌头拉出口腔　E. 将动物颈基部垫高

35. 关于压迫止血表述错误的是(　　)
A. 毛细血管渗血时,压迫片刻即可止血　B. 小血管出血时,压迫片刻即可止血
C. 大动脉出血时,压迫片刻即可止血　D. 必须是按压止血,不可擦拭
E. 用纱布压迫出血的部位

36. 关于缝合的基本原则,表述错误的是(　　)
A. 严格遵守无菌操　B. 缝合前必须彻底止血
C. 缝合的创伤感染后不用拆除部分缝线　D. 缝合前必须彻底清除凝血块
E. 缝合前必须彻底清除异物

37. 牛断角术最常见的麻醉方法是(　　)
A. 局部浸润麻醉　B. 传导麻醉　C. 硬膜外麻醉
D. 表面麻醉　E. 全身麻醉

38. 可以诱导产后乏情母牛发情的激素是(　　)
A. GnRH　B. PRL　C. LH
D. OT　E. P4

39. 光照对发情活动影响最敏感的动物是( )
A. 犬 B. 马 C. 骆驼
D. 牛 E. 猪

40. 受精过程中,与皮质反应无关的是( )
A. 完成第二次减数分裂 B. 透明带性质发生改变 C. 卵质膜表面微绒毛伸长
D. 卵质膜结构重组 E. 皮质颗粒排入卵周隙中

41. 对母畜分娩易产生不利影响的是( )
A. 骨盆入口大而圆 B. 荐坐韧带较宽 C. 骨盆底较宽
D. 坐骨结节较低 E. 骨盆入口倾斜度小

42. 不属于畜群损伤性和管理性流产原因的是( )
A. 抢食 B. 拥挤 C. 使用驱虫剂
D. 使役过重 E. 踢伤

43. 马、牛发生力性难产时,首选的助产手术是( )
A. 牵引术 B. 截胎术 C. 矫正术
D. 剖宫产术 E. 药物助产术

44. 营养物质(阴)必然要耗用能量(阳)的生理过程体现的阴阳关系是( )
A. 阴消阳长 B. 阳消阴长 C. 阳损及阴
D. 阴盛阳虚 E. 阳盛阴虚

45. 心的生理功能是( )
A. 主宣发 B. 主运化 C. 主纳气
D. 主血脉 E. 主疏泄

46. 主痛证的口色为( )
A. 白色 B. 赤色 C. 青色
D. 黄色 E. 黑色

47. 具有起病急、病程短、病位浅特点的病证是( )
A. 表证 B. 里证 C. 寒证
D. 热证 E. 虚证

48. 与贝母、瓜蒌相反的药物是( )
A. 乌梅 B. 乌头 C. 乌药
D. 乌梢蛇 E. 何首乌

49. 味辛性凉、善于疏散上部风热的要药是( )
A. 薄荷 B. 麻黄 C. 防风
D. 紫苏 E. 白芷

50. 具有消食健胃作用,尤以消化谷积见长的药物是( )
A. 神曲 B. 山楂 C. 蜂蜜
D. 大黄 E. 芒硝

51. 平胃散的方药组成,除了厚朴、陈皮、甘草、生姜、大枣外,还有( )
A. 茯苓 B. 猪苓 C. 泽泻
D. 白术 E. 苍术

52. 具有涩肠、敛肺作用的药物是( )
A. 白术 B. 苍术 C. 柯子
D. 桔梗 E. 郁金

53. 治疗脾胃气虚首选的方剂是(　　)
A. 四物汤　　B. 四逆汤　　C. 四君子汤
D. 白头翁汤　　E. 大乘气汤

[A2 型题]

答题说明

每一道考题是以一个小案例出现的,其下面都有 A、B、C、D、E 五个备选答案。请从中选择一个最佳答案,并在答题卡上将相应题号的相应字母所属的方框涂黑。

54. 猫,12 岁,突发尿量增多,不食,精神萎靡,四肢无力,血清生化检查可见(　　)
A. 钠升高　　B. 钾升高　　C. 氯升高
D. 钾降低　　E. 钙降低

55. 德国牧羊犬,3 岁,训练后突发呼吸困难,结膜发绀,胸腹部 X 线侧位片可见肋弓前后大面积圆形低密度影,后腔静脉狭窄;正位片可见膈后大面积横梨形低密度影,肠管后移。该犬的初步诊断是(　　)
A. 肠套叠　　B. 肠梗阻　　C. 胃内异物
D. 胃幽门阻塞　　E. 胃扩张-胃扭转

56. 犬,体重 5 kg,治疗过程中突然出现异常,呼吸数 70 次/min,脉搏 140 次/min,眼结膜血管呈树枝状充盈,且发绀,胸部听诊呈广泛性啰音。该病最可能的病因是(　　)
A. 静脉输液生理盐水 1 000 mL　　B. 肌内注射庆大霉素 2 mL
C. 肌内注射地塞米松 1 mL　　D. 静脉缓慢推注 25%葡萄糖注射液 10 mL
E. 静脉输液 5%葡萄糖注射液 100 mL

57. 马,3 岁,异嗜,喜啃树皮,消化紊乱,跛行,拱背,有吐草团现象,鼻甲骨隆起,下颌间隙狭窄,尿液澄清、透明,同时还出现(　　)
A. 骨组织软骨化　　B. 骨小梁增多　　C. 骨组织纤维化
D. 骨基质钙化过度　　E. 骨质密度增高

58. 犬,4 岁,常规免疫,体温正常,饲喂商品犬粮,近月食欲减退,消瘦,间歇性腹泻,粪便带血,黏膜黄染,贫血,血凝时间延长,血清 ALT 活性升高,为预防该病,应定期监测犬粮中(　　)
A. 黄曲霉毒素水平　　B. 锌水平　　C. 维生素 A 含量
D. 硒含量　　E. 铜含量

59. 牛,4 岁,眼部角膜表面有白色斑点,稍突出表面,逐渐变大,形成疣状物,眼睑见乳头状瘤样肿块,表面破溃出血。该牛眼睑瘤样物可能是(　　)
A. 纤维肉瘤　　B. 鳞状细胞癌　　C. 腺癌
D. 纤维瘤　　E. 组织细胞瘤

60. 母猪,3 岁,精神沉郁,食欲减退,肛门处可见有圆球形、暗红色肿胀物,该疾病不会出现的症状是(　　)
A. 直肠黏膜水肿　　B. 直肠黏膜出血　　C. 频繁努责
D. 饮欲增加　　E. 里急后重

61. 骡,3 岁,因跌倒致左跗关节皮肤破裂,从伤口流出黏稠、透明、淡黄色液体,并混有少量血液。该病最可能的诊断是(　　)
A. 关节非透创　　B. 慢性脊髓炎　　C. 类风湿关节炎
D. 关节透创　　E. 慢性肌炎

62. 白色比熊犬,3岁,初期在鼻梁、继而在肘关节和膝关节周围以上部位脱毛,呈对称性,皮肤色素沉着,无明显瘙痒症状,触摸皮温较低。该病实验室诊断应选择的项目是( )

A. 血清总蛋白＋ALT　B. 血清总蛋白＋AST　C. 皮肤病理检查＋TT4
D. 尿蛋白＋ALP　E. 血糖＋CK

63. 奶牛,3岁,发情配种后1个月未见返情,直肠检查发现右侧子宫角略有增大。要确认是否妊娠,此时最具有诊断价值的样本和检测项目分别是( )

A. 血液,E2　B. 奶液,P4　C. 血液,P4
D. 血液,eCG　E. 尿液,eCG

64. 奶牛,10岁,产后持续强烈努责,导致子宫脱出,悬吊于阴门之外,呈( )

A. 长囊状　B. 圆球状　C. 菜花状
D. 肠管状　E. 粗棒状

65. 同窝新生仔猪,8只,均于吸乳后10 h突然发病,表现震颤、畏寒,运步后躯摇摆,体温无显著变化,眼结膜和齿龈黄染。该窝仔猪所患疾病是( )

A. 新生仔猪低血糖症　B. 新生仔猪溶血病　C. 胎粪秘结
D. 仔猪营养不良性贫血病　E. 新生仔猪低血钙症

66. 马,证见无汗畏寒,皮毛紧缩,鼻涕清稀,轻度咳喘,口腔滑腻,舌苔薄白,脉浮紧。治疗方中可选择的药物是( )

A. 红花　B. 菊花　C. 金银花
D. 旋覆花　E. 密蒙花

67. 牛,贪吃精料后发病。证见食欲废绝,反刍停止,嗳气酸臭,粪稀且有未消化的饲料,口色红,脉洪数。该病的治疗方法是( )

A. 温中散寒,涩肠止泻　B. 清热燥湿,解毒止痢　C. 消积导滞,调和脾胃
D. 健脾化湿,利水消肿　E. 破气消胀,宽肠通便

[A3/A4型题]

答题说明

以下提供若干个案例,每个案例下设若干个考题。请根据案例所提供的信息,在每一道考试题下面的A、B、C、D、E五个备选答案中选择一个最佳答案,并在答题卡上将相应题号的相应字母所属的方框涂黑。

(68～70题共用题干)

犬,雌性,2岁,已免疫,主人家正值装修。患犬精神沉郁,食欲下降,频繁打喷嚏,大量流鼻液,摇头,摩擦鼻部。

68. 对患犬鼻液的最佳检查方法是( )

A. 生化检查　B. 视诊＋显微镜检查　C. 嗅诊
D. 嗅诊＋显微镜检查　E. 视诊

69. 患犬初期流出无色透明、稀薄如水的鼻液,性质是( )

A. 浆液性鼻液　B. 黏液性鼻液　C. 黏脓性鼻液
D. 腐败性鼻液　E. 血性鼻液

70. 治疗时,首先采取的措施是( )

A. 保温　B. 增加饮水　C. 凡士林涂鼻镜
D. 改变饲养环境　E. 抗生素治疗

(71～73题共用题干)

母犬,4岁,营养状况良好,偷食油炸鸡后,剧烈呕吐,精神沉郁,食欲废绝,腹泻,呻吟,呈祈祷姿势,腹壁触诊高度敏感,血清学检查淀粉酶活性升高。

71.该病最可能的诊断是(　　)

A.胰腺炎　B.脑炎　C.肝炎
D.肠炎　E.胃肠炎

72.确诊需进一步进行(　　)

A.超声检查　B.X线检查　C.脂肪酶检测
D.碱性磷酸酶检测　E.内窥镜检查

73.预防该病,不宜(　　)

A.暴饮暴食　B.禁食　C.高脂饮食
D.低蛋白饮食　E.低盐饮食

(74～76题共用题干)

公猪,3月龄,去势手术后,阴囊切口愈合良好;该猪阴囊突然膨大,触诊柔软有弹性,无热无痛,听诊有肠蠕动音。

74.该病最可能的诊断是(　　)

A.会阴疝　B.腹壁疝　C.阴囊积水
D.腹股沟阴囊疝　E.肠套叠

75.对该病应采取的措施是(　　)

A.加强管理　B.手术治疗　C.绷带压迫
D.夹板固定　E.按压送回

76.【假设信息】若采取手术治疗,其缝合方法是(　　)

A.结节缝合　B.单纯连续缝合　C.水平褥式缝合
D.垂直褥式缝合　E.荷包缝合

(77～79题共用题干)

马,前肢蹄底发生白线裂,表现轻度支跛。

77.该病最不可能的病因是(　　)

A.白线处切削过多　B.白线角质脆弱　C.钉伤
D.蹄壁倾斜　E.蹄壁粗糙

78.该病最多发生于(　　)

A.马后蹄前壁　B.马前蹄侧壁　C.牛后蹄前壁
D.牛前蹄侧壁　E.骡后蹄前壁

79.该病向深部发展,最可能引起(　　)

A.化脓性蹄真皮炎　B.冠骨骨折　C.系骨骨折
D.系关节脱位　E.掌骨骨折

(80～82题共用题干)

奶牛,4岁,产后5 d,精神沉郁,食欲减退,产奶量下降,体温40℃。从阴道内排出棕红色臭味分泌物,卧地时排出量较多。

80.该病初步的诊断是(　　)

A.产后阴道炎　B.产后子宫内膜炎　C.慢性子宫内膜炎
D.产后阴门炎　E.胎衣不下

81. 不属于该病发生的诱因是(　　)

A. 子宫迟缓　　B. 布鲁氏菌感染　　C. 胎衣不下

D. 体表外伤　　E. 胎儿浸溶

82.【假设信息】若未及时治疗,体温升高至 42℃,且连续几天不退,精神极度沉郁,全身症状明显,该病最可能的诊断是(　　)

A. 子宫蓄脓　　B. 慢性子宫内膜炎　　C. 产后败血症

D. 产后菌血症　　E. 生产瘫痪

[B1 型题]

答题说明

以下提供若干组考题,每组考题共用在考题前列出的 A、B、C、D、E 五个备选答案。请从中选择一个与问题关系最密切的答案,并在答题卡上将相应题号的相应字母所属的方框涂黑。某个备选答案可能被选择一次、多次或不被选择。

(83～85 题共用备选答案)

A. 圆块状　　B. 叠饼状　　C. 水样便

D. 稠粥状　　E. 圆柱状

83. 马,4 岁,常规免疫,体温 38℃,头、耳灵活,目光明亮有神,行动敏捷,采食量未见异常。该动物粪便的形状是(　　)

84. 奶牛,3 岁,常规免疫、驱虫,正值春季,饲喂新鲜青草。该动物粪便的形状是(　　)

85. 金毛犬,4 岁,常规免疫驱虫,体温 38.5℃,喂饲犬粮和脆骨。该犬最可能的粪便形状是(　　)

(86～88 题共用备选答案)

A. 维生素 A 缺乏症　　B. 维生素 B_2 缺乏症　　C. 维生素 C 缺乏症

D. 维生素 D 缺乏症　　E. 泛酸缺乏症

86. 猪,主要喂甜菜渣,病猪出现生产缓慢,食欲减退,腹泻,皮肤粗糙,运动障碍,呈痉挛性鹅步,母猪所生产仔猪出现畸形。最可能的疾病是(　　)

87. 蛋鸡群,200 日龄,在产蛋高峰期时,突然产蛋量下降,蛋白稀薄,孵化率低下,雏鸡呈现生长缓慢,腹泻,不能走路,趾爪向内弯曲。最可能的疾病是(　　)

88. 犊牛,3 月龄,夜晚行走时易碰撞障碍物,眼角膜增厚,有云雾状,皮肤有麸皮样痂块,出现阵发性惊厥。最可能的疾病是(　　)

(89～91 题共用备选答案)

A. 卡他性结膜炎　　B. 化脓性结膜炎　　C. 浅表性角膜炎

D. 深层角膜炎　　E. 溃疡性角膜炎

89. 使役公牛,3 岁,结膜充血,角膜水肿,浅表性血管增生,增生部浑浊,表面粗糙,且随病程延长而出现色素沉着。该眼病最可能诊断为(　　)

90. 使役公牛,4 岁,角膜急性浑浊,深层和浅层血管增生,随病程延长,角膜出现瘢痕。该眼病最可能诊断为(　　)

91. 使役公牛,5 岁,眼有黏性分泌物,荧光素检查角膜有不规则局限性浅表缺损,无血管生长。该眼病最可能诊断为(　　)

(92～94 题共用备选答案)

A. 左肷部切口　　B. 右肷部切口　　C. 右侧肋弓下斜切口

D. 脐后腹中线切口　　E. 脐前腹中线切口

92. 拉布拉多犬,雄性,3 岁,X 线检查直肠内有较多高密度阴影,经灌肠治疗无效后,决定手术治疗。该手术通路是(　　)

93. 奶牛,2 岁,采食后反刍减少,呻吟,喜站少卧,步态拘谨,X 线检查网胃内有短小棒状高密度阴影。对该牛实施剖腹探查的手术通路是(　　)

94. 斗牛犬,雌性,3 岁,怀孕 62 d 不见胎儿产出,X 线检查见犬腹腔内有多只胎儿存在,胎儿头部直径大于母体骨盆直径。该手术通路是(　　)

(95～97 题共用备选答案)

A. 子宫积液　　B. 子宫积脓　　C. 产后子宫内膜炎
D. 子宫颈炎　　E. 慢性子宫内膜炎

95. 奶牛,6 岁,屡配不孕,体温升高,子宫内积有脓性液体。该牛最可能的疾病是(　　)

96. 奶牛,阴道中有清亮、黏稠液体排出,尾根有结痂,直肠检查发现子宫体积明显增大,有波动感,两侧子宫角相似。该病最可能的诊断是(　　)

97. 奶牛,屡配不孕,但并无明显可见临床异常表现,发情周期基本正常,子宫冲洗液可见絮状物。该病最可能的诊断是(　　)

(98～100 题共用备选答案)

A. 阴俞　　B. 肺俞　　C. 脾俞
D. 肷俞　　E. 肾俞

98. 奶牛,4 岁,临近生产,食欲减退,精神倦怠,卧地时可见阴门处有一红色翼状物突出,起立时恢复正常,口色淡白,脉细弱。针治应选用的穴位是(　　)

99. 奶牛,4 岁,临近生产,食欲减退,精神倦怠,反刍减少,行走无力,瘤胃蠕动缓慢,粪便稀软,其中夹杂有未消化的饲料。口色淡白,脉细弱。针治应选用的穴位是(　　)

100. 奶牛,4 岁,生产过后,食欲减退,精神倦怠,发热恶寒,鼻流清涕,偶见咳嗽,口色青白,舌苔薄白,脉浮紧。针治应选用的穴位是(　　)

2019 年 · 临床科目 · 答案与解析

综 合 应 用

[A3/A4 型题]

> 答 题 说 明
>
> 以下提供若干个案例,每个案例下设若干个考题。请根据案例所提供的信息,在每一道考试题下面的 A、B、C、D、E 五个备选答案中选择一个最佳答案,并在答题卡上将相应题号的相应字母所属的方框涂黑。

(101～103 题共用题干)

夏季,某猪场,妊娠母猪群突然流产,体温 41℃ 以上,流产后体温、食欲恢复正常,部分母猪流产后从阴道流出红褐色液体,同场配种公猪可见一侧睾丸肿大。

101. 引发流产最可能的原因是(　　)

A. 热应激　　B. 乙型脑炎病毒感染　　C. 猪细小病毒感染
D. 伪狂犬病病毒感染　　E. 猪繁殖与呼吸综合征病毒感染

102. 具有临床诊断意义的流行病学特点是(　　)

A. 发生于初产母猪　　B. 多发生于蚊虫滋生季节　　C. 常与弓形虫的感染相关
D. 仅发生于经产母猪　　E. 猪是唯一的易感动物

103. 预防该病最有效的措施是(　　)

A. 防暑降温　B. 种猪接种疫苗　C. 病猪隔离

D. 饲料添加抗生素　E. 灭鼠

(104～106题共用题干)

育肥猪,3月龄,口、鼻流白色泡沫,颈部发红肿胀,张口呼吸,常做犬坐姿势,急性死亡。剖检见颈部皮下呈胶冻状,肺脏水肿、出血。

104. 该病病原可能是(　　)

A. 巴氏杆菌　B. 大肠杆菌　C. 沙门氏菌

D. 副猪嗜血杆菌　E. 支原体

105. 颈部肿胀的原因是(　　)

A. 激素性水肿　B. 淤血性水肿　C. 神经性水肿

D. 炎性水肿　E. 营养不良性水肿

106. 预防该病的措施是(　　)

A. 疫苗免疫　B. 使用抗生素　C. 使用抗血清

D. 加强营养　E. 禁止养猫

(107～109题共用题干)

断奶仔猪群,30日龄,突然倒地死亡,体温正常,眼睑水肿,有神经症状,剖检可见颈部皮下水肿,脑充血、水肿。

107. 该病最可能的诊断是(　　)

A. 猪水肿病　B. 猪链球菌病　C. 猪李氏杆菌病

D. 猪伪狂犬病　E. 猪乙型脑炎

108. 该病特征性的病理变化是(　　)

A. 肝脏坏死点　B. 扁桃体溃疡　C. 淋巴结肿大出血

D. 胃壁水肿　E. 绒毛心

109. 下列关于该病描述不正确的是(　　)

A. 发病率不高,病死率高　B. 是一种肠毒血症　C. 病死猪脱水严重

D. 与饲料和饲养方法有关　E. 有些病例无水肿变化

(110～111题共用题干)

某个体养猪户,泔水煮后喂猪约半h,猪突然发病,食欲旺盛者更为严重,表现为呼吸困难,全身发绀,肌肉震颤等症状,体温正常。

110. 该病最可能的诊断是(　　)

A. 食盐中毒　B. 亚硝酸盐中毒　C. 铅中毒

D. 汞中毒　E. 败血症

111. 治疗该病首选的药物是(　　)

A. 亚硝酸钠　B. 亚甲蓝　C. 解磷定

D. 抗生素　E. 二巯基丙磺酸钠

(112～114题共用题干)

仔猪群,1月龄,眼结膜泛黄,头颈部水肿,排红棕色尿液,粪便干硬有腥臭味。发病初期体温升高,后期恢复正常。

112. 该病最可能的诊断是(　　)

A. 钩端螺旋体病　B. 猪瘟　C. 猪肺疫

D. 猪圆环病毒病　E. 副猪嗜血杆菌病

113. 实验室检查可能呈现的结果是(　　)

A. 尿液血红蛋白试验阳性　B. 尿液含有大量尿酸盐
C. 尿液硫酸铵盐析试验阳性　D. 尿液荧光照射呈红色　E. 尿液呈云雾状

114. 治疗该病的首选药物是(　　)

A. 盐霉素　B. 庆大霉素　C. 青霉素
D. 莫能菌素　E. 核黄素

(115～117 题共用题干)

仔猪群，5 月龄，突然发病，高热，呼吸困难，病程 1～2 d，死前口吐白色或红色泡沫，剖检见纤维素性出血性肺炎，胸腔内有纤维素性渗出物。

115. 该病最可能的诊断是(　　)

A. 猪传染性胸膜肺炎　B. 猪流感　C. 猪支原体肺疫
D. 猪圆环病毒病　E. 副猪嗜血杆菌病

116. 早期治疗首选的药物是(　　)

A. 干扰素　B. 氟苯尼考　C. 泰妙菌素
D. 盐霉素　E. 莫能菌素

117. 预防本病最有效的方法是(　　)

A. 免疫接种　B. 使用抗生素　C. 使用干扰素
D. 使用抗血清　E. 加强饲养管理

(118～120 题共用题干)

仔猪群，2 月龄，排黄色稀便，表面附有条状黏液，2 d 后，粪便充满血液和黏液，恶臭，逐渐消瘦死亡，死亡前体温降至室温以下。

118. 该病最可能的诊断是(　　)

A. 巴氏杆菌病　B. 猪痢疾　C. 大肠杆菌病
D. 猪流行性腹泻　E. 猪传染性胃肠炎

119. 剖检的典型病变位于(　　)

A. 胃　B. 脾　C. 肾
D. 小肠　E. 大肠

120. 用于该病快速检测的方法是(　　)

A. 暗视野显微镜检查　B. 麦康凯琼脂分离　C. 空斑试验
D. 血凝试验　E. 平板凝集试验

(121～123 题共用题干)

晚春季节，以放养为主的 3 周龄雏鸭群，少数雏鸭绒毛卷曲，不愿走动，强迫走动时步态不稳，呈阵发性发作，最后倒地抽搐，呈角弓反张死亡。病死鸭剖检未见肝肿大。

121. 该病最可能的诊断是(　　)

A. 鸭病毒性肝炎　B. 鸭瘟　C. 中暑
D. 维生素 B_1 缺乏症　E. 维生素 E 缺乏症

122. 鸭群发生该病可能的原因是(　　)

A. 采食大量的水生植物　B. 采食大量鱼虾　C. 暴露阳光下时间太长
D. 疫苗免疫失败　E. 强毒株侵袭

123. 对发病雏鸭最宜采取的措施是(　　)

A. 紧急接种鸭瘟弱毒疫苗　B. 注射鸭病毒性肝炎高免卵黄抗体
C. 加强鸭舍通风和降温　D. 饲料中补充硫胺素　E. 饲料中补充生育酚

(124～126题共用题干)

三黄鸡群,30日龄,夏季,地面平养,部分鸡精神萎靡,排黄褐色稀粪,剖检见两侧盲肠肿胀,充满血性分泌物,肝肿大,出现黄绿色下陷的病死灶。

124.该病最可能的诊断是( )

A.肝片吸虫病 B.禽霍乱 C.球虫病

D.组织滴虫病 E.马立克氏病

125.该病的治疗药物是( )

A.多西环素 B.马杜霉素 C.阿苯达唑

D.二甲硝咪唑 E.氨丙啉

126.可以传播该病的寄生虫是( )

A.鸡蛔虫 B.鸡异刺线虫 C.棘利绦虫

D.鸡球虫 E.膝螨

(127～129题共用题干)

秋季,2月龄鸭群,精神沉郁,水中游走无力,食欲减退,消瘦,贫血;剖检病死鸭见胆管中有前尖后圆的柳叶状虫体,腹吸盘小于口吸盘,位于虫体前1/5,睾丸分叶。

127.该鸭群感染的寄生虫是( )

A.肝片吸虫 B.双腔吸虫 C.次睾吸虫

D.对体吸虫 E.前殖吸虫

128.该虫体引起的病变主要发生在( )

A.腺胃 B.小肠 C.盲肠

D.肝脏 E.肾脏

129.该病的治疗药物是( )

A.环磷酰胺 B.多西环素 C.甲硝唑

D.盐霉素 E.吡喹酮

(130～132题共用题干)

120日龄鸡群,呼吸困难,有湿性啰音,咳出带血黏液,有的病鸡死于窒息。病理组织学检查,在气管、喉头上皮细胞内见嗜酸性包涵体。发病率为70%,病死率为15%。

130.该病最可能的诊断是( )

A.新城疫 B.马立克氏病 C.传染性喉气管炎

D.传染性支气管炎 E.禽流感

131.该病的病原潜伏感染的部位是( )

A.口腔 B.气管 C.肠道

D.三叉神经节 E.肝脏

132.防治该病的最常用疫苗是( )

A.弱毒疫苗 B.强毒疫苗 C.灭活疫苗

D.基因缺失苗 E.核酸疫苗

(133～134题共用题干)

肉鸡群,30日龄,精神沉郁,羽毛松乱,排水样稀粪,粪中带血,死亡率为15%。剖检见盲肠肿大2～3倍,肠腔内充满凝固的暗红色血块,盲肠黏膜上皮变厚、坏死脱落。

133.该病最可能的诊断是( )

A.新城疫 B.马立克氏病 C.球虫病

D.鸡白痢 E.禽流感

134. **确诊该病的方法是(　　)**

A. 刮取肠道病变处黏膜镜检　　B. 血清 ELISA 检测　　C. 血清琼脂扩散试验

D. 血清生化鉴定　　E. 全血平板凝集试验

(135～137 题共用题干)

180 日龄种鸡群,5%的鸡出现虚弱,消瘦,腹泻,羽毛囊出血。鸡冠苍白、皱缩,腹部增大。剖检可见多组织有大小不一的肿瘤,脾脏肿瘤呈大理石状。

135. **该病最可能的诊断是(　　)**

A. 白血病　　B. 马立克氏病　　C. 鸡传染性贫血

D. 传染性法氏囊病　　E. 网状内皮组织增殖病

136. **分离该病原常选用的病料不包括(　　)**

A. 血浆　　B. 血清　　C. 刚产蛋的蛋清

D. 肿瘤病灶　　E. 刚产蛋的蛋黄

137. **预防该病最有效的措施是(　　)**

A. 弱毒疫苗免疫接种　　B. 灭活疫苗免疫接种　　C. 药物治疗

D. 种群净化　　E. 种群消毒

(138～140 题共用题干)

商品鸡群,50 日龄,流泪,呼吸困难,叫声沙哑。发病后期死亡鸡头部肿胀,肉冠、肉垂出血、坏死、发绀,头颈震颤,胫部鳞片出血。剖检见多器官出血、坏死,尤其是肌胃、腺胃。

138. **该病最可能的诊断是(　　)**

A. 高致病性禽流感　　B. 新城疫　　C. 禽霍乱

D. 传染性法氏囊病　　E. 禽脑脊髓炎

139. **诊断该病最常用的血清学方法是(　　)**

A. IFA 试验　　B. 血凝和血凝抑制试验　　C. 全血平板凝集实验

D. 琼脂扩散试验　　E. 血清中和试验

140. **防治该病最有效的措施是(　　)**

A. 疫苗接种　　B. 注射干扰素　　C. 饲喂抗生素

D. 注射高免血清　　E. 加强消毒

(141～143 题共用题干)

犊牛,8 月龄,发热,厌食,腹泻,流鼻液,脱水。剖检见整个消化道黏膜出现糜烂或溃疡,特别是食道黏膜出现线状排列的溃疡,怀孕母牛流产或产弱犊。

141. **该病最可能的诊断是(　　)**

A. 牛恶性卡他热　　B. 牛流行热　　C. 口蹄疫

D. 牛传染性鼻气管炎　　E. 牛病毒性腹泻/黏膜病

142. **与该病病原有抗原性交叉的病毒是(　　)**

A. 犬瘟热病毒　　B. 猪瘟病毒　　C. 新城疫病毒

D. 马传贫病毒　　E. 鸭肝炎病毒

143. **除牛外,还可能成为该病传染源的动物是(　　)**

A. 鸡　　B. 猪　　C. 马

D. 犬　　E. 羊

(144～146 题共用题干)

奶牛,6 岁,体温 39℃,食欲减退,心率 98 次/min,呼吸 35 次/min,眼结膜苍白,粪便稀软,呈棕黑色,直肠检查粪便有油腻感,产奶量下降,体重减轻。

144.进一步检查,最可能出现的是(　　)

A.触诊右侧真胃区无反应　B.触诊右侧真胃区敏感

C.右侧腹部听-叩诊有鼓音　D.右侧腹部听-叩诊有钢管音

E.右侧真胃穿刺有大量气体

145.适宜的治疗方法是(　　)

A.实施真胃固定术　B.口服氟苯尼考与土霉素

C.静注10%葡萄糖溶液与地塞米松　D.口服西咪替丁与维生素K

E.注射阿莫西林与地塞米松

146.【假设信息】粪便潜血试验呈阳性,该病最可能的诊断是(　　)

A.真胃溃疡　B.真胃变位　C.结肠炎

D.酮病　E.贫血

(147~148题共用题干)

牛,5岁,分娩后2周,食欲减退,兴奋不安,前胃迟缓,产奶量减少,渐进性消瘦,呼出气有烂苹果味。

147.该病最可能的诊断是(　　)

A.生产瘫痪　B.酮病　C.真胃变位

D.前胃迟缓　E.创伤性网胃炎

148.该病在放牧牛中的发生率远低于舍饲牛,原因是干草在瘤胃中能产生更多的(　　)

A.甲酸　B.乙酸　C.丙酸

D.丁酸　E.戊酸

(149~151题共用题干)

初冬,牛群出现跛行病例,发病牛数量迅速增加,病牛口、舌、鼻、蹄部黏膜和皮肤上出现蚕豆大小的水疱,孕牛流产,附近猪群也发病,以蹄部皮肤水疱病变为主。

149.该病最可能的诊断是(　　)

A.牛痘　B.大肠杆菌病　C.坏死杆菌病

D.牛病毒性腹泻/黏膜病　E.口蹄疫

150.该病特征性的病理变化是(　　)

A.大红肾　B.珍珠病　C.大红脾

D.红肠子　E.虎斑心

151.采集送检样本的常用保存液是(　　)

A.生理盐水　B.pH 7.6的PBS液　C.pH 6.8的PBS液

D.pH 7.6的甘油PBS缓冲液　E.pH 6.8的甘油PBS缓冲液

(152~154题共用题干)

7月份,某牛场出生2周后的犊牛普遍发病,体温升高,拒食,卧地,排灰黄色混有黏液和血丝的稀粪。采集病料进行培养,在麦康凯琼脂上形成无色菌落。

152.该病最可能的诊断是(　　)

A.大肠杆菌病　B.沙门氏菌病　C.巴氏杆菌病

D.弯曲菌病　E.结核病

153.该病病原的特点是(　　)

A.革兰阳性杆菌,无芽孢,无荚膜　B.革兰阴性杆菌,无芽孢,无荚膜

C.革兰阴性杆菌,有芽孢,有荚膜　D.革兰阳性杆菌,无芽孢,有荚膜

E.革兰阳性杆菌,有芽孢,有荚膜

154. 人类感染该病临床症状最常见的是(　　)

A. 关节炎型　　B. 肺炎型　　C. 胃肠炎型

D. 肾炎型　　E. 肝炎型

(155～156 题共用题干)

羔羊群，3 日龄，腹泻，粪便土黄色，状如面糊，病羔羊虚脱，脱水。剖检见心内膜出血点，回肠内充满血色内容物，外观如红肠子。

155. 该病最可能的诊断是(　　)

A. 大肠杆菌病　　B. 羔羊痢疾　　C. 巴氏杆菌病

D. 弯曲菌病　　E. 链球菌病

156. 预防该病最有效的措施是(　　)

A. 免疫母羊　　B. 免疫羔羊　　C. 注射抗生素

D. 注射干扰素　　E. 加强管理

(157～159 题共用题干)

山羊，2 岁，体温 41℃以上，流脓性鼻液，咳嗽，呼吸困难，水样腹泻，发病率和病死率均较高。剖检见口、鼻黏膜糜烂坏死，结肠近端和直肠黏膜有斑马纹样出血。

157. 该病最可能的诊断是(　　)

A. 蓝舌病　　B. 山羊痘　　C. 小反刍兽疫

D. 羊肠毒血症　　E. 坏死杆菌病

158. 该病病原属于(　　)

A. 正黏病毒　　B. 副黏病毒　　C. 弹状病毒

D. 细小病毒　　E. 肠病毒

159. 防控该病的正确方法是(　　)

A. 抗病毒药物预防　　B. 免疫调节剂预防　　C. 隔离治疗

D. 扑杀患病羊　　E. 扑杀疫点内所有易感动物

(160～162 题共用题干)

初夏，南方某绵羊群发病，1 岁左右多发，病羊精神沉郁，体温 41℃左右，流涎，口腔黏膜充血、发绀，呈青紫色，重症病例口腔、唇、齿龈和舌黏膜糜烂。部分病羊发生蹄叶炎。

160. 该病最可能的诊断是(　　)

A. 蓝舌病　　B. 羊痘　　C. 小反刍兽疫

D. 羊肠毒血症　　E. 羊口疮

161. 该病最易感的动物种类是(　　)

A. 山羊　　B. 绵羊　　C. 奶牛

D. 水牛　　E. 黄牛

162. 疾病早期，病羊血常规检查最可能出现的结果是(　　)

A. 白细胞总数增加　　B. 白细胞总数减少　　C. 红细胞总数增加

D. 嗜酸性粒细胞增加　　E. 血红蛋白含量升高

(163～165 题共用题干)

妊娠母羊群零星发病，主要表现为怀孕 3—4 月发生流产，阴道持续排出黏液或脓液。取病料染色镜检，可见革兰阴性球杆菌，吉姆萨染色呈紫色。

163. 该病最可能的诊断是(　　)

A. 衣原体病　　B. 大肠杆菌病　　C. 沙门氏菌病

D. 布鲁氏菌病　　E. 弯曲菌病

164.公畜感染该病原后,常发生的是( )

A.肺炎　B.胃肠炎　C.肝炎

D.睾丸炎　E.鼻气管炎

165.现场检测该病的常用方法是( )

A.对流免疫电泳　B.虎红平板凝集试验　C.酶联免疫吸附试验

D.聚合酶链反应　E.实验动物接种

(166~167题共用题干)

家养犬,主人喂食巧克力后,表现不安、烦渴、呕吐,并有腹胀和腹泻,隔天排尿增多,肌肉震颤,共济失调,兴奋不安,体温40.6℃,心率150次/min,心律不齐,呼吸48次/min。

166.治疗该犬首先应采取的措施是给予( )

A.兴奋剂　B.止泻剂　C.镇静剂

D.强心剂　E.利尿剂

167.病情缓解后不应采取的措施是( )

A.诱导呕吐　B.调节体温　C.内服吸附剂

D.兴奋中枢神经　E.纠正酸碱和电解质平衡

(168~170题共用题干)

猫,3岁,饮食欲废绝,流涎,呕吐,消瘦,抽搐,四肢无力,不愿活动,皮肤松弛,缺乏弹性,B超检查肝脏肿大,表面有凸起,腹腔内有腹水。

168.该猫可视黏膜颜色可能是( )

A.淡红色　B.深红色　C.淡白色

D.淡黄色　E.淡紫色

169.该病的血液生化检查结果最可能会出现( )

A.肌酸激酶活性升高　B.α-淀粉酶活性升高

C.尿酸浓度升高　D.丙氨酸氨基转移酶活性升高

E.肌酐浓度升高

170.有助于确诊本病的检查方法是( )

A.胃导管探诊　B.内窥镜检查　C.肝脏穿刺检查

D.心电图检查　E.血气分析

(171~173题共用题干)

拉布拉多犬,5岁,被轿车撞伤,右后肢悬垂,不能负重,视诊股部和膝关节肿胀,触诊敏感。

171.该病应首先进行检查的项目是( )

A.B超检查　B.X线检查　C.粪便检查

D.尿常规检查　E.血常规检查

172.【假设信息】若为股骨干长斜骨折,最佳治疗方案是( )

A.髓内针+钢丝内固定　B.单纯夹板外固　C.卷轴绷带外固定

D.石膏绷带外固定　E.髓内针内固定

173.【假设信息】若为髌骨外方脱位,其手术切口应选在( )

A.胫骨嵴外侧方　B.膝直韧带上方　C.外侧滑车嵴外方

D.内侧滑车嵴内方　E.内侧滑车嵴外方

(174~176题共用题干)

德国牧羊犬,8月龄,发病1周,左后肢跛行,行走后躯摇摆,跑步两后肢合拢呈“兔跳”步态,被动运动髋关节疼痛。

174.该病最可能的诊断是(　　)
A.髋关节发育不良　B.圆韧带断裂　C.股骨颈骨折
D.股骨头坏死　E.骨盆骨折

175.X线检查时,正确的保定方法是(　　)
A.仰卧保定,两后肢屈曲、外展　B.俯卧保定,两后肢屈曲、外展
C.俯卧保定,两后肢向后拉直、外旋　D.俯卧保定,两后肢向后拉直、内旋
E.侧卧保定,患肢在下,健肢在上,向后拉直

176.该病进一步发展可导致(　　)
A.全骨炎　B.骨肿瘤　C.滑膜炎
D.骨软骨炎　E.退行性关节病

(177～179题共用题干)

牧羊犬,6岁,髋关节发育不良,长期服用阿司匹林,精神沉郁,眼球凹陷,频繁呕吐,呕吐物中带血,触诊腹壁紧张,前腹部敏感。

177.该病最可能的诊断是(　　)
A.胃炎　B.肝炎　C.食道炎
D.胆囊炎　E.胰腺炎

178.确诊该病的检查项目是(　　)
A.B超检查　B.X线检查　C.内窥镜检查
D.血清生化检查　E.病原分离鉴定

179.该犬持续性呕吐可导致(　　)
A.血钾升高　B.血钾降低　C.血磷升高
D.血磷降低　E.血钠降低

(180～182题共用题干)

博美犬,不久前产仔犬5只,检查体温40.5℃,突发呼吸急促,流涎,步态不稳,难以站立,血清钙浓度1.5 mmol/L。

180.该病最可能的诊断是(　　)
A.中暑　B.肺水肿　C.急性肺炎
D.脑膜脑炎　E.产后低钙血症

181.与该病发生无关的因素是(　　)
A.日粮中钙缺乏　B.日粮中锌缺乏　C.日粮中维生素D缺乏
D.多胎吸收大量母体钙　E.血钙随母乳大量流失

182.治疗该病的首选药物是(　　)
A.安乃近　B.硫酸镁　C.氨苄西林
D.葡萄糖酸钙　E.肾上腺皮质激素

(183～185题共用题干)

病犬,证见发热,口渴贪饮,腹痛不安,泻痢腥臭,粪中混有脓血,尿液短赤,口腔干燥,口色红黄,苔厚腻,脉滑数。

183.该病可辨证为(　　)
A.大肠湿热　B.膀胱湿热　C.肝胆湿热
D.热入阳明　E.热结肠道

184.该病的治法是(　　)
A.清热解毒,燥湿止泻　B.清热利湿,活血止痛　C.清热燥湿,疏肝利胆
D.清气泄热,生津止渴　E.攻下通便,滋阴清热

185. 治疗该病首选的方剂是(　　)
A. 郁金散　B. 八正散　C. 茵陈蒿汤
D. 白虎汤　E. 增液承气汤

(186～187题共用题干)

贵宾犬,雄性,8岁,躯干对称性脱毛,皮肤变薄、松弛且色素过度沉着,多饮,多尿,多食,腹围增大,运动不耐受,睾丸萎缩,阴囊皮肤变黑。血液生化胆固醇与碱性磷酸酶均升高,尿比重低于正常范围。

186. 该病最可能的诊断是(　　)
A. 肾上腺皮质机能减退　B. 肾上腺皮质机能亢进　C. 甲状旁腺机能减退
D. 甲状旁腺机能亢进　E. 左-埃二氏综合征

187. 该病不适宜的诊断方法是(　　)
A. 腹部超声诊断　B. 脑部核磁共振检查　C. ACTH刺激试验
D. 地塞米松抑制试验　E. 泌尿系统阳性造影

(188～190题共用题干)

中华田园犬,雄性,3岁,体重10 kg,已输液2 d,共计1 300 mL,无尿,呼吸急促,呕吐,血清生化检查肌酐、尿素氮、磷酸盐增高,血钾浓度9.0 mmol/L,B超检查见双肾被膜光滑,体积增大,皮质与髓质结构清晰,肾盂未见明显积液,膀胱轻度充盈,腹腔内未见积液。

188. 该犬最可能的诊断是(　　)
A. 急性肾功能衰竭　B. 慢性肾功能衰竭　C. 输尿管异位症
D. 膀胱破裂　E. 糖尿病

189. 该病犬心电图特征最可能是(　　)
A. P波消失　B. QRS波群变窄　C. P-R间期缩短
D. T波基底变宽　E. T波低

190. 治疗该病不宜采取的方法是(　　)
A. 利尿　B. 静滴25%葡萄糖,加胰岛素
C. 静滴10%葡萄糖酸钙　D. 静滴复方氯化钠
E. 腹膜透析

(191～193题共用题干)

马,体温40.5℃,发病5 d,精神沉郁,呼吸急促,脉搏数增加,流大量鼻液,肺部叩诊有大片浊音区。X线检查肺有大片均匀致密影。

191. 患马流出特征性鼻液的颜色是(　　)
A. 无色　B. 白色　C. 黄色
D. 红色　E. 铁锈色

192. 患马流出特征性鼻液的性质属于(　　)
A. 浆液性鼻液　B. 黏液性鼻液　C. 黏脓性鼻液
D. 腐败性鼻液　E. 血性鼻液

193. 临床可做出的初步诊断是(　　)
A. 小叶性肺炎　B. 大叶性肺炎　C. 吸入性肺炎
D. 慢性阻塞性肺炎　E. 间质性肺炎

(194～195题共用题干)

马,4岁,精神沉郁,食欲减退,体温升高,后肢全蹄冠呈圆枕状肿胀,热痛反应明显,患肢重度支跛。

194. 该病最可能的诊断是(　　)
A. 蹄冠蜂窝织炎　B. 蹄叶炎　C. 蹄叉腐烂
D. 蹄底白线裂　E. 蹄关节脱位

195. 与该病发生无关的因素是(　　)

A. 蹄冠表皮外伤　　B. 附近组织化脓坏死　　C. 蹄冠长时间在粪尿中浸泡
D. 坏死杆菌侵入　　E. 舍中过于干爽,软草过多

(196～198 题共用题干)

病马,证见食欲废绝,耳鼻发凉,肠鸣如雷,泻粪如水,尿清长,前蹄刨地,后肢踢腹,不时起卧、滚转,口色青黄,口津滑腻,舌苔白滑,脉象沉迟。

196. 该病的病因可能是(　　)

A. 过饥暴食　　B. 热结肠道　　C. 脾气虚弱
D. 内伤阴冷　　E. 粪结肠道

197. 该病可辨证为(　　)

A. 大肠湿热　　B. 大肠冷泻　　C. 食积大肠
D. 大肠液亏　　E. 脾虚不运

198. 该病的治则为(　　)

A. 益气健脾,消积导滞　　B. 泻下通便,行气止痛
C. 润肠通便,和胃止痛　　D. 温中散寒,渗湿利水
E. 清热利湿,调和气血

(199～200 题共用题干)

蜜蜂繁殖季节,部分刚出房幼蜂肢体、翅残缺不全,检查巢脾脾面,发现封盖房房盖有针孔大小的穿孔。

199. 该病的病原是(　　)

A. 蜂螨　　B. 原虫　　C. 细菌
D. 真菌　　E. 病毒

200. 防治该病应选用(　　)

A. 柠檬酸　　B. 酒石酸　　C. 水杨酸
D. 甲酸　　E. 乙酸

2019 年 · 综合应用 · 答案与解析

考生姓名：　　　　　　　　　　　　　　准考证号：

2020年全国执业兽医资格考试试卷
（计算机考试试卷）

（兽医全科类）上午卷

（基础预防）

注 意 事 项

一、请按照要求，用蓝黑色或者黑色签字笔在答题卡上填写姓名、身份证号码、考点、考试地点、考场号、准考证号等信息，并用铅笔涂好准考证号。

二、试卷分为2部分，基础科目100小题，预防科目100小题，共200小题，考试时间为150分钟。各部分不单独计时，请考生自己合理分配时间。

三、监考人员宣布考试开始时，方可答题；宣布考试结束时，应立即停止答题。答题卡、题本一律反扣在桌面上，待监考人员确认数量无误，允许离开时，考生方可离开考场。如果考生违反了以上任何一项要求，都将影响考试成绩。

四、答案必须填涂在答题卡上，书写在试题本上的答案一律无效。

五、答题卡严禁折叠。

六、答题卡的正确填涂方式为：■，用其他符号填涂答案者不计分。

七、如要改动答案，必须先用橡皮擦去原来选定的答案，然后再按上面的规定重新作答。

基础科目

[A1 型题]

答题说明

每一道考试题下面有 A、B、C、D、E 五个备选答案,请从中选择一个最佳答案,并在答题卡上将相应题号的相应字母所属的方框涂黑。

1. 能增加血小板数量的药物是( )
A. 氨甲环酸 B. 维生素 K C. 氨甲苯酸
D. 安特诺新 E. 酚磺乙胺

2. 持续高热,但昼夜温差超过 1℃以上的热型,称为( )
A. 弛张热 B. 波状热 C. 稽留热
D. 间歇热 E. 回归热

3. 根据《执业兽医管理办法》,下列应当收回、注销兽医师执业证书或助理兽医师执业证书的情形是( )
A. 不使用病例且拒不改正的 B. 违法使用兽药的
C. 出让、出租、出借兽医师执业证书或助理兽医师执业证书的
D. 伪造诊断结果,出具虚假证明文件的
E. 使用伪造、变造的兽医师执业证书或助理兽医师执业证书的

4. 暂时贮存尿液的器官是( )
A. 雌性尿道 B. 雄性尿道 C. 膀胱
D. 输尿管 E. 肾

5. 适合治疗急性少尿症肾衰竭的药物是( )
A. 甘露醇 B. 氨茶碱 C. 氯苯拉敏
D. 右旋糖酐 E. 螺内酯

6. 二硫丙醇适合于解救( )
A. 氢氰酸中毒 B. 汞中毒 C. 钙中毒
D. 马拉硫磷中毒 E. 硒中毒

7. 能抑制环氧化酶和脂氧化酶,产生抗炎镇痛作用的药物是( )
A. 安乃近 B. 氨基比林 C. 托芬那酸
D. 替泊沙林 E. 对乙酰氨基酚

8. 正常情况下,原尿中不含有( )
A. 高分子量蛋白质 B. Na^+ C. Ca^{2+}
D. 葡萄糖 E. K^+

9. 根据《中华人民共和国动物防疫法》,动物疫病预防控制机构承担的职能不包括( )
A. 动物疫病监测 B. 动物疫病诊断 C. 动物疫病检测
D. 动物和动物产品检疫 E. 动物疫病流行病学调查

10. 执业兽医在执业活动中应当履行的义务不包括( )
A. 对染疫动物采取扑杀措施 B. 遵守职业道德,履行兽医职责
C. 遵守法律、法规、规章和有关管理规定 D. 爱护动物,宣传动物保健知识和动物福利
E. 按照技术操作规范从事动物诊疗和动物诊疗辅助活动

11. **根据《病原微生物实验室生物安全管理条例》,下列关于动物病原微生物实验活动管理的表述不正确的是( )**

A. 在同一个实验室的同一个独立安全区域内,可以同时从事两种高致病性病原微生物的相关实验活动

B. 从事高致病性病原微生物相关实验活动,应当有2名以上的工作人员共同进行

C. 实验室从事高致病性病原微生物相关实验活动的实验档案保存期,不得少于20年

D. 进入从事高致病性病原微生物相关实验活动的实验室工作人员,应当经实验室负责人批准

E. 实验室的设立单位应当定期对实验室设施、设备、材料等进行检查、维护和更新

12. **糖的分解代谢为脂肪酸合成提供的原料之一是( )**

A. $NADP^+$　B. 乙酰CoA　C. NAD^+　D. FAD　E. 乳酸

13. **根据《中华人民共和国动物防疫法》,有权认定重大动物疫情的主体是( )**

A. 省级动物卫生监督机构　B. 省级动物疫病预防控制机构　C. 县级人民政府兽医主管部门　D. 设区的市级人民政府兽医主管部门　E. 省级人民政府兽医主管部门

14. **属于液化性坏死的是( )**

A. 肺干酪样坏死　B. 子宫气性坏疽　C. 肾贫血性梗死　D. 脑软化　E. 心肌蜡样坏死

15. **副交感神经节前神经元的胞体位于( )**

A. 脑干和腰段脊髓　B. 脑干和胸段脊髓　C. 胸段和荐段脊髓　D. 颈段和腰段脊髓　E. 脑干和荐段脊髓

16. **可用于蛋白质分子质量测定的方法是( )**

A. 醋酸纤维薄膜电泳　B. 葡聚糖凝胶电泳　C. 琼脂糖凝胶电泳　D. SDS-聚丙烯酰胺凝胶电泳　E. 等电聚焦电泳

17. **属于M-受体激动剂的药物是( )**

A. 氨甲酰胆碱　B. 肾上腺素　C. 多巴胺　D. 阿托品　E. 克伦特罗

18. **该关节结构模式图中,标注"5"所指的是( )**

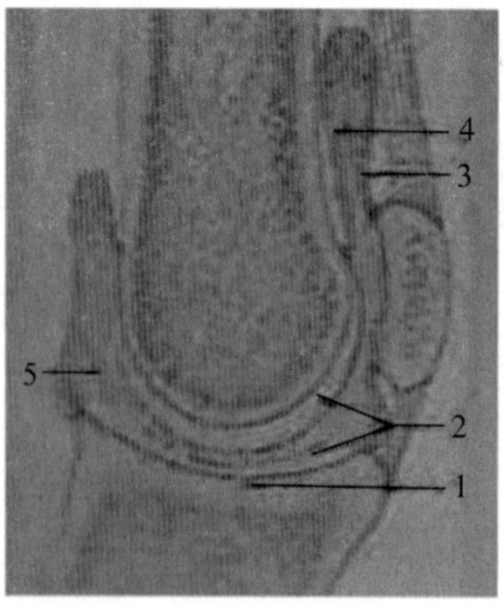

A. 关节囊纤维层　B. 关节腔　C. 关节软骨　D. 关节面　E. 关节囊滑膜层

19. **属于一类动物疫病的是( )**

A. 大肠杆菌病　B. 附红细胞体病　C. 猪水泡病　D. 狂犬病　E. 伪狂犬病

20.能抑制胆碱酯酶活性的药物是( )
A.阿托品 B.肾上腺素 C.毛果芸香碱
D.氨甲酰胆碱 E.新斯的明

21.阈电位的绝对值是( )
A.小于静息电位 B.等于静息电位
C.大于静息电位 D.等于零
E.等于超极化值

22.转移性钙化一般是( )
A.对机体不利 B.钙化的组织功能无变化
C.对机体有利有弊 D.对机体有利
E.钙盐沉着在病理产物中

23.根据《病原微生物实验室生物安全管理条例》,下列不符合高致病性病原微生物样本运输管理规定的表述是( )
A.样本的容器应当符合防破损、耐高压等要求 B.样本的容器应当印有规定的生物危险标识
C.样本的容器应当密封 D.应当由不少于2人的专人护送
E.可以通过城市铁路运输

24.禁止与碱性药物配伍使用的药物是( )
A.人工盐 B.胰淀粉酶 C.胃蛋白酶
D.胰脂肪酶 E.胰蛋白酶

25.非洲猪瘟引起的败血症典型病理变化是( )
A.无溶血 B.肝、肾明显淤血肿大 C.尸僵完全
D.脾脏显著肿大 E.血液凝固不良

26.由血流量减少所引起的缺氧属于( )
A.循环性缺氧 B.血液性缺氧 C.低张性缺氧
D.组织性缺氧 E.组织中毒性缺氧

27.能抑制细菌、螺旋体、支原体和衣原体的抗菌药物是( )
A.土霉素 B.庆大霉素 C.沃尼妙林
D.头孢噻呋 E.乙酰甲喹

28.水中毒又称为( )
A.稀释性高钠血症 B.低容量性高钠血症 C.高容量性低钠血症
D.低容量性低钠血症 E.高容量性高钠血症

29.发生萎缩的细胞一般( )
A.功能无变化 B.形态不可恢复 C.功能丧失
D.功能降低 E.代谢停止

30.围成关节腔的结构是关节囊滑膜层和( )
A.关节盘 B.韧带 C.关节软骨
D.关节囊纤维层 E.关节唇

31.通常认为合成大多数急性期蛋白的细胞是( )
A.肾小管上皮细胞 B.心肌细胞 C.肾上腺束状带细胞
D.神经细胞 E.肝细胞

32. 图示的生化分析技术的名称是(　　)

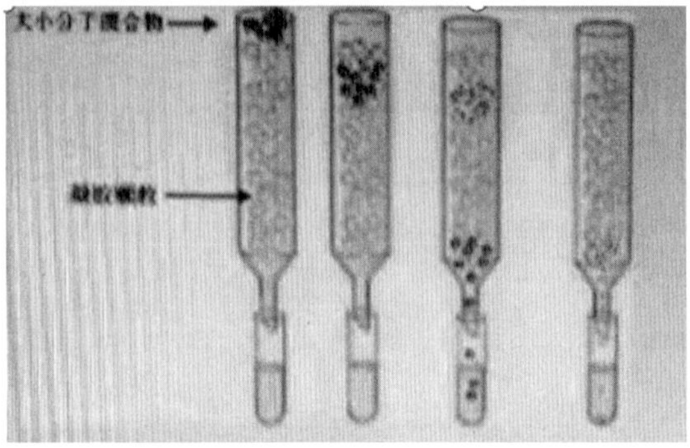

A. 分子筛层析技术　B. 凝胶电泳技术　C. 免疫沉淀技术
D. 分子杂交技术　E. 透析技术

33. 糖代谢中可产生还原性辅酶 NADPH＋H^+ 的代谢途径是(　　)
A. 糖异生途径　B. 磷酸戊糖途径　C. 糖酵解
D. 三羧酸循环　E. 乳酸循环

34. 根据《病死及病害动物无害化处理技术规范》,不得采用深埋法进行无害化处理的是(　　)
A. 牛瘟病死动物　B. 炭疽病死动物　C. 猪瘟病死动物
D. 非洲猪瘟病死动物　E. 牛恶性卡他热病死动物

35. 动物因脊髓损伤而瘫痪,反射弧中受损的是(　　)
A. 传出神经　B. 效应器　C. 感受器
D. 神经中枢　E. 传入神经

36. NADH 呼吸链不包括的是(　　)
A. 复合物 I　B. 复合物 IV　C. 复合物 III
D. CoQ　E. 复合物 II

37. 根据《执业兽医管理办法》,下列关于执业兽医活动管理的表述不正确的是(　　)
A. 执业助理兽医师在执业兽医师指导下,可以出具处方、填写诊断书,出具有关证明文件
B. 执业兽医师未经亲自诊断,不得开具处方药
C. 执业兽医变更受聘的动物诊疗机构,应重新办理注册或者备案手续
D. 执业兽医应按照操作技术规范从事动物诊疗活动
E. 执业兽医应当按照国家有关规定合理用药

38. 维生素 E 缺乏引起雏鸡脑软化的病因属于(　　)
A. 物理性因素　B. 营养性因素　C. 化学性因素
D. 血液循环障碍　E. 生物性因素

39. 牛子宫的血液供应来自(　　)
A. 脐动脉、臀前动脉和阴道动脉　B. 卵巢动脉、脐动脉和阴道动脉
C. 卵巢动脉、脐动脉和臀前动脉　D. 卵巢动脉、髂外动脉和阴道动脉
E. 卵巢动脉、臀前动脉和阴道动脉

40. 我国根据病原微生物的传染性、感染后对个体或群体的危害程度,将病原微生物分为(　　)
A. 两类　B. 三类　C. 四类
D. 五类　E. 六类

41. 固有鼻腔呼吸区黏膜上皮类型是(　　)
A. 变移上皮　B. 单层扁平上皮　C. 单层柱状上皮
D. 复层扁平上皮　E. 假复层纤毛柱状上皮

42. **形似蝌蚪,分头、颈和尾三部分的生殖细胞是(　　)**
A. 次级精母细胞　B. 初级精母细胞　C. 精子细胞
D. 支持细胞　E. 精子

43. **高动力型休克的特点是(　　)**
A. 高排高灌　B. 低排高阻　C. 高排高阻
D. 低排低阻　E. 高排低阻

44. **图中的椎骨是(　　)**

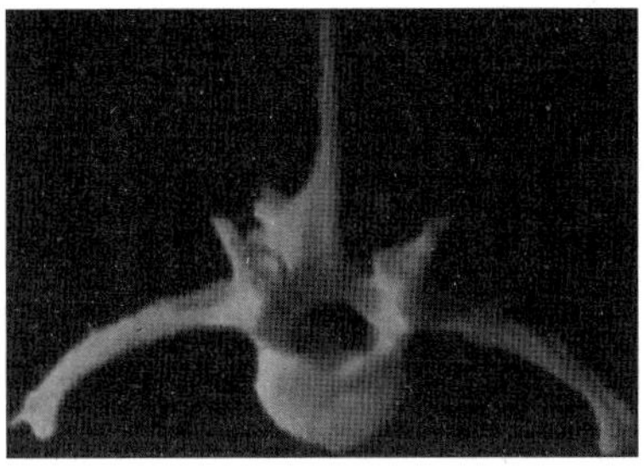

A. 荐椎　B. 腰椎　C. 颈椎
D. 胸椎　E. 尾椎

45. **根据《兽用处方药品种目录(第三批)》,下列不属于兽用处方药的是(　　)**
A. 金霉素预混剂　B. 甘露醇注射液　C. 吉他霉素预混剂
D. 戈那瑞林注射液　E. 注射用马波沙星

46. **反刍动物体内糖异生的主要原料是(　　)**
A. 甘油　B. 丙酸　C. 乳酸
D. 丙酮　E. 丙酮酸

47. **促进乳腺腺泡发育的主要激素是(　　)**
A. 睾酮　B. 孕酮　C. 胸腺素
D. 甲状旁腺激素　E. 松弛素

48. **胎牛房中隔上的裂孔称为(　　)**
A. 脐孔　B. 卵圆孔　C. 亥孔
D. 腔静脉孔　E. 主动脉裂孔

49. **对微循环血流起"总闸门"作用的结构是(　　)**
A. 动静脉吻合　B. 毛细血管后微动脉　C. 微动脉
D. 真毛细血管　E. 毛细血管前微动脉

50. **牛羊子宫阜位于(　　)**
A. 子宫角和子宫体黏膜　B. 子宫体和子宫颈黏膜　C. 子宫颈和子宫角浆膜
D. 子宫体和子宫角浆膜　E. 子宫角和子宫颈黏膜

51. **在中枢神经系统内,具抑制性作用的氨基酸是(　　)**
A. 谷氨酸　B. 亮氨酸　C. 天冬氨酸
D. 丙氨酸　E. 甘氨酸

52. **成年鸡分泌淀粉酶的器官是(　　)**
A. 肌胃　B. 肝脏　C. 胰腺
D. 腺胃　E. 嗉囊

53. **肺的呼吸部不包括(　　)**
A. 终末细支气管　B. 肺泡管　C. 肺泡
D. 呼吸性细支气管　E. 肺泡囊

54. 根据《动物检疫管理办法》,下列关于动物检疫申报的表述不正确的是( )

A. 不允许采用电话方式申报

B. 屠宰动物的,应当提前 6 h 申报

C. 出售、运输乳用动物和种用动物的,应当在离开产地前,提前 15 d 申报

D. 合法捕获野生动物的,应当在捕获 3 d 内申报

E. 申报检疫应当提交检疫申报单

55. 根据《动物诊疗机构管理办法》,不符合诊疗许可相关规定的表述是( )

A. 动物诊所可以从事动物胸腔手术

B. 动物诊疗机构应当使用规范的名称

C. 动物诊疗机构变更从业地点的,应当重新办理动物诊疗许可手续

D. 取得动物诊疗许可证的机构,方可从事动物诊疗活动

E. 动物诊疗机构设立分支机构的,应当另行办理动物诊疗许可证

56. 分布于肾组织内的内分泌细胞群是( )

A. 肾小球　B. 肾小囊　C. 肾小体

D. 球旁复合体　E. 肾小管

57. 调节血钙浓度的激素是( )

A. 促甲状腺激素　B. 促甲状腺激素释放激素

C. 甲状旁腺激素　D. 三碘甲状腺原氨酸

E. 甲状腺激素

58. 除慢性中毒以外,无机毒物的致病特点之一是( )

A. 与毒物性质无关　B. 与机体整体无关　C. 对组织无选择性

D. 与毒物剂量有关　E. 潜伏期长

59.《兽用处方药和非处方药管理办法》规定,兽药经营者应当单独建立兽用处方药的购销记录,该记录的保存期至少为( )

A. 九个月　B. 三个月　C. 六个月

D. 一年　E. 二年

60. 具有蹄叉的动物是( )

A. 羊　B. 牛　C. 马

D. 猪　E. 犬

61. 关于缩血管神经纤维的描述,正确的是( )

A. 平时无紧张性活动　B. 均来自副交感神经

C. 都属于交感神经纤维　D. 兴奋时使被支配的器官血流量增加

E. 节后纤维释放的递质为乙酰胆碱

62. 通过脱羧基作用形成 γ-氨基丁酸的氨基酸是( )

A. 脯氨酸　B. 谷氨酸　C. 丙氨酸

D. 天冬氨酸　E. 赖氨酸

63. 维生素 D 可用于治疗( )

A. 白肌病　B. 佝偻病　C. 甲状腺功能减退症

D. 角膜软化症　E. 干眼病

64. 根据《禁止在饲料和动物饮水中使用的药物品种目录》,禁止在饲料和动物饮水中使用的药物不包括( )

A. 盐酸大观霉素可溶性粉　B. 盐酸异丙嗪　C. 苯巴比妥

D. (盐酸)氯丙嗪　E. 安定(地西泮)

65. **属于二类动物疫病的是(　　)**

A. 禽结核病　B. 禽传染性脑脊髓炎　C. 高致病性禽流感
D. 禽白血病　E. 鸡病毒性关节炎

66. **化疗指数是指(　　)**

A. LD_{95}/ED_{50}　B. LD_{10}/ED_{90}　C. LD_{95}/ED_{5}
D. LD_{50}/ED_{50}　E. LD_{50}/ED_{95}

67. **核酸中核苷酸的连接方式是(　　)**

A. 糖苷键　B. 糖肽键　C. 肽键
D. 3′,5′-磷酸二酯键　E. 二硫键

68. **根据《兽药管理条例》,下列情形中属于劣兽药的是(　　)**

A. 兽药所含成分的种类与兽药国家标准不符合的　B. 以非兽药冒充兽药的
C. 被污染的　D. 变质的
E. 成分含量不符合兽药国家标准的

69. **以非典型性间质性肺炎病变为特征的肺腺瘤病称为(　　)**

A. 猪弓形虫性肺炎　B. 马气喘病肺炎　C. 猪支原体性肺炎
D. 牛进行性肺炎　E. 绵羊慢性进行性肺炎

70. **既无输入淋巴管,又无输出淋巴管的外周淋巴器官是(　　)**

A. 扁桃体　B. 法氏囊　C. 血淋巴结
D. 胸腺　E. 淋巴结

71. **根据《重大动物疫情应急条例》,下列关于应急预备队的表述正确的是(　　)**

A. 由县级以上地方人民政府兽医主管部门成立应急预备队
B. 应急预备队应当定期进行技术培训和应急演练
C. 应急预备队必须有公安机关的工作人员参加
D. 应急预备队必须有社会上具备一定专业知识的人员参加
E. 应急预备队必须有养殖场(户)人员参加

72. **根据《动物检疫管理办法》,出售供继续饲养的动物,不符合"动物检疫合格证明"出具条件的是(　　)**

A. 未按规定进行强制免疫　B. 来自未发生相关动物疫情的饲养场(户)
C. 临床检查健康　D. 按规定需要进行实验室疫病检测的,检测结果符合要求
E. 畜禽标识符合规定

[A2 型题]

答题说明

每一道考题是以一个小案例出现的,其下面都有 A、B、C、D、E 五个备选答案。请从中选择一个最佳答案,并在答题卡上将相应题号的相应字母所属的方框涂黑。

73. **一奶牛,瘤胃积食,拟进行瘤胃切开术,需要对术部消毒,首选的药物是(　　)**

A. 碘酊　B. 溴氯海因　C. 氢氧化钠
D. 含氯石灰　E. 戊二醛

74. **某猪场,部分猪发生支原体引起的猪支原体肺炎,前期已经使用过抑制蛋白质合成的抗菌药物,为了减少耐药性的产生,这次首选的药物是(　　)**

A. 恩诺沙星　B. 乙酰甲喹　C. 二甲氧苄啶
D. 磺胺间甲氧嘧啶　E. 氟苯尼考

75. 某羊场，部分羊出现消瘦、腹泻、贫血，被毛干燥、无弹性，运动失调等症状。经分析发现饲料中钼酸盐严重超标。该羊缺乏的微量元素最可能是(　　)

A. 锌　　B. 镉　　C. 铜

D. 锰　　E. 铁

76. 一病犬，临床检测肝功能指标升高，尸体剖检见肝表面散有灰白色小斑点；镜检可见肝实质中散在大小不一的坏死灶，汇管区有大量淋巴细胞浸润。该犬的肝脏病变为(　　)

A. 病毒性肝炎　　B. 化脓性肝炎　　C. 寄生虫性肝炎

D. 出血性肝炎　　E. 中毒性肝炎

77. 奶牛，2岁，精神沉郁，体温42℃，白细胞计数15×10^{12}/L，中性粒细胞的百分比为58%。该牛可能发生(　　)

A. 消化不良　　B. 蠕虫感染　　C. 细菌感染

D. 病毒感染　　E. 贫血

78. 牧羊犬患有脊髓损伤，其临床症状为轻瘫，膀胱膨胀，肛门括约肌松弛，前肢反射功能正常，后肢反射和肌紧张丧失。脊髓损伤的部位在(　　)

A. 延髓　　B. 腰荐髓　　C. 颈髓

D. 尾髓　　E. 胸髓

79. 某猪群，采食后30 min出现不安，站立不稳，有些猪倒地而死。剖检见血液呈酱油色，给病猪注射亚甲蓝后好转。配合使用可以明显增强疗效的维生素是(　　)

A. 维生素D　　B. 维生素B_6　　C. 维生素C

D. 维生素B_1　　E. 维生素A

80. 泌乳期奶牛，4岁，舍饲且以粗饲料为主，欲提高其产奶量和乳蛋白含量，可采取的措施是每日添加(　　)

A. 青饲料10 kg　　B. 羟甲基尿素30 g　　C. 干草5 kg

D. 青饲料10 kg，羟甲基尿素30 g　　E. 青饲料2 kg，羟甲基尿素30 g

81. 牛，食欲减退或废绝，反刍缓慢或停止，精神沉郁，拱背站立，站立时常采取前高后低的姿势，在左侧肘后触诊敏感，初步判断为金属异物损伤。被损伤的器官最可能是(　　)

A. 盲肠　　B. 瓣胃　　C. 瘤胃

D. 网胃　　E. 皱胃

82. 3月龄病死猪，剖检见肠黏膜潮红、肿胀，被覆有多量的黏液。镜检见黏膜上皮细胞变性、坏死、脱落，杯状细胞数量增多且黏液分泌亢进，固有层充血，炎性细胞浸润。此病变为(　　)

A. 出血性肠炎　　B. 急性卡他性肠炎　　C. 纤维素性坏死性肠炎

D. 慢性增生性肠炎　　E. 纤维素性肠炎

[B1型题]

答题说明

以下提供若干组考题，每组考题共用在考题前列出的A、B、C、D、E五个备选答案。请从中选择一个与问题关系最密切的答案，并在答题卡上将相应题号的相应字母所属的方框涂黑。某个备选答案可能被选择一次、多次或不被选择。

(83～85题共用备选答案)

A. 12 L　　B. 18 L　　C. 24 L　　D. 30 L　　E. 42 L

83. 某马的潮气量为6 L，补吸气量、补呼气量、余气量均为12 L，则肺活量为(　　)

84. 某马的潮气量为6 L，补吸气量、补呼气量、余气量均为12 L，则功能余气量为(　　)

85. 某马的潮气量为 6 L,补吸气量、补呼气量、余气量均为 12 L,则深吸气量为(　　)

(86～87 题共用备选答案)

A. 恶性卡他热　　B. 牛蝇蛆病　　C. 口蹄疫

D. 痘病　　E. 牛瘟

86. 成年牛感染常呈良性经过,尸体剖检见口腔和蹄部皮肤及前胃黏膜分布有大量水疱。该病最可能的诊断是(　　)

87. 犊牛感染呈恶性经过,尸体剖检见典型的"虎斑心"。该病最可能的诊断是(　　)

(88～89 题共用备选答案)

A. 乳头状瘤　　B. 腺瘤　　C. 腺癌

D. 鳞状细胞瘤　　E. 纤维肉瘤

88. 病犬口腔黏膜局部增厚,镜检见瘤组织已侵入至黏膜下,但分化程度较高,细胞排列呈团块状,偶然见有角化珠。该犬增厚的部位可能是(　　)

89. 病犬肠道有一分叶状肿块,与周围界限清晰;镜检见肿块组织结构与生长部位组织相似,瘤细胞排列成管状。该肿块可能是(　　)

(90～92 题共用备选答案)

A. 阿苯达唑　　B. 左旋咪唑　　C. 吡喹酮

D. 伊维菌素　　E. 环丙氨嗪

90. 对犬线虫、绦虫和吸虫均有效的药物是(　　)

91. 对猪蛔虫和疥螨均有效的药物是(　　)

92. 治疗耕牛血吸虫病有特效的药物是(　　)

(93～95 题共用备选答案)

A. 鸣管　　B. 声带　　C. 鼻腺

D. 眶下窦　　E. 鸣骨

93. 家禽的发声器官是(　　)

94. 位于气管分叉处顶的楔形小骨为(　　)

95. 家禽的喉腔无(　　)

(96～98 题共用备选答案)

A. ACP　　B. CoA　　C. 肉碱

D. FH_4　　E. 生物素

96. 脂肪酸合成过程中酰基的载体是(　　)

97. 脂肪酸分解过程中酰基的载体是(　　)

98. 脂酰 CoA 从细胞质转移到线粒体的载体是(　　)

(99～100 题共用备选答案)

A. 牛　　B. 猪　　C. 兔

D. 马　　E. 鸡

99. 浆膜丝虫引起的心包炎见于(　　)

100. 创伤性网胃－心包炎见于(　　)

预防科目

[A1 型题]

答题说明
每一道考试题下面有A、B、C、D、E五个备选答案，请从中选择一个最佳答案，并在答题卡上将相应题号的相应字母所属的方框涂黑。

101. 初次免疫抗原递呈能力最强的细胞是(　　)
A. 自然杀伤细胞　B. T细胞　C. 肥大细胞
D. B细胞　E. 树突状细胞

102. 大裸头绦虫虫卵在中间宿主体内发育为(　　)
A. 囊尾蚴　B. 原头蚴　C. 链尾蚴
D. 似囊尾蚴　E. 实尾蚴

103. 细菌体外培养过程中对抗菌药物最为敏感的时期是(　　)
A. 稳定期　B. 衰亡期　C. 迟缓期
D. 静止期　E. 对数期

104. 环形泰勒虫的传播媒介是(　　)
A. 长角血蜱　B. 森林革蜱　C. 血红扇头蜱
D. 全沟硬蜱　E. 残缘璃眼蜱

105. 由2个单体分子聚合而成并存在于分泌液中的抗体是(　　)
A. IgD　B. IgA　C. IgE
D. IgG　E. IgM

106. 属于媒介传播性人兽共患病的是(　　)
A. 旋毛虫病　B. 弓形虫病　C. 猪囊尾蚴病
D. 棘球蚴病　E. 利什曼原虫病

107. 检查绵羊痘丘疹组织中原生小体时常用的染色方法是(　　)
A. 亚甲蓝染色　B. 革兰氏染色　C. 嗜酸性染色
D. 莫洛佐夫镀银染色　E. 墨汁染色

108. 属于动物中枢免疫器官的是(　　)
A. 脾脏　B. 肝脏　C. 肠黏膜
D. 淋巴结　E. 胸腺

109. 鸡传染性喉气管炎的严重病例表现为(　　)
A. 鼻孔流出血液　B. 流出带血鼻液　C. 排出带血稀便
D. 排出白色稀便　E. 咳出带血黏液

110. 欧洲幼虫腐臭病危害最严重的是(　　)
A. 欧洲蜜蜂　B. 意大利蜜蜂　C. 小蜜蜂
D. 印度蜜蜂　E. 中华蜜蜂

111. 寄生虫在发育过程中需要两个中间宿主，后一个中间宿主有时被称为(　　)
A. 补充宿主　B. 贮藏宿主　C. 保虫宿主
D. 超寄生宿主　E. 带虫宿主

112. 常用于血清过滤除菌的滤膜孔径是(　　)
A. 0.45 μm　B. 2.00 μm　C. 1.20 μm
D. 1.50 μm　E. 0.90 μm

113. 新鲜布氏姜片吸虫为(　　)

A. 淡绿色　B. 肉红色　C. 橙黄色

D. 黑棕色　E. 灰白色

114. 仅适用于抗原定性检测的方法是(　　)

A. 火箭免疫电泳　B. 间接ELISA　C. 试管凝集试验

D. 玻片凝集试验　E. 放射免疫技术

115. 犬复孔绦虫孕节内子宫分为许多(　　)

A. 虫卵　B. 组织囊　C. 孢子囊

D. 包囊　E. 卵袋

116. 小蜂螨的发育不包括(　　)

A. 成虫　B. 蛹　C. 卵

D. 若虫　E. 幼虫

117. 能直接杀伤病毒感染细胞的效应细胞是(　　)

A. 肥大细胞　B. 成纤维细胞　C. 细胞毒性T细胞

D. 浆细胞E　E. 细胞

118. 慢性型水貂阿留申病的主要临床症状为(　　)

A. 慢性关节炎　B. 进行性消瘦　C. 浆液性鼻液

D. 慢性渗出性皮炎　E. 呼吸困难

119. 机体感染病毒后最先出现的抗体是(　　)

A. IgM　B. IgA　C. IgE

D. IgD　E. IgG

120. 患病动物的粪便与新鲜生石灰混合后掩埋的深度至少为(　　)

A. 1 m　B. 0.5 m　C. 4 m

D. 2 m　E. 3 m

121. 禽流感病毒的核酸类型是(　　)

A. 双股DNA　B. 双股RNA　C. 单股正链RNA

D. 单股DNA　E. 分节段负链RNA

122. 具有"三致"作用的药物是(　　)

A. 呋喃唑酮　B. 头孢氨苄　C. 林可霉素

D. 黏菌素　E. 吉他霉素

123. 按照国家动物疫病监测计划,对奶牛监测的疫病不包括(　　)

A. 牛传染性鼻气管炎　B. 结核病　C. 口蹄疫

D. 炭疽　E. 布鲁菌病

124. 鸡异刺线虫的寄生部位是(　　)

A. 肌胃　B. 腔上囊　C. 直肠

D. 小肠　E. 盲肠

125. 难以培养的细菌,可以采用的病原检测方法是(　　)

A. 动物试验　B. PCR　C. 生化试验

D. 血凝试验　E. 培养特性检查

126. 猪带绦虫寄生于终末宿主的(　　)

A. 大脑　B. 小肠　C. 胃

D. 大肠　E. 肝脏

127. 半固体培养基常用于判定细菌的( )

A. 鞭毛形成能力 B. 荚膜形成能力 C. 菌毛形成能力

D. 菌落特征 E. 芽孢形成能力

128. 对动物具有良好免疫原性的物质是( )

A. 脂质 B. 青霉素 C. 蛋白质

D. 多糖 E. 寡核苷酸

129. 用皮肤变态反应诊断牛结核病的原理基于( )

A. 速发型变态反应 B. Ⅰ型变态反应 C. Ⅲ型变态反应

D. Ⅱ型变态反应 E. Ⅳ型变态反应

130. 圈舍、地面和用具消毒时,氢氧化钠的常用浓度是( )

A. 0.1%～0.2% B. 15%～20% C. 5%～10%

D. 1%～2% E. 25%～30%

131. 影响动物传染病流行的自然因素不包括( )

A. 地理位置 B. 地形地貌 C. 植被

D. 科技 E. 季节

132. 典型小反刍兽疫常见的特征性病理变化是( )

A. 食道有线状出血 B. 空肠有点状出血 C. 十二指肠有线状出血

D. 回肠有枣核状出血 E. 在结肠与直肠结合处有线状或斑马条纹样出血

133. 禽流感病毒分离鉴定时首先应测定分离病毒的( )

A. 致病性 B. 血凝性 C. 颅内接种致病指数

D. 静脉内接种致病指数 E. 半数致死量

134. 下列诊断动物传染病的方法中,均为血清学试验的是( )

A. 中和试验和凝集试验 B. 核酸探针和荧光抗体试验 C. 中和试验和核酸探针

D. PCR和补体结合试验 E. 免疫酶技术和PCR

135. 猪瘟病毒能一过性地在绵羊、山羊和黄牛体内增殖并可存活( )

A. 1周 B. 8～10周 C. 5～6周

D. 2～4周 E. 11～13周

136. 副结核杆菌感染后主要存在于( )

A. 肺脏 B. 脾脏 C. 血液

D. 肠绒毛 E. 肝脏

137. 用于检测炭疽杆菌的Ascoli试验属于( )

A. 沉淀反应 B. 免疫标记技术 C. 免疫印迹技术

D. 凝集反应 E. 补体结合反应

138. 某湖中鱼类体内有机氯浓度为0.1 mg/kg,食鱼鸟为10 mg/kg,这种现象称为( )

A. 生物协同 B. 生物积累 C. 生物浓缩

D. 生物放大 E. 生物相加

139. PCR鉴定的病毒成分是( )

A. 磷脂 B. 核酸 C. 胆固醇

D. 蛋白质 E. 多糖

140. 鸭坦布苏病毒病的病料接种鸭胚的日龄多在( )

A. 7 d B. 11 d C. 5 d

D. 15 d E. 3 d

141. 急性型非洲猪瘟在发病后期最可能发生(　　)

A. 融合性支气管炎　B. 出血性角膜炎　C. 出血性肠炎　D. 化脓性关节炎　E. 化脓性脑炎

142. 细菌外毒素的化学成分是(　　)

A. 蛋白质　B. 磷脂　C. 类脂　D. 多糖　E. 核酸

143. 纯化细菌应接种固体培养基以获得(　　)

A. 菌苔　B. 菌环　C. 菌落　D. 菌膜　E. 菌体

144. 可用 HA-HI 试验检测的病毒是(　　)

A. 鸭瘟病毒　B. 鸡贫血病毒　C. 传染性法氏囊病病毒　D. 马立克病病毒　E. 减蛋综合征病毒

145. 消化道黏膜抗病毒免疫的主要抗体是(　　)

A. IgA　B. IgD　C. IgE　D. IgM　E. IgG

146. 负责抗原递呈的细胞表面分子是(　　)

A. CD4 分子　B. CD8 分子　C. BCR 分子　D. MHC 分子　E. TCR 分子

147. 在犬恶丝虫病的流行区,常用的预防药物是(　　)

A. 氨丙啉　B. 甲硝唑　C. 三氮脒　D. 吡喹酮　E. 乙胺嗪

148. 剖检贝氏隐孢子虫感染的病鸡,病原检查可采集的病料是(　　)

A. 皮肤　B. 膀胱黏膜　C. 肝包膜　D. 呼吸道黏膜　E. 阴道黏膜

149. 可以区分口蹄疫病毒感染和疫苗免疫的间接 ELISA 检测的是动物血清中的(　　)

A. ID 抗体　B. VP1 抗体　C. 3ABC 抗体　D. VP3 抗体　E. VP2 抗体

150. 可产生颗粒酶的细胞是(　　)

A. B 细胞　B. 辅助性 T 细胞　C. 红细胞　D. 肥大细胞　E. 细胞毒性 T 细胞

151. 可产生脂溶性色素的细菌是(　　)

A. 布氏杆菌　B. 金黄色葡萄球菌　C. 猪链球菌　D. 沙门菌　E. 大肠杆菌

152. 不感染口蹄疫病毒的动物是(　　)

A. 绵羊　B. 马　C. 猪　D. 牛　E. 山羊

153. 兔中型艾美耳球虫卵囊含有的孢子囊数为(　　)

A. 10 个　B. 4 个　C. 2 个　D. 6 个　E. 8 个

154. 马传染性贫血最主要的传播媒介是(　　)

A. 虱　B. 蝇　C. 虻　D. 螨　E. 蜱

155. 多头带绦虫的终末宿主是( )

A. 猪　B. 犬　C. 羊　D. 鸡　E. 牛

156. 图示虫卵是( )

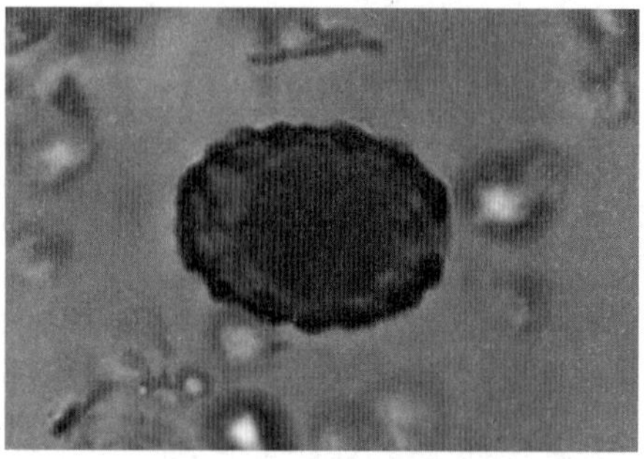

A. 球虫卵囊　B. 绦虫卵　C. 棘头虫卵　D. 吸虫卵　E. 线虫卵

157. 病毒复制过程中可直接作为 mRNA 的核酸类型是( )

A. 单股 DNA　B. 双股 DNA　C. 单股正链 RNA　D. 单股负链 RNA　E. 双股 RNA

[A2 型题]

> 答题说明
>
> 每一道考题是以一个小案例出现的,其下面都有 A、B、C、D、E 五个备选答案。请从中选择一个最佳答案,并在答题卡上将相应题号的相应字母所属的方框涂黑。

158. 犬,5 周龄,虚弱,呻吟,黏膜发绀,呼吸困难。剖检见左侧房室松弛,心肌上有灰色条纹和出血斑。组织切片见心肌细胞内有核内包涵体。该病的病原分离常用( )

A. BHK 细胞　B. PK 细胞　C. Hela 细胞　D. Vero 细胞　E. MDCK 细胞

159. 3 人聚餐后数小时相继出现急性胃肠炎症状,病初恶心、头痛、头晕,继而出现呕吐、寒战、面色苍白、全身无力、腹痛、腹泻,体温升高(38～40℃)。腹泻以黄色或黄绿色水样便为主,恶臭,从病人腹泻物及食用过的熟肉中检出了同一血清型病原菌。该病最可能的病原是( )

A. 肉毒梭菌　B. 沙门菌　C. 葡萄球菌　D. 李斯特菌　E. 副溶血性弧菌

160. 病猪表现干咳、气短,逐渐消瘦,被毛粗乱。病死猪剖检变化见图。该病最可能是( )

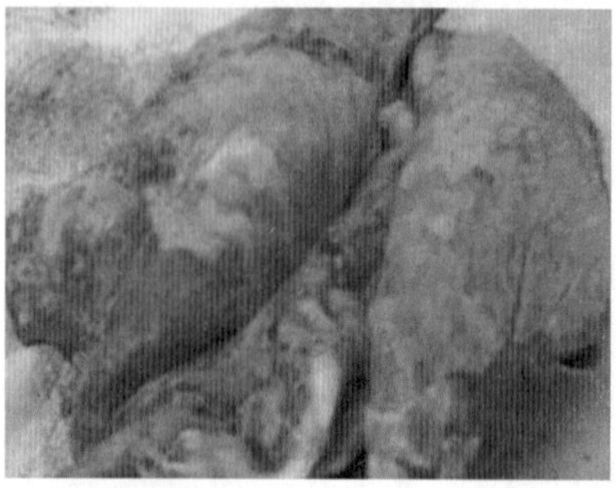

A. 猪结核病　B. 猪支原体肺炎　C. 猪痢疾　D. 猪瘟　E. 猪丹毒

161. 母猪,厌食,早产,产木乃伊胎。采集病料接种 Marc-145 细胞,分离出单股 RNA 病毒。该病原最可能是(　　)

A. 伪狂犬病病毒　　B. 猪圆环病毒　　C. 非洲猪瘟病毒
D. 猪繁殖与呼吸综合征病毒　　E. 猪细小病毒

162. 奶牛,2 岁,干咳,起卧、运动时咳嗽加剧,剖检可见肺脏和淋巴结有增生性炎症。该病最可能是(　　)

A. 牛病毒性腹泻—黏膜病　　B. 牛巴氏杆菌病　　C. 牛结核病
D. 牛肺疫　　E. 牛传染性鼻气管炎

163. 仔猪,消瘦、贫血,剖检可见盲肠内有多量虫体,形似鞭子,细长的头部深埋在肠黏膜内。该病最可能的诊断是(　　)

A. 毛尾线虫病　　B. 食道口线虫病　　C. 类圆线虫病
D. 棘头虫病　　E. 蛔虫病

164. 牛,消瘦,剖检可见肝脏硬化,切面有大量虫卵结节,在肠系膜静脉和门静脉内可找到雌雄合抱的虫体,该病的诊断是(　　)

A. 华支睾吸虫病　　B. 前后盘吸虫病　　C. 肝片吸虫病
D. 日本分体吸虫病　　E. 歧腔吸虫病

165. 犬,3 月龄,体温呈双相热,咳嗽,眼睑肿胀,呈胶冻样结膜炎。疾病后期足垫表皮过度增生、角化。预防该病应接种的疫苗是(　　)

A. 犬细小病毒病疫苗　　B. 犬瘟热疫苗　　C. 犬传染性肝炎疫苗
D. 狂犬病疫苗　　E. 犬副流感疫苗

166. 牛体温升高,兴奋不安,吼叫,然后变虚弱,食欲废绝,呼吸困难,先便秘,后腹泻带血。取病料涂片,瑞氏染色镜检,见图。该病可能是(　　)

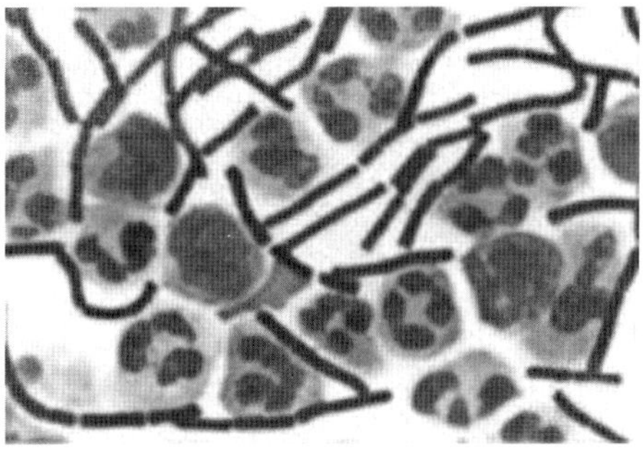

A. 结核病　　B. 气肿疽　　C. 牛出血性败血症
D. 牛流行热　　E. 炭疽

167. 蛋鸡群,13 周龄,部分鸡发病,初期精神委顿,步态不稳,随后不能行走,呈劈叉姿势,体重减少,严重者死亡。剖检可见肝、脾有明显的大小不等的肿瘤。该病最主要的传播媒介是(　　)

A. 饮水　　B. 饲料　　C. 种蛋
D. 空气　　E. 用具

168. 羔羊,腹泻,粪便带血,很快死亡。剖检可见回肠黏膜充血,内容物呈血色,病原检查为革兰阳性杆菌,接种牛乳培养基出现“暴烈发酵”。该病原最可能是(　　)

A. 布鲁菌　　B. 炭疽杆菌　　C. 大肠杆菌
D. 产气荚膜梭菌　　E. 巴氏杆菌

[A3/A4 型题]

答题说明

以下提供若干个案例,每个案例下设若干个考题。请根据案例所提供的信息,在每一道考试题下面的 A、B、C、D、E 五个备选答案中选择一个最佳答案,并在答题卡上将相应题号的相应字母所属的方框涂黑。

(169～171 题共用题干)

妊娠 4 个月的初产羊出现流产,流产前精神、食欲下降,口渴,阴道流出黄色黏液,部分病羊出现乳腺炎和关节炎。同场种公羊出现睾丸炎和附睾炎。

169. 该病最可能是(　　)

A. 结核病　B. 小反刍兽疫　C. 布鲁菌病　D. 破伤风　E. 口蹄疫

170. 若该病由动物传至人,对人群致病性最强的病原来自(　　)

A. 鸡　B. 羊　C. 牛　D. 猪　E. 鸭

171. 我国羊群预防该病主要使用(　　)

A. CE 培养物　B. M5 菌苗　C. 卡介苗　D. 羊三联四防疫苗　E. K88、K99 基因工程疫苗

(172～174 题共用题干)

马,鬃毛部盖有浅黄色脂肪样的柔软痂皮,容易剥离。刮取皮屑,显微镜检查,见长椭圆形微小虫体,口器圆锥形,足细长,均伸出体缘之外。

172. 该病原是(　　)

A. 痒螨　B. 蜱　C. 虱　D. 蚤　E. 疥螨

173. 该病原寄生部位是(　　)

A. 体表　B. 皮脂腺　C. 皮下　D. 真皮层　E. 毛囊

174. 治疗该病的药物是(　　)

A. 伊维菌素　B. 吡喹酮　C. 硝氯酚　D. 三氮脒　E. 氯硝柳胺

[B1 型题]

答题说明

以下提供若干组考题,每组考题共用在考题前列出的 A、B、C、D、E 五个备选答案。请从中选择一个与问题关系最密切的答案,并在答题卡上将相应题号的相应字母所属的方框涂黑。某个备选答案可能被选择一次、多次或不被选择。

(175～177 题共用备选答案)

A. 螺　B. 蜱　C. 蚂蚁　D. 蝇　E. 蚊

175. 鸡群,5 周龄,消化不良,食欲减退,腹泻,消瘦。剖检小肠发现虫体,长约 25 cm,镜检见头节较小,有吸盘和顶突。顶突上有 1～3 行小钩;吸盘卵圆形,上有小钩。该虫体的中间宿主是(　　)

176. 鸡群,5周龄,消化不良,食欲减退,腹泻,消瘦。剖检小肠发现虫体,长约25 cm,镜检见头节较小,有吸盘和顶突。顶突上有2行小钩:吸盘呈圆形,上有小钩。该虫体的中间宿主是( )

177. 鸡群,5周龄,食欲减退,消化不良,腹泻,消瘦。剖检小肠发现虫体,长约4 cm,镜检见头节宽而厚,形似轮状,吸盘上无小钩。该虫体的中间宿主是( )

(178～180题共用备选答案)

A. 蓝舌病病毒　　B. 口蹄疫病毒　　C. 小反刍兽疫病毒

D. 伪狂犬病病毒　　E. 传染性脓疱病毒

178. 绵羊,发热,流涎,腹泻。剖检可见皱胃糜烂出血,直肠黏膜有线状出血,淋巴结肿大,脾脏坏死。病料接种Vero细胞,分离出有囊膜的RNA病毒。该病最可能的病原是( )

179. 绵羊,流涎,口唇水肿,舌部发绀。剖检可见消化道黏膜有出血点,脾脏肿大。病料接种鸡胚,分离出能凝集绵羊红细胞的病毒。该病最可能的病原是( )

180. 绵羊,流涎,蹄部、乳房皮肤有水疱。剖检可见肠黏膜出血,心肌表面有灰白色条纹。病料接种BHK21细胞,分离出无囊膜的单股RNA病毒。该病最可能的病原是( )

(181～183题共用备选答案)

A. 肝片吸虫　　B. 阔盘吸虫　　C. 东毕吸虫

D. 分体吸虫　　E. 前后盘吸虫

181. 放牧羊群,消瘦、腹泻、贫血、颌下水肿。粪便检查可见有多量较大虫卵,呈椭圆形,淡灰色,卵黄细胞不充满整个虫卵。该病的病原是( )

182. 放牧羊群,消瘦、贫血、颌下水肿。粪便镜检见多量黄棕色、小型椭圆形虫卵,两侧稍不对称,有卵盖,内含一个椭圆形毛蚴。该病的病原是( )

183. 放牧羊群,消瘦、贫血、腹下水肿。粪便水洗沉淀法检查,见有无卵盖虫卵,两端各有一个附属物,一端较尖,一端较圆钝。该病的病原是( )

(184～186题共用备选答案)

A. 炭疽　　B. 猪丹毒　　C. 猪肺疫

D. 猪支原体肺炎　　E. 高致病性猪蓝耳病

184. 猪屠宰检疫发现,肺脏有不同程度肝变区,切面间质增宽,有形状不一的坏死灶,呈大理石样外观;肺胸膜有浆液性纤维素性炎症,胸腔有纤维素性积液;局部淋巴结肿大、切面多汁,有出血点。该病最可能的诊断是( )

185. 猪屠宰检疫发现,肺的尖叶、心叶、膈叶前半部均呈红色肉样,无弹性,病变与周围组织界限明显,左右肺病变对称;支气管淋巴结肿大、多汁,呈黄白色。该病最可能的诊断是( )

186. 猪屠宰检疫发现,肺脏肿大、间质增宽;肺叶有肉样实变,切面呈鲜红色;肾脏呈土黄色,表面有少量大小不等的出血点;淋巴结水肿;肠道有出血点和出血斑。该病最可能的诊断是( )

(187～189题共用备选答案)

A. B型诺维氏梭菌　　B. 腐败梭菌　　C. B型产气荚膜梭菌

D. C型产气荚膜梭菌　　E. D型产气荚膜梭菌

187. 3～7日龄羊群,精神沉郁,腹泻,粪恶臭,稀薄如水,后期血便。多数病羊1～2 d内死亡。剖检可见尸体脱水严重,皱胃内存在未消化的凝乳块;小肠黏膜充血发红,可见1～2 mm的溃疡。病料可分离出革兰氏阳性杆菌。该病的病原最有可能是( )

188. 5～10月龄羊群,膘情良好,突然发病,倒地,四肢强烈划动,急性死亡,心包积液,心内膜、外膜出血,肾脏软化似脑髓样。分离出革兰氏阳性杆菌。该病的病原最有可能是( )

189. 羊群,膘情良好,有的突然发病,卧地、痉挛,数小时内死亡,剖检可见体腔积液,皱胃黏膜出血,十二指肠和空肠黏膜充血,病羊肝被膜触片镜检,可见革兰氏阳性杆菌,有的呈无关节的长丝状。该病

的病原最有可能是(　　)

(190～192题共用备选答案)

A. 天然被动免疫　　B. 人工被动免疫　　C. 天然主动免疫
D. 人工主动免疫　　E. 先天固有免疫

190. 某羊群接种小反刍兽疫疫苗后,获得抵抗小反刍兽疫病毒感染的能力。该羊群获得免疫力的方式为(　　)

191. 某鸡群发病,紧急注射法氏囊病病毒卵黄抗体后病情得到控制。该鸡群获得免疫力的方式为(　　)

192. 某犬感染犬细小病毒后,获得抵抗该病毒再感染的能力。该犬获得免疫力的方式为(　　)

(193～194题共用备选答案)

A. 全群扑杀、无害化处理　　B. 注射干扰素　　C. 注射青霉素
D. 扑杀病鸡　　E. 口服磺胺类药物

193. 肉鸡,70日龄,突然发病,排黄绿色稀粪,头部肿胀,5 d内死亡率90%。脚鳞发绀,腺胃乳头、胰腺、小肠、胸肌、腿肌出血,肾脏肿大。该病的正确处理措施是(　　)

194. 冬季,某90日龄鸡群发病,传播迅速,表现浆液性鼻漏,眼睑肿胀,化脓性结膜炎,呼吸困难,剖检见鼻窦和眶下窦有黄色干酪样凝块,气管呈卡他性炎。该病的有效处理措施是(　　)

(195～197题共用备选答案)

A. 猪链球菌　　B. 副猪嗜血杆菌　　C. 猪丹毒杆菌
D. 葡萄球菌　　E. 多杀性巴氏杆菌

195. 2月龄猪,体温41℃,颈部红肿,剖检可见颈部皮下出血、水肿,肺水肿、充血。取病料触片、瑞氏染色,可见两极着色的球杆菌。该病原最可能是(　　)

196. 2月龄猪,体温41℃,体表有菱形疹块。剖检可见肠黏膜出血,肾脏肿大。病原检查为革兰阳性的细杆菌。该病原最可能是(　　)

197. 2月龄猪,体温41℃,耳尖、腹下、四肢皮肤有出血点。剖检可见心肌有出血点,心包内有大量纤维蛋白渗出,肺有纤维素性出血性炎。病原检查为革兰阳性的球状细菌。该病原最可能是(　　)

(198～200题共用备选答案)

A. 注射庆大霉素　　B. 免疫接种　　C. 隔离淘汰发病猪
D. 注射青霉素　　E. 注射干扰素

198. 某猪场,7日龄仔猪发热、呕吐、腹泻、呼吸困难,呈腹式呼吸,发抖,共济失调,倒地,四肢划动,病死率为80%。剖检可见脑膜充血、出血。病料接种家兔出现奇痒症状。控制该病最好的方法是(　　)

199. 夏季,5周龄猪群发热,厌食,共济失调,角弓反张,呼吸困难。剖检可见脑脊膜、淋巴结等充血、出血,组织学变化为嗜中性粒细胞浸润,从死亡猪的实质器官中分离出β型溶血性细菌。治疗该病的有效方法是(　　)

200. 部分断乳仔猪突然发病,肌肉震颤,倒地,四肢泳动,病程短促,病死率可达90%。剖检可见胃壁黏膜水肿,心包和胸腔、腹腔积液。治疗该病的有效方法是(　　)

2020年·预防科目·答案与解析

考生姓名：　　　　　　　　　　　　　　准考证号：

2020年全国执业兽医资格考试试卷
（计算机考试试卷）

（兽医全科类）下午卷

（临床综合）

注 意 事 项

一、请按照要求，用蓝黑色或者黑色签字笔在答题卡上填写姓名、身份证号码、考点、考试地点、考场号、准考证号等信息，并用铅笔涂好准考证号。

二、试卷分为2部分，临床科目100小题，综合科目100小题，共200小题，考试时间为150分钟。各部分不单独计时，请考生自己合理分配时间。

三、监考人员宣布考试开始时，方可答题；宣布考试结束时，应立即停止答题。答题卡、题本一律反扣在桌面上，待监考人员确认数量无误，允许离开时，考生方可离开考场。如果考生违反了以上任何一项要求，都将影响考试成绩。

四、答案必须填涂在答题卡上，书写在试题本上的答案一律无效。

五、答题卡严禁折叠。

六、答题卡的正确填涂方式为：▬，用其他符号填涂答案者不计分。

七、如要改动答案，必须先用橡皮擦去原来选定的答案，然后再按上面的规定重新作答。

临床科目

[A1 型题]

答题说明

每一道考试题下面有A、B、C、D、E五个备选答案,请从中选择一个最佳答案,并在答题卡上将相应题号的相应字母所属的方框涂黑。

1. 该创伤组成结构示意图中,"3"所指的是(　　)

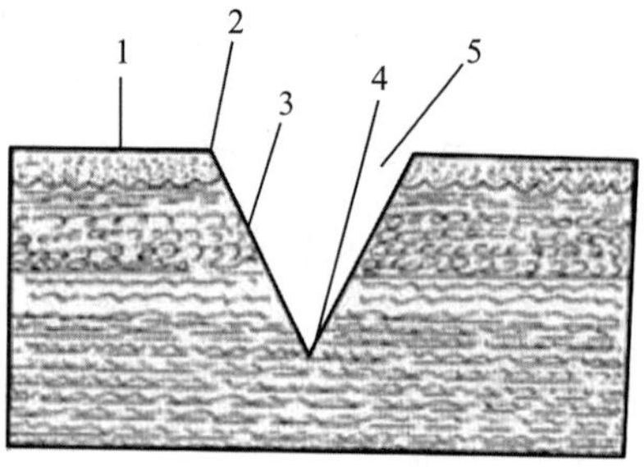

A. 创壁　B. 创底　C. 创缘　D. 创腔　E. 创围

2. 与马比较,牛跛行诊断的特有方式是(　　)

A. 运步视诊　B. 驻立视诊　C. 躺卧视诊　D. 问诊　E. 外周神经麻醉诊断

3. 用温热性药物治疗具有热象病证的治则属于(　　)

A. 异治　B. 正治　C. 反治　D. 同治　E. 治标

4. 具有补火壮阳、温中祛寒功能的药物是(　　)

A. 独活　B. 肉桂　C. 羌活　D. 陈皮　E. 香附

5. 具有行气止痛、健脾、安胎功能的药物是(　　)

A. 杜仲　B. 黄芩　C. 杏仁　D. 桃仁　E. 砂仁

6. 止咳平喘药中,外用可杀虫灭虱的药物是(　　)

A. 杏仁　B. 紫苑　C. 百部　D. 冬花　E. 白果

7. 可用于局部预防性止血的药物是(　　)

A. 安络血　B. 对羧基苯胺　C. 止血敏　D. 维生素 K_3　E. 盐酸肾上腺素

8.X线片如图所示,最可能的诊断是(　　)

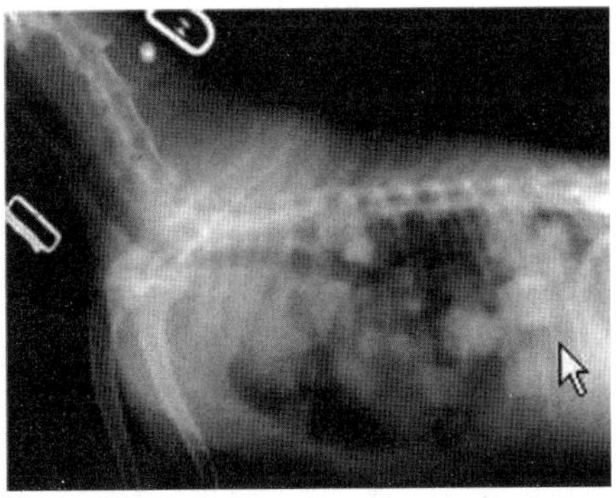

A.肺肿瘤　　B.大叶性肺炎　　C.肺气肿
D.胸腔积液　　E.异物性肺炎

9.由于营养缺乏或过剩导致的不育属于(　　)
A.衰老性不育　　B.繁殖技术性不育　　C.环境气候性不育
D.营养性不育　　E.先天性不育

10.最急性型瘤胃酸中毒不表现(　　)
A.双目失明　　B.体温降低　　C.重度脱水
D.瘤胃液pH小于5　　E.瘤胃内纤毛虫数量增多

11.具有散风祛湿、消肿排脓、通窍止痛功能的药物是(　　)
A.石膏　　B.白芷　　C.薄荷
D.柴胡　　E.蝉蜕

12.犬脾脏的检查部位是(　　)
A.左侧9～10肋间　　B.右侧9～10肋间　　C.左侧11～12肋间
D.右侧11～12肋间　　E.左侧7～8肋间

13.肺部各区域均可听到支气管呼吸音的健康动物是(　　)
A.犬　　B.猪　　C.羊
D.牛　　E.马

14.治疗青光眼的手术不包括(　　)
A.巩膜打孔结膜覆盖滤过术　　B.小梁切除术　　C.晶状体摘除术
D.睫状体冷凝术　　E.虹膜周边切除术

15.牛创伤性心包炎的心电图特征是(　　)
A.窦性心动过速　　B.高电压波型　　C.QRS综合波正常
D.窦性心动过缓　　E.T波正常

16.浸润麻醉的方式不包括(　　)
A.神经干周围注射　　B.菱形注射　　C.扇形注射
D.直线注射　　E.病灶基部注射

17.隐性乳腺炎诊断的主要依据是(　　)
A.乳汁含血液　　B.体细胞数量　　C.乳汁中可见絮状物
D.乳房出现红、肿、热、痛　　E.乳上淋巴结肿胀

18.治疗肠变位的原则不包括(　　)
A.补液　　B.镇痛　　C.减压
D.利尿　　E.强心

19. 一般而言,发情持续时间较长且发情特征明显的动物是(　　)

A. 山羊　　B. 绵羊　　C. 黄牛
D. 猪　　E. 奶牛

20. 病犬不排尿,触诊膀胱增大、不敏感,按压有尿排出。提示(　　)

A. 膀胱麻痹　　B. 膀胱破裂　　C. 括约肌痉挛
D. 膀胱炎　　E. 膀胱结石

21. 犬食道硫酸钡造影X线片提示(　　)

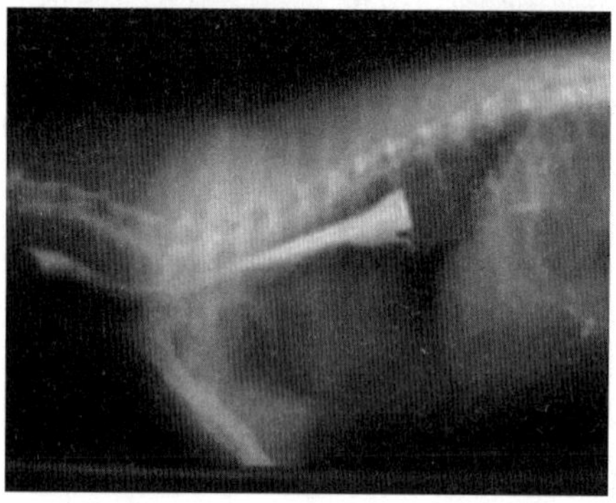

A. 食道憩室　　B. 食道阻塞　　C. 食道扩张
D. 食道狭窄　　E. 食道肿瘤

22. 马胎衣排出的正常时间是(　　)

A. 3.5～4 h　　B. 1.6～2 h　　C. 50 min至1.5 h
D. 2.5～3 h　　E. 4.5～5 h

23. 奶牛酮病的引发因素不包括(　　)

A. 日粮营养不平衡　　B. 产前过度肥胖　　C. 低泌乳量
D. 饲料碳水化合物不足　　E. 高泌乳量

24. 预防锌缺乏最佳的钙、锌比例是(　　)

A. 1∶100　　B. 1∶1　　C. 10∶1
D. 100∶1　　E. 1∶10

25. 下列补钾方式不正确的是(　　)

A. 静脉内推注氯化钾　　B. 使用呋塞米后,静脉内滴注氯化钾
C. 长期使用地塞米松后,静脉内滴注氯化钾　　D. 口服氯化钾
E. 10%氯化钾稀释后静脉内滴注

26. 皮肤颜色呈现苍白、黄染的现象见于(　　)

A. 出血性贫血　　B. 再生障碍性贫血　　C. 溶血性贫血
D. 亚硝酸盐中毒　　E. 一氧化碳中毒

27. 健康动物肺区边缘的正常叩诊音是(　　)

A. 清音　　B. 半浊音　　C. 浊音
D. 鼓音　　E. 过清音

28. 目前兽医临床上常用的吸入麻醉药为(　　)

A. 氧化亚氮　　B. 氟烷　　C. 乙醚
D. 异氟醚　　E. 甲氧氟烷

29. 犬肝脏的触诊检查常用(　　)

A. 双手触诊法　　B. 浅部触诊法　　C. 切入式触诊法
D. 深压触诊法　　E. 冲击触诊法

30. 家畜病毒性脑膜炎的血常规检查结果是(　　)

A. 淋巴细胞数正常　B. 白细胞总数升高　C. 嗜酸性粒细胞数升高

D. 白细胞总数降低　E. 嗜碱性粒细胞数升高

31. 动物侧卧、后肢保持松弛，叩诊槌叩击跟腱，正常表现为(　　)

A. 跗关节屈曲、球关节屈曲　B. 跗关节伸展、球关节伸展　C. 跗关节屈曲、球关节伸展

D. 跗关节伸展、球关节屈曲　E. 跗关节不动、球关节屈曲

32. 图中所示犬Ⅱ导联心电图，箭头指示的波是(　　)

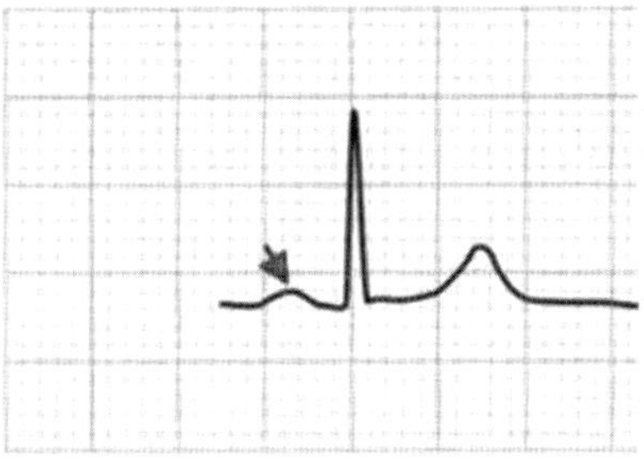

Speed:25 mm/s　Gain:10 mm/s

A. S 波　B. Q 波　C. T 波

D. R 波　E. P 波

33. 易发生蜂窝织炎的组织器官是(　　)

A. 骨骼　B. 皮肤　C. 内脏器官

D. 肌肉组织　E. 皮下疏松结缔组织

34. 发生蜂窝织炎时，最常见的化脓性病原菌是(　　)

A. 肺炎球菌　B. 棒状杆菌　C. 李斯特菌

D. 溶血性链球菌　E. 破伤风杆菌

35. 具有泻热导滞、通便、利水功能的药物是(　　)

A. 大青叶　B. 枇杷叶　C. 艾叶

D. 番泻叶　E. 荷叶

36. 阴道脱出较少见于(　　)

A. 猪　B. 马　C. 绵羊

D. 山羊　E. 奶牛

37. 六淫中，具有重浊、趋下特性的病邪是(　　)

A. 风　B. 暑　C. 湿

D. 寒　E. 燥

38. 治疗结膜炎的原则不包括(　　)

A. 手术疗法　B. 遮挡光线　C. 除去病因

D. 对症治疗　E. 清洗患眼

39. 健康牛的瘤胃蠕动次数(次/min)为(　　)

A. 7～9　B. 4～6　C. 1～3

D. 10～12　E. <1

40. 家禽关节型痛风临床特征不包括(　　)

A. 关节周围有尿酸盐沉积　B. 关节周围肿胀　C. 血液尿酸浓度升高

D. 肾肿大　E. 血液尿酸浓度降低

41. 清热泻火作用强大,兼能外用治疗湿疹、烫伤的药物是(　　)

A. 知母　　B. 石膏　　C. 芦根

D. 夏枯草　　E. 栀子

42. 用于手术器械和用品的消毒方法不包括(　　)

A. 煮沸灭菌法　　B. 紫外线照射法　　C. 高压蒸汽灭菌法

D. 流通蒸汽灭菌法　　E. 碘酊浸泡法

43. 棉籽饼中毒的常见临床症状不包括(　　)

A. 心功能障碍　　B. 视力障碍　　C. 呼吸困难

D. 被毛褪色　　E. 尿结石

44. 猪精子在生殖道内维持受精能力的最长时间是(　　)

A. 73～96 h　　B. 8～11 h　　C. 24～72 h

D. 12～23 h　　E. 97～120 h

45. 升浮药具有的功能包括(　　)

A. 利尿　　B. 熄风　　C. 通便

D. 潜阳　　E. 祛风

46. 属于低血容量性休克的是(　　)

A. 中毒性休克　　B. 心源性休克　　C. 过敏性休克

D. 感染性休克　　E. 失血性休克

47. 祛风湿药中,可以作为后肢痹痛的引经药物是(　　)

A. 羌活　　B. 威灵仙　　C. 独活

D. 木瓜　　E. 秦艽

48. 牛羊 T-2 毒素中毒最可能出现的症状是(　　)

A. 便秘　　B. 饮欲增强　　C. 体温升高

D. 体温降低　　E. 食欲增强

49. 急性尿道损伤的典型症状是(　　)

A. 尿中带血　　B. 尿闭　　C. 体温升高

D. 阴囊肿大　　E. 前列腺肿大

50. 诊断猫泌尿系统综合征的方法不包括(　　)

A. 放射造影检查　　B. 心电图检查　　C. X 线检查

D. 导尿管探诊　　E. B 型超声检查

51. 骨折的特有症状是(　　)

A. 肿胀　　B. 异常活动　　C. 体温升高

D. 出血　　E. 疼痛

[A2 型题]

答 题 说 明

每一道考题是以一个小案例出现的,其下面都有 A、B、C、D、E 五个备选答案。请从中选择一个最佳答案,并在答题卡上将相应题号的相应字母所属的方框涂黑。

52. 牛,6 岁,患创伤性网胃心包炎,需做经肋骨截除术的开胸手术,不必要分离的组织是(　　)

A. 皮肤　　B. 胸膜　　C. 肋间肌

D. 胸深肌　　E. 肋骨骨膜

53. 犬,8 岁,双侧视力障碍,检查发现双侧瞳孔发白。对该病应采取的治疗手术是(　　)

A. 瞬膜切除术　　B. 晶体置换术　　C. 角膜移植术

D. 虹膜周边切除术　　E. 虹膜打孔术

54. 奶牛,直肠检查诊断为卵巢机能减退,治疗该病的首选药物是(　　)

A. OT　　B. LH　　C. PGF2a

D. E2　　E. FSH

55. 奶牛,5 岁,产后一周开始出现红尿,尿液暗红色,可视黏膜和皮肤苍白黄染,体温、呼吸与食欲无明显异常。该病的发病原因最可能是(　　)

A. 日粮中钙不足　　B. 维生素 D 缺乏　　C. 维生素 K 缺乏

D. 日粮中磷不足　　E. 尿路感染

56. 某动物,因偷配怀孕 90 余天,用前列腺素类似物处理后,未发现其出现阴门肿胀、腹痛等流产症状,该动物最可能是(　　)

A. 黄牛　　B. 绵羊　　C. 山羊

D. 猪　　E. 奶牛

57. 泰迪犬,8 岁,饮食不规律,喜暴饮暴食,突发腹痛、腹胀、呕吐,发热,血清淀粉酶超过正常值 5 倍,该病最可能的诊断是(　　)

A. 肠梗阻　　B. 急性肝炎　　C. 胃肠炎

D. 胆囊炎　　E. 急性胰腺炎

58. 奶牛,2 岁,精神沉郁,消瘦,皮肤弹性降低,可视黏膜黄染,下腹部膨大,冲击式触诊有液体震荡音。为确定疾病性质,适宜的穿刺部位是(　　)

A. 右肷部　　B. 右侧 6～7 肋间　　C. 剑状软骨突起后缘

D. 脐-膝关节连线中点　　E. 左肷部

59. 犬,10 岁,采食障碍,咀嚼异常,发病 6 d 后症状减轻并逐渐消失,以后齿根部骨质增生,形成骨赘。该病的诊断最可能为(　　)

A. 非化脓性齿槽骨膜炎　　B. 牙周炎　　C. 化脓性齿槽骨膜炎

D. 齿髓炎　　E. 牙龈炎

60. 母猪,怀孕后期腹泻,近期卧地或排便后在肛门外出现香肠样肿物,色红,部分黏膜外翻,站立后不能回缩。在采用手术治疗前,对其进行清洗,适宜的药物是(　　)

A. 5%戊二醛溶液　　B. 1%明矾溶液　　C. 5%碘酊溶液

D. 2%硫酸铜溶液　　E. 75%酒精溶液

61. 驴,7 岁,难产。检查发现胎儿下位、纵向,双侧肩部前置,且胎儿已死。对该驴首选的助产方法是(　　)

A. 矫正术　　B. 翻转母体　　C. 截胎术

D. 牵引术　　E. 剖宫产术

62. 驴,6 岁,突然发病,站立时后肢强直,呈向后伸直肢势,膝关节、跗关节完全伸直而不能屈曲;运动时,以蹄尖着地拖曳前进,同时患肢高度外展,他动时患肢不能屈曲。该病最可能的诊断是(　　)

A. 跗关节炎　　B. 髌骨内方脱位　　C. 髌骨上方脱位

D. 膝关节炎　　E. 髌骨外方脱位

63. 马,排尿困难,疼痛不安,尿中带血,尿色鲜红,口色红,舌苔黄,脉数。治疗该病宜选用的方剂是(　　)

A. 小蓟饮子　　B. 草薢分清饮　　C. 六味地黄丸

D. 补中益气汤　　E. 八正散

64. 阿拉伯马,12岁,跛行,不愿运动,两后蹄踵负重,步态紧张。蹄壁增温、敏感。X线检查显示,蹄骨背侧缘与蹄壁背侧缘不平行,彼此之间出现夹角,蹄骨转位。该病最可能的诊断是(　　)

A. 骨关节病　　B. 蹄叶炎　　C. 腐蹄病
D. 趾间蜂窝织炎　　E. 蹄关节脱位

65. 警用德国牧羊犬,8岁,雄性,免疫、驱虫正常,大强度训练时突然倒地,可视黏膜发绀,心跳停止。死前的心电图变化:除Q波异常外,S-T段与T段的变化最可能是(　　)

A. S-T段升高,T波倒置　　B. S-T段降低,T波升高　　C. S-T段降低,T波正常
D. S-T段降低,T波倒置　　E. S-T段正常,T波倒置

66. 牛,异物呛肺后,证见发热咳嗽,痰黄臭、有脓血,口干舌红,苔黄腻,脉滑数。治疗方中可以选用的药物是(　　)

A. 郁李仁　　B. 酸枣仁　　C. 柏子仁
D. 冬瓜仁　　E. 火麻仁

67. 犬,5岁,体温40.5℃,呈明显的腹式呼吸,常取坐姿。胸腔穿刺见多量淡黄色、浑浊的液体,其中蛋白质含量和中性粒细胞数升高。治疗该病不宜采用(　　)

A. 抗菌消炎　　B. 强心利尿　　C. 解热镇痛
D. 大量补液　　E. 穿刺放液

[A3/A4 型题]

答题说明

以下提供若干个案例,每个案例下设若干个考题。请根据案例所提供的信息,在每一道考试题下面的A、B、C、D、E五个备选答案中选择一个最佳答案,并在答题卡上将相应题号的相应字母所属的方框涂黑。

(68～70题共用题干)

某奶牛场,近日有多头泌乳奶牛跛行,且日渐严重,体温升高,食欲减退,系部球节屈曲,以蹄尖着地,趾间隙及冠部肿胀,并有小裂口、恶臭气味。

68. 该奶牛所患的蹄病是(　　)

A. 蹄底挫伤　　B. 蹄裂　　C. 腐蹄病
D. 蹄叶炎　　E. 趾间皮炎

69. 该病的主要病因是(　　)

A. 营养不良　　B. 营养过剩　　C. 运动不足
D. 细菌感染　　E. 运动过多

70. 治疗该病的主要原则是(　　)

A. 改善饮食　　B. 抗菌消炎　　C. 装蹄绷带
D. 加强运动　　E. 合理修蹄

(71～73题共用题干)

奶牛,6岁,怀孕285 d,分娩预兆明显,持续努责未见胎儿露出;检查发现两侧阴唇不对称,产道向前逐渐狭窄,只能容纳一手臂进入子宫,其他未发现异常。

71. 对该病的诊断是(　　)

A. 子宫捻转　　B. 骨盆狭窄　　C. 阴门狭窄
D. 阴道狭窄　　E. 子宫颈狭窄

72. 对该病最有效的处理方法是(　　)

A. 牵引术　B. 阴门切开术　C. 骨盆切开术
D. 产道扩张术　E. 翻转母体术

73. 与该病发生有关的因素是(　　)

A. 首次妊娠　B. 急剧翻滚　C. 骨盆骨骨折
D. 运动不足　E. 产道发育不良

(74～76题共用题干)

圣伯纳犬,1岁,50 kg。喜卧,卧时后肢常后伸,起立困难。运动后病情加重,后肢跛行,后躯摇摆,臀部被毛粗乱,大腿肌肉萎缩,他动运动疼痛明显。X线片显示股骨头与髋臼的间隙增大。

74. 该病最可能的诊断是(　　)

A. 髋关节挫伤　B. 髋关节扭伤　C. 髋关节脱位
D. 髋关节发育不良　E. 髋关节创伤

75. X线检查时,其重点投照方位是(　　)

A. 左侧位　B. 斜位　C. 右侧位
D. 背腹位　E. 腹背位

76. 与该病发生有关的最密切因素是(　　)

A. 骨盆软组织化学松弛作用　B. 肌肉强度缺乏　C. 遗传
D. 肥胖　E. 内收肌张力过大

(77～79题共用题干)

博美犬,雌性,4岁。近日精神状态、饮食欲及排粪排尿均无异常,偶有不明原因腹痛,触诊腹部紧张,拒绝触摸;仰卧时,左侧最后乳腺外侧见有一个3.0 cm×4.5 cm的肿物,触诊柔软,有压痛。

77. 该病最可能的诊断是(　　)

A. 乳腺炎　B. 腹壁脓肿　C. 腹股沟疝
D. 乳腺肿瘤　E. 腹壁疝

78. 该病发生的原因可能是(　　)

A. 血管破裂　B. 细菌感染　C. 组织增生
D. 腹压增高　E. 淋巴管破裂

79. 治疗该病的有效方法是(　　)

A. 抗菌消炎　B. 促进吸收　C. 制止渗出
D. 疝修补术　E. 切除肿物

(80～82题共用题干)

奶牛,5岁,体温40℃,精神沉郁,消瘦,拱背站立,排粪时,不敢努责,站立时常取前高后低姿势,不愿走下坡路。

80. 该病最可能的诊断是(　　)

A. 真胃变位　B. 瘤胃积食　C. 瘤胃酸中毒
D. 瓣胃阻塞　E. 创伤性网胃腹膜炎

81. 对该牛进行血液学检查,最可能升高的是(　　)

A. 嗜碱性粒细胞数　B. 红细胞数　C. 中性粒细胞数
D. 嗜酸性粒细胞数　E. 淋巴细胞数

82. 该病的典型症状通常是(　　)

A. 黄疸　B. 呼吸困难　C. 迷走神经性消化不良
D. 水肿　E. 共济失调

(83～85题共用题干)

猪,4岁,妊娠后期,两后肢站立不稳,交替负重,喜卧,无受伤史,神经反应基本正常,X线侧位片未见明显异常。

83. 该病最可能的诊断是( )

A. 产后截瘫　B. 腰荐椎间盘脱位　C. 坐骨神经麻痹
D. 孕畜截瘫　E. 生产瘫痪

84. 对该病的治疗方法是( )

A. 口服泼尼松　B. 静脉注射葡萄糖　C. 手术治疗
D. 静脉注射葡萄糖酸钙　E. 皮下注射硝酸士的宁

85. 该病的发病原因可排除( )

A. 饲料单纯　B. 维生素缺乏　C. 营养不良
D. 钙磷缺乏　E. 神经损伤

[B1型题]

答题说明

以下提供若干组考题,每组考题共用在考题前列出的A、B、C、D、E五个备选答案。请从中选择一个与问题关系最密切的答案,并在答题卡上将相应题号的相应字母所属的方框涂黑。某个备选答案可能被选择一次、多次或不被选择。

(86～88题共用备选答案)

A. 晚幼中性粒细胞　B. 杆状核中性粒细胞　C. 分叶核中性粒细胞
D. 淋巴细胞　E. 单核细胞

86. 犬,血液学检查,细胞大小约为红细胞2倍;细胞基质呈粉红色,其中有粉红色或红色微细颗粒,细胞核呈马蹄形或腊肠形,染色呈淡紫蓝色,核染色质细致。该类细胞是( )

87. 猫,血液学检查,细胞基质呈蓝色或粉红色,其中含有红色或蓝色颗粒。细胞核呈椭圆形,紫红色,染色质细致。该类细胞是( )

88. 猫,血液学检查,细胞如红细胞大小,细胞质基质少、呈天蓝色,其中有少量嗜天青颗粒;细胞核呈圆形,核染色质致密。该类细胞是( )

(89～91题共用备选答案)

A. 角膜炎　B. 结膜炎　C. 虹膜炎
D. 视网膜炎　E. 青光眼

89. 混血马,8岁,骑乘后次日发现该马左眼半闭、流泪,角膜浑浊,结膜呈粉红色。该马病的诊断是( )

90. 金毛犬,2岁,两d前主人自行在家中用肥皂给犬清洗体表,次日右眼羞明流泪、眼睑轻度肿胀,结膜潮红、充血,虹膜纹理清晰可见。该犬病的诊断是( )

91. 黄牛,4岁,体温40.5℃,厌食、流涎、跛行;两眼羞明流泪,轻度肿胀,角膜及眼前房液浑浊,瞳孔缩小,虹膜纹理不清。该牛病的诊断是( )

(92～94题共用备选答案)

A. 食盐中毒　B. 硒中毒　C. 无机氟化物中毒
D. 铜中毒　E. 钼中毒

92. 牛,1岁,食欲减退,烦渴,大量饮水,腹泻,视力障碍,皮下水肿,多尿,惊厥。该病最可能的诊断是( )

93. 山羊群,2～3岁,更换饲料后许多羊剧烈腹痛,惨叫,体温正常或偏低,频频排出水样类便,结膜苍

白,尿淡红色。该病最可能的诊断是(　　)

94. 牛,4 岁,背腰僵硬,跛行,颌骨、掌骨呈现对称性肥厚,牙面见有黄褐色斑,同群及周围放牧牛多见类似病例。该病最可能的诊断是(　　)

(95～97 题共用备选答案)

A. 胃切开术　B. 肠侧壁切开术　C. 脾脏摘除术

D. 膈修补术　E. 肠管切除术

95. 普通家猫,雄性,12 岁。长期腹胀,排粪困难,腹后部触诊,发现结肠及直肠内有多量坚硬粪便蓄积,反复灌肠仍未能软化排出。对该猫的治疗措施是(　　)

96. 拉布拉多犬,7 岁,呕吐、腹泻一周余,排暗黑色稀便,后经剖腹探查术发现空肠后段套叠,套叠处肠管呈暗紫色,相应的肠系膜血管无搏动。对该犬的治疗措施是(　　)

97. 泰迪犬,2 岁,突遇车祸,检查后未见体表明显外伤,驻立时全身震颤,呼吸急促,可视黏膜苍白,腹部触诊敏感,B 超检查脾脏结构紊乱不清。对该犬的治疗措施是(　　)

(98～100 题共用备选答案)

A. 大肠俞　B. 曲池　C. 肩井　D. 山根　E. 肾堂

98. 犬,证见高热,粪便干小难下,腹痛,尿短赤,口津干燥,口色深红,苔黄厚,脉沉有力。针治宜选用的穴位是(　　)

99. 犬,暑炎天发病。证见高热,精神沉郁,气促嘴粗,粪干尿少,口渴贪饮,舌红,脉象洪数。针治宜选用的穴位是(　　)

100. 犬,证见发热,精神沉郁,食欲减退,口渴多饮,泻粪腥臭,尿短赤,口色赤红,舌苔黄腻,脉象沉数。针治宜选用的穴位是(　　)

2020 年·临床科目·答案与解析

综 合 应 用

[A3/A4 型题]

答 题 说 明

以下提供若干个案例,每个案例下设若干个考题。请根据案例所提供的信息,在每一道考试题下面的 A、B、C、D、E 五个备选答案中选择一个最佳答案,并在答题卡上将相应题号的相应字母所属的方框涂黑。

(101～103 题共用题干)

巴哥犬,雄性,8 岁,体重 9.5 kg,左眼球向外突出,指压有坚硬感,眼前房变深,瞳孔散大,对光反射消失,虹膜纹理清晰可见,晶状体透明。

101. 该病最可能的诊断是(　　)

A. 结膜炎　B. 白内障　C. 角膜炎

D. 青光眼　E. 眼睑炎

102. 确诊该病的检查方法首选(　　)

A. 眼压计检查　B. 检眼镜检查　C. 眼底照相机检查

D. 裂隙灯检查　E. 角膜镜检查

103. 治疗该病不宜采用的药物是(　　)

A. 甘露醇　B. 地塞米松　C. 乙酰唑胺

D. 肾上腺素　E. 毛果芸香碱

(104～107题共用题干)

炎热夏天,1周龄犊牛大量饮水,1日后出现眼睑水肿,精神沉郁,共济失调,呼吸困难,从口鼻流出血红色泡沫状液体,排出暗红色尿液及水样粪便。

104.该病最可能的诊断是(　　)

A.水中毒　B.肾炎　C.肺炎
D.尿道炎　E.结膜炎

105.该病牛犊排出的暗红色尿液属于(　　)

A.睾丸出血　B.肾出血　C.血红蛋白尿
D.尿道出血　E.膀胱出血

106.该病牛犊出现中枢神经机能和呼吸机能障碍的原因是(　　)

A.脑部感染　B.肺部感染　C.肺泡破裂
D.细菌毒素中毒　E.脑水肿和肺水肿

107.治疗该犊牛最有效的方法是(　　)

A.静注2%葡萄糖　B.给予非甾体类抗炎药　C.肌注或静注大量抗生素
D.给予解热镇痛剂　E.静注5%氯化钠和25%甘露醇

(108～110题共用题干)

牛群误入即将成熟的亚麻(胡麻)地并大量采食,很快出现呼吸喘促、流涎及瘤胃臌胀等症状,全身抽搐,有两头牛当场倒地、死亡。病牛可视黏膜初期呈樱桃红色,呼吸停止后变为青紫色。病死牛剖检,见血液凝固不良。

108.该病最可能的诊断是(　　)

A.氢氰酸中毒　B.双香豆素中毒　C.有机磷中毒
D.亚硝酸盐中毒　E.有机氯中毒

109.该病的致病毒物是(　　)

A.霉菌毒素　B.不饱和挥发性脂肪酸　C.杂醇油
D.氰苷　E.硝酸盐

110.该病的特效解毒药是(　　)

A.亚硝酸钠　B.钙剂　C.中枢兴奋剂
D.镇静剂　E.维生素A

(111～112题共用题干)

英国短毛猫,雌性,已绝育,8岁,体重7 kg,体态肥硕;食欲废绝,偶尔呕吐,精神沉郁,虚弱无力,运步摇摆;听诊心率加快,呼吸急促;采血检查,血清浑浊呈牛奶样。

111.该病最可能的诊断是(　　)

A.高钠血症　B.低磷血症　C.低钙血症
D.高脂血症　E.高钾血症

112.确诊该病的检查项目是(　　)

A.尿沉渣检查　B.血液生化检查　C.X线检查
D.血常规检查　E.尿常规检查

(113～115题共用题干)

某屠宰场,生猪体温正常,未见明显的临床症状。宰后检验发现,个别猪舌部有黄豆大小的囊状结节。

113.该病最可能的诊断是(　　)

A.似囊尾蚴病　B.棘球蚴病　C.猪囊尾蚴病
D.弓形虫病　E.细颈囊尾蚴病

114.该病呈现的囊状结节还常见于( )

A.肌肉　B.肠黏膜　C.肺脏

D.淋巴结　E.皮肤

115.该病原的终末宿主是( )

A.牛　B.羊　C.犬

D.人　E.猪

(116~117题共用题干)

某养殖场,白羽肉鸡发病,表现生长迟缓、反应迟钝、呼吸困难、体温正常,腹部膨大,触诊有波动感。剖检可见心脏肥大,肾肿大出血,肺呈弥漫性充血。

116.该病最可能的诊断是( )

A.食盐中毒　B.衣原体病　C.维生素A缺乏症

D.新城疫　E.肉鸡腹水综合征

117.该病的主要病理变化是( )

A.右心肥大　B.左心缩小　C.左心肥大

D.左心室扩张　E.左心房扩张

(118~120题共用题干)

罗威纳犬,雄性,3岁,饱食后半小时,腹围快速增大,口吐白沫,呼吸困难,腹痛不安,触诊腹部臌胀,有震水音,听诊心率快而弱。

118.根据临床症状,首先排除的疾病是( )

A.急性胃扩张　B.食物中毒　C.胃扩张-扭转综合征

D.肠梗阻　E.肠痉挛

119.右侧位X线检查,胃部出现大面积低密度阴影,在阴影中上部横有一中密度折痕,幽门向前背侧移位,脾脏向右移位。正确的治疗方法是( )

A.灌肠、洗胃　B.实施胃切开术　C.注射阿托品

D.实施胃固定术　E.静注20%甘露醇

120.【假设信息】若胃导管探查顺利插入,腹胀迅速减轻,且症状得到缓解,病犬逐渐康复。该病的诊断是( )

A.食道狭窄　B.急性胃扩张　C.肠梗阻

D.食道阻塞　E.胃扩张-扭转综合征

(121~123题共用题干)

赛马,7岁,雄性,近1个多月来在右前肢肘头部逐渐形成一隆起,无热无痛,初期软,后期变硬,轻度跛行,其余未见异常。

121.该隆起最可能的诊断是( )

A.黏液囊炎　B.肿瘤　C.淋巴外渗

D.脓肿　E.血肿

122.姑息疗法时,患部穿刺放液后宜注入( )

A.氯丙嗪+普鲁卡因　B.利多卡因+氯丙嗪　C.自家血+可的松

D.普鲁卡因+自家血　E.可的松+普鲁卡因

123.手术治疗时,皮肤切口的最佳位置应在隆起部的( )

A.正上方　B.正下方　C.正前方

D.正后方　E.后外侧

(124～125题共用题干)

马,5岁,采食大量大麦后发病,食欲废绝,精神沉郁,眼结膜发绀,嗳气,腹痛,直肠检查在左侧最后肋骨后方可摸到脾后缘。

124.该病最可能的诊断是( )

A.骨盆曲阻塞 B.盲肠臌气 C.急性胃扩张
D.肠痉挛 E.盲肠变位

125.该病马可能发生( )

A.呼吸性碱中毒 B.呼吸性酸中毒 C.代谢性碱中毒
D.代谢性酸中毒 E.混合性酸中毒

(126～128题共用题干)

某养鸭场雏鸭发病,眼周围羽毛粘结形成“眼圈”,拉黄白色或绿色稀粪,病鸭脚软无力,不愿走动,俯卧。特征性病理变化是广泛性纤维素性渗出性炎症。

126.该病的病原是( )

A.禽副黏病毒 B.鸭疫里氏杆菌 C.巴氏杆菌
D.沙门菌 E.禽细小病毒

127.确诊该病的主要依据是( )

A.病原分离鉴定 B.染色镜检 C.琼脂扩散试验
D.间接血凝试验 E.玻板凝集试验

128.该病对雏鸭危害最严重的周龄是( )

A.<1周龄 B.2～3周龄 C.6～7周龄
D.8～9周龄 E.4～5周龄

(129～131题共用题干)

某种猪场,猪群体温、食欲正常。初产母猪相继出现流产,产死胎、弱胎、木乃伊胎;经产母猪未见异常。

129.该病最可能的诊断是( )

A.猪细小病毒病 B.猪肺疫 C.猪繁殖与呼吸综合征
D.猪瘟 E.猪丹毒

130.取死胎检查,确诊该病的实验室检查方法是( )

A.剖检观察 B.组织病理学观察 C.PCR
D.血液涂片镜检 E.细菌分离鉴定

131.该病的主要预防措施是( )

A.灭鼠 B.圈舍保温 C.注射疫苗
D.环境消毒 E.注射抗生素

(132～134题共用题干)

雪纳瑞犬,3岁,近一周内逐渐出现共济失调,神态烦躁,对外界刺激敏感,进而全身抽搐、痉挛、身体虚弱无力,心动过速;抽搐期间一过性体温升高。

132.该病最可能的诊断是( )

A.脊髓炎 B.甲状旁腺功能减退症 C.脑膜脑炎
D.低血糖 E.甲状旁腺功能亢进症

133.确诊该病应做的血液检测项目是( )

A.GH B.T3/T4 C.ACTH
D.FSH E.PTH

134.治疗该病的首选药物是(　　)

A.甲状旁腺激素　　B.可的松　　C.胰岛素

D.左甲状腺素　　E.磷酸二氢钠

(135～137题共用题干)

公水牛,长期饲喂添加棉籽饼的精料,近期频频出现拱腰、举尾并有排尿动作,但未见尿液排出或仅排出少量尿液。直肠检查,膀胱充盈。

135.该病最可能的诊断是(　　)

A.尿道结石　　B.尿道炎　　C.肾衰竭

D.急性肾炎　　E.心力衰竭

136.该病发生的病理机制是(　　)

A.心肌炎症　　B.血管通透性增加　　C.变态反应

D.维生素A缺乏　　E.尿路上皮细胞变性

137.该水牛还易继发(　　)

A.心包积液　　B.酮血症　　C.甲状腺功能减退

D.甲状腺功能亢进　　E.夜盲症

(138～140题共用题干)

绵羊,头部脱毛,皮肤增厚、局部出现小结节,有液体渗出,形成痂皮。取健康与病变交界处皮屑镜检,见有多量如图所示虫体。

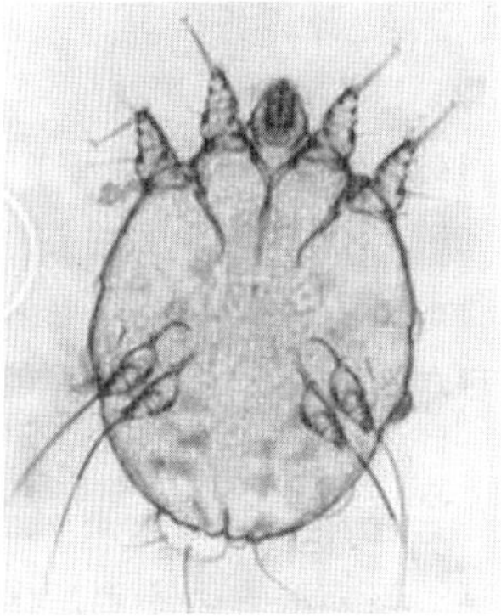

138.该病的病原是(　　)

A.虱　　B.疥螨　　C.硬蜱

D.痒螨　　E.软蜱

139.防治该病的药物是(　　)

A.吡喹酮　　B.伊维菌素　　C.莫能菌素

D.左旋咪唑　　E.阿苯达唑

140.该病的传播方式是(　　)

A.交配　　B.昆虫叮咬　　C.直接接触

D.消化道　　E.胎盘

(141～143题共用题干)

猪,6月龄,叫声嘶哑,咀嚼障碍。横纹肌组织切片染色后,见如图所示虫体。

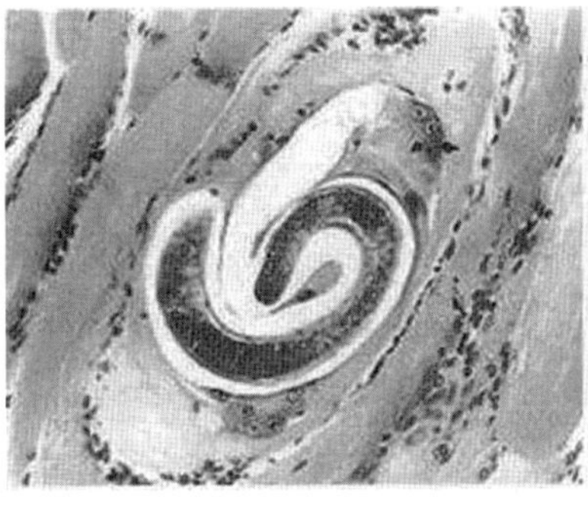

141.该病最可能的诊断是(　　)

A.弓形虫病　　B.捻转血矛线虫病　　C.肉孢子虫病

D.旋毛虫病　　E.毛尾线虫病

142.成虫的寄生部位是(　　)

A.心脏　B.肠道　C.肝脏
D.脾脏　E.肺脏

143.该病的有效预防措施是(　　)

A.环境卫生　B.灭蚊　C.灭蜱
D.消毒　E.灭鼠

(144～146题共用题干)

奶牛,10～15日龄,体温突然升高,数小时后开始腹泻,粪便呈水样、灰白色,混有血丝和未消化的凝乳块,有酸臭味。

144.确诊该病的检查项目应首选(　　)

A.粪便蛔虫虫卵检查　B.粪便片形吸虫虫卵检查　C.瘤胃纤毛虫检查
D.尿液检查　E.细菌学检查

145.治疗该病应选用的药物是(　　)

A.氨苄西林　B.林可霉素　C.阿苯达唑
D.吡喹酮　E.杆菌肽

146.该病最可能出现的病理变化是(　　)

A.肾坏死　B.脾梗死　C.皱胃充血、水肿
D.肝肿大、黄染　E.心肌肥大、苍白

(147～149题共用题干)

8月,牛群少数牛在病初出现眼睑痉挛,流泪,结膜充血;后期有脓性分泌物,角膜浑浊,严重者角膜溃疡、穿孔,且很快有更多牛出现类似症状。

147.该牛群发生的疾病最可能是(　　)

A.传染性鼻气管炎　B.传染性角膜结膜炎　C.维生素B_1缺乏症
D.牛吸吮线虫病　E.青光眼

148.该病的诱因不包括(　　)

A.发情　B.灰尘　C.刮风
D.家蝇　E.强光

149.治疗该病宜采用(　　)

A.用1%甲醛溶液洗眼　B.口服阿苯达唑　C.用2%碘酊洗眼
D.用3%硼酸水洗眼　E.肌注伊维菌素

(150～152题共用题干)

25日龄AA肉鸡群,发病率为90%,病死率为20%,拉绿色稀粪,食欲废绝。剖检可见肺脏、肝脏出血,肌胃、肠道有大量积血,胸肌、腿肌、心肌、肝和脾上有突出于组织表面的白色小结节。

150.该病最可能的诊断是(　　)

A.组织滴虫病　B.禽流感　C.球虫病
D.新城疫　E.住白细胞虫病

151.诊断该病常采集的病料是(　　)

A.嗉囊液　B.血液　C.粪便
D.唾液　E.羽毛囊

152.治疗该病应选用的药物是(　　)

A.红霉素　B.氟苯尼考　C.阿莫西林
D.磺胺喹噁啉　E.链霉素

(153～154题共用题干)

某猪场,部分母猪屡配不孕,妊娠母猪有流产、早产现象;仔猪表现顽固性腹泻,并见有皮下水肿、黄疸。部分1月龄左右的仔猪有急性猝死现象,剖检可见"桑葚心"特点。

153.该病最可能的诊断是(　　)

A.维生素 B_1 缺乏症　　B.铜中毒　　C.铅中毒

D.维生素E和硒缺乏症　　E.硒中毒

154.治疗该病的有效措施是(　　)

A.肌注维生素E+亚硒酸钠　　B.口服硫酸镁　　C.静注葡萄糖酸钙

D.肌注维生素 B_1　　E.口服维生素A

(155～157题共用题干)

某蛋鸭群突然发病,发病率为80%,病死率为70%,体温达43℃,畏光流泪,眼睑水肿。剖检可见食管黏膜点状出血、条状坏死,肠道有环状出血带。

155.该病最可能的诊断是(　　)

A.禽流感　　B.鸭病毒性肝炎　　C.坦布苏病毒感染

D.鸭瘟　　E.圆环病毒感染

156.诊断该病常用的血清学方法是(　　)

A.ELISA　　B.鸡胚干扰试验　　C.凝集试验

D.血凝试验　　E.血凝抑制试验

157.该病的主要防治措施是(　　)

A.注射高免血清　　B.接种弱毒疫苗　　C.扑杀全群

D.减少鸭群密度　　E.减少应激

(158～160题共用题干)

绵羊,妊娠138 d,离群呆立,视力下降,反应淡漠,2 d后出现衰竭、卧地不起;后期发生昏迷,呼出气体有烂苹果味。

158.确诊该病的方法首选(　　)

A.鼻液检查　　B.血液生化检查　　C.阴道检查

D.血常规检查　　E.直肠检查

159.病羊典型的剖检病变是(　　)

A.肾脏变小、变硬　　B.肝脏肿大、呈土黄色　　C.肾上腺变小、变硬

D.肺脏肿大、出血　　E.心冠脂肪出血、心包积液

160.该病的特征性表现不包括(　　)

A.高血脂　　B.酮尿症　　C.酮血症

D.高血糖　　E.低血糖

(161～163题共用题干)

京巴犬,雄性,1岁,体重3.5 kg,体温37.5℃,精神沉郁,不爱运动,眼结膜发绀,湿性咳嗽,呼吸困难,肺部听诊有啰音,未见全身浮肿,血常规检查无异常。

161.该病发生的器官系统是(　　)

A.生殖系统　　B.心血管系统　　C.泌尿系统

D.消化系统　　E.神经系统

162.治疗该病不宜采用的方法是(　　)

A.限制食盐摄入　　B.输血　　C.输氧

D.强心　　E.利尿

163. 确诊该病的检查方法首选( )

A. 脑电图检查　B. X线检查　C. 气管镜检查

D. 胃镜检查　E. 心脏超声检查

(164~166题共用题干)

3月龄鸡，生长发育迟缓，精神萎靡，羽毛松乱，鸡冠和可视黏膜苍白，消化机能障碍，下痢便秘交替；剖检可见肠管内有乳白色、绿豆芽形虫体。

164. 该病最可能的诊断是( )

A. 住白细胞虫病　B. 鸡球虫病　C. 棘口吸虫病

D. 鸡蛔虫病　E. 组织滴虫病

165. 该病的活体诊断方法是( )

A. 血液生化检查　B. 粪便检查幼虫　C. ELISA

D. 血液涂片检查　E. 粪便检查虫卵

166. 防控该病可用的药物是( )

A. 阿苯达唑　B. 磺胺嘧啶　C. 右旋糖酐铁

D. 恩诺沙星　E. 青霉素

(167~168题共用题干)

马，发病月余，证见精神倦怠，眼干，视力减退，四肢震颤，蹄甲干枯，口色淡白，脉弦细。

167. 该病可辨证为( )

A. 肺阴虚　B. 肝血虚　C. 胃阴虚

D. 心血虚　E. 肾阴虚

168. 治疗该病的方剂首选( )

A. 八珍汤　B. 六味地黄汤　C. 养胃汤

D. 百合固金汤　E. 归脾汤

(169~171题共用题干)

2月龄猪，体温、精神、食欲正常，近期部分猪只表现打喷嚏，颜面部变形，眼角有泪斑。

169. 该病最可能的诊断是( )

A. 猪肺疫　B. 副猪嗜血杆菌病　C. 猪传染性胸膜肺炎

D. 猪传染性萎缩性鼻炎　E. 猪支原体肺炎

170. 病猪鼻拭子纯培养物染色镜检，可见有鞭毛的革兰阴性球杆菌。该菌最可能是( )

A. 副猪嗜血杆菌　B. 沙门菌　C. 放线杆菌

D. 丹毒杆菌　E. 波氏杆菌

171. 该病的预防措施不包括( )

A. 全群扑杀　B. 药物防控　C. 改善饲养管理

D. 免疫接种　E. 淘汰阳性猪

(172~174题共用题干)

泰迪犬，雄性，3岁，突然发病，右后肢小腿内旋，跗关节屈曲；右后肢可以拉直，恢复运步，但运动后不久再次出现上述现象。膝关节处疼痛敏感，但无明显肿胀。

172. 该病最可能的诊断是( )

A. 髌骨内方脱位　B. 膝关节炎　C. 膝关节前十字韧带断裂

D. 膝关节后十字韧带断裂　E. 髌骨上方脱位

173.手术治疗该病常用的麻醉方法是(　　)

A.全身麻醉　　B.浸润麻醉　　C.传导麻醉

D.诱导麻醉　　E.表面麻醉

174.治疗该病的手术通路位于(　　)

A.内侧滑车嵴　　B.膝直韧带上方　　C.胫骨嵴内侧方

D.胫骨嵴下方　　E.外侧滑车嵴

(175～177题共用题干)

某猪场,断奶仔猪发病,表现发热、咳嗽、呼吸困难、关节肿大、跛行,病死率约35%。剖检可见胸腔、腹腔等多处浆膜面有纤维素性渗出物。

175.该病最可能的诊断是(　　)

A.猪肺疫　　B.猪传染性胸膜肺炎　　C.副猪嗜血杆菌病

D.猪支原体肺炎　　E.猪丹毒

176.该病的病原特征是(　　)

A.厌氧性　　B.典型的"卫星生长"现象　　C.革兰氏阳性

D.无荚膜　　E.仅有一个血清型

177.该病常见的病理变化不包括(　　)

A.心包炎　　B.疣状心内膜炎　　C.腹膜炎

D.关节炎　　E.胸膜炎

(178～180题共用题干)

5日龄仔猪,呕吐,相继出现黄色水样便,内含白色乳凝块,数日内蔓延全群,日龄越小,病死率越高。

178.该病最可能的诊断是(　　)

A.猪传染性胃肠炎　　B.猪梭菌性肠炎　　C.猪瘟

D.猪痢疾　　E.仔猪白痢

179.严重病例常见的出血部位是(　　)

A.脑膜　　B.肺心叶　　C.肾脏

D.肝脏　　E.胃底部

180.确诊该病的常用方法是(　　)

A.gE－ELISA　　B.血涂片检查　　C.细菌分离

D.RT-PCR　　E.肠毒素试验

(181～182题共用题干)

美短猫,雌性,5月龄,体重3.0 kg,突发抽搐,肌肉震颤,腹痛,呕吐物伴有蒜臭味,且在暗室观察可见发光。

181.该猫最可能的中毒是(　　)

A.磷化锌中毒　　B.杀鼠灵中毒　　C.毒鼠强中毒

D.安妥中毒　　E.敌鼠钠中毒

182.该毒物进入消化道后,促进毒性作用发挥的是(　　)

A.胃酸　　B.脂肪酶　　C.胃蛋白酶

D.胰蛋白酶　　E.胆汁

(183～185题共用题干)

法国斗牛犬,雌性,2岁,努责频繁、剧烈,外阴肿胀,胎膜与胎水部分逸出,烦躁不安,呼吸急促,已经持续5 h。产道检查发现硬产道通畅,子宫颈口开张完全,内壁水肿,在耻骨前缘可触及胎儿头顶部。

183.引起该犬难产最可能的原因是(　　)

A.子宫迟缓　　B.骨盆狭窄　　C.胎儿过大

D.产力不足　　E.子宫捻转

184.判定胎儿是否死亡的最佳方法是(　　)

A.内窥镜检查　　B.B超检查　　C.腹部触诊

D.生殖道触诊　　E.X线检查

185.治疗该病的首选方法是(　　)

A.截胎术　　B.矫正术　　C.剖宫产术

D.外阴切开术　　E.牵引术

(186～188题共用题干)

德国牧羊警犬,野外训练半月后,有多只犬发病,尿液呈深红色至酱油色,逐渐消瘦,精神沉郁,喜卧,运动后喘息,间歇性发热,体温40～41℃,可视黏膜苍白、黄染。在病犬耳郭、颈部发现多个蜱虫。

186.该病最可能的诊断是(　　)

A.洋葱中毒　　B.巴贝斯虫病　　C.弓形虫病

D.膀胱炎　　E.肾炎

187.确诊该病的检查方法是(　　)

A.B超检查　　B.血涂片镜检　　C.血液生化检查

D.尿常规检查　　E.血常规检查

188.该病的红尿类型属于(　　)

A.药物性红尿　　B.肌红蛋白尿　　C.血尿

D.血红蛋白尿　　E.卟啉尿

(189～191题共用题干)

夏季,某养兔场断奶幼兔发生死亡,剖检可视病变及病理组织学检查所示病原如图。

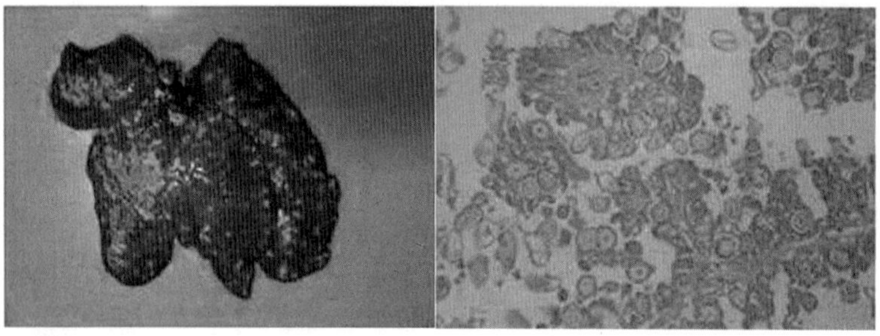

189.该病最可能的诊断是(　　)

A.血吸虫病　　B.华支睾吸虫病　　C.肝球虫病

D.肝毛细线虫病　　E.豆状囊尾蚴病

190.对该病活体诊断时,首先应做的检查是(　　)

A.血常规检查　　B.肝功能检查　　C.肝脏结节压片镜检

D.粪便检查　　E.血液生化检查

191.防治该病的药物是(　　)

A.甲硝唑　　B.左旋咪唑　　C.氯苯胍

D.乙胺嘧啶　　E.阿苯达唑

(192～194题共用题干)

母牛分娩后不久食欲减退,厌食精料,反刍和嗳气停止,排少量糊状粪便。左腹肋弓部膨大,冲击式触诊可听到液体震荡音,穿刺液中无纤毛虫。直肠检查可感知右侧腹腔上部空虚。

192.若在左侧膨大区听诊同时叩诊,可能会听到( )

A.清音　B.妙音　C.鼓音

D.浊音　E.钢管音

193.如果膨大部穿刺抽取液的pH小于4,本病可能诊断为( )

A.酮病　B.前胃迟缓　C.瘤胃积食

D.瓣胃阻塞　E.皱胃变位

194.治疗本病的最佳方法是( )

A.手术整复　B.注射皮质激素　C.注射瘤胃兴奋剂

D.灌服大量温盐水　E.灌服大量高锰酸钾

(195～197题共用题干)

20日龄黄羽肉种鸡,突然发病,张口呼吸、咳嗽、呼吸啰音,2日内波及全群,食欲废绝、扎堆,剖检可见支气管有纤维素性分泌物,呈干酪样,肾脏肿大,尿酸盐沉积。

195.该病最可能的诊断是( )

A.新城疫　B.禽流感　C.传染性法氏囊病

D.鸡毒支原体感染　E.传染性支气管炎

196.该病用干扰试验诊断时,鸡胚50%以上的血凝效价应低于( )

A.1∶50　B.1∶30　C.1∶10

D.1∶40　E.1∶20

197.目前对该病的防制措施是免疫( )

A.1次灭活疫苗　B.1次弱毒疫苗+1次灭活疫苗　C.1次弱毒疫苗

D.2次弱毒疫苗　E.2次弱毒疫苗+1次灭活疫苗

(198～200题共用题干)

6月龄蛋鸡突然发病,下痢、败血症,病死率高。剖检可见全身黏膜、浆膜点状出血,出血性肠炎及肝脏有坏死点,但脾脏无明显的变化。

198.该病最可能的诊断是( )

A.禽霍乱　B.鸡白痢　C.大肠杆菌病

D.传染性鼻炎　E.禽伤寒

199.对该病原的正确描述是( )

A.形成芽孢　B.两极浓染　C.球形

D.革兰阳性　E.有鞭毛

200.治疗该病的有效药物是( )

A.酮康唑　B.吡喹酮　C.左旋咪唑

D.两性霉素　E.恩诺沙星

2020年·综合应用·答案与解析

参 考 文 献

1. 全国执业兽医资格考试委员会，2021.2021年全国执业兽医资格考试大纲：兽医全科类[M].北京：中国农业出版社.
2. 中国兽医协会，2021.2021年执业兽医资格考试应试指南：兽医全科类[M].北京：中国农业出版社.
3. 陈明勇，2020.全国执业兽医资格考试(兽医全科类)精选试题3200例[M].北京：中国农业出版社.
4. 陈明勇，2020.2020年执业兽医资格考试(兽医全科类)考前冲刺试卷A;B[M].北京：中国农业出版社.
5. 中国执业兽医网(http://www.zgzysy.com).
6. 中国兽医协会网(http://www.cvma.org.cn).